高等职业教育“十四五”规划教材

高等职业教育畜牧业类专业新形态教材

基础化学

刘圣伟　主编

中国农业大学出版社
·北京·

内 容 简 介

本教材包含无机化学基础、分析化学基础、有机化学基础、实操训练四大模块。依据我国高等职业教育学生“专升本”考核大纲的要求进行编写。教材编写注重教材内容和学生的基础水平进行有效对接；学生所掌握的技能同企业的实际需要进行有效对接；学生所学到的知识同未来就业、获得学历提升进行有效对接。以“易懂、必需、够用、实用”为原则，内容精炼、通俗易懂、衔接合理，融合课程思政，注重对学生动手能力、“学以致用”能力和创新能力的培养，为学生提升学历、快速适应工作岗位、更好地为企业服务和实现社会价值打下扎实的基础。

本教材适合高等职业教育畜牧兽医、动物营养、生物技术、宠物养护与驯导、园林技术、水产养殖等涉农专业使用，尤其能满足学生参加“专升本”考试的需要。

图书在版编目(CIP)数据

基础化学 / 刘圣伟主编 . --北京：中国农业大学出版社，2024. 3

ISBN 978-7-5655-3180-4

Ⅰ. ①基… Ⅱ. ①刘… Ⅲ. ①化学－高等职业教育－教材 Ⅳ. ①O6

中国国家版本馆 CIP 数据核字(2024)第 023815 号

书　名　基础化学

作　者　刘圣伟　主编

策划编辑	郭建鑫　张　玉	**责任编辑**	郭建鑫　张　玉
封面设计	李尘工作室		
出版发行	中国农业大学出版社		
社　　址	北京市海淀区圆明园西路 2 号	**邮政编码**	100193
电　　话	发行部 010-62733489，1190	读者服务部	010-62732336
	编辑部 010-62732617，2618	出　版　部	010-62733440
网　　址	http://www. caupress. cn	**E-mail**	cbsszs@cau. edu. cn
经　　销	新华书店		
印　　刷	运河(唐山)印务有限公司		
版　　次	2024 年 3 月第 1 版　　2024 年 3 月第 1 次印刷		
规　　格	185 mm×260 mm　　16 开本　　20. 5 印张　　512 千字　　插页 1		
定　　价	49. 00 元		

图书如有质量问题本社发行部负责调换

编审人员

主　　编　刘圣伟

副 主 编　刘　文　姜佳敏　钱玲亚

编　　者　刘圣伟　刘　文　姜佳敏　钱玲亚

　　　　　胡　杨　彭　皓　周升志　唐　龙

主　　审　周晓英

前　言

党的二十大报告提出“加快建设农业强国，扎实推动乡村产业、人才、文化、生态、组织振兴”。新时期农业的高质量发展离不开职业教育，基础化学是高等职业院校学生学习农业新技术、新知识的重要基础课程。

随着畜牧养殖行业的迅猛发展，为了培养大量相关专业的优秀技术人才，缩短专科同本科之间的距离，响应《教育部关于深化本科教育教学改革全面提高人才培养质量的意见》，同时进一步落实《教育部关于全面提高高等职业教育教学质量的若干意见》文件精神，细化《高等职业学校专业教学标准》，对接高职院校“专升本”的考核大纲，本着为学生提升学历和技能、拓展学生的发展空间的目的，我们组织了本教材的编写工作。

本教材编写围绕“专升本”考核大纲，同时紧贴生产实际，提升学生对产品成分进行常量分析和微量分析的动手能力，提升在分析过程中执行国家质量标准规范的能力，提高对有机化学在生命、环境、能源等各大领域作用的认识，力求理论知识同基础教育有效衔接，科学创新同学生实际水平有效衔接，实操训练同企业真正需求有效衔接，内容掌握同提升学历有效衔接，做到简明扼要、条理清晰、逻辑性强。本书包括无机化学基础、分析化学基础、有机化学基础和实操训练四大模块，共设计 30 个实验，强调对学生的基本操作、基本技能和科学素养的培养。教材涵盖理论知识、课程思政、实操训练等内容，重在强调化学知识的重要性和学科之间的相通性，在确保教材内容科学性的基础上，充分发挥学生的主观能动性和基本的科研能力，帮助学生拓宽视野，提升发展空间，为学生实现“专升本”目标打下良好的基础。

本书由刘圣伟主编，具体编写分工如下：姜佳敏编写模块一（无机化学基础）、刘文编写模块二（分析化学基础）、刘圣伟编写模块三（有机化学基础），钱玲亚完成模块四（实操训练）、思政园地和目标检测的编写，胡杨、周升志、彭皓、唐龙负责书稿的核校以及相关图形和图片的制作。

在本书的编写过程中，得到了中国农业大学出版社的大力支持和帮助，在此表示衷心的感谢。编写本书时参阅和引用了大量的文献，在此一并对相关作者表示最诚挚的谢意。

由于编者水平有限，书中疏漏和不妥之处在所难免，敬请广大读者和同行专家批评指正。

编　者

2023 年 12 月

目　录

模块一　无机化学基础

模块二　分析化学基础

模块三　有机化学基础

模块四 实操训练

模块一

无机化学基础

项目一

物 质 结 构

任务一　原子结构及核外电子的运动状态

一、原子结构

原子是化学变化中的最小粒子。由原子直接构成的物质有钠、镁、铝、铁等金属，碳、磷、硫等非金属和氦气、氖气、氩气等稀有气体。

(一)原子的构成

原子的体积很小，它是由居于原子中心的原子核和核外的电子构成的。原子核由质子和中子构成，每个质子带一个单位正电荷，中子不带电，因此，原子核带的正电荷量等于质子的数量。每个核外电子带一个单位负电荷，电量与原子核所带的正电荷量(核电荷数)相等，因此，原子不显电性。几种原子的构成如表 1-1-1 所列。

表 1-1-1　几种原子的构成

原子种类	质子数	中子数	核外电子数
氢	1	0	1
碳	6	6	6
氧	8	8	8
钠	11	12	11
氯	17	18	17

可见质子数、核电荷数、核外电子数三者之间的关系如下：

质子数＝核电荷数＝核外电子数

(二)原子的相对原子质量

原子的质量很小，且主要都集中在原子核上，因此，原子的质量近乎等于质子加中子的质量。原子质量的数值太小(如1个氢原子的质量约为 1.67×10^{-27} kg,1个氧原子的质量约为 2.657×10^{-26} kg),书写和使用都不方便,所以,国际上统一采用相对原子质量表示原子的质量。相对原子质量、质子数和中子数三者之间的关系如下:

$$\text{相对原子质量}=\text{质子数}+\text{中子数}$$

【例1】某原子的质子数为11,中子数为12,其核电荷数、核外电子数和相对原子质量分别是多少?

解:质子数=核电荷数=核外电子数=11

相对原子质量=质子数+中子数=11+12=23

相对原子质量是以一种碳原子质量的 $\frac{1}{12}$ 为标准的,其他原子的质量与它相比较所得到的比值,作为该原子的相对原子质量。这种碳原子叫作碳12,是含有6个质子和6个中子的碳原子,它的质量的 $\frac{1}{12}$ 等于 1.66×10^{-27} kg。在一般的化学计算中,多采用相对原子质量的近似值。

【例2】1个碳原子的质量约为 1.992×10^{-26} kg,1个氧原子的质量约为 2.657×10^{-26} kg,试计算氧原子的相对原子质量。

$$\text{氧原子的相对原子质量}=\frac{2.657\times10^{-26}}{(1.992\times10^{-26})\times(1/12)}=16.006\approx16$$

二、核外电子的运动状态

原子是由原子核和核外电子构成的,核外电子是带负电荷且质量很小的微粒,绕着原子核做高速运动时,其运动速度接近光速。核外电子绕核做高速运动无法准确捕捉到它的具体位置,只能观察到其出现的区域。图中的小点代表电子出现的概率,小点越密集,代表电子在这个区域出现的概率越大。我们会发现,这样得到的图像好像一团带负电荷的云雾笼罩在原子核周围,我们形象地称之为**电子云**(图1-1-1)。密集的小黑点区域叫作该原子的电子轨道,简称**轨道**。

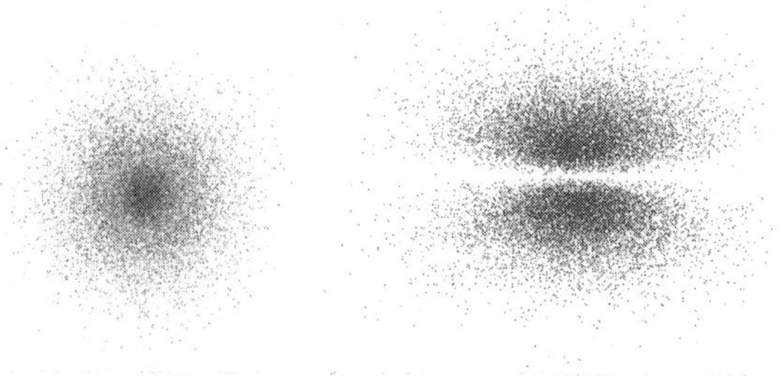

图1-1-1　电子云轮廓图

核外电子的运动状态需从电子层、电子亚层、电子云形状和空间伸展方向以及电子的自旋四个方面来描述。例如,正确描述某个电子的运动状态需说明该电子处在哪一个电子层,哪一个电子亚层,其电子云的形状和空间伸展方向如何,以及该电子的自旋方向是顺时针还是逆时针。

（一）电子层

在含有多个电子的原子中，由于电子的能量高低不同，能量低的电子在离原子核近的区域运动，能量高的电子在离原子核远的区域运动，因此，可以根据核外电子能量高低和活动区域离核远近的不同，将核外电子分成不同的**电子层**。电子层共分七层，用 K、L、M、N、O、P、Q 表示。电子层与电子离原子核的距离及能量高低的关系见表 1-1-2。

表 1-1-2　电子层与电子离原子核的距离及能量高低的关系

电子层	能层	第一层	第二层	第三层	第四层	第五层	第六层	第七层
	表示符号	K	L	M	N	O	P	Q
离原子核距离		电子与原子核距离由近到远 →						
能量高低顺序		能量由低到高						

（二）电子亚层

通过元素的原子光谱研究，人们发现，同一电子层中的电子能量也不完全相同，仍可进一步分为若干个电子组，我们称之为电子亚层。电子亚层是决定电子能量的次要因素，用 s、p、d、f 来表示。其中：

K 层只有一个亚层，表示为 1s。

L 层有两个亚层，分别表示为 2s 和 2p。

M 层有三个亚层，分别表示为 3s、3p 和 3d。

N 层有四个亚层，分别表示为 4s、4p、4d 和 4f。

处在不同电子层的同一亚层的电子，其能量高低顺序为：

$$1s>2s>3s>4s$$

处在相同电子层的同一亚层的电子，其能量高低顺序为：

$$4s>4p>4d>4f$$

（三）电子云的形状和空间伸展方向

不同的电子云形状决定了其空间伸展方向，而空间伸展方向决定了轨道数。s 电子云的形状是球形，在空间各个方向上伸展的程度相同，只有 1 个轨道；p 电子云是哑铃形，在空间中有三种互相垂直的伸展方向，其轨道数为 3 个；d 电子云是花瓣形，在空间中有五种伸展方向，其轨道数为 5 个；f 电子云的形状决定了其在空间中有七种伸展方向，其轨道数为 7 个。不同电子亚层的轨道表示方法如下：

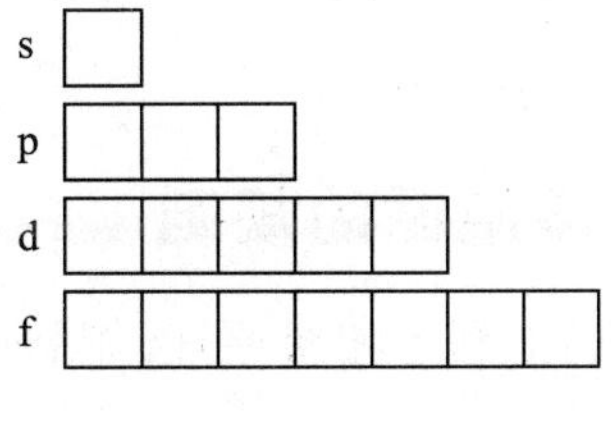

每个电子层的总的轨道数是多少呢？

K 层是第 1 层，$n=1$，具有 s 亚层，轨道总数$=1=1^2$。

L 层是第 2 层，$n=2$，具有 s、p 两个亚层，其轨道总数$=1+3=4=2^2$。

M 层是第 3 层，$n=3$，具有 s、p、d 三个亚层，其轨道总数$=1+3+5=9=3^2$。

N 层是第 4 层，$n=4$，具有 s、p、d、f 四个亚层，其轨道总数$=1+3+5+7=16=4^2$。

依此类推，可推导出每个电子层可能有的最多轨道数为 n^2。

(四)电子的自旋

电子除绕核运动外，还绕自身的轴旋转，这种运动方式决定了电子运动的方向只有两种。一种是顺时针方向，用"↑"表示，另一种是逆时针方向，用"↓"表示。表示三个自旋方向都是顺时针方向的电子用"↑↑↑"来表示，如果表示三个自旋方向都是逆时针方向的电子用"↓↓↓"来表示。

电子在原子核外的运动状态相当复杂，必须由它所处的电子层、电子亚层、电子云的空间伸展方向和自旋状态四个方面来决定。因此，当我们要说明一个电子的运动状态时，必须同时从这四个方面来给予说明。不同电子层的电子亚层、原子轨道及可容纳电子数见表 1-1-3。

表 1-1-3　不同电子层的电子亚层、原子轨道及可容纳电子数

电子层	电子亚层	亚层轨道数	电子层轨道数	电子云形状	亚层电子最大容量	电子层最大容量
K	1s	1	1	球形	2	2
L	2s	1	4	球形	2	8
	2p	3		哑铃形	6	
M	3s	1	9	球形	2	18
	3p	3		哑铃形	6	
	3d	5		花瓣形	10	
N	4s	1	16	球形	2	32
	4p	3		哑铃形	6	
	4d	5		花瓣形	10	
	4f	7		花瓣形	14	
……	……	……	……	……	……	……

【例 3】正确描述电子的自旋方向为顺时针且处在 1s 的一个电子的运动状态。

该电子处在 K 层的 s 亚层，电子云的形状为球形，空间伸展方向 1 个，电子的自旋方向为顺时针。

任务二　原子核外电子排布与元素周期律

一、原子核外电子排布需遵循的规则

核外电子排布要遵循三个规则：泡利不相容原理、能量最低原理和洪德定则。

(一)泡利不相容原理

每一个轨道上的电子数是有一定限制的。科学实验证明，在同一个原子里，没有电子层、电子亚层、电子云形状和电子云的空间伸展方向、自旋状态这四个方面完全相同的电子存在。因此，科学家泡利得出结论：在同一个原子里，不可能有运动状态完全相同的两个电子存在。这就是**泡利不相容原理**。

由于我们无法找到运动状态完全相同的两个电子，电子的自旋方向决定了每个轨道只能存在 2 个电子。如果用一个方框来表示轨道，其轨道中的两个电子的自旋方向表示为“↑↓”。这种表示电子排布的图式称作轨道表示式。比如氧原子的轨道表示式如下：

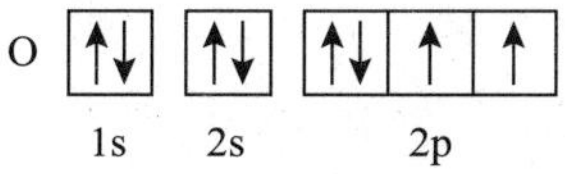

每个轨道只能排 2 个自旋方向相反的电子。K 层的轨道总数是 1，其容纳的电子总数是 2；L 层的轨道总数是 4，能容纳的电子总数是 8；M 层的轨道总数是 9，能容纳的电子总数是 18；N 层的轨道总数是 16，能容纳的电子总数是 32。依此类推，可以推算出某一电子层或电子亚层中电子数的最大容量，即每个电子层最多容纳的电子数为 $2n^2$。

(二)能量最低原理

核外电子在原子轨道上的排布，应使整个原子的能量处于最低状态，此时体系所处的状态最稳定。因此，在核外电子的排布中，通常状况下电子总是先占有能级最低的轨道，只有当这些轨道占满后，电子才依次进入能级较高的轨道。这个规律叫作**能量最低原理**。

根据这个原理，我们可以根据原子的核外电子数写出该原子的核外电子排布式。例如，碳原子的核外电子数是 6，其核外电子排布式为 $1s^2 2s^2 2p^2$；钙原子的核外电子数是 20，其核外电子排布式为 $1s^2 2s^2 2p^6 3s^2 3p^6 4s^2$。在钙的核外电子排布过程中，为何是先排 4s，而不是先排 3d 呢？由于发生了能级交错，3d 轨道的能量要高于 4s 轨道的能量。根据能量最低原理，电子优先排布在能量低的轨道。对于多电子原子来说，其核外电子排布的正确排序是：1s、2s、2p、3s、3p、4s、3d、4p、5s、4d、5p、6s、4f、5d、6p、7s、5f、6d、7p。

(三)洪德定则

洪德定则是根据实验结果总结出来的一个普遍规则：在同一亚层的各个轨道上，电子的排布将尽可能依次分占不同的轨道，并且自旋方向相同。

例如，用轨道表示式来表示碳原子核外电子的排布。以下是碳原子核外电子排布的两种方法，哪种方法是正确的呢？

方法一：

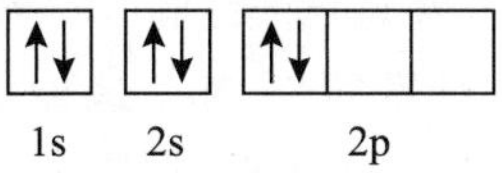

方法二：

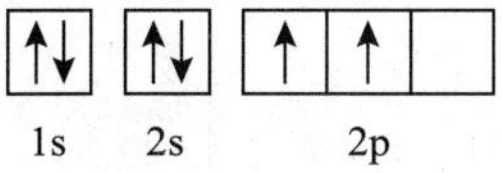

显然，第二种方法是正确的。根据洪德定则，剩余的电子应该分占不同的轨道，所以，两个

电子应该依次分占 p 亚层的三个轨道中的第一个和第二个轨道，且自旋方向相同。

例如，用核外电子排布式来表示铜原子核外电子的排布。以下是铜原子核外电子排布的两种方法，哪种方法是正确的呢？

方法一：$1s^2 2s^2 2p^6 3s^2 3p^6 4s^2 3d^9$

方法二：$1s^2 2s^2 2p^6 3s^2 3p^6 4s^1 3d^{10}$

显然，第二种方法是正确的。因为第二种最后排成 $4s^1 3d^{10}$ 是半充满和全充满状态。根据洪德定则特例，对于同一电子亚层，当电子排布为全充满、半充满或全空时，是比较稳定的。

即：

全充满　$s^2 p^6$ 或 d^{10} 或 f^{14}

半充满　$s^1 p^3$ 或 d^5 或 f^7

全　空　p^0 或 d^0 或 f^0

上述铜的核外电子排布就是属于 s 和 d 轨道都处于半充满时比较稳定的例子，铬的核外电子排布 $1s^2 2s^2 2p^6 3s^2 3p^6 4s^1 3d^5$ 也属于这种特例。

(四)原子结构示意图

表示原子核外电子排布的方法有多种，除了轨道表示式、核外电子排布式，还有原子结构示意图。部分原子的原子结构示意图如图 1-1-2 所示。

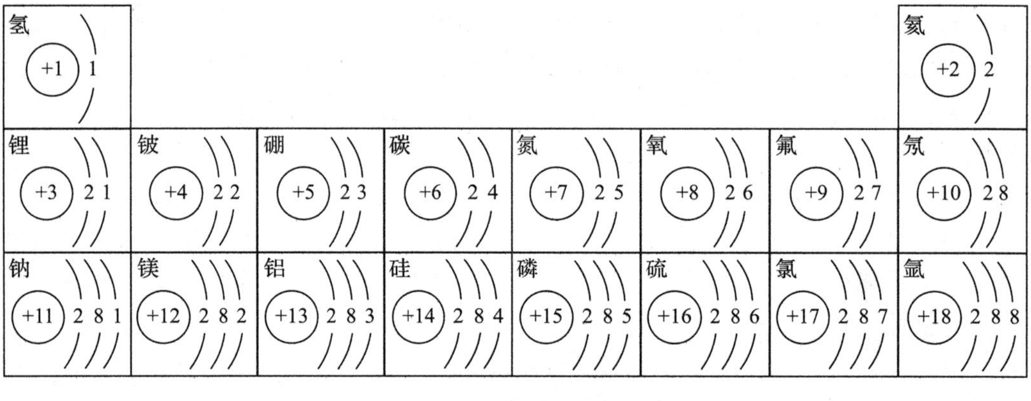

图 1-1-2　1～18 号原子结构示意图

从原子结构示意图中，我们能获得哪些信息呢？

圆圈表示原子核，圆圈里的“+”表示原子核带正电荷，圆圈里的数字表示原子核的核电荷数(在数值上等于质子数)，弧线表示电子层，弧线上的数字表示核外每个电子层上所排列的电子数，弧线上的数字之和就是核外电子总数，该电子总数在数值上同核电荷数相等。

从图 1-1-2 我们可以看出，稀有气体元素除氦为 2 个电子外，其余的氖、氩最外层都达到 8 个电子，即相应的能层轨道呈全满状态。这样的结构视为相对稳定结构。这种稳定结构决定了氦气、氖气、氩气等稀有气体不易与其他物质发生反应，化学性质比较稳定。

钠、镁、铝等金属原子最外层电子一般都少于 4 个，在化学反应中容易失去最外层电子而达到 8 个电子的稳定结构。最外层电子数越少，越容易失去电子，活泼性越强。因此，比较金属原子的活泼性的结果是钠＞镁＞铝。

氯、氧、硅等非金属原子最外层电子一般都多于 4 个，在化学反应中最外层容易得到电子而趋于 8 个电子的稳定结构。对于非金属元素而言，最外层电子数越多，越容易得到电子而体现出较强的活泼性。因此，比较非金属原子的活泼性的结果是氯＞氧＞硅。

二、元素周期表

元素周期表中的所有元素是按照原子序数由小到大依次排列的。原子序数数值上等于原子核的核电荷数(质子数)。因此，原子序数、核电荷数、核外电子数、质子数之间关系式如下：

原子序数＝核电荷数＝核外电子数＝质子数

当将元素按原子序数递增的顺序排列时，就会发现元素的化学性质呈现周期性的变化，这一规律称为元素周期律。元素周期表是元素周期律的表达形式(见书后彩页)。

(一)周期

元素所在的周期数与该元素原子所具有的电子层数一致。例如氧原子的核外电子排布式是 $1s^2 2s^2 2p^4$，它有 K、L 两个电子层，因此，氧元素就排在第二周期。元素周期表一共有七个周期，第一、第二、第三周期为短周期，从第四周期起称为长周期，第七周期是未完全的周期。除第一周期最外层电子层的结构是 $1s^1$～$1s^2$ 外，其他周期的每一个周期的最外层电子层的结构都是从 ns^1 开始，到 np^6 结束。

(二)族

元素周期表中，将最外层电子数相同的元素排成一竖行称为族(除 0 族 He 外)。例如氧原子的核外电子排布式是 $1s^2 2s^2 2p^4$，它的最外电子层结构为 $2s^2 2p^4$，硫原子的最外层电子结构为 $3s^2 3p^4$，由于氧原子和硫原子的最外层电子数都是 6，因此，氧元素和硫元素都排在元素周期表中的第六主族。元素周期表中共有七个主族，七个副族，一个第Ⅷ族和一个零族。

主族：将电子最后排在最外层的 s 和 p 轨道上的元素称为主族元素，所有的主族元素就构成了主族。主族元素最外电子层上的电子数与所属的族数相同，也与它的最高氧化数相同，它们的化学性质也非常相似。主族分为第一主族、第二主族、第三主族、第四主族、第五主族、第六主族和第七主族，用符号ⅠA、ⅡA、ⅢA、ⅣA、ⅤA、ⅥA、ⅦA 表示。部分主族的元素有特殊名称：第ⅠA 族的元素(氢除外)也称为碱金属元素；第ⅦA 族的元素又称为卤族元素。

副族：将电子最后填充在 d 和 f 轨道上的元素称为副族元素，所有的副族元素就构成了副族。副族包括第一副族、第二副族、第三副族、第四副族、第五副族、第六副族和第七副族，用符号ⅠB、ⅡB、ⅢB、ⅣB、ⅤB、ⅥB、ⅦB 表示。

第Ⅷ族：第Ⅷ族共三个竖行，主要包括铁、钴、镍等 12 种元素，由于它们的性质、原子半径相近，展示的化合价相似，且都具有铁磁性，因此，将它们单独列成第Ⅷ族。所有的副族和第Ⅷ族元素统称为过渡元素。

零族：所有的稀有气体元素。稀有气体元素的最外层电子数都达到了饱和状态，性质非常稳定。

(三)区

原子的最外层电子数同化学反应息息相关，因此，熟悉各族元素原子的外层电子结构类型十分必要。按原子的外层电子结构可将元素周期表中的元素分成以下四个区域。

s 区：包括ⅠA 和ⅡA 的元素，它们的外层电子结构为 $ns^1 \sim ns^2$。该区元素的特点是容易失去最外层电子成为离子，是较活泼的金属元素(除氢外)。

p 区：包括ⅢA～ⅦA 和零族的元素，它们的外层电子结构为 $ns^2np^1 \sim ns^2np^6$。该区的元素都是非金属元素。

d 区：包括ⅢB～ⅦB 和第Ⅷ族的元素，它们都是金属元素且性质比较相似，它们的外层电子结构为 $(n-1)d^{1\sim 9}ns^{1\sim 2}$。

ds 区：包括ⅠB 和ⅡB 的元素，它们是过渡金属元素，它们的外层电子结构为 $(n-1)d^{10}ns^{1\sim 2}$，由于它们的 d 层是满的，所以，体现的性质与其他过渡金属元素有所不同。

另外，习惯上将原子序数为 57～71 的共 15 个元素称为镧系元素，将原子序数为 89～103 的共 15 个元素称为锕系元素。

元素周期表是学习和研究化学的重要工具，它的内容十分丰富，目前我们所学知识有限，尚不能完全掌握，但仍然可以从表上查询这些元素的相关信息，如它们在周期表中的位置、元素符号、相对原子质量、核电荷数、属于金属还是非金属等。

【例 4】某元素排在元素周期表中第三周期的第七主族，该元素是什么元素？是金属元素还是非金属元素？写出它的核外电子排布式并指出该元素原子的核电荷数、质子数、中子数和相对原子质量。

解：根据元素周期表查得该元素为氯元素，氯元素是非金属元素。其核外电子的排布式为 $1s^22s^22p^63s^23p^5$，核电荷数为 17，质子数为 17，相对原子质量为 35.5，中子数为 18.5。

【例 5】某元素原子的最外层电子结构为 $4s^24p^3$，写出该元素的核外电子排布式，指出该元素处在元素周期表中第几周期，第几主族？该元素是什么元素？是金属元素还是非金属元素？并给出该元素原子的核电荷数、质子数、中子数和相对原子质量。

解：该元素的核外电子排布式为 $1s^22s^22p^63s^23p^64s^23d^{10}4p^3$，其核外电子数为 33，核电荷数和质子数都是 33，在元素周期表中处在第四周期，第五主族。通过元素周期表查得该元素为砷元素，砷元素是非金属元素，相对原子质量为 74.92，中子数为 41.92。

任务三　物质的构成

物质是由元素组成的，不同的元素能组成不同的物质。而构成物质的微粒有三种，它们分别是原子、分子和离子。

一、原子、分子、离子

(一)原子

原子是化学变化中的最小微粒。原子虽然很小，但有些物质直接由原子构成，表示这些物质可以直接用元素符号来表示。例如：

金属单质：铁(Fe)、铜(Cu)、黄金(Au)、白银(Ag)等。

稀有气体：氦气(He)、氖气(Ne)、氩气(Ar)、氙气(Xe)等。

非金属单质：碳(C)、硫(S)、磷(P)、硅(Si)等。

(二)分子

分子是保持物质化学性质的最小微粒。有些物质是直接由分子构成的，这些物质必须用分子式来表示。如氧气是由无数个氧气分子构成的，而硫酸是由无数个硫酸分子构成的。分子是由原子构成的，如 1 个氧气分子由 2 个氧原子构成，1 个硫酸分子是由 2 个氢原子、1 个硫原子和 4 个氧原子构成的。用元素符号表示氧气和硫酸的正确书写方式分别是 O_2 和 H_2SO_4，这种用元素符号和数字的组合表示物质组成的式子称为化学式。

每种纯净物的组成是固定不变的，所以表示物质的化学式只有一个。纯净物包括单质和化合物，两者化学式的书写方式有所不同。

由同种元素组成的纯净物叫单质，如氯气(Cl_2)、液溴(Br_2)。

由不同种元素组成的纯净物叫化合物，如盐酸(HCl)、硝酸(HNO_3)。

单质化学式的书写方式如表 1-1-4 所列。

表 1-1-4 单质化学式的书写方式

单质种类	书写方式
稀有气体	用元素符号表示，如氦气写为 He，氩气写为 Ar
金属	习惯上用元素符号表示，如钠写为 Na、镁写为 Mg
固态非金属	硼写为 B、硫写为 S
非金属气体	在元素符号右下角写上表示分子中所含原子数的数字，如氧气写为 O_2，臭氧写为 O_3

化合物化学式的书写方式如表 1-1-5 所列。

表 1-1-5 化合物化学式的书写方式

知道该化合物由哪几种元素组成，以及构成该物质分子的不同原子的个数比
当组成元素原子个数比是 1 时，1 省略不写。如氟化氢(HF)
氧化物化学式的书写一般将氧的元素符号写在右方，其他元素符号写在左方。如三氧化硫(SO_3)
由金属元素和非金属元素组成的化合物，书写其化学式时，一般金属的元素符号写在左边，非金属的元素符号写在右边。如三氧化二铝(Al_2O_3)
铵根和酸根(非金属)组成的化合物，书写其化学式时，一般是铵根写在左边，酸根(非金属)的符号写在右边。如氯化铵(NH_4Cl)

由两种元素组成化合物的名称一般读成“某化某”，如氯化铝($AlCl_3$)、氧化铝(Al_2O_3)等。有的氧化物还需读出各化学式中各元素的原子个数，如五氧化二磷(P_2O_5)、四氧化三铁(Fe_3O_4)等。由金属元素同酸根组成的化合物，其名称一般读成“某酸某”，如 Na_2SO_4 读成硫酸钠，$CaCO_3$ 读成碳酸钙。

（三）离子

有些物质是直接由离子构成的。通常，我们将带电荷的原子或原子团称为离子，带正电荷的原子叫阳离子，带负电荷的原子叫阴离子。比如氯化钠就是由带正电的钠离子和带负电的氯离子化合而成的。

常见的金属离子：钾离子（K^+）、镁离子（Mg^{2+}）、钙离子（Ca^{2+}）、铁离子（Fe^{3+}）、亚铁离子（Fe^{2+}）、铜离子（Cu^{2+}）、亚铜离子（Cu^+）等。

常见的非金属离子：氯离子（Cl^-）、硫离子（S^{2-}）、溴离子（Br^-）、碘离子（I^-）、氟离子（F^-）等。

常见的酸根离子：硫酸根离子（SO_4^{2-}）、亚硫酸根离子（SO_3^{2-}）、硝酸根离子（NO_3^-）、碳酸根离子（CO_3^{2-}）、高锰酸根离子（MnO_4^-）等。

二、化合价与氧化数

（一）化合价

化合物有固定的组成，即形成化合物的元素有固定的原子个数比。一般情况下，通过元素的“化合价”可以知道不同的元素以多少个原子相结合形成化合物，并认识其中的规律。

元素的化合价有正价和负价之分，如在化合物中，H 通常为＋1 价，O 为－2 价。在化合物里，正、负化合价的代数和为零。如水的化学式为 H_2O，其化合价的代数和＝$2\times(+1)+(-2)=0$。

有些带电的原子团，如 OH^-、SO_4^{2-}、CO_3^{2-}、NO_3^-、NH_4^+ 常作为一个整体参加反应，这样的原子团叫作根。根也有化合价，它们的化合价和它们所带的电荷数相同。如氢氧根离子（OH^-）带 1 个单位的负电荷，它的化合价就为－1 价，铵根离子（NH_4^+）带 1 个单位的正电荷，它的化合价就为＋1 价。

在确定元素的化合价时，需注意以下几点：

(1)金属元素与非金属元素化合时，金属元素显正价，非金属元素显负价。

(2)一些元素在不同的物质中可显不同的化合价。

(3)元素的化合价是元素的原子在形成化合物时表现出来的一种性质，因此，在单质里，元素的化合价为 0。

一些常见元素和根的化合价如表 1-1-6 所列。

表 1-1-6　一些常见元素和根的化合价

元素和根的名称	元素和根的符号	常见的化合价	元素和根的名称	元素和根的符号	常见的化合价
钾	K	＋1	氯	Cl	－1、＋1、＋5、＋7
钠	Na	＋1	溴	Br	－1
银	Ag	＋1	氧	O	－2
钙	Ca	＋2	硫	S	－2、＋4、＋6

续表1-1-6

元素和根的名称	元素和根的符号	常见的化合价	元素和根的名称	元素和根的符号	常见的化合价
镁	Mg	+2	碳	C	+2、+4
钡	Ba	+2	硅	Si	+4
铜	Cu	+1、+2	氮	N	−3、+2、+4、+5
铁	Fe	+2、+3	磷	P	−3、+3、+5
铝	Al	+3	氢氧根	OH^-	−1
锰	Mn	+2、+4、+6、+7	硝酸根	NO_3^-	−1
锌	Zn	+2	硫酸根	SO_4^{2-}	−2
氢	H	+1	碳酸根	CO_3^{2-}	−2
氟	F	−1	铵根	NH_4^+	+1

【例 6】已知某种磷的氧化物中磷为+5 价，氧为−2 价，写出这种磷的氧化物的化学式。

解：写出组成化合物的两种元素的符号，显正价的元素写在左边，显负价的元素写在右边。

$$\overset{+5}{P}\quad\overset{-2}{O}$$

求两种元素化合价绝对值的最小公倍数。

$$5\times2=10$$

求各元素的原子数。

$$\frac{最小公倍数}{化合价绝对值}=原子数$$

$$P:\frac{10}{5}=2\qquad O:\frac{10}{2}=5$$

将原子数写在各元素符号的右下方，即得化学式。

$$P_2O_5$$

检查化学式，当正价总数与负价总数的代数和等于 0 时，化学式是正确的。

$$2\times(+5)+5\times(-2)=(+10)+(-10)=0$$

这种磷的氧化物的化学式是 P_2O_5。

(二)氧化数

氧化数是指某元素的一个原子的表观电荷数，这种电荷数是假定把化学键中的电子指定给电负性较大的原子计算出来的。氧化数反应元素的氧化状态，可以是正数、负数、零，也可以是分数。

氧化数的确定规则：

(1)单质分子中，元素的氧化数为 0。比如，H_2 中 H 的氧化数为 0。

(2)离子型化合物中，单原子离子元素的氧化数等于它所带的电荷数。如，Cl^- 氧化数为 -1。多原子离子各原子氧化数代数和等于离子的电荷数。

(3)中性分子中各原子氧化数代数和为 0。

(4)特殊情况：①H 的氧化数一般为 $+1$，在金属氢化物中氧化数为 -1；如 NaH 中，氢的氧化数为 -1。②O 的氧化数一般为 -2，在过氧化合物、超氧化合物中，氧的氧化数分别为 -1、$-\frac{1}{2}$；在氟的氧化物(OF_2)中，氧的氧化数为 $+2$。③氟的氧化数在所有化合物中都为 -1，其他卤素原子在二元化合物中氧化物一般为 -1。在卤素的二元化合物中，电负性大的卤原子氧化数为 -1，如 ClBr 中氯的氧化数为 -1，溴的氧化数为 $+1$；含氧化合物中，按氧化物决定，如 ClO_2 中氯的氧化数为 $+4$。

【例 7】计算 $K_2Cr_2O_7$ 中 Cr 的氧化数。

解：设 Cr 的氧化数为 x，根据中性分子中各原子氧化数代数和为 0 规则列出等式。

$$(+1)\times 2+2x+(-2)\times 7=0$$
$$x=+6$$

因此，在 $K_2Cr_2O_7$ 中，Cr 的氧化数为 $+6$。

氧化数和化合价是两个不同的概念。氧化数是根据人为制定的规则计算得到的形式电荷数值，可直接由分子式(或化学式)确定，可以是整数，也可以是分数；而化合价反映原子结合成化合物形成的离子电荷数或形成共价键的个数，必须根据分子结构来确定，只能是整数。所以，在具体化合物中某原子的氧化数与化合价也是有所不同的。例如，Fe_3O_4 分子中，Fe 元素的化合价分别是 $+2$ 价和 $+3$ 价；而 Fe 的氧化数为 $+\frac{8}{3}$。

三、相对分子质量的计算

化学式中各原子的相对原子质量的总和就是相对分子质量。根据化学式可进行以下计算：

1. 计算相对分子质量

O_2 的相对分子质量 $=16\times 2=32$

H_2SO_4 的相对分子质量 $=2\times 1+32+4\times 16=98$

2. 计算物质各元素的质量比

盐酸(HCl)中氢元素和氯元素的质量比 $=1:35.5$

硫酸(H_2SO_4)中氢元素、硫元素和氧元素的质量比 $=(2\times 1):32:(4\times 16)$
$=1:16:32$

3. 计算物质中某元素的质量分数

物质中某元素的质量分数就是该元素的质量与组成物质的元素总质量之比。

【例 8】计算化肥硝酸铵(NH_4NO_3)中氮元素的质量分数。

解：首先根据化学式计算出 NH_4NO_3 的相对分子质量：

NH_4NO_3 的相对分子质量 $=2\times 14+4\times 1+3\times 16=80$

$$氮元素的质量分数=\frac{N\text{ 的相对原子质量}\times N\text{ 的原子个数}}{NH_4NO_3\text{ 的相对分子质量}}\times 100\%$$

$$=\frac{14\times 2}{80}=35\%$$

四、化学键

化学键是指相邻两个或多个原子之间的相互作用。化学键的形成与原子结构有关，根据不同微粒间作用的方式和强度，将化学键主要分为三种类型：离子键、共价键、金属键。

（一）离子键

金属钠在氯气中剧烈燃烧生成氯化钠，反应方程式如下。

$$2Na+Cl_2 \overset{}{=\!=\!=} 2NaCl$$

根据原子结构可知，Na 原子最外电子层只有 1 个电子，容易失去最外层电子；而 Cl 原子最外电子层有 7 个电子，得电子能力强。钠原子和氯原子相互得失 1 个电子后，都能形成最外电子层 8 个电子的“稳定结构”。两个带相反电荷的离子（Na^+、Cl^-）之间存在相互吸引的静电作用，同时还存在着彼此电子和原子核之间的相互排斥作用。当“吸引力”和“排斥力”达到平衡时，两个离子之间就形成了稳定的化学键。通常可用“·”表示最外层电子，因此氯化钠形成过程用电子式可表示为：

$$Na\cdot + \cdot\underset{\cdot\cdot}{\overset{\cdot\cdot}{Cl}}: \longrightarrow Na^+\left[:\underset{\cdot\cdot}{\overset{\cdot\cdot}{Cl}}:\right]^-$$

像这样带相反电荷的离子通过静电作用形成的化学键称作离子键，通常活泼金属和活泼非金属相互化合时，形成的是离子键。

以离子键结合的化合物称作离子化合物。绝大多数盐类、强碱类和金属氧化物都属于离子化合物，如 $CaCl_2$、NH_4Cl、NaOH、K_2SO_4 等。

在离子化合物中，由于离子间存在着较强的离子键，一般离子化合物硬度较高，密度较大，有较高的熔点和沸点。

（二）共价键

氢气和氯气在光照条件下生成氯化氢。根据原子结构可知，H 原子只有 1 个电子，Cl 原子最外电子层有 7 个电子，两个元素都只需得到一个电子就能达到 2 电子或 8 电子的“稳定结构”。两个原子都难以得到或失去电子，只有各提供一个电子形成 1 个共用电子对，使两个原子均达到相对稳定的状态。氯化氢形成过程用电子式可表示为：

$$H\cdot + \cdot\underset{\cdot\cdot}{\overset{\cdot\cdot}{Cl}}: \longrightarrow H:\underset{\cdot\cdot}{\overset{\cdot\cdot}{Cl}}:$$

像这样原子间通过共用电子对形成的相互作用称作共价键，主要在非金属元素原子之间形成。只通过共价键结合的化合物是共价化合物，如 HCl、H_2O、NO_2 等。共价化合物一般硬度小、熔点和沸点较低。

在化学上，常用一根短线表示一对共用电子对，所以 HCl 也可表示为 H—Cl。因为氯原子的电负性大于氢原子，共用电子对会向电负性更大的一方偏移，因此氯元素氧化数为－1。

这种因两个原子间电负性不同而产生共用电子对偏移的也称作极性键。而单质(H_2、O_2)的共价键是非极性键。

(三)金属键

金属与非金属元素主要通过离子键结合,非金属间主要通过共价键结合,那么金属原子间的结合情况又是怎么样的呢?

金属键本质上与共价键相似,是由自由电子及排列成晶格状的金属离子之间的静电作用组合而成的。自由电子就是金属原子脱落下来的价电子,作为整个原子基体的共有电子,在整个晶体中做自由运动;而失去了价电子的金属原子成为正离子,依靠与这些共有化的电子的静电作用而相互结合,这种结合方式就称为金属键。金属键没有饱和性、方向性。

五、分子间力和氢键

(一)分子间力

化学键是分子内原子间的相互作用,而分子间也存在着一种相互作用,称作分子间力,也叫范德华力。范德华力包括三种作用力:取向力、诱导力和色散力。

取向力发生在极性分子与极性分子之间。极性分子中的正电荷和负电荷分布不均匀,导致分子整体带有电荷偏离中心的现象。比如水分子由一个氧原子和两个氢原子组成,氧原子的电负性更高,因此,电子云被吸引到氧原子周围,使氧原子带有一定的负电荷,而氢原子则带有一定的正电荷。当两个极性分子靠近时,正负两级相互吸引,产生相对转动,并按照取向排列。这种极性分子间产生的相互吸引就是取向力。

诱导力产生于极性分子和非极性分子之间以及极性分子和极性分子之间。极性分子的正负电荷分布在分子的两级,因此当非极性分子靠近时,极性分子中的“正电荷”会使非极性分子中的正、负电荷重心发生偏移。这种因外电场作用产生的偶极称作诱导偶极,分子间因诱导偶极作用产生的力叫诱导力。

色散力存在于所有分子或原子间。由于每个分子中原子核和电子的不断运动,某一瞬间正、负电荷重心发生相对位移而产生的偶极称为瞬时偶极。这种分子的瞬时偶极的作用产生的作用力称为色散力。

分子间力本质上是电性的相互作用,作用力仅有化学键的 1%～10%,并且只有在分子间距离很近的时候才发挥作用,随着分子间距离增加而降低。三种力中,色散力是分子间的主要作用力(除强极性分子 HF、H_2O 外),取向力次之,诱导力的作用最小。

对共价化合物而言,相对分子质量和分子极性增大,分子间力也增大,物质的熔点、沸点也升高。

(二)氢键

氢键不属于化学键,它指的是氢原子在和电负性大的原子通过共价键结合,并与另一个电负性大、有孤对电子、半径小的原子接近后产生的静电吸引作用。比如氢原子和氟原子形成的共价化合物 HF,因 F 原子的半径小、电负性大,共用电子对向 F 原子发生大幅度偏移,H 原子的原子核几乎“裸露”,就会被相邻的 HF 分子中 F 原子的孤对电子对吸引,这种吸引力就是氢键。

氢键的组成可以用 X—H…Y 来表示，X、Y 一般是 F、O、N 等原子。氢键既可以存在于同种分子间，也可以存在于不同分子间，所以 X 和 Y 也可以是同种元素。例如：

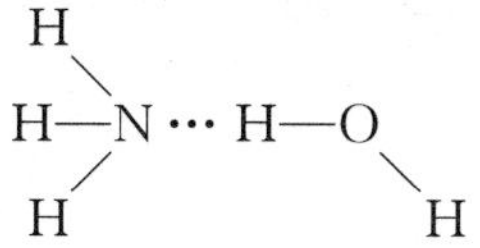

◎ 思政园地 ◎

“稀土之父”徐光宪

稀土作为工业“维生素”，在军事、冶金工业、石油化工等方面都有广泛应用。然而，稀土提炼和加工难度极大，极其珍贵。中国已探明的稀土储量位列世界第一，曾经却因缺乏技术支撑，长期受制于人。现如今，中国已成为世界上最大的稀土生产国，拥有最完整的稀土产业链，这就不得不提到“稀土之父”——徐光宪。

徐光宪 1920 年 11 月 7 日出生于浙江省上虞县(今绍兴市上虞区)，20 岁考入“国立交通大学”化学系，1948 年赴美留学深造，抗美援朝战争爆发后，徐光宪和夫人高小霞放弃在美国的优厚待遇和科研前景，于 1951 年一同回国。回国后，徐光宪全身心投入教学科研工作，始终将国家需要放在第一位，先后三次转换研究方向。他说：“做研究工作如果没有国家的需要，就是无本之木、无源之水，国家需要你改变方向时，科学家应该服从国家需要。”

镨和钕在稀土元素中性质最为相近，被称为稀土中的双生子。1972 年，北京大学接到了分离镨、钕元素的紧急任务，徐光宪挑起了重担，他说：“这两种元素比孪生兄弟还要像，分离难度极大。但中国作为世界最大的稀土所有国，长期只能出口稀土初级产品，我们心里不舒服。所以，再难也要上。”当时，国际上分离稀土的方法是离子交换法和分级结晶法，但这些方法成本高、产品纯度低，不适合大规模工业生产。徐光宪决定另辟蹊径，采用自己在核燃料萃取中研究过多年的老法子——萃取法来进行试验。什么是萃取？简单来说，萃取就是将待分离物质溶解于适当的溶剂中，利用溶质在不同溶剂中的溶解度差异，从而达到分离的目的。这就好比油和水互不相溶，如果将一种混合物放在水和油中，只要混合物的某一成分比其他成分更易溶于油，那么在油中所提炼出的这种成分会比其他成分多，从而达到提纯的目的。化学学科中的所谓“萃取”，就是这样一个过程，只是适用范围更广，所使用的溶剂不只是水和油。在实际生产中，加什么溶剂、加多少、这个过程要反复多少次、怎样将某种元素的萃取过程和其他元素的萃取过程统一协调起来等都需要逐一解决，加上工业生产中的成本和时间等因素，都是需要研究解决的问题。最终，在他的带领下，中国撬动了全世界的稀土格局，他创造了“中国传奇”。而他的妻子高小霞也在稀土领域做出杰出贡献，丈夫把稀土包含的 17 种元素分离出去后，她把剩下的部分制成肥料——稀土微肥，后来，他们双双成为中国科学院院士，也被誉为科学界的“比翼鸟”。

2015 年 4 月 28 日，一生以国家利益为先的功勋科学家徐光宪永远离开了我们。徐光宪，这是一个注定要写在中国稀土发展史上的名字，他提出的串级萃取稀土分离理论，让中国真正成了稀土大国。

◎ 目 标 检 测 ◎

一、选择题

1. 元素是具有相同(　　)(即质子数)同一类原子的总称。

A. 核电荷数　　B. 中子数　　C. 电子数　　D. 离子数

2. 某原子的相对原子质量=质子数+(　　)。

A. 原子个数　　B. 中子数　　C. 核电荷数　　D. 电子数

3. 2H 表示(　　)。

A. 2 个氢元素　　B. 2 个氢分子　　C. 2 个氢离子　　D. 2 个氢原子

4. P 是(　　)元素。

A. 氮元素　　B. 碳元素　　C. 非金属元素　　D. 金属元素

5. CO_2 不能表示的意义是(　　)。

A. 二氧化碳这种物质

B. 二氧化碳是由碳元素和氧元素组成的

C. 1 个二氧化碳分子是由 1 个碳原子和 2 个氧原子构成的

D. 二氧化碳是由 1 个碳元素和 2 个氧元素组成的

6. Fe_2O_3 可以读成三氧化二铁,也可以读成(　　)。

A. 氧化铁　　B. 氧化亚铁　　C. 四氧化三铁　　D. 三氧化二亚铁

7. 下列化合物中,氮元素显−3 价的是(　　)。

A. NH_3　　B. NO_2　　C. NO　　D. N_2O_5

8. 某种元素的原子核外只有一个电子层,且电子数只有 2 个,该元素是(　　)。

A. 氦元素　　B. 氖元素　　C. 氩元素　　D. 氙元素

9. 金属离子 Ca^{2+} 显+2 价,次氯酸根离子显−1 价。它们形成的化合物的分子式为(　　)。

A. CaClO　　B. ClOCa　　C. $Ca(ClO)_2$　　D. C $CaCl_2$

10. 核电荷数为 12 的元素在元素周期表中排在第几周期,第几主族?(　　)

A. 第二周期、第ⅢA 族　　B. 第三周期、第ⅢA 族

C. 第二周期、第ⅡA 族　　D. 第三周期、第ⅡA 族

二、简答题

1. 画出核电荷数分别为 1、8、15、20 的元素的原子结构简图。根据它们的电子层数和最外层电子数,判断它们处在元素周期表中的什么位置,写出它们的元素名称,并判断它们是何种元素?

2. 用化学用语填空。

化学符号					
符号的意义	2 个氢原子	5 个氢分子	3 个钠离子	硫酸	硫

请从给定化合价的 6 种元素中 H(+1 价)、O(-2 价)、K(+1 价)、C(+2 价)、N(+5 价)、F(-1 价)选择适当的元素,按要求写出对应物质的化学式:

非金属氧化物________,金属氧化物__________,金属单质_________,非金属单质______,酸________,碱_________,化合物__________。

3. 下表是元素周期表中前 18 种元素原子的相关信息,根据下图回答下列问题。

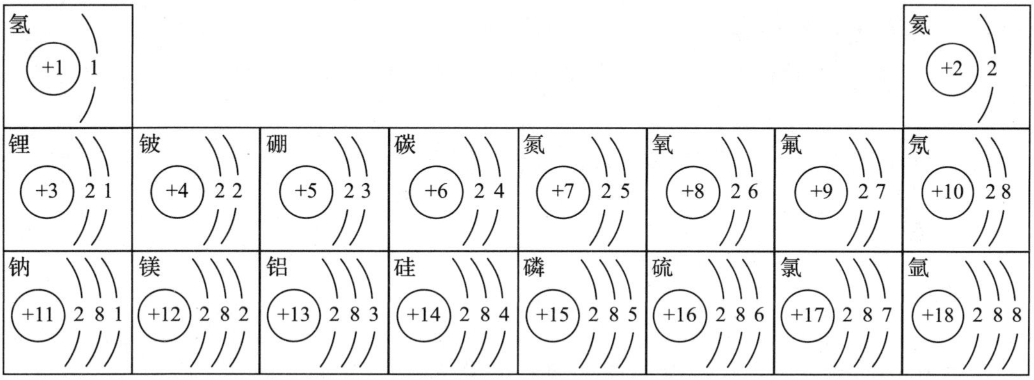

(1)质子数为 9 的元素是____,该元素的原子在化学反应中是容易____电子。(填"得"或"失")

(2)原子序数为 9 和 17 的元素的化学性质相似是因为__________的相等。

(3)氦元素的核电荷数是_____,查元素周期表可得出其相对原子质量为_____。

(4)同一周期元素的原子中,若相对原子质量越大,原子半径越小,则在第二周期中原子半径最大的是_____。

(5)第三周期____元素最易失去电子成为____,____元素最易得到电子成为____,它们形成的离子化合物的名称是_____。

4. 计算下列物质的相对分子质量。

$Ca(OH)_2$　　$CuSO_4 \cdot 5H_2O$　　$Al_2(SO_4)_3$　　$NaOH$　　P_2O_5

$(NH_4)_2SO_4$　　HNO_3　　$NH_3 \cdot H_2O$　　$FeCl_2$　　$MgCO_3$

5. 用 H、O、S、C、Fe 五种元素完成下列填空。

(1)可以形成的氧化物是____________,其中相对分子质量最小的是_____。

(2)亚铁离子为____,铁离子为____,氧离子为____,硫离子为____,氢离子为_____。

(3)可以形成的单质是_____,可以形成的化合物是_______,形成硫酸的分子式为_____,亚硫酸的分子式为_____。

6. 下表是元素周期表的一部分，表中的元素是参与人体生命活动的一些常量元素。

	ⅠA	ⅡA	ⅢA	ⅣA	ⅤA	ⅥA	ⅦA
1	1H 氢						
2				6C 碳	xN 氮	8O 氧	
3	11? 钠	12Mg 镁			15P 磷	16S 硫	17Cl 氯

(1)氮元素核电荷数“x”是________、钠的元素符号“?”是________。

(2)17 号元素上面的元素是____元素，画出其原子结构示意图________，该元素的原子易____电子，呈现________稳定性。

7. 写出原子序数分别为 7、10、21、24、29、36 的原子的核外电子排布式，并指出它们在元素周期表中的位置。

8. 写出原子序数为 5、8、12、20 的原子的轨道表示式。

9. 写出 s、p、d、f 的轨道表示式以及所能容纳的最多电子数。

项目二

酸、碱、盐溶液 pH 的计算

任务一　酸、碱、盐

一、酸

酸是一类化合物的统称。酸在化学中狭义上指在水溶液中电离的阳离子全部都是氢离子（H^+）的化合物。根据酸在水溶液中电离度的大小分为强酸和弱酸。显酸性的溶液可以是酸溶液，也可以是盐溶液（如 $NaHSO_4$、NaH_2PO_4 等），但酸溶液一定显酸性。

（一）强酸

酸溶于水时能发生完全电离的叫强酸。强酸的判断标准为其在水溶液中的电离常数（用 K_a 表示）的大小，一般是指 $pK_a=1\sim4$ 的酸。常见的六大无机强酸分别为高氯酸（$HClO_4$）、氢碘酸（HI）、氢溴酸（HBr）、盐酸（HCl）、硫酸（H_2SO_4）和硝酸（HNO_3），其中 HCl、H_2SO_4、HNO_3 使用最为广泛。强酸能使紫色石蕊显红色。

强酸在水溶液中能完全电离，表示它们电离的电离方程式如下：

$$HI \longrightarrow H^+ + I^-$$

$$HCl \longrightarrow H^+ + Cl^-$$

$$H_2SO_4 \longrightarrow 2H^+ + SO_4^{2-}$$

$$HNO_3 \longrightarrow H^+ + NO_3^-$$

1. 盐酸

盐酸（HCl）属于氢卤酸，是氯化氢气体溶于水的产物。一般市售浓盐酸的质量分数为 37%，密度为 1.17 g/cm^3。氯化氢气体具有强烈的刺激性，打开装有浓盐酸试剂瓶的瓶盖，立即可以闻到强烈的刺激性气味并看到在潮湿的空气中冒“白雾”，因此，盐酸具有挥发性。形成“白雾”是挥发出来的氯化氢气体与空气中的水蒸气结合形成酸雾的缘故。

盐酸具有强烈的腐蚀性。在实验室操作取用浓盐酸时，应戴上手套，右手拿着已打开瓶盖的试剂瓶，标签朝手心，慢慢地将浓盐酸沿着烧杯的杯壁倒入烧杯中。若要配制成溶液，再向烧杯中倒入水，用玻璃棒慢慢搅拌至混合均匀。

盐酸是一种重要的工业原料和化学试剂，常常具有以下用途：

稀盐酸同较活泼的金属（锌、镁、铝）反应放出氢气。

$$Mg+2HCl=\!=\!=MgCl_2+H_2\uparrow$$
$$2Al+6HCl=\!=\!=2AlCl_3+3H_2\uparrow$$

稀盐酸能清洗金属表面（除铁锈）或溶解铁矿石。铁锈的主要成分是（Fe_2O_3），常见的铁矿石有赤铁矿（主要成分 Fe_2O_3）、磁铁矿（主要成分 Fe_3O_4）、黄铁矿（主要成分 FeS_2）、菱铁矿（主要成分 $FeCO_3$）等。

$$Fe_2O_3+6HCl=\!=\!=2FeCl_3+3H_2O$$
$$FeS_2+2HCl=\!=\!=FeCl_2+H_2S\uparrow$$
$$Fe_3O_4+8HCl=\!=\!=FeCl_2+2FeCl_3+4H_2O$$
$$FeCO_3+2HCl=\!=\!=FeCl_2+CO_2\uparrow+H_2O$$

稀盐酸可用来溶解石灰石（或大理石，主要成分为 $CaCO_3$），同苏打（Na_2CO_3）或小苏打（$NaHCO_3$）反应均能产生二氧化碳气体。

$$CaCO_3+2HCl=\!=\!=CaCl_2+CO_2\uparrow+H_2O$$
$$Na_2CO_3+2HCl=\!=\!=2NaCl+CO_2\uparrow+H_2O$$
$$NaHCO_3+HCl=\!=\!=NaCl+CO_2\uparrow+H_2O$$

稀盐酸能同碱发生酸碱中和反应生成盐和水。

$$NaOH+HCl=\!=\!=NaCl+H_2O$$
$$Ca(OH)_2+2HCl=\!=\!=CaCl_2+2H_2O$$

2. 硫酸

硫酸（H_2SO_4）属于含氧酸，将 SO_3 溶解在浓硫酸中形成的溶液叫发烟硫酸。98.3%的发烟硫酸视为纯净物，其密度为 1.854 g/cm^3。浓硫酸具有吸水性、脱水性、氧化性，是化学工业中常用的一种化学工业原料。用硫酸生产出来的 $CaSO_4$、$ZnSO_4$ 和 $MnSO_4$ 常用于添加剂，补充动物机体微量元素 Ca、Zn、Mn 的需要。

硫酸具有强烈的腐蚀性，它的配制方法比较特殊。操作方法如下：戴上手套，右手拿着已打开瓶盖的试剂瓶，标签朝手心，慢慢地将浓硫酸沿着烧杯的杯壁倒入盛有水的烧杯中，边倒边用玻璃棒慢慢搅拌（使产生的热量散失，避免暴沸、液体向外飞溅现象）至混合均匀。

（1）浓硫酸的特性

①吸水性。浓硫酸能吸收水分形成水合硫酸分子，放出大量的热。因此浓硫酸常用作中性、酸性气体的干燥剂，如 H_2、CO_2 等。

$$H_2SO_4+nH_2O=\!=\!=H_2SO_4\cdot nH_2O$$

②脱水性。浓硫酸能按原子比（H∶O=2∶1）脱去有机物中的水分子或非游离态中的结晶水（如胆矾 $CuSO_4\cdot 5H_2O$）。有机物被脱水后会严重地破坏动植物的组织，比如皮肤沾到浓硫酸会使皮肤炭化成为黑色，向白糖里倒入浓硫酸会变成黑炭。这个过程也叫作炭化。

$$C_{12}H_{22}O_{11} \xlongequal{H_2SO_4} 12C + 11H_2O$$

③强氧化性。硫酸中的 S 元素的氧化数为＋6，是最高的氧化数，因此浓硫酸具有强氧化性。冷的浓硫酸可以同不活泼的金属（除铱、钌之外的所有金属）和某些非金属（如 C）反应。

$$2H_2SO_4(\text{浓}) + Cu \xlongequal{\text{点燃}} CuSO_4(\text{浓}) + SO_2\uparrow + 2H_2O$$

$$2H_2SO_4(\text{浓}) + C \xlongequal{\triangle} CO_2\uparrow + 2SO_2\uparrow + 2H_2O$$

(2)稀硫酸特性　稀硫酸是二元强酸，性质同盐酸相似，可以和活泼金属、金属氧化物、碳酸盐及碱发生化学反应。

$$Zn + H_2SO_4 \xlongequal{} ZnSO_4 + H_2\uparrow$$

$$Al(OH)_3 + 6HCl \xlongequal{} AlCl_3 + 3H_2O$$

$$Fe_2O_3 + 3H_2SO_4 \xlongequal{} Fe_2(SO_4)_3 + 3H_2O$$

$$CaCO_3 + H_2SO_4 \xlongequal{} CaSO_4 + CO_2\uparrow + H_2O$$

然而，某些活泼金属（如 Fe 和 Al）在浓硫酸中能稳定存在。这是因为金属表面生成了不易被氧化的物质，相当于罩上了致密的保护膜，阻止了内部金属与硫酸进一步反应（即钝化），因此，工业上常用铁罐来运输浓硫酸。

3. *硝酸*

硝酸属于含氧酸（HNO_3），纯硝酸是一种无色液体，可同水以任意比例混合。一般市售浓硝酸的质量分数为 69.2%，密度为 1.420 g/cm^3，浓硝酸受热易分解使溶液呈黄色。浓硝酸中溶解了过量的二氧化氮（NO_2）后成为发烟硝酸，发烟硝酸的浓度在 98%以上，呈红棕色，具有很强的氧化性。

稀硝酸和浓硝酸都具备酸性和氧化性，因此，硝酸可以同绝大多数金属发生反应。部分金属（Fe、Al 等）常温下被浓硝酸氧化，金属表面形成致密的保护膜，有效阻止了内部金属与浓硝酸进一步反应（即钝化），但如果加热，反应会继续进行。而对稀硝酸而言，因其强氧化性，并不能通过硝酸制取氢气，活泼金属、非金属与稀硝酸反应方程式如下。将 1 体积的浓硝酸同 3 体积的浓盐酸混合在一起可制成“王水”，王水可以溶解金（Au）和铂（Pt）。

$$Fe(\text{少量}) + 4HNO_3(\text{稀}) \xlongequal{} Fe(NO_3)_3 + NO\uparrow + 2H_2O$$

$$3C + 4HNO_3(\text{稀}) \xlongequal{} 3CO_2\uparrow + 4NO\uparrow + 2H_2O$$

浓硝酸见光易分解。

$$4HNO_3(\text{浓}) \xlongequal{\text{光照}} 4NO_2\uparrow + O_2\uparrow + 2H_2O$$

稀硝酸显酸性。用稀硝酸可制得二氧化碳气体，可溶解各种铁矿石并同碱发生酸碱中和反应。

$$CaCO_3 + 2HNO_3(\text{稀}) \xlongequal{} Ca(NO_3)_2 + CO_2\uparrow + H_2O$$

$$FeO + 2HNO_3(\text{稀}) \xlongequal{} Fe(NO_3)_2 + H_2O$$

(二)弱酸

溶于水时发生部分电离的酸叫弱酸。根据酸在水溶液中电离常数的大小来判断，一般是指 $4 \leqslant pK_a < 7$ 为弱酸。常见的弱酸有乙酸(CH_3COOH)、碳酸(H_2CO_3)、亚硫酸(H_2SO_3)、氢硫酸(H_2S)、硼酸(H_3BO_3)、草酸($H_2C_2O_4$)、磷酸(H_3PO_4)、乳酸($C_3H_6O_3$)等。根据它们含有的氢原子的个数将它们分为一元弱酸、二元弱酸和三元弱酸。有些弱酸因酸性较弱无法使紫色石蕊试剂显红色，可用 pH 试纸或 pH 计来检验其是否显酸性。

弱酸在水溶液中不能完全电离，表示它们电离的电离方程式如下：

$$CH_3COOH \rightleftharpoons CH_3COO^- + H^+ \qquad K_a = 1.8 \times 10^{-5}$$

二元弱酸和三元弱酸在水溶液中是分步电离的。例如碳酸(H_2CO_3)是二元弱酸，在水溶液中分两步电离。磷酸(H_3PO_4)是三元弱酸，在水溶液中分三步电离。

$$H_2CO_3 \rightleftharpoons HCO_3^- + H^+ \qquad K_{a1} = 4.2 \times 10^{-7}$$

$$HCO_3^- \rightleftharpoons CO_3^{2-} + H^+ \qquad K_{a2} = 5.6 \times 10^{-11}$$

乙酸　乙酸也称为醋酸或冰醋酸，是一种有机化合物，其化学式为 CH_3COOH。醋酸在自然界分布很广，主要在水果或植物油中以酯的形式存在，在动物的组织内、血液中则以游离酸的形式存在。醋酸具有弱酸性且酸性弱于碳酸，纯的无水乙酸是无色的吸湿性液体，凝固点为 16.6 ℃，凝固后为无色晶体，醋酸的水蒸气对眼和鼻有刺激性作用。

乙酸的水溶液能使紫色石蕊试剂显红色，与活泼金属反应会放出氢气，因此，它对金属有腐蚀作用。

$$2CH_3COOH + 2Na = 2CH_3COONa + H_2\uparrow$$

乙酸的水溶液能同碱性氧化物、碱反应生成盐和水。

$$2CH_3COOH + Na_2O = 2CH_3COONa + H_2O$$

乙酸的水溶液能同碱反应生成盐和水。

$$CH_3COOH + NaOH = CH_3COONa + H_2O$$

$$CH_3COOH + NH_3 \cdot H_2O = CH_3COONH_4 + H_2O$$

乙酸的水溶液能同某些盐反应。

$$2CH_3COOH + Na_2CO_3 = 2CH_3COONa + CO_2\uparrow + H_2O$$

二、碱

碱在化学中狭义上指，在水溶液中电离出的阴离子全部都是 OH^- 的化合物，它是一类化合物的统称。根据碱在水溶液中电离度的大小可分为强碱和弱碱，根据溶剂的不同可分为碱溶液和盐溶液(如 NaOH、NH_4Cl)。

(一)强碱

碱溶于水时能发生完全电离的叫强碱。具体的判断标准为其在水溶液中的电离常数，一

般是指 $pK_b=1\sim3$ 的碱。常见的三大无机强碱分别为氢氧化钠、氢氧化钙和氢氧化钾，强碱能使紫色石蕊试剂显蓝色，使酚酞显红色。

强碱在水溶液中能完全电离，表示它们电离的电离方程式如下：

$$NaOH \longrightarrow Na^+ + OH^-$$
$$Ca(OH)_2 \longrightarrow Ca^{2+} + 2OH^-$$

1. 氢氧化钠

氢氧化钠（NaOH）也叫苛性钠、烧碱、火碱，是白色的固体。易溶于水，溶解时放热，水溶液呈强碱性，是一种高效消毒剂。腐蚀性极强，对纤维、皮肤、玻璃、陶瓷等均有腐蚀作用。氢氧化钠固体易潮解，有很强的吸湿性。

氢氧化钠的化学性质很活泼，能同许多物质发生化学反应。氢氧化钠易吸收空气中的 CO_2、SO_2、SO_3 等气体。

$$2NaOH + CO_2 = Na_2CO_3 + H_2O$$
$$2NaOH + SO_2 = Na_2SO_3 + H_2O$$

氢氧化钠可以和某些盐溶液反应生成有颜色的沉淀。

$$2NaOH + CuSO_4 = Na_2SO_4 + Cu(OH)_2\downarrow \text{（蓝色沉淀）}$$
$$3NaOH + AlCl_3 = 3NaCl + Al(OH)_3\downarrow \text{（白色沉淀）}$$

氢氧化钠能同酸发生酸碱中和反应。

$$NaOH + H_2S = NaHS + H_2O$$
$$2NaOH + H_2S = Na_2S + 2H_2O$$

2. 氢氧化钙

氢氧化钙俗称熟石灰或消石灰，化学式为 $Ca(OH)_2$，是一种白色粉末状固体。将生石灰（CaO）加入水后静置，液体分上下两层，上层水溶液清澈透亮（其主要成分为氢氧化钙），称作澄清石灰水，可用于检验二氧化碳气体。下层悬浊液称作石灰乳或石灰浆（其主要成分为氧化钙和水），常用作建筑材料。氢氧化钙是一种强碱，具有杀菌和防腐能力，常用作杀菌剂和化工原料。氢氧化钙对皮肤和织物具有腐蚀作用，使用时要注意安全。氢氧化钙的作用如下：

二氧化碳能使澄清的石灰水变浑浊，以此检验 CO_2。生成的产物碳酸钙是白色的沉淀，$CaCO_3$ 是大理石和石灰石的主要成分。

$$Ca(OH)_2 + CO_2 = CaCO_3\downarrow + H_2O$$

氢氧化钙同某些盐反应产生沉淀。

$$Ca(OH)_2 + Na_2CO_3 = CaCO_3\downarrow + 2NaOH$$
$$Ca(OH)_2 + Na_2C_2O_4 = CaC_2O_4\downarrow + 2NaOH$$

氢氧化钙广泛应用于污染物的治理，可用来脱除排放烟气中的 SO_2、SO_3 和一小部分氟离子、氯离子等酸性气体，使其达到环保标准。

$$Ca(OH)_2 + SO_2\text{（少量）} = CaSO_3\downarrow + H_2O$$

$$Ca(OH)_2+SO_3(少量) = CaSO_4\downarrow+H_2O$$

氢氧化钙固体可用于处理酸性废水。

$$Ca(OH)_2+H_2SO_4 = CaSO_4+2H_2O$$
$$Ca(OH)_2+2HCl = CaCl_2+2H_2O$$

氢氧化钙固体可用于改良酸性土壤,给土壤提供钙元素,增加土壤的营养。可混合配制成农药波尔多液(硫酸铜∶生石灰∶水=1∶1∶200),用于果树和蔬菜的灭虫。

(二)弱碱

碱溶于水发生部分电离叫弱碱。弱碱一般是指在水溶液中电离常数为 $4\leqslant pK_b<7$ 的弱碱。常见的可溶性弱碱有氨水、乙二胺和苯胺等。氢氧化铜、氢氧化铝和氢氧化铁等化合物溶解度小,属于难溶性的弱碱,在水溶液中电离出的 OH^- 极少。有些弱碱因碱性较弱无法使紫色石蕊试剂显蓝色,可用 pH 试纸或 pH 计来检验其是否显碱性,通常它们的 pH 大于 7 或接近 7。

弱碱在水溶液中只能部分电离,表示它们电离的电离方程式如下:

$$NH_3\cdot H_2O \rightleftharpoons NH_4^++OH^- \qquad K_b=1.8\times10^{-5}$$

1. 氨水

氨水($NH_3\cdot H_2O$)是氨气的水溶液,市售氨水的质量分数为 27%,密度为 0.913 0 g/cm^3。氨水无色透明且有强烈的刺鼻气味,有一定的腐蚀性,对铜的腐蚀比较强。氨水中仅有一小部分氨分子与水反应形成一水合氨,是仅存在于氨水中的弱碱,能使无色酚酞变红色,使湿润的红色石蕊试纸变蓝色,实验室中常用此法检验氨气(NH_3)的存在。氨水易挥发产生氨气,该气体有毒,对眼、鼻和皮肤有刺激性和腐蚀性。

氨水是实验室重要的试剂,主要用作分析试剂、中和试剂和弱碱性试剂。常用于铝盐合成和某些元素(如铜、镍)的鉴定和测定,用于沉淀出各种元素的氢氧化物。

氨气的制备如下。

$$N_2+3H_2 \xlongequal[催化剂]{高温高压} 2NH_3$$

氨气极易溶于水生成氨水。

$$NH_3+H_2O \rightleftharpoons NH_3\cdot H_2O$$

氨水能与酸发生酸碱中和反应生成铵盐,此性质可用于处理酸性废水。浓氨水同具有挥发性的盐酸和硝酸反应会冒“白烟”,同不挥发的硫酸和磷酸反应不会冒“白烟”,实验室常用此法检验氨气或氨水的存在。

$$NH_3+HCl = NH_4Cl$$
$$NH_3+HNO_3 = NH_4NO_3$$

氨水常用于铝盐合成和某些元素(如铜、镍)的鉴定和测定,用于沉淀出各种元素的氢氧化物。

$$3NH_3\cdot H_2O(适量)+AlCl_3 = Al(OH)_3\downarrow+3NH_4Cl$$

$$2NH_3 \cdot H_2O(\text{适量})+CuSO_4 \xlongequal{} Cu(OH)_2\downarrow+(NH_4)_2SO_4$$

过量的氨水可同 Ag^+、Cu^{2+}、Zn^{2+} 反应生成络合物，同硝酸银反应生成的银氨溶液在热水瓶及制镜等工业生成镀银的操作中起着重要的作用。

$$6NH_3 \cdot H_2O(\text{过量})+2AgNO_3 \xlongequal{} 2NH_4NO_3+2[Ag(NH_3)_2]OH+4H_2O$$

三、盐

盐是一类金属离子或铵根离子与酸根离子(阴离子)或非金属离子结合而成的化合物。如大理石的主要成分碳酸钙($CaCO_3$)、苏打的主要成分(Na_2CO_3)、高锰酸钾($KMnO_4$)和重铬酸钾($K_2Cr_2O_7$)、草酸钠($Na_2C_2O_4$)等。盐分为正盐、酸式盐、碱式盐、复盐和络盐。

正盐——$NaCl$、$CaCO_3$、Na_2CO_3、$KMnO_4$

酸式盐——$KHC_8H_4O_4$、Na_2HPO_4、$NaHCO_3$

碱式盐——$Cu_2(OH)_2CO_3$、$Mg(OH)CO_3$

复盐——$KAl(SO_4)_2 \cdot 12H_2ONH_4$、$Fe(SO_4)_2 \cdot 12H_2O$

络盐——$[Ag(NH_3)_2]OH$、$[Cu(NH_3)_4]SO_4$

盐还可分为盐酸盐、硫酸盐、碳酸盐、硝酸盐、乙酸盐和铵盐等。

盐酸盐——$NaCl$、$CuCl_2$、Cu_2Cl_2、$FeCl_3$

硫酸盐——K_2SO_4、$CaSO_4$、$Al_2(SO_4)_3$

碳酸盐——$CuCO_3$、$MgCO_3$、$Al_2(CO_4)_3$

硝酸盐——KNO_3、$Cu(NO_3)_2$、$Ca(NO_3)_2$

乙酸盐——CH_3COONH_4、CH_3COONa

铵盐——NH_4Cl、$NHNO_3$、$(NH_4)_2SO_4$

化学分析中常用到的几种盐：

1. *硼砂*

硼砂又称四硼酸钠，分子式为 $Na_2B_4O_7 \cdot 10H_2O$，易溶于水和甘油，不溶于乙醇和酸，水溶液呈弱碱性。在干燥的空气中易风化，加热至 350～400 ℃可完全失水成为无水硼砂($Na_2B_4O_7$)。硼砂因纯度高，分子组成与化学式相符，不易失水、吸水或变质，不与空气中的氧气及二氧化碳反应，化学性质稳定，发生反应时没有副反应发生，相对分子质量较大，在分析化学中常用作基准物质来标定其他物质。

硼砂中的硼是人体和动植物(特别是豆类、蔬菜、水果)必需的生长元素，微量的硼对人体有益，能防止骨质疏松，促进钙在人体内的代谢等。硼砂有广泛的用途，可用作清洁剂、杀虫剂、抑菌剂、化妆品。作为化工用品，可用于配制缓冲溶液和制取含硼化合物等。硼砂毒性较高，世界各国禁止其作为食品添加剂。

硼砂能同酸反应生成硼酸。

$$Na_2B_4O_7 \cdot 10H_2O+2HCl \xlongequal{} 2NaCl+4H_3BO_3+5H_2O$$

$$Na_2B_4O_7 \cdot 10H_2O+H_2SO_4 \xlongequal{} Na_2SO_4+4H_3BO_3+5H_2O$$

2. 邻苯二甲酸氢钾

邻苯二甲酸氢钾($KHC_8H_4O_4$)是一种酸式盐，白色结晶粉末，在空气中性质很稳定。能溶于水，微溶于酸，常用作 pH 测定的缓冲剂，在化学分析中常作为基准物质用来标定氢氧化钠等溶液。邻苯二甲酸氢钾具有强烈的腐蚀性，同皮肤、眼睛接触会引起灼伤，使用时要注意安全。其水溶液呈弱酸性，对水体会造成污染，用过后的废液需放在指定的容器中做无害化处理。

邻苯二甲酸氢钾能和氢氧化钠等物质反应生成盐和水。

$$KHC_8H_4O_4 + NaOH = KNaC_8H_4O_4 + H_2O$$

3. 草酸钠

草酸钠为草酸的钠盐，化学式为 $Na_2C_2O_4$，有吸湿性。溶于水，不溶于乙醇和乙醚，水溶液呈弱碱性。草酸钠适于储存在阴凉通风的环境，环境温度不宜超过 37 ℃。应与氧化剂、食用化学品分开存放，切忌混储，保持容器密封。草酸钠可用作金属沉淀剂、还原剂、络合剂、掩蔽剂、织物、鞣革整理剂。还可用作斑污墨迹的去除剂，在医学上可用于体外抗凝血。

在化学分析中常作为基准物质用来标定高锰酸钾溶液。

$$5Na_2C_2O_4 + 2KMnO_4 + 8H_2SO_4 = 5Na_2SO_4 + K_2SO_4 + 2MnSO_4 + 10CO_2\uparrow + 8H_2O$$

草酸晶体溶于水后和氢氧化钠反应生成草酸钠。

$$H_2C_2O_4 + 2NaOH = Na_2C_2O_4 + 2H_2O$$

4. 高锰酸钾

高锰酸钾又称锰酸钾或灰锰氧，化学式为 $KMnO_4$，为暗紫色平行四边形的结晶或结晶性粉末。无臭，易溶于水，形成的水溶液呈粉红色乃至暗紫色，与某些有机物接触，易发生爆炸。高锰酸钾具有强氧化性，氧化后分解出来的氧具有杀菌作用，在实验室和工业上常用作氧化剂。高锰酸钾具有消毒、除臭的作用，且低浓度的高锰酸钾溶液还具有收敛作用。它能氧化微生物体内的活性基而将微生物杀死，杀菌力极强。

高锰酸钾需避光且保持干燥，其溶液不稳定，会缓慢分解出氧气。在加热的条件下极易分解生成二氧化锰和氧气。

$$2KMnO_4 \overset{\triangle}{=} K_2MnO_4 + MnO_2 + O_2\uparrow$$

高锰酸钾具有强氧化性，其氧化性同所在环境的酸碱性有关，在酸性条件下氧化能力最强。

在碱性条件下：$4KMnO_4 + 4NaOH = 2K_2MnO_4 + 2Na_2MnO_4 + O_2\uparrow + 2H_2O$

在中性条件下：$2KMnO_4 + 3Na_2SO_3 + H_2O = 3Na_2SO_4 + 2MnO_2\downarrow + 2KOH$

在酸性条件下：$2KMnO_4 + 5H_2O_2 + 3H_2SO_4 = K_2SO_4 + 2MnSO_4 + 5O_2\uparrow + 8H_2O$

任务二　酸碱的解离平衡

酸、碱在溶液中表现出来的强度，不仅与酸碱的本性有关，同时，还与溶剂的性质有关。例如，CH_3COOH（可简写为 HAc）在水中是弱酸，但在液氨中却变成较强酸。所以，电解质在溶液中建立的离子平衡决定于自身，也受溶剂的影响。

一、离子反应和离子方程式

（一）强电解质和弱电解质

我们知道许多化学反应是在水溶液中进行的，参加反应的物质可以是酸、碱、盐，并且它们的水溶液具有导电现象。不仅如此，如果将氯化钠、硝酸钾、氢氧化钠等固体分别加热至熔化，它们也能导电。这种在水溶液里或熔化状态下能够导电的化合物叫作电解质。

电解质有强电解质和弱电解质之分。在水溶液中能完全电离的电解质称为强电解质，如强酸、强碱、在水中能完全电离的盐。在水溶液中能部分电离的电解质称为弱电解质，如弱酸、弱碱、在水中能部分电离的盐。

电解质的强弱同它是否是沉淀无关，同该电解质在水中是否完全电离有关。例如，硫酸钡是沉淀，难溶于水，由于它能溶于水的部分是完全电离的，因此，它被视为强电解质。乙酸铅、氯化汞、氯化亚汞等盐在水中是部分电离的，因此，它们都属于弱电解质。

（二）离子反应和电离方程式

酸、碱、盐在水溶液中能够导电，是因为它们在溶液中发生了电离，产生了能够自由移动的离子。例如，将氯化钠加入水中，由于水分子的作用而减弱了氯化钠晶体钠离子（Na^+）与氯离子（Cl^-）之间的静电作用力，使氯化钠晶体电离并形成了能够自由移动的水合钠离子和水合氯离子，这一过程用电离方程式表示如下：

$$NaCl \longequal Na^+ + Cl^-$$

图 1-2-1 为 NaCl 在水中的溶解和电离示意图。

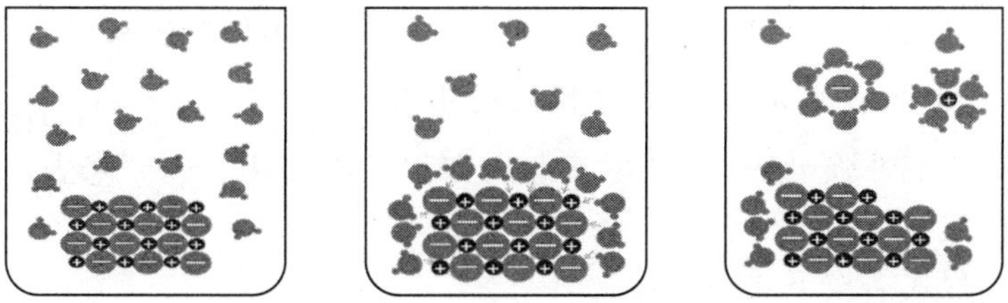

图 1-2-1　NaCl 在水中的溶解和电离示意图

由于电解质溶于水后电离成为离子，所以，电解质在溶液中的反应必然有离子参加，这样的反应叫离子反应。例如，向盛有 5 mL $CuSO_4$ 溶液的试管里加入 5 mL 稀 NaCl 溶液和向盛有 5 mL $CuSO_4$ 溶液的试管里加入 5 mL $BaCl_2$ 溶液，分别会有什么现象发生？

实际结果是 $CuSO_4$ 溶液与稀 NaCl 溶液没有发生化学反应，只是 $CuSO_4$ 电离出来的 Cu^{2+} 和 SO_4^{2-} 与 NaCl 电离出来的 Na^+ 和 Cl^- 混合在一起。而 $CuSO_4$ 溶液与 $BaCl_2$ 溶液则发生了化学反应生成了 $BaSO_4$ 白色沉淀。其化学反应方程式如下：

$$CuSO_4 + BaCl_2 = BaSO_4 \downarrow + CuCl_2$$

该反应的实质是 $CuSO_4$ 和 $BaCl_2$ 在溶液中都产生了以下电离：

$$CuSO_4 = Cu^{2+} + SO_4^{2-}$$
$$BaCl_2 = Ba^{2+} + 2Cl^-$$

其中 $CuSO_4$ 电离出来的 SO_4^{2-} 与 $BaCl_2$ 电离出来的 Ba^{2+} 生成了 $BaSO_4$ 白色沉淀。其电离方程式如下：

$$Ba^{2+} + SO_4^{2-} = BaSO_4 \downarrow$$

用化学式和离子符号表示电离过程的式子，称为电离方程式。电离方程式是表示物质溶解于水时电离成离子的化学方程式。

书写电离方程式时要分清楚该电解质是强电解质还是弱电解质。强电解质和弱电解质的区别在于已经溶解于水的电解质是否完全电离，二者在水溶液中电离的程度不同，其电离的电离方程式的书写方式完全不同。

(三)电离方程式的书写规则

1. 完全溶于水的强电解质电离方程式的书写

强电解质在水中发生电离时，书写其电离方程式时用符号“$=$”来表示。根据电离理论，电解质在水溶液中离解生成的阳离子全部是 H^+ 的叫作酸，离解生成的阴离子全部是 OH^- 的叫作碱。强酸和强碱都是强电解质，其溶于水时能完全电离。

三大强酸 HCl、H_2SO_4 和 HNO_3 和三大强碱 $NaOH$、KOH、$Ca(OH)_2$ 的电离方程式表示如下：

$$HCl = H^+ + Cl^- \qquad KOH = K^+ + OH^-$$
$$HNO_3 = H^+ + NO_3^- \qquad NaOH = Na^+ + OH^-$$
$$H_2SO_4 = 2H^+ + SO_4^{2-} \qquad Ca(OH)_2 = Ca^{2+} + 2OH^-$$

2. 难溶性和微溶性强电解质电离方程式的书写

对于难溶性和微溶性强电解质，书写其电离方程式时需用“$=$”来表示。但在书写其溶解平衡的化学方程式时须用可逆符号“$\rightleftharpoons$”。

表示其电离方程式需按下式书写：

$$BaSO_4 = Ba^{2+} + SO_4^{2-}$$
$$Ca(OH)_2 = Ca^{2+} + 2OH^-$$

表示其化学溶解平衡时需按下式书写：

$$BaSO_4 \rightleftharpoons Ba^{2+}(aq) + SO_4^{2-}(aq)$$
$$Ca(OH)_2 \rightleftharpoons Ca^{2+}(aq) + 2OH^-(aq)$$

3. 同种电解质不同条件下发生反应的电离方程式的书写

熔融时，硫酸氢钾的电离方程式如下：

$$KHSO_4 = K^+ + HSO_4^-$$

在水溶液中，硫酸氢钾的电离方程式如下：

$$KHSO_4 \xlongequal{} K^+ + H^+ + SO_4^{2-}$$

4. 弱电解质的电离方程式的书写

常见的弱酸有无氧酸 HF(氢氟酸)、H_2S(氢硫酸)、HCN(氢氰酸)和含氧酸 H_2SO_3(亚硫酸)、H_3PO_4(磷酸)、CH_3COOH(乙酸)、H_2CO_3(碳酸)、HNO_2(亚硝酸)、C_6H_5OH(苯酚)、HClO(次氯酸)等，它们都是弱电解质。

常见的弱碱有 $Fe(OH)_3$(氢氧化铁)、$Al(OH)_3$(氢氧化铝)、$Cu(OH)_2$(氢氧化铜)、$NH_3 \cdot H_2O$(氨水)等，它们都是弱电解质。

书写弱电解质的电离方程式时不能用“$\xlongequal{}$”，而需用可逆符号“$\rightleftharpoons$”。

$$H_2O \rightleftharpoons H^+ + OH^- \qquad NH_4^+ \rightleftharpoons NH_3 + H^+$$

5. 多元弱酸的电离方程式的书写

常见的多元弱酸有 H_2S、H_2SO_3、H_3PO_4、H_2CO_3，多元弱酸在水溶液中的电离是分步进行的，要求分步书写电离方程式。

如二元弱酸碳酸，其电离方程式如下：

$$H_2CO_3 \rightleftharpoons HCO_3^- + H^+$$
$$HCO_3^- \rightleftharpoons CO_3^{2-} + H^+$$

6. 多元弱碱的电离方程式的书写

$Fe(OH)_3$、$Al(OH)_3$、$Cu(OH)_2$ 等都是多元弱碱，多元弱碱在水溶液中的电离比较复杂，因此，多元弱碱的电离方程式书写一般是一步到位的，但仍然用符号“$\rightleftharpoons$”。

$$Cu(OH)_2 \rightleftharpoons Cu^{2+} + 2OH^-$$
$$Fe(OH)_3 \rightleftharpoons Fe^{3+} + 3OH^-$$

7. 弱酸的酸式盐的电离方程式的书写

弱酸的酸式盐是强电解质，如碳酸氢钠($NaHCO_3$)。在水中完全电离出阳离子和弱酸的酸式酸根离子，而弱酸的酸式酸根离子又可进一步电离，且为可逆反应。

$$NaHCO_3 \xlongequal{} Na^+ + HCO_3^-$$
$$HCO_3^- \rightleftharpoons CO_3^{2-} + H^+$$

(四)离子方程式

离子方程式是指用实际参加反应的离子符号表示离子反应的式子。离子方程式不仅表示一定物质间的某个离子反应，还可表示同一类型的离子反应。如许多酸和碱发生酸碱中和反应时，其离子方程式都可用 $H^+ + OH^- \xlongequal{} H_2O$ 来表示。书写离子方程式的首要前提是该反应是否属于离子反应，只有能够发生离子反应的化学方程式才能写出离子方程式。

1. 正确书写离子方程式的注意事项

(1)要遵循客观事实，不能臆造化学反应。

(2)要遵循元素原子守恒及电荷守恒，若是氧化还原反应，要遵循电子守恒。

(3)要遵循拆分规则,注意能拆分的物质和不能拆分物质的正确书写。如 $Ca(HCO_3)_2$ 微溶于水,作反应物可拆分为 Ca^{2+} 和 HCO_3^-,作为生成物就不可以拆分。$CaCO_3$ 不溶于水,因此,无论是作反应物还是生成物,都不可以拆分成离子,书写时只写化学式。

(4)不能违背简约原则。如稀硫酸同氢氧化钡反应生成硫酸钡沉淀和水,其离子方程式不可以写成"$H^+ + H^+ + Ba^{2+} + OH^- + OH^- + SO_4^{2-} \longequal BaSO_4 + 2H_2O$",而须写成"$Ba^{2+} + SO_4^{2-} + 2H^+ + 2OH^- = BaSO_4\downarrow + 2H_2O$"。

要注意题中有关量的关系(如过量、适量、少量)。有些物质在发生化学反应时,量的不同导致其反应产物会有所不同。

2. 离子方程式的拆分规则

能拆分的物质一般为强酸、强碱和大多数可溶性的盐,不能拆分的物质有单质、固体、氧化物、挥发性物质、弱电解质(弱酸、弱碱、水)、难溶性物质(即沉淀)、非电解质、酸式弱酸根和络离子。

(1)难溶物不拆分　碳酸钙同盐酸反应能生成氯化钙、二氧化碳和水,其化学方程式为 $CaCO_3 + 2HCl = CaCl_2 + CO_2\uparrow + H_2O$。由于碳酸钙是难溶于水的物质,$CO_2$ 是气体,水是弱电解质,因此,这三种物质都是不能拆分的物质,其离子方程式的正确书写如下:

$$CaCO_3 + 2H^+ = Ca^{2+} + CO_2\uparrow + H_2O$$

(2)生成物是微溶物不拆分　氯化钙溶液同硫酸钠溶液反应的化学方程式为 $Na_2SO_4 + CaCl_2 = CaSO_4 + 2NaCl$,由于硫酸钙微溶,该反应最终会停止。像硫酸银、碳酸镁和氢氧化钙都属于微溶物,作为生成物,在书写其离子方程式时,都和硫酸钙一样必须书写其化学式。但作为反应物,浓度较小时可拆分成离子,浓度较大时不能拆分,需写成化学式。因此,其离子方程式的正确书写如下:

$$SO_4^{2-} + Ca^{2+} = CaSO_4$$

(3)弱电解质不拆分　弱电解质包括弱酸、弱碱和水,在书写离子方程式时,需将它们写成化学式。氯化铝溶液同过量氨水反应的化学方程式为:

$$3NH_3 \cdot H_2O + AlCl_3 = Al(OH)_3\downarrow + 3NH_4Cl$$

其离子方程式的正确书写如下:

$$3NH_3 \cdot H_2O + Al^{3+} = Al(OH)_3\downarrow + 3NH_4^+$$

(4)氧化物不拆分　氧化钠同水反应的化学方程式为 $Na_2O + H_2O = 2NaOH$,由于 Na_2O 是氧化物,不能进行拆分。其离子方程式的正确书写如下:

$$Na_2O + H_2O = 2Na^+ + 2OH^-$$

(5)弱酸的酸式酸根不拆分　碳酸氢钙溶液同稀盐酸反应的化学方程式为 $Ca(HCO_3)_2 + 2HCl = CaCl_2 + 2CO_2\uparrow + 2H_2O$,由于碳酸氢钙的碳酸氢根($HCO_3^-$)是弱酸碳酸的酸式酸根,因此,不能将 HCO_3^- 拆分为 H^+ 和 CO_3^{2-}。像 HSO_4^-、HS^-、$H_2PO_4^-$ 均属于弱酸的酸式酸根,都不能进行拆分。其离子方程式的正确书写如下:

$$HCO_3^- + H^+ = CO_2\uparrow + H_2O$$

需要注意的是，对于强酸的酸式盐（如 $NaHSO_4$），HSO_4^- 在稀溶液中应拆分为 H^+ 和 SO_4^{2-}，但在浓溶液中不可拆分，应写成 HSO_4^-。

(6)固相反应不拆分　将氯化铵固体和氢氧化钙固体混合加热能生成氯化钙、氨气和水，该反应的化学方程式为：

$$2NH_4Cl+Ca(OH)_2 = CaCl_2+2NH_3\uparrow+2H_2O$$

该反应无法写出离子方程式，其原因是必须在水溶液或熔融状态下发生离子反应才能写出离子方程式。

(7)非电解质不拆分　蔗糖、乙醇等大多数有机物是非电解质，在书写离子方程式时均不能拆分，应写分子式。如乙醇溶液同金属钠反应的化学方程式为：

$$2C_2H_5OH+2Na = 2C_2H_5ONa+H_2\uparrow$$

其离子方程式的正确书写如下：

$$2C_2H_5OH+2Na = 2C_2H_5O^-+2Na^++H_2\uparrow$$

二、水的离子积

纯水是一种极弱的电解质，绝大部分水是以水分子形式存在的，只有少量的水能部分电离出 H^+ 和 OH^-。其电离方程式如下：

$$H_2O \rightleftharpoons H^++OH^-$$

其平衡常数表达式为：

$$K_W=[H^+][OH^-]$$

在一定温度下，水溶液中 H^+ 和 OH^- 浓度的乘积是一个常数，我们将这个平衡常数称为水的电离常数(用 K_W 表示)，简称水的离子积。水的电离受温度的影响，温度越高，水的电离常数越大。

实验测得，在 298.15 K 的纯水中：

$$[H^+]=[OH^-]=1.0\times10^{-7}\ mol/L$$
$$K_W=[H^+][OH^-]=1.0\times10^{-14}$$
$$pK_W=14$$

三、溶液的酸度和 pH

溶液的酸度又称溶液的酸碱性，它取决于溶液中 H^+ 和 OH^- 浓度的相对大小。

室温下：

酸性溶液	$[H^+]>1.0\times10^{-7}mol/L$	$[H^+]>[OH^-]$
中性溶液(或纯水)	$[H^+]=1.0\times10^{-7}mol/L$	$[H^+]=[OH^-]$
碱性溶液	$[H^+]<1.0\times10^{-7}mol/L$	$[H^+]<[OH^-]$

常用 pH 来表示溶液的酸度。pH 为 H^+ 浓度的负对数，pOH 为 OH^- 浓度的负对数。即

$$pH=-lg[H^+] \qquad pOH=-lg[OH^-]$$

$$[H^+]=[OH^-]=1.0\times10^{-7}\ mol/L$$
$$pH+pOH=14$$

若用 pH 来表示溶液的酸度，则：

酸性溶液	$[H^+]>1.0\times10^{-7}$ mol/L	pH<7
中性溶液	$[H^+]=1.0\times10^{-7}$ mol/L	pH=7
碱性溶液	$[H^+]<1.0\times10^{-7}$ mol/L	pH>7

日常学习中，常用口诀“小 7 酸、大 7 碱，等于 7、中性显”来帮助记忆判断溶液的酸碱性。

四、酸碱平衡的理论基础

在水溶液体系中，我们可以根据酸碱电离理论来判断酸和碱，在非水溶液体系中，我们可以根据酸碱质子理论来判断酸碱。强酸强碱在溶剂中与水发生的质子酸碱反应是完全反应，没有酸碱平衡。而弱酸弱碱在水溶液中是不完全反应的，存在酸碱的解离平衡，习惯上称之为电离平衡。

(一)酸碱质子理论

1887 年，瑞典化学家阿伦尼乌斯提出了一种酸碱电离理论，该理论建立在水溶液中电解质的解离上，即在水溶液中解离出的阳离子全部是氢离子的物质称为酸；解离出的阴离子全部是氢氧根离子的物质称为碱。电离理论对于非水体系和无溶剂体系都不适用，具有明显的局限性。

由于阿伦尼乌斯的酸碱电离理论不能解决一些非水溶液中进行的酸碱反应，1923 年，布朗斯特和劳里提出了酸碱质子理论。酸碱质子理论认为，凡是给出质子的物质是酸；凡是接受质子的物质是碱。该质子指的是 H^+。

当某种酸 HA 失去质子 H^+ 后形成酸根 A^-，A^- 就称为碱。由于一个质子的转移，HA 与 A^- 形成一对能相互转化的酸碱，称为共轭酸碱对。这种关系用下式表示：

$$\underset{酸}{HA}\rightleftharpoons\underset{碱}{A^-}+\underset{质子}{H^+}$$

例如：

$$CH_3COOH\rightleftharpoons CH_3COO^-+H^+$$
$$HNO_3=H^++NO_3^-$$
$$H_2CO_3\rightleftharpoons HCO_3^-+H^+$$
$$HCO_3^-\rightleftharpoons CO_3^{2-}+H^+$$
$$H^++OH^-\rightleftharpoons H_2O$$
$$NH_4^+\rightleftharpoons NH_3+H^+$$

以乙酸(CH_3COOH)为例，乙酸是酸，乙酸根离子(CH_3COO^-)是碱，乙酸是乙酸根离子的共轭酸，乙酸根离子是乙酸的共轭碱，乙酸和乙酸根离子互为共轭酸碱对。需要注意的是，酸性越强，其共轭碱的碱性越弱；反之，酸性越弱，其共轭碱的碱性就越强。

有些物质既可以给出质子，又可以接受质子，我们称这类物质为两性物质。例如，水可以给出质子(H^+)，也可以接受质子(H^+)，因此，水是两性物质。

$$H_2O\rightleftharpoons H^++OH^-$$

$$H^+ + H_2O \rightleftharpoons H_3O^+$$

综上所述，对酸碱质子理论的特点总结如下：

①当一种酸给出质子时，必有一种碱来接受给出的质子。

②等号两边的酸碱互为共轭关系。左边的酸是右边碱的共轭酸；右边的碱是左边酸的共轭碱。

③酸可以是分子，也可以是阳离子或阴离子。

④酸可以是无机物，也可以是有机物。

⑤酸碱质子理论没有盐的概念，只有酸、碱和两性物质。

（二）酸碱中和反应的实质

根据酸碱质子理论，任何酸碱中和反应都是两个共轭酸碱对之间相互传递质子的反应。其表示式为：

$$酸_1 + 碱_2 \rightleftharpoons 酸_2 + 碱_1$$

例如，根据酸碱质子理论，乙酸溶于水属于酸碱中和反应。在这个反应中，乙酸能给出质子，是酸；水能接受乙酸给出的质子，是碱。它们的反应如下：

$$\underset{酸_1}{CH_3COOH} \rightleftharpoons \underset{碱_1}{CH_3COO^-} + \underset{质子}{H^+}$$

$$\underset{质子}{H^+} + \underset{碱_2}{H_2O} \rightleftharpoons \underset{酸_2}{H_3O^+}$$

$$\underset{酸_1}{CH_3COOH} + \underset{碱_2}{H_2O} \rightleftharpoons \underset{碱_1}{CH_3COO^-} + \underset{酸_2}{H_3O^+}$$

例如，根据酸碱质子理论，氨气溶于水属于酸碱中和反应。在这个反应中，水能给出质子是酸，氨气能接受水给出的质子是碱。它们的反应如下：

$$\underset{酸_1}{H_2O} \rightleftharpoons \underset{质子}{H^+} + \underset{碱_1}{OH^-}$$

$$\underset{碱_2}{NH_3} + \underset{质子}{H^+} \rightleftharpoons \underset{酸_2}{NH_4^+}$$

$$\underset{碱_2}{NH_3} + \underset{酸_1}{H_2O} \rightleftharpoons \underset{酸_2}{NH_4^+} + \underset{碱_1}{OH^-}$$

例如，根据酸碱质子理论，盐酸同氢氧化钠反应属于酸碱中和反应，它们反应的实质是质子的传递。在这个反应中，盐酸能给出质子，氢氧化钠能电离出氢氧根离子（OH^-），而氢氧根离子能接受盐酸传递出来的质子。它们的反应如下：

$$H^+ + OH^- \rightleftharpoons H_2O$$

由此可见，各种酸碱反应的实质都是质子的传递，酸碱反应总是按从强酸强碱向弱酸弱碱的方向进行。

(三)酸碱反应的解离平衡

强酸强碱在溶剂中同水发生的质子传递反应是完全反应,不存在酸碱解离平衡。弱酸弱碱是弱电解质,在水溶液中是不完全反应的,呈化学平衡状态,我们称之为酸碱的解离平衡,习惯上称为电离平衡。

1. 一元弱酸的解离

乙酸是一元弱酸,其在水中发生电离平衡的反应式如下:

$$CH_3COOH + H_2O \rightleftharpoons CH_3COO^- + H_3O^+$$

乙酸的电离平衡常数 $K_a = \frac{[H_3O^+][CH_3COO^-]}{[CH_3COOH]}$

$$K_a = 1.8 \times 10^{-5}$$

弱酸的电离常数用 K_a 来表示。对同一弱酸而言,电离常数随温度的改变而改变。不同的弱酸,其电离常数不同。可根据其电离常数来比较弱酸的酸性强弱,电离常数越大,弱酸的酸性越强。

25 ℃时,乙酸的 $K_a = 1.8 \times 10^{-5}$,它对应的共轭碱乙酸根离子的解离常数为 K_b,它们满足$K_aK_b = K_w = 10^{-14}$,乙酸根离子的解离常数为 $K_b = 5.56 \times 10^{-10}$。

2. 一元弱碱的解离

氨水是一元弱碱,其在水中发生电离平衡的反应式如下:

$$NH_3 \cdot H_2O \rightleftharpoons NH_4^+ + OH^-$$

氨水的电离平衡常数 $K_b = \frac{[NH_4^+][OH^-]}{[NH_3 \cdot H_2O]}$

$$K_b = 1.8 \times 10^{-5}$$

弱碱的电离常数用 K_b 来表示。对同一弱碱而言,电离常数随温度的改变而改变。不同的弱碱,其电离常数不同。可根据其电离常数来比较弱碱的碱性强弱,电离常数越大,弱碱的碱性越强。

25 ℃时,氨水的 $K_b = 1.8 \times 10^{-5}$,它对应的共轭酸铵根离子的解离常数为 K_a,它们满足 $K_aK_b = K_w = 10^{-14}$,铵根离子的解离常数为 $K_a = 5.56 \times 10^{-10}$。

3. 多元弱酸的解离

多元弱酸在水溶液中是分步电离的,其第一步的电离能力远远超过第二步,因此,多元弱酸的酸性由第一步的电离常数的大小来决定。碳酸是二元酸,其在水中发生电离平衡的反应式如下:

$$H_2CO_3 + H_2O \rightleftharpoons HCO_3^- + H_3O^+$$

碳酸的第一步电离平衡常数 $K_{a1} = \frac{[H_3O^+][HCO_3^-]}{[H_2CO_3]}$

$$K_{a1} = 4.2 \times 10^{-7}$$

$$HCO_3^- + H_2O \rightleftharpoons CO_3^{2-} + H_3O^+$$

碳酸的第二步电离平衡常数 $K_{a2} = \frac{[H^+][CO_3^{2-}]}{[HCO_3^-]}$

$$K_{a2} = 5.6 \times 10^{-11}$$

碳酸的 $K_{a1} \gg K_{a2}$，因此，碳酸的酸性强弱可根据它的第一步电离常数来衡量。

五、同离子效应和盐效应

酸碱解离平衡是一种动态平衡，当改变平衡的某一条件时，平衡就会被破坏而发生移动，弱酸或弱碱的解离度发生改变。因此，可以利用化学平衡移动的原理，通过改变外界条件（如浓度、温度等）来控制弱酸或弱碱的解离程度。温度变化对解离平衡常数的改变较小，常温下可以认为温度对解离平衡基本没影响。因此，影响解离平衡的主要因素是浓度。同离子效应和盐效应是影响弱酸或弱碱解离平衡的两种方法。

（一）同离子效应

在弱电解质溶液中加入与弱电解质具有相同离子的强电解质，使弱电解质解离度略有降低的效应，称为同离子效应。例如，乙酸在水溶液中存在如下平衡：

$$CH_3COOH + H_2O \rightleftharpoons CH_3COO^- + H_3O^+$$

第一种方法：在乙酸的水溶液中加入乙酸钠，由于乙酸钠是强电解质，在水溶液中完全电离，使溶液中乙酸根离子的浓度增加，导致解离平衡向生成乙酸的方向移动，最终导致乙酸的解离度降低。

第二种方法：在乙酸的水溶液中加入强酸（例如盐酸），由于强酸是强电解质，在水溶液中完全电离，使溶液中氢离子的浓度增加，导致解离平衡向生成乙酸的方向移动，最终导致乙酸的解离度降低。

（二）盐效应

在弱电解质溶液中加入不含有与弱电解质具有相同离子的强电解质，使弱电解质解离度略有增加的效应，称为盐效应。例如，氨的水溶液中存在如下平衡：$NH_3 \cdot H_2O \rightleftharpoons NH_4^+ + OH^-$，向氨的水溶液中加入 NaCl 强电解质，会使铵根离子重新聚合形成氨水分子的概率减小，导致解离平衡朝着生成铵根离子的方向移动，最终导致氨水的解离度增大。

如果在弱电解质中加入某种强电解质后，既存在同离子效应，又存在盐效应，因同离子效应对弱电解质解离度的影响更大，故只需考虑同离子效应。

任务三 酸、碱、盐溶液 pH 计算

一、强酸和强碱溶液的 pH 计算

无论是强酸还是强碱，它们在水溶液中都是完全电离的。计算溶液 pH 时，先求出强酸所

含的氢离子的浓度 $c(H^+)$，或强碱所含的氢氧根离子的浓度 $c(OH^-)$，再求出其 pH。计算方法如下：

【例 1】 求 0.001 mol/L H_2SO_4 溶液的 pH。

解：

$$H_2SO_4 = 2H^+ + SO_4^{2-}$$
$$1 \qquad 2$$
$$0.001 \quad c(H^+)$$
$$[H^+]=c(H^+)=0.002\ \text{mol/L}$$
$$pH=-\lg[H^+]=-\lg 0.002=2.70$$

【例 2】 求 0.001 mol/L $Ca(OH)_2$ 溶液的 pH。

解：

$$Ca(OH)_2 = Ca^{2+} + 2OH^-$$
$$1 \qquad 2$$
$$0.001 \quad c(OH^-)$$
$$[OH^-]=c(OH^-)=0.002\ \text{mol/L}$$
$$pOH=-\lg[OH^-]=-\lg 0.002=2.70$$
$$pH=14-pOH=14-2.70=11.30$$

二、弱酸和弱碱溶液的 pH 计算

生活中常见的乙酸是一元弱酸，而氨水则是一元弱碱。弱酸和弱碱在水溶液中无法完全电离出 H^+ 和 OH^-，因此，计算弱酸和弱碱 pH 与计算强酸和强碱 pH 的方法不同，计算过程中需用到弱酸的电离常数或弱碱的电离常数。一般用下列公式：

$$[H^+]=\sqrt{K_a \cdot c_{酸}} \qquad [OH^-]=\sqrt{K_b \cdot c_{碱}}$$

其中 K_a 为弱酸的解离常数，$c_{酸}$ 为弱酸的浓度，K_b 为弱碱的解离常数，$c_{碱}$ 为弱碱的浓度。

【例 3】 求 0.1 mol/L CH_3COOH 溶液的 pH。

解：因为 CH_3COOH 的 $K_a=1.8\times10^{-5}$

$$[H^+]=\sqrt{K_a \cdot c_{酸}}=\sqrt{1.8\times10^{-5}\times0.1}=1.341\times10^{-3}\ \text{mol/L}$$
$$pH=-\lg(1.34\times10^{-3})=2.88$$

【例 4】 求 0.1 mol/L $NH_3 \cdot H_2O$ 溶液的 pH。

解：因为 $NH_3 \cdot H_2O$ 的 $K_b=1.8\times10^{-5}$

$$[OH^-]=\sqrt{K_b \cdot c_{碱}}=\sqrt{1.8\times10^{-5}\times0.1}=1.34\times10^{-3}\ \text{mol/L}$$
$$pOH=-\lg(1.34\times10^{-3})=2.88$$
$$pH=14-2.88=11.12$$

三、多元弱酸和弱碱溶液的 pH 计算

碳酸（H_2CO_3）、亚硫酸（H_2SO_3）、氢硫酸（H_2S）是二元酸，磷酸（H_3PO_4）是三元酸，它们都属于多元弱酸。多元弱酸都是分步解离的，如碳酸分子中含有 2 个氢原子，解离时分两步，例如：

$$H_2CO_3 \rightleftharpoons HCO_3^- + H^+ \qquad K_{a1} = 4.2 \times 10^{-7}$$
$$HCO_3^- \rightleftharpoons HCO_3^{2-} + H^+ \qquad K_{a2} = 5.6 \times 10^{-11}$$

K_{a1} 和 K_{a2} 分别称为碳酸的一级和二级解离常数。一般情况下，无机多元弱酸 $K_{a1} \gg K_{a2} \gg K_{a3} \cdots$，彼此数量级相差约 10^5。多元弱酸在水中解离时，第二步电离远比第一步困难，第三步更困难，因此，对于如碳酸、磷酸这种多元弱酸，计算 H^+ 浓度的时候，只需考虑第一级解离常数。同理，计算多元弱碱溶液的 pH，计算 OH^- 浓度的时候，也只需考虑第一级解离常数。计算公式如下：

$$[H^+] = \sqrt{K_{a1} \cdot c_{酸}}$$

【例 5】 求 0.1 mol/L H_2CO_3 溶液的 pH。

解：因为 H_2CO_3 的 $K_{a1} = 4.2 \times 10^{-7}$，且 $c_{酸}/K_{a1} > 500$，则

$$[H^+] = \sqrt{K_{a1} \cdot c_{酸}} = \sqrt{4.2 \times 10^{-7} \times 0.1} = 2.05 \times 10^{-4}\ \text{mol/L}$$
$$\text{pH} = -\lg 2.05 \times 10^{-4} = 3.69$$

需要注意的是：

①多元弱酸 $K_{a1} \gg K_{a2} \gg K_{a3}$，计算溶液 H^+ 浓度的时候，可作一元弱酸处理，酸的强度可用 K_{a1} 直接衡量。

②不能将 K_{a1} 和 K_{a2} 的关系式中的 H^+ 理解为第一步电离出来的 H^+ 和第二步电离出来的 H^+。一份溶液中只有一种 H^+ 浓度，即溶液中 H^+ 的总浓度。

③对于多元弱酸或弱碱来说，要特别注意 K_a 和 K_b 对应哪一级。

四、盐溶液的 pH 计算

按酸碱反应来分，盐可分为强酸强碱盐、强酸弱碱盐、强碱弱酸盐、弱酸弱碱盐四大类型，每种盐溶于水后的 pH 都不相同。根据质子理论，强酸弱碱盐和强碱弱酸盐的 pH 计算与弱酸、弱碱一致，此处主要介绍强酸强碱盐和弱酸弱碱盐 pH 的计算。

（一）强酸强碱盐溶液的 pH 计算

强酸强碱盐是由强酸和强碱发生酸碱中和反应生成的盐，如 NaCl、$CaSO_4$、KNO_3 等。这类盐溶于水后显中性且溶液的 pH＝7。

$$NaOH + HCl = NaCl + H_2O \qquad Ca(OH)_2 + H_2SO_4 = CaSO_4 + 2H_2O$$

（二）弱酸弱碱盐溶液的 pH 计算

乙酸铵（CH_3COONH_4）、硫化铵（$(NH_4)_2S$）等物质都属于弱酸弱碱盐，这类盐溶于水后显中性且溶液的 pH 约等于 7。

$$NH_3 \cdot H_2O + CH_3COOH = CH_3COONH_4 + H_2O$$
$$NH_3 \cdot H_2O + H_2S = NH_4HS + H_2O$$

◎ 思 政 园 地 ◎

巧藏诺贝尔奖牌

丹麦科学家尼尔斯·玻尔，出生于丹麦哥本哈根，理论物理学家，哥本哈根学派创始人，丹麦皇家科学院院士，1922 年诺贝尔物理学奖获得者，是 20 世纪与爱因斯坦齐名的伟大物理学家，量子力学的先驱者之一。

1943 年 9 月，在第二次世界大战中，德国法西斯攻占丹麦，玻尔为了避免遭到德国纳粹的迫害，逃往瑞典。在整理行装时，玻尔从箱子中翻出了诺贝尔金质奖章。对于波尔来说，诺贝尔金质奖章不仅是一块金子，是对自己科研努力的肯定，一种至高的荣誉，更是祖国和人民的骄傲，绝不能将它留给德国法西斯。

为了表达自己必定返回祖国的决心，他决定将这枚奖章留在家中。但如何存放才能确保安全呢？正当波尔左右为难，不知将金牌藏在何处时，他的目光停在了一个装有无色液体的瓶子上，思索片刻，波尔立即将金牌放进了这个瓶子之中，神奇的现象出现了：金牌在溶液中慢慢地消失不见了，而那瓶溶液就是王水。

王水是浓硝酸与浓盐酸按 1∶3 的体积比配制而成的混合溶液，可以溶解金和铂（这两种贵金属在一般的酸中是不能溶解的）。于是，他把金质奖章溶解在王水里，装于玻璃瓶中，然后将它放在家中客厅的柜子上。后来，纳粹分子窜进玻尔的住宅里，翻箱倒柜，那瓶溶有奖章的溶液就在眼皮底下，他们却一无所知。

就这样，金牌被波尔以这种巧妙的方式保存了起来，第二次世界大战结束后，玻尔回到家中，发现那瓶王水还在原处。于是他叫人把黄金从王水中提炼出来，又做成一枚与原来一模一样的诺贝尔金质奖章。重新铸造的奖章显得更加灿烂夺目，因为它凝聚着玻尔对祖国的无限热爱，并闪耀着科学智慧的光芒。

◎ 目 标 检 测 ◎

一、选择题

1. 0.001 mol/L 的稀盐酸的 pH 是（　　）。

A. 1　　B. 2　　C. 3　　D. 4

2. 将 0.001 mol/L 的稀盐酸加水稀释 1 000 倍，其 pH 是（　　）。

A. 5　　B. 6　　C. 7　　D. 8

3. 0.002 mol/L 的 NaOH 溶液的 pH 是（　　）。

A. 2.7　　B. 6　　C. 8　　D. 11.3

4. 将 0.002 mol/L 的 NaOH 加水稀释 1 000 倍，其 pH 是（　　）。

A. 8.3　　B. 5.3　　C. 7　　D. 10

5. 0.04 mol/L 碳酸（H_2CO_3）溶液的 pH 为（　　）。（已知 $K_{a1}=4.9\times10^{-7}$，$K_{a2}=5.6\times10^{-11}$）

A. 4.73　　B. 5.61　　C. 3.89　　D. 7.00

6. 0.001 mol/L 氨水($NH_3 \cdot H_2O$)溶液的 pH 为(　　)(氨水的解离常数 $K_b = 1.8 \times 10^{-5}$)。

A. 9.12　　B. 10.12　　C. 8.12　　D. 4.12

7. 0.1 mol/L NH_4Cl 溶液的 pH(　　)。(氨水的解离常数 $K_b = 1.8 \times 10^{-5}$)

A. 5.13　　B. 6.13　　C. 6.87　　D. 7.00

8. 0.001 mol/L CH_3COOH 溶液的 pH 为(　　)。

A. 4.88　　B. 2.88　　C. 5.30　　D. 1.80

9. 根据酸碱质子理论,Na_2HPO_4 是(　　)。

A. 酸　　B. 碱　　C. 盐　　D. 两性物质

10. 已知 0.1 mol/L 一元弱酸 HB 的 pH=3.0,则 0.1 mol/L 共轭碱 NaB 溶液的 pH 为(　　)。

A. 11　　B. 9　　C. 8.5　　D. 9.5

二、简答题

1. 写出下列各酸的共轭碱。

HF、H_2O、NH_4^+、H_3PO^4、H_3O^+、HCO_3^-、$H_2PO_4^-$

2. 写出下列各碱的共轭酸。

NH_3、H_2O、S^{2-}、HS^-、HPO_4^{2-}、$H_2PO_4^-$、PO_4^{3-}、CO_3^{2-}、HCO_3^-

3. 根据下列方程式正确书写其离子方程式。

(1)$Fe + 2HCl = FeCl_2 + H_2 \uparrow$

(2)$NaCl + AgNO_3 = AgCl \downarrow + NaNO_3$

(3)$H_2C_2O_4 + 2NaOH = Na_2C_2O_4 + 2H_2O$

(4)$NaOH + CH_3COOH = CH_3COONa + H_2O$

(5)$KHC_8H_4O_4 + NaOH = KNaC_8H_4O_4 + H_2O$

(6)$CaCO_3 + 2HCl = CaCl_2 + CO_2 \uparrow + H_2O$

(7)$Fe_3O_4 + 8HCl = FeCl_2 + 2FeCl_3 + 4H_2O$

(8)$CuSO_4 + Ba(OH)_2 = BaSO_4 \downarrow + Cu(OH)_2 \downarrow$

(9)$K_2Cr_2O_7 + 6FeSO_4 + 7H_2SO_4 = K_2SO_4 + Cr_2(SO_4)_3 + 3Fe_2(SO_4)_3 + 7H_2O$

(10)$5Na_2C_2O_4 + 2KMnO_4 + 8H_2SO_4 = 5Na_2SO_4 + K_2SO_4 + 2MnSO_4 + 10CO_2 \uparrow + 8H_2O$

4. 比较相同浓度的盐酸、氢氟酸、碳酸、亚硫酸、磷酸、氨水酸性的强弱。

5. 比较相同浓度的氨水、碳酸根离子、磷酸氢根离子、磷酸二氢根离子碱性的强弱。

项目三

溶液的配制

任务一　一定质量分数溶液的配制

将一定量的蔗糖完全溶解在一定量的水中形成的混合物叫糖水，也称为蔗糖的水溶液。将适量的碘单质完全溶解于一定量的酒精中形成的混合物叫碘酒，也称为碘的酒精溶液。将液溴溶解在四氯化碳(CCl_4)中形成的混合物叫溴的四氯化碳溶液。像这样一种或几种物质分散到另一种物质里，形成均一、稳定的混合物叫作溶液。能溶解其他物质的物质叫作溶剂，如水、酒精、四氯化碳。被溶解的物质叫作溶质，如蔗糖、固体碘、液溴。

物质溶解一般遵循"相似相溶"原则，无机物易溶于无机溶剂，有机物易溶于有机溶剂。如$NaCl$、Na_2SO_4等无机物可溶于水这种无机溶剂中；脂肪不能溶于水，却能在溶解四氯化碳(CCl_4)、二硫化碳(CS_2)、苯(C_6H_6)等有机溶剂中；但也有少数例外，如无机物，比如溴和碘在水中的溶解度很小，却易溶解于有机溶剂(如四氯化碳或乙醇中)；酒精是有机物，却能同水以任何比例完全混溶。

生活经验告诉我们，在两杯等量的水中分别加入一勺蔗糖和两勺蔗糖，完全溶解后，两杯糖水的甜度完全不同，我们习惯称前者为稀溶液，后者为浓溶液。然而这种说法无法准确地表明该溶液中溶质的含量。在实际应用中，我们常用溶质的质量分数(习惯上称为溶液的百分比浓度或溶液的浓度)来表示一定量的溶液里所含溶质的量。如用于人体输液的医用生理盐水的浓度是0.9%，用于两栖类动物医用生理盐水的浓度是0.67%～0.70%，用于哺乳类动物医用生理盐水的浓度是0.85%～0.90%。

溶质的质量分数是最常用来表示溶液浓度的方法之一，可用下式进行计算：

$$\text{溶质的质量分数}=\frac{\text{溶质的质量}}{\text{溶液的质量}}\times 100\%$$

一、用固体配制溶液

【例1】氢氧化钠一般适用于给潮湿和阳光照不到的环境进行消毒，也用于排水沟和猪栏清栏后对栏舍的消毒。实践中常配制成2%的氢氧化钠水溶液用于环境和器具消毒，消毒1～2 h，用水清洗干净。现配制该浓度的溶液1 000 g，需要氢氧化钠和水各多少克？

解：溶质的质量分数$=\frac{溶质的质量}{溶液的质量}\times 100\%$

氢氧化钠固体的质量$=1\,000\ g\times 2\%=20\ g$

水的质量$=1\,000\ g-20\ g=980\ g$

配制方法：在电子天平上用差减法称取 20 g 氢氧化钠倒入烧杯中，再用量筒量取 980 mL 水倒入烧杯中，用洁净的玻璃棒搅拌至完全溶解。

二、用液体配制溶液

我们在实际工作中，根据不同的要求，就需要不同浓度的溶液。如施用农药时，浓度过高，会毒害农作物；农药浓度过低，就不能有效地杀虫灭菌。对于**浓溶液**，可以通过增加溶剂或者和稀溶液混合的方式降低浓度；而增大**稀溶液**浓度的方法有三种，分别是在稀溶液中添加溶质、在稀溶液中添加浓度更高的溶液、将溶液蒸发。

那么如何正确计算配制后溶质的质量分数呢？

其实，在溶液混合前后，溶质的质量是不变的。因此，我们可以列出以下公式：

$$m(混合前)\times w(混合前)=m(混合后)\times w(混合后)$$

式中，m(混合前)——混合前的质量；

m(混合后)——混合后溶液的质量；

w(混合前)——混合前溶液溶质的质量分数；

w(混合后)——混合后溶液溶质的质量分数。

【例 2】过氧乙酸可分解成乙酸和氧气，是一种杀菌能力很强的高效消毒剂，能有效杀死细菌繁殖体、结核杆菌、真菌、病毒、芽孢和其他微生物。现用 98%的过氧乙酸溶液配成 1 000 g 15%的稀溶液用于猪栏消毒，需要 98%的过氧乙酸和水各多少克？需量取 98%的过氧乙酸和水各多少毫升？（98%过氧乙酸密度为 1.05 g/cm^3）

解：将 98%的过氧乙酸稀释成 15%的稀过氧乙酸，稀释前后溶质的质量并没有发生变化。设需加入 98%的浓硫酸的质量为 m g。

$$m(浓过氧乙酸)\times w(浓过氧乙酸)=m(稀过氧乙酸)\times w(稀过氧乙酸)$$

$$m(浓过氧乙酸)\times 98\%=1\,000\times 15\%$$

$$m(浓过氧乙酸)=153.06\ g$$

需加水的质量$=1\,000\ g-153.06\ g=846.94\ g$

需量取水的体积：$V(H_2O)=846.94\ g\div 1.00\ g/cm^3=846.94\ mL$

需量取浓过氧乙酸的体积：$V=153.06\ g\div 1.05\ g/cm^3=145.77\ mL$

配制方法：用两只量筒分别量取 145.78 mL 98%过氧乙酸和 850 mL 水一并倒入烧杯中，用洁净的玻璃棒搅拌至完全溶解。

【例 3】双氧水的主要成分是过氧化氢（H_2O_2），市场上一般出售的是浓度为 30%的双氧水，而用于医用消毒的双氧水浓度只需 5%。向 1 g 浓度为 30%的双氧水中添加多少克浓度为 1%的双氧水，才能配制出浓度为 5%的双氧水？

解：设需添加 x g 浓度为 1%的双氧水。添加后，溶液的总质量为$(1+x)$ g。

根据混合前后溶质的质量并没有发生变化的规则，列出等式。

$$m(30\%\ H_2O_2)\times w(30\%\ H_2O_2)+m(1\%\ H_2O_2)\times w(1\%\ H_2O_2)$$
$$=m(5\%\ H_2O_2)\times w(5\%\ H_2O_2)$$
$$1\ g\times 30\%+x\ g\times 1\%=(1+x)g\times 5\%$$
$$x=6.25\ g$$

配制方法：向 1 g 30%的双氧水中添加 6.25 g 1%的双氧水，搅拌均匀后即得 5%的双氧水。

【例 4】 现有 47%的氯化钠溶液 20 g 经高温蒸发失去水分 6 g，此时氯化钠溶液的浓度是多少(蒸发过程中未析出晶体)？

解：根据蒸发前后溶质的质量并没有发生变化的规则，列出等式。

$$m(47\%\ NaCl)\times w(47\%\ NaCl)=m(A\%\ NaCl)\times w(A\%\ NaCl)$$
$$20\ g\times 47\%=(20-6)g\times w(A\%\ NaCl)$$
$$w(A\%\ NaCl)=67.14\%$$

经计算可知：20 g 47%的氯化钠溶液经高温蒸发失去水分 6 g 后，其溶液的浓度为 67.14%。

除质量分数以外，人们有时也用体积分数来表示溶液的浓度。如用作消毒剂的医用酒精中乙醇的体积分数为 75%，它是指每 100 体积的医用酒精中含有 75 体积的乙醇和 25 体积的水。将 60 mL 酒精溶于 40 mL 的水可配成 100 mL 体积分数为 60%的酒精溶液。

任务二　标准溶液的配制

分析检测和防疫的方法种类繁多，不论采用哪种分析方法，都常会用到标准溶液。标准溶液是一种已知准确浓度的溶液，未知浓度或未知准确浓度的溶液都叫待测溶液。

一、基准物质

能用于直接配制标准溶液的物质称为基准物质，不能用于直接配制标准溶液的物质称为非基准物质。无论是基准物质还是非基准物质，都被称为化学试剂。

我国对生产出厂的化学试剂按杂质含量的多少依次将化学试剂分为一级品(优质纯，GR)、二级品(分析纯，AR)、三级品(化学纯，CP)和四级品(实验试剂，LR)。在行业市场上除了以上四个等级外，还存在医药生物制剂，它一般用于化学实验和合成制备。为了减少分析结果中出现的误差，使用的基准物质一般是一级品(优质纯)或纯度高于一级品的基准物质试剂。在实验过程中需根据分析样品的种类、性质和要求严格选择化学试剂。分析工作者辨别各种标志及其符号所属的等级如表 1-3-1 所列。

表 1-3-1　我国化学试剂等级标志和使用范围

等级	名称	符号	适用范围	标签标志
一级试剂	优质纯(保证试剂)	GR	纯度很高，适用于精密分析工作和科学研究工作	绿色

续表1-3-1

等级	名称	符号	适用范围	标签标志
二级试剂	分析纯（分析试剂）	AR	纯度仅次于一级品，适用于一般定性、定量分析工作和科学研究工作	红色
三级试剂	化学纯	CP	纯度低于二级试剂，适用于一般定性分析工作	蓝色
四级试剂	实验试剂	LR	纯度较低，适用于实验	棕色或黄色
	医药生物试剂	HR 或 CR	辅助试剂及一般化学制备	黄色或其他颜色

二、基准物质具备的条件

作为基准物质必须具备以下条件：

（1）纯度要高　一般要求试剂的纯度在99.9%以上，其杂质含量不应超过0.01%～0.02%。

（2）组成恒定并与化学式相符合　若分子内含结晶水，其结晶水的含量也应与化学式相符合。如硼砂（$Na_2B_4O_7 \cdot 12H_2O$）、草酸（$H_2C_2O_4 \cdot 2H_2O$）等。

（3）性质稳定　例如，在配制和贮存过程中不易发生变化、放置时不挥发、烘干时不分解、称量时不吸湿、不被空气氧化等。

（4）相对分子质量较大　选择相对分子质量较大的基准物质可减小称量时的相对误差。

完全具备以上全部条件的化学试剂并不多，如三大强酸中的盐酸和硝酸具有挥发性，硫酸具有吸水性，性质不稳定；三大强碱中的氢氧化钠、氢氧化钾、氢氧化钙易吸收空气中的水分而易潮解，且易和空气中的 CO_2 反应而发生变质，性质极其不稳定。因此，它们都不是基准物质。高锰酸钾、硫代硫酸钠等物质均不易提纯，且见光易分解，不具备基准物质的条件。即使已具备上述条件的基准物质，也要严格按照干燥条件进行保存。

基准物质和基准物质配制成的标准溶液常用于标定由非基准物质配制而成的待测溶液，经过标定后的待测溶液方可认定为标准溶液。标定是一个滴定过程，它是通过标准溶液滴定待测溶液，得到所耗标准溶液的体积数，经过数据处理求出待测溶液的准确浓度。标定的目的就是通过标定的结果来计算出待测溶液的准确浓度。滴定分析中常用的基准物质和干燥条件及应用见表 1-3-2。

表 1-3-2　常用的基准物质和干燥条件及应用

名称	基准物质	干燥条件	标定对象
碳酸钠	Na_2CO_3	270～300 ℃	酸
硼砂	$Na_2B_4O_7 \cdot 10H_2O$	室温保存在装有蔗糖和 NaCl 溶液的密闭容器中	酸
邻苯二甲酸氢钾	$KHC_8H_4O_4$	110～120 ℃	碱
草酸晶体	$H_2C_2O_4 \cdot 2H_2O$	室温空气干燥	碱或 $KMnO_4$
重铬酸钾	$K_2Cr_2O_7$	140～150 ℃	还原剂
草酸钠	$Na_2C_2O_4$	150～200 ℃除去水	氧化剂
氯化钠	NaCl	500～600 ℃	$AgNO_3$

续表1-3-2

名称	基准物质	干燥条件	标定对象
三氧化二砷	As_2O_3	室温保存在干燥器皿中	$KMnO_4$
铜	Cu	室温保存在干燥器皿中	还原剂
锌	Zn	室温保存在干燥器皿中	EDTA

在选择碳酸钠(Na_2CO_3)和硼砂($Na_2B_4O_7 \cdot 12H_2O$)作基准物质来标定酸时，一般优选硼砂作基准物质。硼砂的相对分子质量比碳酸钠的相对分子质量大，产生的系统误差更小，测定时准确度更高。

标定酸的化学反应方程式如下：

$$Na_2CO_3 + 2HCl = 2NaCl + CO_2\uparrow + H_2O$$

$$Na_2CO_3 + H_2SO_4 = Na_2SO_4 + CO_2\uparrow + H_2O$$

$$Na_2B_4O_7 \cdot 10H_2O + 2HCl = 2NaCl + 4H_3BO_3\uparrow + 5H_2O$$

$$Na_2B_4O_7 \cdot 10H_2O + H_2SO_4 = Na_2SO_4 + 4H_3BO_3\uparrow + 5H_2O$$

在化学分析过程中，标定碱常用基准物质邻苯二甲酸氢钾($KHC_8H_4O_4$)和草酸晶体($H_2C_2O_4 \cdot 2H_2O$)，为了降低系统误差，一般优选相对分子质量较大的邻苯二甲酸氢钾作基准物质。

$$KHC_8H_4O_4 + NaOH = KNaC_8H_4O_4 + H_2O$$

$$H_2C_2O_4 \cdot 2H_2O + 2NaOH = Na_2C_2O_4 + 4H_2O$$

$$KHC_8H_4O_4 + KOH = K_2C_8H_4O_4 + H_2O$$

$$H_2C_2O_4 \cdot 2H_2O + 2KOH = K_2C_2O_4 + 4H_2O$$

三、标准溶液浓度及相关物理量的表示方法

世界卫生组织提议：凡是已知相对分子质量的物质在体液内的含量均应用物质的量浓度表示。物质的量浓度在医学上已被广泛使用，如正确表示人体血液中葡萄糖含量的正常值应写为 $c = 3.9 \sim 5.6$ mmol/L，临床上输液用的等渗葡萄糖溶液，过去常标为 0.5%，现在标为 0.28 mol/L。

我国的法定计量单位和国际计量单位都规定容量分析所用的标准溶液的浓度为物质的量浓度，其单位为摩尔/升(mol/L)。

(一)物质的量及其单位

物质的量是国际单位制(SI)中 7 个基本物理量之一，常用符号“n”表示，单位名称为“摩尔”，用符号“mol”表示。它表示含有一定数目粒子的集体，该集体中所包含的基本单元数与 0.012 kg ^{12}C 所含的原子数相等(即阿伏伽德罗常数 6.02×10^{23} 个)，即 1 mol 任何微粒所含相应粒子的个数都为 6.02×10^{23} 个，该微粒指分子、原子、电子、中子、离子等。

例如，1 mol 氢原子所含原子的个数为 6.02×10^{23} 个。

1 mol 氢分子所含氢分子的个数为 6.02×10^{23} 个，含氢原子个数为 1.20×10^{24} 个。

【例 5】1 个硫酸(H_2SO_4)分子含有多少个氢原子、硫原子和氧原子？2mol 硫酸分子中含多少个氢原子、硫原子和氧原子？

解：硫酸的化学式 H_2SO_4，分子组成中各原子的个数比为 H∶S∶O=2∶1∶4。

1 个硫酸分子中含有 2 个氢原子、1 个硫原子和 4 个氧原子。

2 mol 硫酸分子中含 4 mol 氢原子、2 mol 硫原子和 8 mol 氧原子。

2 mol 硫酸分子中含氢原子的个数 $=4\times 6.02\times 10^{23}$ 个 $=2.41\times 10^{24}$ 个

2 mol 硫酸分子中含硫原子的个数 $=2\times 6.02\times 10^{23}$ 个 $=1.20\times 10^{24}$ 个

2 mol 硫酸分子中含氧原子的个数 $=8\times 6.02\times 10^{23}$ 个 $=4.82\times 10^{24}$ 个

物质的量的单位 mol 同质量单位 g，有上一级和下一级的单位，进率为一千，例如，kmol(千摩尔)，mmol(毫摩尔)。

在使用"摩尔"时必须指明物质的化学式，通常使用的方法是在 n 之后加括号表示。

例如：$n(Fe)=1$ mol；$n(H_2SO_4)=1$ mol；$n(OH^-)=1$ mol；$n(e^-)=1$ mol。

(二)摩尔质量

摩尔质量是指单位物质的量所具有的质量，简称摩尔质量。即 1mol 物质的质量，用符号"M"表示，单位为 g/mol，在数值上等于该物质的相对原子质量或相对分子质量。对于某一化合物来说，它的摩尔质量是固定不变的。

例如，氢原子的相对原子质量是 1，1 mol 氢原子的质量是 1 g，氢原子的摩尔质量是 1 g/mol[$M(H)=1$ g/mol]。氢分子的相对分子质量是 2，1 mol 氢分子的质量是 2 g，氢分子的摩尔质量是 2 g/mol[$M(H_2)=2$ g/mol]。硫酸分子的相对分子质量是 98，1 mol 硫酸分子的质量是 98 g，硫酸分子的摩尔质量是 98 g/mol[$M(H_2SO_4)=98$ g/mol]。

【例 6】求下列物质的摩尔质量

Na_2CO_3	Cu	$H_2C_2O_4\cdot 2H_2O$	$K_2Cr_2O_7$
NaCl	$KHC_8H_4O_4$	$Na_2B_4O_7\cdot 10H_2O$	$Ca(OH)_2$

解：Na_2CO_3 的摩尔质量 $M(Na_2CO_3)=22.989\,77\times 2+12.011+15.994\times 3=105.97(g/mol)$

Cu 的摩尔质量 $M(Cu)=63.55(g/mol)$

草酸晶体的摩尔质量 $M(H_2C_2O_4\cdot 2H_2O)=1.007\,9\times 2+12.011\times 2+15.994\times 4+2\times(1.007\,9\times 2+15.994)=126.04(g/mol)$

$K_2Cr_2O_7$ 的摩尔质量 $M(K_2Cr_2O_7)=39.098\,3\times 2+51.996\times 2+15.994=294.15(g/mol)$

NaCl 的摩尔质量 $M(NaCl)=22.990+35.453=58.44(g/mol)$

$KHC_8H_4O_4$ 的摩尔质量 $M(KHC_8H_4O_4)=39.098\,3+1.007\,9+12.011\times 8+1.007\,9\times 4+15.994\times 4=204.20(g/mol)$

$Na_2B_4O_7\cdot 10H_2O$ 的摩尔质量 $M(Na_2B_4O_7\cdot 10H_2O)=22.990\times 2+10.81\times 4+15.994\times 7+10\times(1.007\,9\times 2+15.994)=381.25(g/mol)$

$Ca(OH)_2$ 的摩尔质量 $M[Ca(OH)_2]=40.08+2\times(1.007\,9+15.994)=74.08(g/mol)$

注：一般情况下，物质的摩尔质量修约到小数点后的第二位。

(三)物质的量与物质的摩尔质量之间的关系

$$物质的量(mol)=\frac{溶质的质量(g)}{溶质的摩尔质量(g/mol)} 或 n_B=\frac{m_B}{M_B}$$

式中，B——某种物质，用化学式表示；

n_B——物质的量；

m_B——物质的质量；

M_B——物质的摩尔质量。

【例 7】 1 mol 氢氧化钠分子的质量是多少？[$M(NaOH)=40$ g/mol]

解：氢氧化钠分子的摩尔质量为 40 g/mol

$$m(NaOH)=n(NaOH)\times M(NaOH)=1\ mol\times 40\ g/mol=40\ g$$

【例 8】 2 mL 浓氨水的质量是多少？其分子的物质的量是多少？2 mL 浓氨水中含有多少个氨气分子？(28%浓氨水的密度是 0.901 g/cm^3)

解：浓氨水中的溶质是氨气，溶剂是水。

$$m(\text{浓氨水})=\rho(\text{浓氨水})\times V(\text{浓氨水})=0.901\ g/cm^3\times 2\ mL=1.802\ g$$

$$m(NH_3)=m(\text{浓氨水})\times w(NH_3)=1.802\ g\times 28\%=0.504\ 6\ g$$

$$n(NH_3)=\frac{m(NH_3)}{M(NH_3)}=\frac{0.51\ g}{17\ g/mol}=0.03\ mol$$

浓氨水中含有氨气分子的个数$=0.03\ mol\times 6.02\times 10^{23}$ 个/mol$=1.81\times 10^{22}$ 个

(四)物质的量浓度

化学分析法中的滴定分析法又称为容量分析法，其标准溶液的浓度常用物质的量浓度来表示。如用氢氧化钠标准溶液测定食醋中乙酸的含量，需先将氢氧化钠固体配制成一定物质的量浓度的溶液后才能去测定食醋中乙酸的含量。物质的量浓度还是水质检验的法定计量单位之一，在表示物质的量浓度的单位时一般精确到小数点后面的第四位，浓度高的则精确到小数点后面的第三位。

1. 物质的量浓度与物质的量之间的关系

物质的量浓度表示单位体积溶液中所含溶质的物质的量，常用符号 c 表示，单位为 mol/L。其定义式为：

$$\text{物质的量浓度(mol/L)}=\frac{\text{物质的量(mol)}}{\text{溶液的体积(L)}}\text{或 } c(B)=\frac{n(B)}{V}$$

式中，B——某种物质；

V——溶液的体积；

$n(B)$——物质的量；

$c(B)$——物质的量浓度。

【例 9】 将 0.1 mol 的 NaCl 溶于水中配成 100 mL 的溶液，该氯化钠溶液的量浓度是多少？

解：

$$\text{物质的量浓度}=\frac{\text{物质的量(mol)}}{\text{溶液的体积(L)}}$$

$$c(NaCl)=\frac{0.1\ mol}{0.1\ L}=1.000\ mol/L$$

2. 物质的量浓度与质量分数之间的关系

当我们知道某种溶液溶质的质量分数和相对密度时，还可用以下公式来计算该溶液的物质的量浓度。

$$物质的量浓度=\frac{1\,000\times 溶质的质量分数\times 溶液的相对密度}{溶质的摩尔质量}$$

【例 10】 质量分数为 98% 的浓硫酸的密度是 1.84 g/cm³，该浓硫酸的物质的量浓度是多少？

解：

$$物质的量浓度=\frac{1\,000\times 溶质的质量分数\times 溶液的相对密度}{溶质的摩尔质量}$$

$$c(H_2SO_4)=\frac{1\,000\times 98\%\times 1.84\ g/cm^3}{98\ g/mol}=18.400\ mol/L$$

3. 溶液浓度与稀释浓度的关系

在实际工作中，我们常常需要将一定物质的量浓度的浓溶液配成所需要的物质的量浓度的稀溶液。浓溶液配制稀溶液的过程中，物质的量没有改变，可用下列式子进行计算。

浓溶液的物质的量浓度×浓溶液的体积＝稀溶液的物质的量浓度×稀溶液的体积

$$c(浓)\times V(浓)=c(稀)\times V(稀)$$

【例 11】 将 1 mL 浓度为 2 mol/L 的浓硫酸稀释到 100 mL，稀释后的溶液的物质的量浓度是多少？

解：

$$c(浓硫酸)\times V(浓硫酸)=c(稀硫酸)\times V(稀硫酸)$$

$$2\ mol/L\times 1\ mL=100\ mL\times c(稀硫酸)$$

$$c(稀硫酸)=0.020\,0\ mol/L$$

(五)标准溶液的配制

配制溶液浓度准确度要求不高的溶液时，可用烧杯、量筒、托盘天平等仪器进行配制。但如果要配制溶液浓度准确度要求高的溶液（如标准溶液），则应采用分析天平、移液管、容量瓶等精密仪器。

1. 标准溶液配制的一般规定

(1)制备标准溶液用水应符合 GB 6682 中三级水的规格。

(2)所用试剂的纯度应在分析纯（包含分析纯）以上。

(3)采用分析天平、移液管、容量瓶等精密仪器，使用之前均需校正。

(4)标定标准溶液的试剂为基准物质。

(5)制备标准溶液的浓度是指 20 ℃时的浓度。在标定和使用时，若温度有异，需校正。

2. 配制标准溶液的注意事项

(1)所用的溶液应用纯水（去离子水）配制，配制之前需使用的玻璃器皿需用纯水洗 3 次以上。

(2)溶液要用带塞的试剂瓶盛装，见光易分解的溶液须装在棕色瓶中，浓碱液需用塑料瓶装且用橡皮塞塞紧。其他易挥发、易变质、易腐蚀的溶液都需密封好，长期保存的需蜡封。

(3)每瓶配制好的试剂必须贴上标明配制日期、规格和浓度的标签。

3. 标准溶液的配制方法

(1)用固体配制溶液

【例 12】配制 0.100 0 mol/L 的氢氧化钠溶液 100 mL，需用分析天平称取氢氧化钠固体多少克？如何配制？

解：

$$物质的量浓度=\frac{物质的量}{溶液的体积}$$

$$\begin{aligned} n(\mathrm{NaOH}) &= c(\mathrm{NaOH})\times V(\mathrm{NaOH}) \\ &= 0.100\,0\ \mathrm{mol/L}\times 0.100\ \mathrm{L}=0.010\,0\ \mathrm{mol} \\ m(\mathrm{NaOH}) &= n(\mathrm{NaOH})\times M(\mathrm{NaOH}) \\ &= 0.010\,0\ \mathrm{mol}\times 39.997\ \mathrm{g/mol}=0.400\,0\ \mathrm{g} \end{aligned}$$

配制方法：在分析天平上用差减法准确称取 0.400 0 g 氢氧化钠固体倒入烧杯中，取约 30 mL 的水倒入烧杯中，用玻璃棒搅拌使 NaOH 完全溶解。通过玻璃棒将溶解后的液体转移到 100 mL 的容量瓶中，用洗瓶冲洗玻璃棒和烧杯，并将洗液移入容量瓶，重复数次，定容至刻度线。

(2)用液体配置溶液

【例 13】将 1 mL 浓度为 2.000 mol/L 的浓硫酸稀释成浓度为 0.020 0 mol/L 稀硫酸，如何配制？

解：

$$c(浓硫酸)\times V(浓硫酸)=c(稀硫酸)\times V(稀硫酸)$$

$$2.000\ \mathrm{mol/L}\times 1\ \mathrm{mL}=0.020\,0\ \mathrm{mol/L}\times V(稀硫酸)$$

$$V(稀硫酸)=100\ \mathrm{mL}$$

配制方法：取约 30 mL 的水倒入烧杯中，用移液管准确量取 2.000 mol/L 的浓硫酸 1.00 mL 沿烧杯壁倒入烧杯中，用玻璃棒搅拌使之混合均匀，通过玻璃棒将混合后的液体转移到 100 mL 的容量瓶中，用洗瓶冲洗玻璃棒和烧杯，并将洗液移入容量瓶，重复数次，定容至刻度线。

无论是用固体配制溶液还是用液体配制溶液，只要是使用基准物质直接配制，配制成的溶液就称为标准溶液。

4. 标准溶液的保存

标定好的标准溶液应妥善保存。有些标准溶液若保存得当，可以长期保持浓度不变或极少改变。溶液保存在试剂瓶中，由于试剂蒸发，试剂瓶的内壁上常出现水珠凝聚现象，使瓶内溶液的浓度发生改变，因此，在每次使用前应将溶液摇匀。对于一些不够稳定的溶液，应根据它们的性质妥善保存。如见光易分解的 $AgNO_3$、$KMnO_4$ 等标准溶液应保持在棕色瓶中并置于暗处。能吸收空气中的二氧化碳并能腐蚀玻璃的强碱溶液，最好盛在塑料瓶中，并在瓶口装入碱石灰(Na_2CO_3+CaO)管以吸收空气中的二氧化碳和水。对性质不稳定的溶液每次使用之前必须先进行标定。只有完成标定并计算出溶液准确浓度之后方可使用。

任务三　缓冲溶液的配制

人体中由于食物的消化、吸收或组织中的新陈代谢作用不断会产生酸性或碱性的代谢物质,如有机食物完全氧化可产生碳酸,食物中的嘌呤被氧化可产生尿酸,蔬菜、水果、豆类等食物中含有较多的碱性盐类物质等。为什么这些酸性或碱性物质进入血液后,血液的 pH 还能维持在 7.35～7.45？这是因为人体有一整套通过体液的缓冲系统完成自我调节酸碱平衡的完整体系。

缓冲溶液的酸碱度用 pH 表示,使用缓冲溶液的目的是将溶液的酸度控制在一定的范围内,使所需反应得以顺利进行。如对牲畜、家禽注射药品时要求注射的液体不能导致动物体液 pH 发生很大的改变,须将其控制在正常范围内,否则,会影响生物体内细胞的活性,造成严重后果而导致死亡。因此,学会准确配制缓冲溶液是化学分析不可或缺的一个重要环节。

一、缓冲溶液

向水中加少量酸,溶液会显酸性,它的 pH 会减小到小于 7;向水中加入少量碱,溶液会显碱性,它的 pH 会增大到大于 7;但有一种溶液,加入少量的酸或碱后,溶液的 pH 没有明显变化,这种溶液就是缓冲溶液。

能够抵抗少量酸、碱或稀释,而本身 pH 基本保持不变的溶液称为缓冲溶液。这种阻碍溶液 pH 发生变化的作用称为缓冲作用。

(一)缓冲溶液的组成

缓冲溶液一般由两种成分组成,一种为抗酸成分,另一种为抗碱成分,合称缓冲体系,又叫缓冲对。

常见的缓冲对有以下三类：

弱酸及其盐

$$CH_3COOH—CH_3COONa \qquad H_2CO_3—NaHCO_3$$

弱碱及其盐

$$NH_3 \cdot H_2O—NH_4Cl \qquad NH_3 \cdot H_2O—(NH_4)_2SO_4$$

多元弱酸的酸式盐及其次级盐

$$NaHCO_3—Na_2CO_3 \qquad NaH_2PO_4—Na_2HPO_4$$

另外,在高浓度的强酸、强碱溶液中,由于 H^+ 和 OH^- 的浓度本来就很高,外加的少量酸或碱不会对溶液的酸度产生太大的影响,在这种情况下,强酸和强碱本身也可作缓冲溶液。如配制 pH≥12 的缓冲溶液可直接使用 NaOH 或 KOH。配制 pH≤2 的缓冲溶液可直接用使用 HCl 或 H_2SO_4。

(二)缓冲溶液的原理

以 $CH_3COOH—CH_3COONa$ 缓冲溶液为例，该缓冲溶液中的 CH_3COOH 是抗碱成分，CH_3COONa 是抗酸成分。

在 $CH_3COOH—CH_3COONa$ 溶液中，存在如下电离平衡：

$$CH_3COOH \rightleftharpoons CH_3COO^- + H^+$$
$$CH_3COONa = CH_3COO^- + Na^+$$

当向此溶液中加入少量的酸时，即向溶液中加入了少量的 H^+，导致溶液中 H^+ 的浓度增大。为了抵御发生的这种变化，抗酸成分 CH_3COONa 电离出的 CH_3COO^- 和加入的 H^+ 结合生成电离度小的 CH_3COOH，使 CH_3COOH 的电离平衡向左移动，达到新的平衡时，溶液中的 H^+ 无明显升高。

当向此溶液中加入少量的碱时，即向溶液中加入了少量的 OH^-。为了抵御发生的这种变化，抗碱成分 CH_3COOH 电离出 CH_3COO^- 和 H^+，电离出来的 H^+ 和加入的 OH^- 结合生成 H_2O，溶液中 H^+ 浓度降低，导致 CH_3COOH 电离平衡向右移动，不停地电离出 H^+，以补偿 OH^- 消耗的 H^+。当达到新的平衡时，溶液中的 H^+ 也无明显升高。

当向此溶液中加入少量水时，一方面使原来的 H^+ 浓度降低，一方面又因溶液的电离度(指弱电解质电离的能力)增大而使 H^+ 浓度回升，结果，溶液的 pH 基本保持不变。

缓冲溶液的缓冲能力是有限的，如果向其中加入大量强酸或强碱，溶液中抗酸和抗碱成分消耗尽时，就不再具备缓冲能力，导致缓冲溶液失效。

二、缓冲溶液 pH 的计算

缓冲溶液的浓度都很大，求算其 pH 一般不要求十分准确，可用近似方法处理。常用的计算公式如下：

弱酸及其盐

$$pH = pK_a + \lg\frac{c(弱酸盐)}{c(弱酸)}$$

弱碱及其盐

$$pOH = pK_b + \lg\frac{c(弱碱盐)}{c(弱碱)}$$
$$pH + pOH = 14$$

多元弱酸的酸式盐及其次级盐

$$pH = \frac{(pK_{a1} + pK_{a2})}{2}$$

【例 14】某缓冲溶液含有等体积的 0.100 0 mol/L CH_3COOH 和浓度为 0.150 0 mol/L CH_3COONa，试问其溶液的 pH 为多少？简述配制方法。

解：

$$pH = pK_a + \lg\frac{c(\text{弱酸盐})}{c(\text{弱酸})}$$

$$= 4.74 + \lg\frac{0.1500}{0.1000}$$

$$= 4.92$$

配制方法：量取一定体积的无水乙酸加水配制成 0.1000 mol/L CH_3COOH 溶液，再称取一定量的乙酸钠固体加水配制成 0.1500 mol/L CH_3COONa 溶液，将上述两种溶液等体积混合并用玻璃棒搅拌，最后用 pH 试纸测混合液的 pH。

【例 15】 计算等体积的 0.2000 mol/L 氨水和 0.1000 mol/L 氯化铵溶液组成的缓冲溶液的 pH。

解：

$$pOH = pK_b + \lg\frac{c(\text{弱碱盐})}{c(\text{弱碱})}$$

$$= 4.74 + \lg\frac{0.1000}{0.2000}$$

$$= 4.44$$

$$pH = 14 - 4.44 = 9.56$$

三、缓冲溶液的选择

任何缓冲溶液的缓冲能力都有一定的限度，由上面缓冲溶液的 pH 计算可知，缓冲溶液的选择主要取决于以下几个方面。

1. 缓冲溶液 pH 主要取决于弱酸或弱碱的电离常数

在实际配制一定 pH 缓冲溶液时，一般选择同该弱酸的 pK_a 或弱碱的 pK_b 等于或接近于该 pH(或 pOH)的共轭酸碱对。

例如，配制 pH 4～6 的缓冲溶液，可以选择 $pK_a = 4.74$ 的 $CH_3COOH—CH_3COONa$ 来配制；配制 pH 9～11 的缓冲溶液，就可以选择 $pK_b = 4.74$(其 $pK_a = 9.26$)的 $NH_3 \cdot H_2O—NH_4Cl$ 来配制。

2. 缓冲溶液 pH 与缓冲对的浓度比值有关

对同一种缓冲溶液而言，配制时通过适当调节弱酸及其弱酸盐的浓度的比值，就可配制出不同 pH 的缓冲溶液。

3. 当缓冲溶液的 $pH = pK_a$ 时，缓冲溶液的缓冲能力最强

若缓冲溶液缓冲对的浓度比值 c(弱酸盐)∶c(弱酸)=1∶1，缓冲溶液的 pH 就等于 pK_a，若 c(弱碱盐)∶c(弱碱)=1∶1，缓冲溶液的 pOH 就等于 pK_b。此时，缓冲溶液的缓冲能力最大。

4. $pH = pK_a \pm 1$ 为缓冲溶液的有效缓冲范围

实验表明，当缓冲溶液缓冲对的浓度比值 c(弱酸盐)∶c(弱酸)=1∶10 或 c(弱酸盐)∶c(弱酸)=10∶1 时，其缓冲能力就可以满足一般的实验要求，即 $pH = pK_a \pm 1$ 为缓冲溶液的有效缓冲范围。

例如，CH_3COOH 的 $pK_a=4.74$，$CH_3COOH—CH_3COONa$ 缓冲溶液的缓冲范围为 pH 3.74～5.74；$NH_3 \cdot H_2O$ 的 $pK_b=4.74$，其 $pK_a=9.26$，$NH_3 \cdot H_2O—NH_4Cl$ 缓冲溶液的缓冲范围为 8.26～10.26。

5. 配制精确的pH缓冲溶液还应用计算来进行校准

《中国药典》规定取 5.59 g K_2HPO_4 与 0.41 g KH_2PO_4 加水使之溶解成 1 000 mL，可配制出 pH 7.8～8.0 的 $KH_2PO_4—K_2HPO_4$ 缓冲溶液。配制 pH=8.2 的缓冲溶液时，可取 0.150 0 mol/L 的 Na_2HPO_4 溶液 497 mL 和 0.150 0 mol/L 的 NaH_2PO_4 溶液 43 mL 混合制得。

6. 其他

在选择药用缓冲对时，还需考虑选用的共轭酸碱对是否与主药发生配伍禁忌，共轭酸碱对在高压灭菌和储存期内是否稳定以及是否有毒等因素。

配制缓冲溶液时必须注意所需控制的 pH 应在缓冲溶液的缓冲范围之内，缓冲组分的浓度控制在 0.010 0～1.000 mol/L。而标准缓冲溶液的 pH 是在一定温度下经过准确的实验测得的。

任务四 微量或痕量组分溶液的配制

在分析工作中常常会遇到需要测定含量极少的某种物质，根据分析试样中待测组分的含量的多少，我们将它们称为微量组分、半微量组分或痕量组分。例如，测定水中含量极微的铜，纯硫酸中含量不超过万分之一的氯和铁，纯金属中所含千分之一的杂质以及药物分析中要测定某些制剂含量极少的特定元素等。因这类待测溶液的浓度极稀，用质量分数或物质的量浓度(mol/L)来表示这类溶液的浓度既不方便，又容易发生错误。

一、质量体积比浓度的表示方法

表示微量或痕量组分标准溶液的浓度统一用 mg/L 或 mg/mL 来表示，习惯上也会用 μg/mL 来表示极稀溶液的浓度。毫克是一种国际通用的质量单位，英文简称为“mg”。质量单位的换算：1 g=1 000 mg，1 mg=1 000 μg。

实际生活和工作中用 mg/mL 或 μg/mL 来表示液体浓度的实例很多。例如，在测定水的硬度时，水中 Ca^{2+} 和 Mg^{2+} 的含量非常少，它们的浓度可以用德国度来表示，即每升水中含 10 mg 的 CaO 为一个德国度 1°(1°=10 mg/L)；“农夫山泉”矿泉水的标签上用“4 μg/mL”来注明每 100 mL 矿泉水含钙离子的量需小于或等于 400 μg；常用的消毒液也常用 mg/mL 或 μg/mL 来表示药液的浓度。

二、标准使用溶液的配制

微量或痕量组分溶液的配制方法是先配制一定浓度的标准储备溶液(即在电子天平上准确称取一定质量的固体定容至 1 000 mL)，然后进行稀释，配成浓度更低的标准使用溶液。再根据需要进行逐级稀释，配制成所需浓度的微量或痕量组分溶液。其中标准储备溶液取分析试剂直接配制，配制好的溶液可以长时间储存备用，浓度较高。标准使用溶液由标准储备溶液稀释得到，只能短时间保存，一般现用现配。微量或痕量组分溶液则由标准使用溶液稀释得到。

比色分析法属于仪器分析法中的分光光度法，常用于微量或痕量组分的测定。测定之前都需将标准样品配制成不同浓度的标准系列来进行测定，且这组系列标准溶液的浓度极稀，浓度呈规律性的方式递增，习惯上将它们称为标准色阶。标准色阶的配制一般需经过标准储备溶液→标准使用溶液→做标准色阶的各浓度溶液这三个流程，通过逐级稀释溶液的操作方法完成配制。

现以配制苯甲酸标准色阶溶液为例，了解微量或痕量组分标准溶液溶液的配制过程。

【例 16】配制苯甲酸 0.00 μg/mL、1.00 μg/mL、2.00 μg/mL、4.00 μg/mL、6.00 μg/mL、8.00 μg/mL、10.00 μg/mL 的标准色阶，简述配制方法。

解：标准储备溶液的配制：称取 0.100 0 g 苯甲酸溶于水中，通过玻璃棒转移到 100 mL 的容量瓶中定容，得到 1 mg/mL 苯甲酸标准储备溶液。

$$\frac{0.100\,0\ \text{g}\times 1\,000\ \text{g/mg}}{100\ \text{mL}}=1\ \text{mg/mL}=1\,000\ \mu\text{g/mL}$$

100 μg/mL 苯甲酸标准使用溶液的配制：用吸量管取 10.00 mL 上述溶液溶于水中，通过玻璃棒转移至 100 mL 的容量瓶中稀释成 100 mL，得到 100 μg/mL 苯甲酸稀溶液。

$$\frac{10\ \text{mL}\times 1\,000\ \mu\text{g/mL}}{100\ \text{mL}}=100\ \mu\text{g/mL}$$

苯甲酸标准色阶的配制：用吸量管分别取 0.00 mL、1.00 mL、2.00 mL、4.00 mL、6.00 mL、8.00 mL、10.00 mL 上述溶液分别放入 7 个体积为 100 mL 的容量瓶中，加水全部稀释到 100 mL，就得到 0.00 μg/mL、1.00 μg/mL、2.00 μg/mL、4.00 μg/mL、6.00 μg/mL、8.00 μg/mL、10.00 μg/mL 系列浓度极稀的溶液。

微量或痕量组分溶液的配制应用十分广泛，在农业生产（如防虫、施肥及使用激素）和畜牧养殖生产（如消毒液的配制、饲料中微量元素的检测、水样的检测等）中常常要用到该项操作技术。

◎ 思 政 园 地 ◎

危害人类生命的罪魁祸首——“酒驾”

酒精的学名叫“乙醇”，化学式为 CH_3CH_2OH。中国的酒文化历史悠久，酒的种类繁多，每逢节假日、生日、朋友聚会、婚嫁等都离不开酒的存在。无论是白酒、黄酒、啤酒、红酒还是药酒，它们的主要成分都是酒精。喝酒可以助兴，短时间内使人情绪高昂、过度兴奋；但过量饮酒会使人麻醉，失去知觉和判断力，甚至引发猝死。因为酒的主要成分酒精对人体许多器官都有损害，长期饮酒易导致酒精性脂肪肝或酒精性肝炎，易患高血压、动脉硬化、心肌梗死、早衰、智力迟钝、记忆力下降等疾病。

酒后驾车引发的安全事故天天都有发生。据研究，酒后驾车会使驾驶人的触觉能力、判断能力和操作能力降低，驾驶人血液酒精中的含量超过 0.3% 会导致驾驶人视觉降低；含量超过

0.8%会使驾驶人的视野缩小，失去驾驶能力。因此，《车辆驾驶人员血液、呼气酒精含量阈值与检验》(GB 19522—2010)中对酒后驾驶和醉酒驾驶制定了严格的标准。

驾驶人员每 100 mL 血液酒精含量大于或等于 20 mg，且每 100 mL 血液酒精含量小于 80 mg 为饮酒后驾车。

驾驶人员每 100 mL 血液酒精含量大于或等于 80 mg 为醉酒后驾车。

根据《中华人民共和国道路交通安全法》第九十一条，酒驾和醉驾均属于交通违法行为，大学生是国家的未来和希望，应自觉学法守法，守住健康、爱惜生命。

◎ 目 标 检 测 ◎

一、选择题

1. 配制 pH=9.2 的缓冲溶液时，应选用的缓冲对是(　　)。

A. $CH_3COOH—CH_3COONa$　　B. $NH_3\cdot H_2O—NH_4Cl$

C. $Na_2CO_3—NaHCO_3$　　D. KOH

2. 配制 pH=7.0 的缓冲溶液时，应选用的缓冲对是(　　)。

A. $CH_3COOH—CH_3COONa$　　B. $NH_3\cdot H_2O—NH_4Cl$

C. $Na_2CO_3—NaHCO_3$　　D. $NaH_2PO_4—Na_2HPO_4$

3. 下列说法正确的是(　　)。

A. 1 mol H_2 的质量是 1 g

B. 1 mol HCl 的质量是 36.5 g/mol

C. Cl_2 的摩尔质量等于它的相对分子质量

D. 硫酸根离子的摩尔质量是 96 g/mol

4. 下列物质中含氢原子数最多的是(　　)。

A. 1 mol H_2　　B. 0.5 mol NH_3

C. 6.02×10^{23} 个 CH_4 分子　　D. 0.3 mol H_3PO_4

5. 1 g O_2 和 1 g O_3 相比，下列表述正确的是(　　)。

A. 所含分子数相等　　B. 所含原子数相等

C. 所含原子数不相等　　D. 1 g O_3 中所含分子数较多

6. 某实验需要 0.02 mol NaOH，用分析天平称取 NaOH 固体时，其天平读数应该是(　　)。

A. 等于 8.0 g　　B. 等于 8.00 g

C. 大于 0.800 0 g　　D. 等于 0.800 0 g

7. 配制一定体积、一定物质的量浓度的溶液，使实验结果偏低的是(　　)。

A. 容量瓶中含有少量蒸馏水　　B. 溶解所用的烧杯未洗涤

C. 定容时仰视观察液面　　D. 定容时俯视观察液面

8. 用硫酸铜晶体配制 0.100 0 mol/L 的硫酸铜溶液 500 mL，需要称取硫酸铜晶体的质量为(　　)。

A. 25 g　　B. 12.5 g　　C. 6.25 g　　D. 37.5 g

9. 配制一定物质的量浓度溶液时，由于操作不慎，使液面略超过了容量瓶的刻度标线，这时应采取的措施是(　　)。

A. 倾倒出标线以上的液体　　B. 吸出标线以上的液体

C. 影响不大，不再处理　　D. 重新配制

10. 将 40 g NaOH 溶于水配成 250 mL 溶液，该溶液的物质的量浓度是(　　)。

A. 2 mol/L　　B. 4.00 mol/L　　C. 2.000 mol/L　　D. 4.000 mol/L

11. 我国化学试剂的等级标准分为(　　)级。

A. 一级　　B. 四级　　C. 三级　　D. 二级

12. 我国现行化学试剂的等级通常用符号 GR、AR、CP 表示，其中符号 CP 代表的是(　　)。

A. 化学纯　　B. 实验纯　　C. 分析纯　　D. 优质纯

13. 仪器分析法适用于高纯度的微量或痕量组分的定量分析，因此，常常选用的化学试剂是(　　)。

A. AR　　B. CP　　C. GR　　D. LR

二、简答题

下列物质中哪些可以用直接配制法配制成标准溶液？

$FeSO_4$　　$H_2C_2O_4 \cdot 2H_2O$　　KOH　　$KMnO_4$

$K_2Cr_2O_7$　　$Na_2S_2O_3 \cdot 5H_2O$　　$SnCl_2$ $KBrO_3$

三、计算题

1. 计算下列物质的摩尔质量。

$AgNO_3$　　$H_2C_2O_4 \cdot 2H_2O$　　H_2SO_4　　$KMnO_4$

$K_2Cr_2O_7$　　$Na_2S_2O_3 \cdot 5H_2O$　　NaCl　　$Na_2C_2O_4$

2. 将 20 mL 98% 的浓硫酸(密度为 1.84 g/cm^3)稀释成 40% 的稀硫酸(密度为 1.30 g/cm^3)，需加水多少毫升？可配制多少毫升的稀硫酸？简述配制过程。

3. 如何配制 70 g 20% 的 NaCl 溶液？若将其的浓度提高到 30%，需向其中加入多少克固体 NaCl？

4. 配制 0.1000 mol/L HNO_3 溶液 100 mL，需要量取质量分数为 65% 且密度为 1.40 g/cm^3 的浓 HNO_3 多少毫升？配制 0.1500 mol/L 的 NaOH 溶液 500 mL，需称取固体 NaOH 多少克？简述配制过程。

5. 将 4.18 g $Na_2C_2O_4$ 溶于 75 mL 水中，求草酸钠溶液的物质的量浓度是多少？

6. 已知浓 H_2SO_4 的质量分数为 96%，相对密度为 1.84 g/cm^3，欲将其配成 0.1000 mol/L 的硫酸溶液 0.5 L，需量取浓硫酸多少毫升？

7. 要配制 450 mL pH=9.30 的缓冲溶液，需用 0.1000 mol/L 的氨水($NH_3 \cdot H_2O$)和 0.1000 mol/L 的氯化铵溶液(NH_4Cl)各多少毫升？

8. 先配制浓度为 2 mg/mL 水杨酸标准储备溶液，然后将浓度为 2 mg/mL 水杨酸标准储备溶液稀释成浓度为 200 μg/mL 的稀溶液，如何操作？再用 200 μg/mL 的稀溶液稀释成 0.00 μg/mL、2.00 μg/mL、4.00 μg/mL、8.00 μg/mL、12.00 μg/mL、16.00 μg/mL、20.00 μg/mL 的更稀的溶液？如何操作？

9. 欲配制 1.000 mol/L 的氢氧化钠溶液 250 mL，完成下列步骤。

(1)用分析天平称取氢氧化钠固体________g。

(2)将称好的氢氧化钠固体放入________中，加少量蒸馏水将其溶解，待溶解后，将溶液沿着移入________ mL 的容量瓶中。

(3)用少量蒸馏水冲洗________次，在操作过程中不能损失液体，否则会使溶液的浓度偏________(高或低)。

(4)向容量瓶内加水至刻度线时，改用________小心地加水至溶液凹液面与刻度线相切，若加水超过刻度线，会造成溶液浓度________(偏高或偏低)，应该重新配制。

(5)最后，盖好瓶盖，将配好的溶液移入________中并贴好标签。

10. 下面是用98%的浓硫酸(密度为1.84 g/cm^3)配制成0.500 0 mol/L 的稀溶液100 mL 的操作过程。请按要求填空。

(1)所需浓硫酸的体积为________。

(2)如果实验室有1 mL、5 mL、10 mL 的移液管，应选用________来直接量取，量取时正确操作方式是________。

(3)将量取的浓硫酸沿着烧杯内壁慢慢注入盛有20 mL 水的________中，并不断搅拌，其搅拌目的是________。

(4)将上述溶液沿着________转移到________中，用________ mL 蒸馏水洗涤烧杯2～3次，洗涤液也要注入________中，并摇匀。

(5)用________加水至距刻度线________处，改用________加水，使溶液的凹液面正好和刻度线相平。

11. 氢氧化钠对细菌、病毒均有强大的灭菌力，对细菌芽孢、寄生虫虫卵也有杀灭作用。用于猪栏消毒时，需先将猪转栏，待空栏后，再将氢氧化钠配成2%～3%的热溶液冲洗地面，消毒后经12 h 用水冲洗地面或用具，待地面、用具干爽方可使用。现需配制1小桶约10 kg 氢氧化钠消毒液，需称取多少氢氧化钠固体？简述配制方法。

12. 将浓度为20%的过氧乙酸溶液加水稀释成15%就可用于地面、墙壁、场地和猪栏的消毒。现配制4 kg 15%的过氧乙酸溶液，需量取多少升浓度为20%的过氧乙酸溶液？简述配制方法。(20%的过氧乙酸溶液的密度为1.026 g/mL)

模块二

分析化学基础

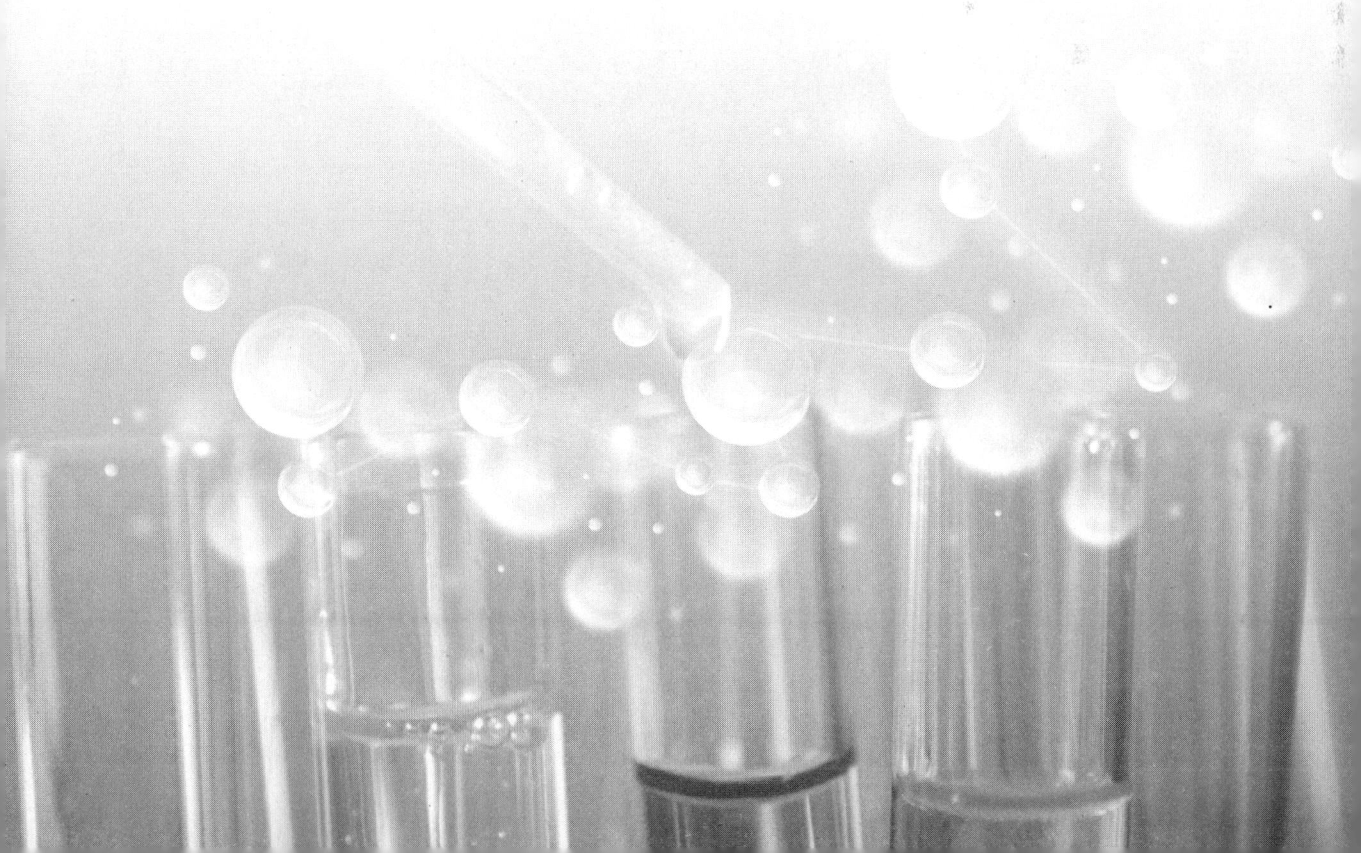

项目一

分析化学概论

任务一　分析化学的分类

一、分析化学的任务

分析化学是研究物质化学组成的分析方法及有关理论的一门科学，其任务是鉴定物质的化学组成、测定有关组分的相对含量以及确定物质的分子结构。

分析化学在农业、工业、国防、医学等方面起着举足轻重的作用。在农学类专业中，分析化学是一门重要的基础课。许多专业课都要应用分析化学的理论、方法及技术来解决某些问题。例如，动物饲料的原料检验、营养成分分析、兽药的理化性质检验等都与分析化学有着密切的关系。

二、分析方法的分类

分析化学的内容十分丰富，从不同的角度可进行如下分类：

1. 按任务分类

可分为定性分析、定量分析、结构分析。

(1)定性分析　主要鉴定物质是由哪些元素、离子、原子团或化合物组成的。

(2)定量分析　主要测定试样中各组分的相对含量。

(3)结构分析　主要确定物质的分子结构、晶体结构或综合形态。

在实际工作中，首先必须了解物质的组成，然后根据测定的要求，选择恰当的定量分析方法确定该组分的相对含量，即先定性再定量。对于新发现的化合物，还需要进行结构分析，确定物质的分子结构。在物质组分已知的情况下，则不需要经过定性分析就可直接进行定量分析。

2. 按分析对象分类

可分为无机分析与有机分析。

无机分析的对象是无机物。由于组成无机物的元素多种多样，在无机分析中往往要求鉴定试样是由哪些元素、离子、原子团或化合物组成的，并需确定各组分的相对含量。这些内容分属于无机定性分析和无机定量分析。

有机分析的对象是有机物。虽然组成有机物的元素并不多(主要为碳、氢、氧、氮、硫等)，但其化学结构却很复杂，不仅需要鉴定组成元素，更重要的是进行官能团、空间结构等的分析。

3. 按分析原理分类

可分为化学分析与仪器分析。

化学分析是以物质的化学反应为基础的分析方法。其历史悠久，是分析化学的基础，故又称经典分析方法。化学分析法使用的仪器设备简单，常量组分分析结果准确度高，但对于微量和痕量组分分析，灵敏度低，准确度不高。

仪器分析是以物质的物理或物理化学性质为基础的分析方法，如电化学分析法及吸光光度法等。这种分析方法常需要精密仪器，故称仪器分析法。仪器分析法的特点是快速、灵敏，所需试样量少，适于微量、痕量成分分析，但对常量组分的分析则准确度低。

4. 按操作方法及试剂用量分类

根据操作方法及用量的不同可分为常量分析、半微量分析、微量分析、超微量分析。各种分析方法的试样用量见表 2-1-1。

表 2-1-1　各种分析方法的试样用量

分类名称	所需试样的质量/g	所需试样的体积/mL
常量分析	>0.1	>10
半微量分析	0.01~0.1	1~10
微量分析	0.000 1~0.01	0.01~1
超微量分析	<0.000 1	<0.01

根据待测组分在试样中的相对含量不同可分为常量组分分析、微量组分分析、痕量组分分析。根据被分析组分在试样中相对含量分类见表 2-1-2。

表 2-1-2　各种分析组分在试样中相对含量

分类名称	质量分数/%
常量组分分析	>1
微量组分分析	0.01~1
痕量组分分析	<0.01

需要注意的是，以上两种概念不能混淆，如痕量组分分析不一定是微量分析，自来水中痕量污染物的分析就是常量分析。

任务二　定量分析的一般程序

试样定量分析的一般程序主要包括取样、试样溶解、干扰组分的分离和定量测定、数据处理与结果评价等步骤。

1. 取样

采取的样品要具有代表性，且能够客观、真实地反映物质的组成。一般来说，要求多点取样(采取不同部位、深度的试样)，将所有的试样粉碎后混合均匀，再从混合均匀的样品中取少量作为最终的样品进行分析。

2. 试样溶解

定量分析一般多用湿法分析。所谓湿法分析是指将试样溶解后转入溶液进行测定。根据试样性质的不同，采用不同的溶解方法。最简便的是水溶法，也常采用酸溶法、碱溶法或熔融法。其原则是，应使试样分解完全，且过程中待测组分不得有任何损失或增加，并避免引入干扰物质。

3. 干扰组分的分离和定量测定

根据试样组成的理化性质采用化学分析法和仪器分析法定性确定试样组分。测定前，如有共存于试样中的其他成分干扰，则应予以掩蔽或分离后再行测定。

4. 数据处理与结果评价

正确记录数据，根据所测得的数据，利用科学方法对数据进行适当的取舍，再计算有关组分的含量。得出结果后，应以相对平均偏差判断分析结果的可靠性，并按要求给出最终的分析报告。

任务三 定量分析中的误差

定量分析中，因受分析方法、测量仪器、所用试剂及分析工作者主观条件等因素的影响，分析结果往往与真实值不完全一致。即使采用最可靠的分析方法、最先进的仪器，由专业的分析技术人员在同样的条件下对同一试样进行多次重复测定，也不可能得到完全一致的结果。也就是说，在分析工作中，误差是客观存在、不可避免的。这种测定值与真实值之间的差异就是误差。

一、误差的分类及产生的原因

根据误差的性质与产生的原因，可将误差大致分为系统误差和偶然误差两大类。

(一)系统误差

系统误差又称可测误差，是指在分析过程中，由于某些固定的、经常性的因素所造成的误差。此类误差的大小和正负是可测的，故又称可测误差。系统误差是定量分析中误差的主要来源，它对分析结果的影响比较固定，使分析结果偏高或偏低，表现单向性；重复测定时，它又会重复出现，表现出重复性。

系统误差的特点是重复出现、单向性、大小可测并可校正。其产生的主要原因有：

(1)方法误差　由于分析方法本身不够完善所造成的误差。例如，在滴定过程中，反应不完全、滴定终点和化学计量点不一致等引起的误差。

(2)仪器误差　由于仪器本身不够精确而造成的误差。例如，砝码长期使用后因生锈等而质量有所改变，滴定管、移液管等量器的刻度不够准确或使用前未经校正等都会使分析结果产生误差。

(3)试剂误差　由于试剂不纯和蒸馏水中含有微量杂质所引起的误差。

(4)操作误差　指在正常操作情况下，由于分析人员主观因素所造成的误差。例如，在操作正确的前提下对滴定终点的颜色变化辨别不够敏锐，容量分析仪器(如移液管、滴定管、容量瓶)读数时结果偏高或偏低等所造成的误差。

(二)偶然误差

偶然误差也称不可测误差，是由分析过程中由某些难以控制的偶然因素造成的误差。其特点是存在可变性。在重复测定时，对测定结果的影响有时大、有时小，有时正、有时负，是非“单向性”的。例如，测定时，实验环境的温度、湿度、气压等外界条件的突然变化，仪器性能的微小变化，分析人员对试样处理时的微小差别等都属于偶然误差。

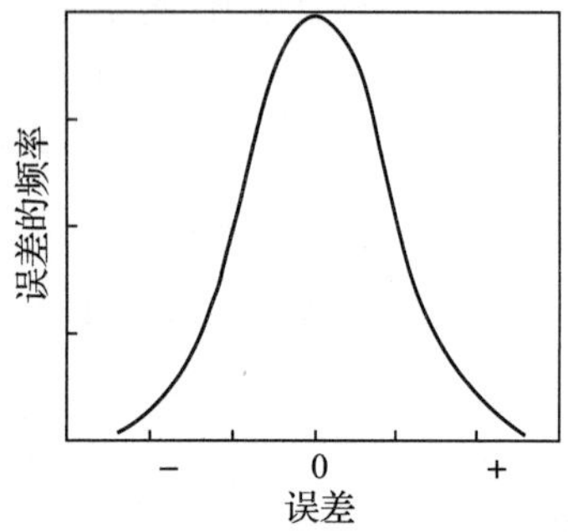

图 2-1-1　偶然误差的正态分布曲线

偶然误差是突发性的、难以控制的，但它仍然遵循一定的规律。对同一试样进行多次重复测定，将所得分析结果进行数据统计后发现，偶然误差的出现符合正态分布规律(图 2-1-1)。即绝对值相等的正、负误差出现的概率相等，绝对值大的误差出现概率小，绝对值小的误差出现概率大；个别特别大的误差出现的概率极小。多次重复测定结果的算术平均值更接近于真实值，因此可通过增加平行测定次数后取其平均值来减小偶然误差。但当测定次数大于 10 时，偶然误差已不显著。在一般测定中，综合考虑实验成本，可平行测定 3～5 次。

(三)过失

过失是由于实验人员粗心大意、过度疲劳或操作错误等原因引起的，不属于误差，过失产生的数据是不可用的。例如，实验试剂中混入了其他试剂，操作过程中溶液溅失，数据记录错误等都属于过失。过失对测定结果会产生极大的影响，甚至可能会导致严重的错误，因此必须加强实验人员的责任感、使命感，专心致志，细心操作，在实验中避免过失的出现。

二、减免误差的方法

(一)减免系统误差的方法

(1)选择合适的分析方法　应选择与物质组成测定相适应的分析方法。例如，滴定分析法的准确度高，适宜于高含量组分的测定，对微量组分的测定则不适宜；仪器分析法一般灵敏度较高，适于微量组分测定，对高含量组分则不适宜。

(2)校正仪器　容量瓶、移液管、滴定管、分析天平(含砝码)等。虽然在出厂时已校正，但在分析工作中，也要定期进行校正，并在计算时采用校正值。

(3)使用符合要求的试剂　例如，应使用符合要求的蒸馏水。

(4)做对照试验　用含量已知的标准试样或纯物质，以与被测样品相同的方法进行分析测定，由分析结果与已知含量的差值，求出分析结果的系统误差。用此值对样品的测定结果进行校正，可以减免系统误差。

(5)做空白试验　不加试样的情况下，按照试样的分析步骤和条件进行分析的试验。所得结果称为"空白值"。从试样分析结果中减去空白值，即可得到更接近于真实含量的分析结果。由试剂、蒸馏水、实验器皿和环境带入的杂质所引起的系统误差，可通过做空白试验来减小。

但是，若空白值过大，扣去空白值会引起更大的误差。这时必须采取提纯试剂和蒸馏水，或改用适当器皿等措施以降低空白值。

(二)减小偶然误差的方法

在消除系统误差的前提下，可通过增加平行测定次数，以算术平均值作为最后结果的方法减小测定的偶然误差。偶然误差随着测定次数的增加而迅速减小，测定次数越多，分析结果越接近真实值。在一般的定量分析中，对同一试样通常要求平行测定3～5次，便可获得较准确的分析结果。

三、误差的表示方法

在定量分析工作中，分析结果的可靠性主要从准确度和精密度两个方面来衡量。

(一)准确度和误差

准确度是指测得值(x)与真实值(T)之间相符合的程度。它说明了测定结果的可靠性，可用误差值来量度。误差越小，测定值与真实值越接近，表示分析结果的准确度越高；反之，误差越大，分析结果的准确度越低。误差又可分为绝对误差和相对误差。

绝对误差(E)是个别测得值(x)与真实值(T)之差。表示为：

$$E=x-T$$

相对误差(E_r)是绝对误差在真实值中所占的百分率。即

$$E_r=\frac{x-T}{T}\times 100\%$$

例如，某同学用电子天平称量质量为(1)5.175 0 g、(2)0.217 5 g的两份试样，两者的实际质量分别为5.175 1 g和0.217 6 g，则两份试样称量的绝对误差为：

$$E_1=5.175\,0\ \text{g}-5.175\,1\ \text{g}=-0.000\,1\ \text{g} \qquad E_2=0.217\,5\ \text{g}-0.217\,6\ \text{g}=-0.000\,1\ \text{g}$$

两份试样称量的相对误差为：

$$E_{r_1}=E_1/T\times 100\%=-0.002\% \qquad E_{r_2}=E_2/T\times 100\%=-0.05\%$$

可见，虽然两者的绝对误差同样是$-0.000\,1$ g，但(1)是在真实值5.175 1 g中产生$-0.000\,1$ g的绝对误差；而(2)是在真实值0.217 6 g中产生$-0.000\,1$ g的绝对误差。也就是说称量的绝对误差相等时，称量值越大，其相对误差越小，准确度越高。因此，相对误差更能反映分析结果的准确度，故分析结果的准确度常用相对误差表示。

(二)精密度与偏差

精密度是指在相同条件下,同一试样多次测定结果之间相互接近的程度。精密度用偏差(d)表示。偏差越小,表示多次平行测定结果之间越接近,分析结果的精密度就越高。

偏差分为绝对偏差和相对偏差。绝对偏差是指某一次测定值与多次平行测定结果的平均值之差。绝对偏差可表示为:

$$d = x - \bar{x}$$

相对偏差(d_r)是绝对偏差在平均值中所占的百分率,即

$$d_r = \frac{d}{\bar{x}} \times 100\%$$

绝对偏差和相对偏差所表示的都是某个测定值与平均值的接近程度,即表示某一个分析结果的精密度。而一组平行测定值的精密度常采用平均偏差表示,也分绝对平均偏差($\bar{d}$)和相对平均偏差($\overline{d_r}$)。设有 n 个测得值,x_1,x_2,x_3,……,x_{n-1},x_n,则:

$$\text{算术平均值}(\bar{x}) = \frac{x_1 + x_2 + \cdots\cdots x_n}{n}$$

$$\text{绝对平均偏差}(\bar{d}) = \frac{|x_1 - \bar{x}| + |x_2 - \bar{x}| + \cdots\cdots |x_n - \bar{x}|}{n}$$

$$\text{相对平均偏差} = \frac{\bar{d}}{\bar{x}} \times 100\%$$

由于相对平均偏差是绝对平均偏差在平均值中所占的百分率,因此,更能反映测定结果。在实际工作中,精密度一般用相对平均偏差来表示。

【例 1】某分析人员在一次实验中得到的测得值为 17.16%、17.18%和 17.17%,则平均值、绝对偏差、绝对平均偏差和相对平均偏差分别为:

$$\bar{x} = \frac{17.16\% + 17.18\% + 17.17\%}{3} = 17.17\%$$

$$d_1 = 17.16\% - 17.17\% = -0.01\%$$

$$d_2 = 17.18\% - 17.17\% = 0.01\%$$

$$d_3 = 17.17\% - 17.17\% = 0$$

$$\bar{d} = \frac{|-0.01\%| + |0.01\%| + 0}{3} = 0.006\,7\%$$

$$\text{相对平均偏差} = \frac{0.006\,7\%}{17.17\%} \times 100\% = 0.039\%$$

(三)分析结果的数据处理

1. 有效数字

有效数字,是指在分析工作中,实际能测量到的数字,包括所有的准确数字和最后一位可疑数字。具体来讲,一个数字中,除了起定位作用的“0”外,其他都是有效数字。如 0.003 7 只

有两位有效数字，因为数字前的3个“0”都是用来定位的，不能算作有效数字；而370.0则有四位有效数字，因为数字后的两个“0”都有实际的意义，应视为有效数字。

有些实验数据会用指数的形式表示，即写成一个小数与相应10的整数幂的乘积。这种以10的整数幂来记数的方法称为科学记数法。如751 000，有效数字为4位时，记为7.510×10^5；有效数字为3位时，记为7.51×10^5；有效数字为2位时，记为7.5×10^5。如0.004 880，有效数字为4位时，记为4.880×10^{-3}；有效数字为3位时，记为4.88×10^{-3}；有效数字为2位时，则记为4.9×10^{-3}。

单位变换时，有效数字位数不能变。例如，质量为25.0 g，为三位有效数字，若改以“mg”为单位，则应表示为2.50×10^4 mg，若表示为25 000 mg，就会被误解为有5位有效数字。

表示pH时，判断其有效数字以小数点后面数字为准。例如，pH＝4.3，数据有1位有效数字；pH＝4.31，数据有2位有效数字。pH一般精确到小数点后的一位或两位。

分析化学中常用的一些数据，其有效数字规范记录如下：

试样的质量	0.437 0 g（万分之一分析天平称量）	4位有效数字
滴定剂的体积	18.34 mL（移液管、滴定管的读数）	4位有效数字
标准溶液浓度	0.100 0 mol/L	4位有效数字
被测组分含量	23.47%	4位有效数字
酸或碱的解离常数	$K_a=1.8\times10^{-5}$	2位有效数字
配合物稳定常数	$K(\mathrm{MgY})=1.00\times10^{-8}$	3位有效数字
pH	4.30或10.57	2位有效数字

2. 有效数字的修约及运算规则

（1）记录测量数值时，只保留一位可疑数字。

（2）当有效数字位数确定后，其余数字一律舍弃。舍弃办法是“四舍六入五成双”，即末位有效数字后边第一位小于5，则舍弃不计；大于5则在前一位数上增1；等于5时，如果其后为非0数字，则该数字总是比5大，该数字以进位为宜；如果其后没有数，前一位为奇数，则进1为偶数，前一位为偶数，则舍弃不计。

如将下列左侧的数据都保留4位有效数字，则它们应分别记为右侧的一排数字：

3.717 29→3.717

5.142 85→5.143

7.62 356→7.624

9.37 650→9.376

（3）不能分次修约，进行数字修约时只能一次修约到指定的位数，不能多次进行修约。

（4）在加减计算中，各数所保留的位数，应与几个数中绝对误差最大的数相对应，通常以各数中小数点后位数最少的为根据统一修约后再计算，即加减运算看小数。

例如，计算24.64＋0.008 2＋1.632时，可先修约为24.64＋0.01＋1.63，再计算，其结果为26.28。

（5）在乘除运算中，各数所保留的位数，应与几个数中相对误差最大的数相对应，即以有效数字最少的那个数为标准修约后再计算，即乘除运算看位数。

例如，在计算0.012 1×25.64×1.057 82时，可先修约为0.012 1×25.6×1.06，再计算，

其结果为 0.328。

3. 可疑值的取舍

在一组平行测定的数据中，有时个别数据会与其他数据相差较大，这样的数据称为可疑值。针对这部分可疑值，需要用科学的统计方法来确定是否取舍。本任务中，主要介绍 Q 值检验法，其主要步骤如下：

(1)列数据　将各次的平行测定值从小到大依次排列为：$x_1, x_2, x_3, \cdots\cdots, x_{n-1}, x_n$，则其中的可疑值即为最小值 x_1 或最大值 x_n；

(2)求极差　求出最大值与最小值之间的差值 $x_n - x_1$，即极差；

(3)求可疑差　求出相应可疑值与其邻近值的差值。若可疑值为 x_1，其可疑差即为：$x_2 - x_1$；若可疑值为 x_n，则其可疑差为：$x_n - x_{n-1}$；

(4)算 Q 值　Q 值为可疑差除以极差的商。

若可疑值为 x_1，则 $Q=(x_2-x_1)/(x_n-x_1)$

若可疑值为 x_n，则 $Q=(x_n-x_{n-1})/(x_n-x_1)$

(5)断取舍　根据测定次数 n 和要求的置信度找出表 2-1-3 中对应的 $Q_{表}$ 值，并将此 $Q_{表}$ 值与上步计算出的 Q 值进行比较。若 $Q>Q_{表}$，则此可疑值需舍去；若 $Q<Q_{表}$，则此可疑值需保留。

表 2-1-3　Q 值表

测定次数 n		3	4	5	6	7	8	9	10
置信度	90%($Q_{0.90}$)	0.941	0.765	0.642	0.560	0.507	0.468	0.437	0.412
	95%($Q_{0.95}$)	0.970	0.829	0.710	0.625	0.568	0.526	0.493	0.466
	99%($Q_{0.99}$)	0.994	0.926	0.821	0.740	0.680	0.634	0.598	0.568

【例 2】某次测试中，得到了如下一组数据：2.51，2.53，2.48，2.43，2.50。请用 Q 值检验法确定其中的 2.43 是否应保留？(置信度 95%)

解：

$$Q=\frac{2.48-2.43}{2.53-2.43}=0.50$$

同时，当 $n=5$，置信度为 95%时，$Q_{表}=0.710$。即 $Q<Q_{表}$，此可疑值应保留。

◎ 思 政 园 地 ◎

曲折的化学史——分析化学的建立与发展

20 世纪初，在物理化学溶液理论发展的基础上，分析化学逐渐形成了理论体系，成为一门独立的学科。20 世纪 40 年代，随着物理学和电子学的飞速发展，分析化学开始采用各种仪器对物质进行分析，促进了仪器分析的发展，并逐渐显示出仪器分析的诸多优越性。至此，分析化学形成了仪器分析和化学分析并举的局面。20 世纪 70 年代以来，随着计算机科学、生命科学、环境科学、新材料科学等的发展，分析化学进入了一个全新的发展境界。在光、电、磁、热等的基础上，进一步采用各类学科新成就对物质进行纵深分析，发展成为全面获取物质信息、进一步认识自然、改造自然的科学。

现代化产业中，不论是农业或者畜牧业，都与分析化学有着紧密的重要联系，并使分析化学成为高等学校化学化工类、材料科学类、畜牧兽医类、医药卫生类、食品类等诸多专业的基础课程之一。例如，在农业种植中，土壤的酸碱性对农作物本身及增产增收都有着重要的影响。过酸过碱的土壤都不利于农作物的生长，为此，在施用化肥前，必须先要通过分析化学的手段了解土壤的酸碱性及农作物的耐酸耐碱性，再进行合理的耕种。现代畜牧业中，动物卫生检验、动物营养、饲料添加剂、动物食品卫生检验、动物检疫等方面都需要以分析化学为基础，利用各种化学分析手段进行相应的测定。

◎目标检测◎

一、选择题

1. 终点误差的产生是由于(　　)。

A. 滴定终点和化学计量点不符　B. 滴定反应不完全

C. 试样不够纯净　D. 滴定管读数不准确

2. 如下哪种方法可以减小偶然误差?(　　)

A. 空白试验　B. 多次平行测定取平均值

C. 对照实验　D. 校正仪器

3. 在定量分析中，一次成功的实验结果应该是怎样的?(　　)

A. 精密度高，准确度高　B. 准确度高，精密度差

C. 准确度差，精密度高　D. 精密度差，准确度差

4. 在滴定分析中，通常借助于指示剂的颜色的突变来判断滴定终点的到达，在指示剂变色时停止滴定。这一点称为(　　)。

A. 化学计量点　B. 滴定分析　C. 滴定终点　D. 滴定误差

5. 测定 $CaCO_3$ 的含量时，加入一定量且过量的 HCl 标准溶液与其完全反应，过量部分 HCl 用 NaOH 标准溶液滴定，此滴定方式属于(　　)。

A. 直接滴定　B. 返滴定　C. 置换滴定　D. 间接滴定

6. 滴定管可估读到±0.01 mL，某次滴定过程中读取 HCl 标准溶液消耗的体积应该为(　　)。

A. 23.30 mL　B. 23.3 mL　C. 23.300 mL　D. 23.300 0 mL

7. 下列数字中，有效数字为 4 位的是(　　)。

A. pH=11.34　B. 0.050 0 mol/L　C. 9.20%　D. 0.530 0 g

8. 系统误差的特点不包含(　　)。

A. 可测性　B. 重复性　C. 单向性　D. 不确定性

9. 将下列数据修约为 4 位有效数字，正确的是(　　)。

A. 4.146 4→4.147　B. 20.015 2→20.01

C. 13.975 2→13.98　D. 10.004 2→10

10. 若分析结果的精密度很高，准确度很低，可能的原因是（　　）。

A. 试剂不纯　　B. 称量时，药匙未清洗干净

C. 溶液有溅失　　D. 操作中，标准溶液的读数有误

二、计算题

1. 请按有效数字的运算规则进行计算。

(1) $12.2+9.0033+16.73-32.19$

(2) $2.5351\times0.024\times0.525$

2. 请按要求修约下列数据。

(1)请将下列数据修约为4位有效数字。

0.54004　　2.14651×10^{-3}　　33.0550%　　10.0200

(2)请将下列数据修约为2位有效数字。

pH=12.28　　3.750×10^{-5}　　9.06%　　0.02052

3. 某同学测定某样品中氮的含量，5次平行测定的结果分别为3.50 g、3.55 g、3.61 g、3.48 g、3.51 g。请计算这组数据的平均值、绝对偏差、绝对平均偏差和相对平均偏差。

4. 测定某水样中Ca^{2+}的质量浓度，6次平行测定的结果分别为：82.33 mg/L、84.20 mg/L、82.80 mg/L、83.70 mg/L、83.00 mg/L、83.50 mg/L。请用Q值检验法判断其中的84.20是否应该舍去？（置信度为95%）

项目二

滴定分析法

任务一　滴定分析法概述

一、滴定分析法的基本原理和特点

滴定分析法是将已知准确浓度的试剂溶液滴加到被测物质的溶液中，直至所加溶液与待测物质按化学计量关系恰好完全反应，然后根据所加溶液的浓度和所消耗的体积，计算出被测物质含量的分析方法。由于这种测定方法以测量溶液的体积为基础，故又称容量分析法。

在滴定分析过程中，已知准确浓度的试剂溶液称为标准溶液。将标准溶液通过滴定管逐滴滴加到待测物质溶液中的操作过程称为滴定。当滴入的标准溶液与被测组分按化学计量关系恰好反应完全时，称为化学计量点(简称计量点，又称理论终点)。化学计量点一般是用辅助试剂的颜色改变来指示的，这种借助其颜色改变来指示化学计量点的试剂称为指示剂。滴定过程中，指示剂恰好发生颜色变化的转变点称为滴定终点(又称实验终点)。指示剂并不完全在化学计量点时变色，这种由于滴定终点与化学计量点不一致所造成的分析误差称为终点误差或滴定误差。

终点误差是滴定分析系统误差的主要来源之一，其大小主要取决于滴定反应和指示剂的性能及用量。因此，为了减小系统误差，首先应该选择合适的指示剂，使指示剂的变色点尽量接近化学计量点，同时指示剂的用量也不能太多。其次，需要控制好滴定速率，一般先快后慢，接近终点时，应一滴一滴甚至半滴半滴地滴入。

二、滴定分析法的特点和分类

滴定分析法是化学分析中最基本的一种分析方法，通常用于测定常量组分，即被测组分的含量一般在1%以上，有时也可用于测定微量组分。其特点是简便、快速、准确度高，滴定所用的仪器简单、操作方便、测定速率快。在适当的条件下，测量的准确度较高，因此，它在生产实践和科学实验中具有很大的实用价值。

根据反应类型不同，滴定分析法主要分为以下4类：

(1)酸碱滴定法。它是以酸碱反应(质子传递反应)为基础的一种滴定分析法。可用于测定酸性、碱性和两性物质。其基本反应为：

$$H_3O^+ + OH^- \rightleftharpoons 2H_2O$$
$$HA(酸) + OH^- \rightleftharpoons A^- + H_2O$$
$$A^-(碱) + H_3O^+ \rightleftharpoons HA + H_2O$$

酸碱滴定法在农牧业分析中，常用来测定氮、磷、碳酸盐等的含量。

(2)氧化还原滴定法。它是以氧化还原反应为基础的一种滴定分析法，常用的有高锰酸钾法、重铬酸钾法和碘量法等，可用于对具有氧化还原性质的物质或某些不具有氧化还原性的物质进行测定。如重铬酸钾法测定铁，其反应如下：

$$Cr_2O_7^{2-} + 6Fe^{2+} + 14H^+ = 2Cr^{3+} + 6Fe^{3+} + 7H_2O$$

在农牧业分析中，氧化还原滴定法常用来测定土壤、肥料中的铁、钙及有机质的含量。

(3)沉淀滴定法。它是以沉淀反应为基础一种滴定分析法，这类方法在滴定过程中，有沉淀产生，可用于对 Ag^+、CN^-、SCN^-、Cl^-、Br^-、I^- 等离子进行测定。如银量法，其反应如下：

$$Ag^+ + SCN^- = AgSCN\downarrow(白)$$
$$Ag^+ + Cl^- = AgCl\downarrow(白)$$

(4)配位滴定法。它是以配位反应为基础的一种滴定分析法。可用于对金属离子进行测定，如采用 EDTA 作配位剂测定水中钙、镁离子等的含量，其反应为：

$$Mg^{2+} + H_2Y^{2-} = [MgY]^{2-} + 2H^+$$
$$Ca^{2+} + H_2Y^{2-} = [CaY]^{2-} + 2H^+$$

上述每一种方法都有其优点和局限性，同一种物质也可以采用几种不同的方法进行测定。实际工作中，应根据被测物质的性质、含量、试样的组分和对分析结果准确度的要求等，选用适当的测定方法。

三、滴定分析法的反应条件和滴定方式

(一)滴定分析法对化学反应的要求

对于滴定分析法而言，并不是所有的化学反应都能适用。凡适用于滴定分析的化学反应必须具备以下条件：

(1)反应要按一定的化学反应式进行，即反应应具有确定的化学计量关系，不发生副反应。

(2)反应必须定量进行，通常要求反应完全程度≥99.9%。

(3)反应速率要快，速率慢的反应可以通过加热、增加反应物浓度、加入催化剂等措施来加快。

(4)必须有适当、简便的方法来确定终点，如指示剂法和仪器法等。

(二)滴定的主要方式

1. 直接滴定法

用标准溶液直接滴定待测物质溶液的方法称为直接滴定法。这类滴定法需要满足滴定分析要求的反应条件，如果反应不能满足滴定反应条件，可以采用下述几种方法进行滴定。

2. 返滴定法

如果反应较慢（如 Al^{3+} 与 EDTA 的配位反应），或反应物不溶于水（如测定石灰石中 $CaCO_3$ 含量）而导致反应不能立即完成时，可先在待测试液中加入一定过量的标准溶液，与试液中的待测物质进行反应，反应完全后，再用另一种标准溶液返滴定过量的标准溶液，从而测定出被测组分的含量，这种滴定方式称为返滴定法。该方法适用于反应很慢、无合适指示剂以及用滴定剂直接滴定固体试样的反应，例如：

$$CaCO_3(s)+2HCl(\text{过量})=\!=\!=CaCl_2+CO_2\uparrow+H_2O$$
$$NaOH+HCl(\text{剩余})=\!=\!=NaCl+H_2O$$

3. 置换滴定法

如果滴定剂与待测物的反应不能直接发生或反应不定量，或伴有副反应时，则可先加入适当的试剂与待测物质发生置换反应，使其定量地生成另一种可被滴定的产物，再用标准溶液滴定该反应产物，这种滴定方法称为置换滴定法。这种方法适用于不能与标准溶液直接反应的物质或反应中伴有副反应发生的情况等。例如，硫代硫酸钠（$Na_2S_2O_3$）不能直接滴定重铬酸钾（$K_2Cr_2O_7$），因为它们之间不发生化学反应从而无法确定两者的化学计量关系，故操作时先在酸性重铬酸钾溶液中加入过量碘化钾（KI），定量析出 I_2 后，再用 $Na_2S_2O_3$ 标准溶液滴定 I_2。这种滴定方法常用于 $K_2Cr_2O_7$ 标定 $Na_2S_2O_3$ 溶液的浓度，反应式为：

$$Cr_2O_7^{2-}+14H^++6I^-=\!=\!=2Cr^{3+}+3I_2+7H_2O$$
$$I_2+2S_2O_3^{2-}=\!=\!=2I^-+S_4O_6^{2-}$$

4. 间接滴定法

有的物质不能与标准溶液发生反应，但能与另一种可与标准溶液直接作用的物质发生化学反应，因此可以通过化学反应使被测物质转换为能与标准溶液发生化学反应的物质，然后再进行滴定，这种滴定方式称为间接滴定法。

例如，Ca^{2+} 可以采用高锰酸钾法进行间接测定。方法是在 Ca^{2+} 溶液中加入草酸（$H_2C_2O_4$），使 Ca^{2+} 全部转变为草酸钙（CaC_2O_4）沉淀。沉淀完全后，将沉淀过滤洗净，用硫酸溶解生成草酸（$H_2C_2O_4$），再用标准 $KMnO_4$ 溶液滴定反应生成的 $H_2C_2O_4$，从而间接测定 Ca^{2+} 的含量。

任务二 滴定分析法中的计算

（一）计算依据

滴定分析过程中，当达到化学计量点时，滴定反应方程式中标准溶液与被测物质的化学计量数之比等于在滴定过程中它们所消耗的物质的量之比。这是滴定分析中得以进行定量分析的依据。

例如，某滴定分析按下列化学反应式进行：

$$aA+bB=cC+dD$$

当达到化学计量点时，由反应式可知，a mol A 恰与 b mol B 完全反应，故滴定剂与被测物质的化学计量关系（即物质的量的关系）为：

$$\frac{n(A)}{n(B)}=\frac{a}{b}$$

式中：$n(A)$和 $n(B)$分别为 A 和 B 物质的量（mol）；$\frac{a}{b}$为化学计量数比。若 B 为待测物，则 B 的物质的量为：

$$n(B)=\frac{b}{a}\times n(A)$$

而试样中 B 的质量分数则为：

$$w(B)=\frac{n(B)\times M(B)}{m(B)}\times 100\%$$

（二）滴定分析中的计算

【例 1】称取 $m(Na_2B_4O_7 \cdot 10H_2O)=0.500\ 0$ g 的硼砂，溶解后，用待标定的 HCl 溶液滴定至终点，消耗 HCl 溶液 22.00 mL，则 HCl 溶液中，HCl 物质的量浓度 $c(HCl)$是多少？[已知 $M(Na_2B_4O_7 \cdot 10H_2O)=381.37$ g/mol]

解：反应方程式为：

$$2HCl+Na_2B_4O_7 \cdot 10H_2O=2NaCl+4H_3BO_3+5H_2O$$

根据反应方程式中的计量关系，可知：

$$n(HCl):n(Na_2B_4O_7 \cdot 10H_2O)=2:1$$

$$\begin{aligned} c(HCl)&=2n(Na_2B_4O_7 \cdot 10H_2O)\div V(HCl)\\ &=2\times 0.500\ 0\ \text{g}\div(381.37\ \text{g/mol})\div(22.00\times 10^{-3}\ \text{L})\\ &=0.119\ 2\ \text{mol/L} \end{aligned}$$

【例 2】已知硫酸标准溶液的浓度为 0.050 20 mol/L，用此溶液滴定未知浓度的 NaOH 溶液 20.00 mL，共消耗 20.84 mL，试计算 NaOH 溶液的浓度。

解：反应方程式为：

$$2NaOH+H_2SO_4=Na_2SO_4+2H_2O$$

根据反应方程式中的计量关系可知：

$$n(NaOH):n(H_2SO_4)=2:1$$

$$\begin{aligned} c(NaOH)&=2n(H_2SO_4)\div V(NaOH)\\ &=2\times 20.84\ \text{mL}\times 0.050\ 20\ \text{g}\div 20.00\ \text{mL}\\ &=0.106\ 4\ \text{mol/L} \end{aligned}$$

任务三　标准溶液的标定

用基准物质直接配制而成的溶液可以直接作为标准溶液，其配制方法称为直接配制法；用非基准物质配制而成的溶液不能直接作为标准溶液，其配制方法称为间接配制法，用间接配制法制成的溶液需要经过标定，计算出其准确浓度后，才能作为标准溶液使用。常用的标定方法有直接标定法和间接标定法。

(一)直接标定法

该法是准确称取一定量的基准物质于锥形瓶中，溶解后用待标定的溶液滴定至化学计量点时，根据基准物质的质量及待标定溶液所消耗的体积，即可算出该溶液的准确浓度。

常用来标定酸的基准物质有硼砂($Na_2B_4O_7 \cdot 10H_2O$)、无水碳酸钠(Na_2CO_3)等，常用来标定碱的基准物质有草酸($H_2C_2O_4 \cdot 2H_2O$)、邻苯二甲酸氢钾($KHC_8H_4O_4$)等。

【例 3】用分析天平准确称取在 270～300 ℃下干燥至恒量的无水 Na_2CO_3 0.212 0 g，置于 250 mL 锥形瓶中，加入适量的蒸馏水使其完全溶解后，以甲基橙作指示剂，用刚配制的稀 HCl 溶液滴定至终点，用去稀 HCl 溶液 20.02 mL，计算稀 HCl 溶液的准确浓度。

解：滴定反应化学方程式：

$$Na_2CO_3 + 2HCl = 2NaCl + CO_2\uparrow + H_2O$$

根据化学计量关系可知：

$$n(Na_2CO_3) : n(HCl) = 1 : 2$$

$$\begin{aligned} c(HCl) &= 2m(Na_2CO_3) \div [M(Na_2CO_3) \cdot V(HCl)] \\ &= 2 \times 0.212\,0\ \text{g} \div (106.0\ \text{g/mol} \times 20.02 \times 10^{-3}\ \text{L}) \\ &= 0.199\,8\ \text{mol/L} \end{aligned}$$

(二)比较标定法

该法是用移液管准确移取一定体积的待标定溶液，用另一种已知准确浓度的标准溶液滴定；或准确吸取一定体积的已知准确浓度的标准溶液，用待标定溶液滴定至终点。然后根据两种溶液所消耗的体积及标准溶液的浓度，即可计算出待标定溶液的准确浓度。这种用标准溶液来确定待标定溶液准确浓度的操作称为“比较”。例如，用移液管准确移取 0.100 0 mol/L NaOH 标准溶液 20.00 mL 于锥形瓶中，以甲基红作指示剂，用配制的待测准确浓度的稀 HCl 溶液滴定至终点，用去稀 HCl 溶液 20.02 mL，计算稀 HCl 溶液的准确浓度。其滴定反应为：

$$NaOH + HCl = NaCl + H_2O$$

则：

$$n(NaOH) : n(HCl) = 1 : 1$$

$$
\begin{aligned}
c(\mathrm{HCl}) &= c(\mathrm{NaOH})\times V(\mathrm{NaOH})\div V(\mathrm{HCl})\\
&= 0.100\,0\ \mathrm{mol/L}\times 20.00\ \mathrm{mL}\div 20.02\ \mathrm{mL}\\
&= 0.099\,90\ \mathrm{mol/L}
\end{aligned}
$$

为了提高标定的准确度，标定时应注意以下几点：

(1)标定应平行测定 3～4 次；

(2)为了减小测量误差，称取基准物质的量不应太少，最少应称取 0.2 g(差减法)；标定时消耗标准溶液的体积也不能太小，最好在 20 mL 以上。

(3)配制和标定溶液时使用的量器，如容量瓶、滴定管、移液管等，在必要时应校正其体积，并考虑温度的影响。

(4)标定好的标准溶液应妥善保存，避免因水分蒸发而使浓度发生变化。如见光易分解的 $AgNO_3$ 和 $KMnO_4$ 等标准溶液应贮存于棕色瓶中，并置于暗处保存；能吸收空气中的 CO_2 并对玻璃有腐蚀作用的强碱溶液，最好装在塑料瓶中，并在瓶口处装一碱石灰管，以吸收空气中的 CO_2 和 H_2O；对不稳定的标准溶液，久置后，在使用前还需重新标定其浓度。如盐酸、硫酸溶液每三个月标定一次，氢氧化钠溶液每个月标定一次，其余溶液每两个月标定一次，但温差超过 10 ℃时均应重新标定。

标定时，应尽量用基准物质标定，避免用另一种标准溶液标定，以减少误差。

◎ 思 政 园 地 ◎

曲折的化学史——湿法分析

作为无机化学定性、定量分析的奠基人，瑞典化学家贝格曼首先提出，金属元素除金属态之外，还可以其他形式离析和称量，特别是以水中难溶形式，这是重量分析法中湿法分析的起源。

贝格曼 1735 年 3 月 9 日生于卡特琳娜贝里，曾在乌普萨拉大学学习，1767 年任该校的化学教授。贝格曼一生做了大量分析工作，对化学分析做了很多改进。1775 年，他编制了在当时最完备的亲和力表，表中将各种元素按亲和力(即反应和取代化合物中其他元素的能力)的大小顺序排列，受到广泛的赞扬。当时，因受限于科技的发展，测定化合物中金属的含量，必须先将金属离子还原为金属单质，方法十分烦琐费力。贝格曼提出，若事先已测知沉淀的组成，只需将金属成分以沉淀化合物的形式分离出来，便可算出金属的含量。为此，他在 1780 年出版的《矿物的湿法分析》一书中，提供了那一时期矿石重量分析法的丰富历史资料。其中涉及银、铅、锌及铁矿物的重量分析法。所介绍的测定组分包括金、银、铂、汞、铅、铜等多种金属。1779 年，他还曾编著书目，系统地总结了当时分析化学发展所取得的成就。在书中，他介绍了许多鉴定反应，例如，用黄血盐鉴定铁、铜和锰，用草酸和磷酸铵钠鉴定钙，用硫酸鉴定钡和碳酸盐，用石灰水鉴定碳酸盐等。

◎ 目 标 检 测 ◎

一、选择题

1. 测定 $CaCO_3$ 时，加入一定量且过量的 HCl 标准溶液与完全反应，过量的部分 HCl 用 NaOH 标准溶液滴定，此滴定方式为(   )。

A. 返滴定法　　B. 置换滴定法

C. 间接滴定法　　D. 直接滴定法

2. 对于滴定反应的要求，叙述正确的是(   )。

A. 反应能够发生就能用于滴定

B. 反应速率慢时，等反应完全后确定滴定终点即可

C. 反应中不能有干扰物质存在

D. 只要有标准溶液、待测物质就可进行滴定

3. 下列说法正确的是(   )。

A. 滴定管的初读数必须是“0.00”

B. 直接滴定分析中，各反应物的物质的量应成简单整数比

C. 滴定分析具有灵敏度高的优点

D. 基准物应具备的主要条件是摩尔质量大

4. 滴定分析中，通常借助于试剂的颜色突变来判断滴定终点的到达。这一“点”称为(   )。

A. 化学计量点　　B. 滴定终点

C. 误差点　　D. 理论终点

5. 滴定分析中所用的试剂是(   )。

A. 本身具有颜色的试剂　　B. 能与标准溶液反应的试剂

C. 本身无色的试剂　　D. 能利用自身颜色变化指示滴定终点的试剂

6. 终点误差的产生是由于(   )。

A. 滴定管读数不准确　　B. 滴定反应过程操作失误

C. 试剂不纯　　D. 滴定终点和化学计量点不一致

二、计算题

1. 欲配制下列相应物质的 1.0 mol/L 的溶液各 500 mL，则应取相应浓度的溶液各多少毫升？

(1)氨水，密度 0.89 g/mL，$w(NH_3)=29\%$。

(2)浓硫酸，密度 1.84 g/mL，$w(H_2SO_4)=96\%$。

2. 欲配制 0.020 00 mol/mL 的 $KMnO_4$ 溶液 500.0 mL，需称取 $KMnO_4$ 多少克？如何配制？［已知：$M(KMnO_4)=158.0$ g/mol］

3. 欲使滴定时消耗 0.100 0 mol/L 的 HCl 溶液 20.00～25.00 mL，应称取基准试剂 Na_2CO_3 固体多少克？此时的称量误差能否小于 0.100 0%？［已知：$M(Na_2CO_3)=106.0$ g/mol］

项目三

酸碱滴定法

酸碱滴定法是以酸碱反应为基础建立起来的一种滴定分析法，是四大滴定分析法中的一种。一般的酸、碱以及能与酸、碱直接或者间接发生反应的物质，都可以利用酸碱滴定法进行测定。

任务一　酸碱中和反应

根据酸碱质子理论，酸碱反应的实质就是共轭酸碱对之间相互传递质子的过程。其通式为：

$$酸_1 + 碱_2 \rightleftharpoons 碱_1 + 酸_2$$

它是由以下两个半反应结合完成的：

$$酸_1 \rightleftharpoons H^+ + 碱_1$$

$$酸_2 \rightleftharpoons H^+ + 碱_2$$

在这个反应过程中，$酸_1$ 把 H^+ 传递给了$碱_2$。因此，$酸_1$ 给出质子(H^+)变成了$碱_1$，$碱_2$ 得到了质子(H^+)变成了$酸_2$

例如：

$$CH_3COOH + H_2O \rightleftharpoons H_3O^+ + CH_3COO^-$$

它是由以下两个半反应结合完成的：

$$CH_3COOH \rightleftharpoons H^+ + CH_3COO^-$$

$$H_3O^+ \rightleftharpoons H^+ + H_2O$$

在反应过程中，乙酸给出质子 H^+，并将该质子传递给了水，因此，乙酸是$酸_1$，水是$碱_2$。其中，乙酸给出质子变成了乙酸根离子(CH_3COO^-)，故 CH_3COO^- 成为了其共轭碱，为$碱_1$。水得到乙酸给出的质子变成了水合氢离子(H_3O^+)，故 H_2O 是$碱_2$，H_3O^+ 是其共轭酸，为$酸_2$。

其他的酸碱反应也类似，例如：

$$NH_3 + H_2O \rightleftharpoons NH_4^+ + OH^-$$

在这个反应过程中，水给出质子 H^+，并将质子传递给了氨，因此，水是酸$_1$，氨是碱$_2$。

由此可见，酸碱反应的实质是质子在两对共轭酸碱之间发生了相互传递的反应，酸碱反应总是从强酸强碱向弱酸弱碱方向进行。

任务二　酸碱指示剂

酸碱滴定法的关键问题是化学计量点的确定。酸碱滴定分析中，主要是利用指示剂的变色作为到达化学计量点的标志，这种方法简单、方便，是确定滴定终点的常用方法。

酸碱指示剂一般是弱的有机酸或有机碱，其共轭酸碱对具有不同的结构和颜色。当溶液的 pH 改变时，指示剂失去质子或得到质子，共轭酸碱对相互转变，从而引起溶液颜色的变化。

以弱酸指示剂 HIn 为例，它在溶液中存在如下电离平衡：

$$\underset{\text{酸式色}}{HIn} \rightleftharpoons H^+ + \underset{\text{碱式色}}{In^-}$$

根据弱酸的电离平衡，则有：

$$pH = pK(HIn) + \lg \frac{c(In^-)}{c(HIn)}$$

人的眼睛对各种颜色的敏感程度不同且辨别能力有限。一般来说，只有当 $c(In^-)$ 和 $c(HIn)$ 相差 10 倍以上时，人的眼睛才能辨别出浓度大的一方的颜色。指示剂颜色变化与溶液 pH 的关系如下：

在理论上，当 $c(In^-)=c(HIn)$ 时，溶液的 $pH=pK(HIn)$。此时，溶液恰好显示等量 HIn 和 In^- 的混和色，溶液的 pH 称为指示剂的理论变色点。

当 $c(In^-):c(HIn)=10$ 时，溶液恰好显示的是 In^- 的颜色，呈现的是碱式色。此时，溶液的 $pH=pK(HIn)+1$。因此，当溶液的 $pH \geqslant pK(HIn)+1$ 时，只能看到碱式色。

当 $c(HIn):c(In^-)=10$ 时，溶液恰好显示的是 HIn 的颜色，呈现的是酸式色。此时，溶液的 $pH=pK(HIn)-1$。因此，当溶液的 $pH \leqslant pK(HIn)-1$ 时，只能看到酸式色。

由此可见，$pH=pK(HIn)\pm 1$ 就是指示剂的变色范围。这个理论变色范围大约为 2 个 pH 单位，而真实的变色范围是实际测得的，所以，理论变色范围和实际变色范围并不完全相同。常用指示剂的变色范围见表 2-3-1。例如，甲基橙的理论变色点 $pK(HIn)=3.4$，其理论变色范围应为 pH＝2.4～4.4，但实际变色范围却是 pH＝3.1～4.4，这是由于人眼对红色较对黄色更敏感。当溶液的 pH≤3.1 时，甲基橙显红色；当溶液的 pH≥4.4 时，甲基橙显黄色；当溶液的 pH 在 3.1～4.4 时，甲基橙显橙色，橙色是黄色和红色的混合色。指示剂的变色范围越窄越好，这样当溶液的 pH 稍有变化时，就能引起指示剂的颜色突变，测定的准确度更高。

表 2-3-1　常用酸碱指示剂的变色范围

指示剂	pK(HIn)	理论变色范围 pH	变色范围 pH	颜色变化(酸色～碱色)
百里酚蓝	1.7	0.7～2.7	1.2～2.8	红～黄
甲基橙	3.4	2.4～4.4	3.1～4.4	红～黄
溴酚蓝	4.1	3.1～5.1	3.0～4.6	黄～紫
甲基红	5.0	4.0～6.0	4.4～6.2	红～黄
溴百里酚蓝	7.3	6.3～8.3	6.2～7.6	黄～蓝
中性红	7.4	6.4～8.4	6.8～8.0	红～橙黄
酚酞	9.1	8.1～10.1	8.0～10.0	无色～红
百里酚酞	10.0	9.0～11.0	9.4～10.6	无色～蓝

一般情况下，单一指示剂的变色范围都较宽，约为 2 个 pH 单位，有的颜色变化不够敏锐或者有过渡色，影响终点的判断。混合指示剂利用颜色互补作用提高了颜色变化的敏锐性，使指示剂变色范围变窄，可在一定程度上弥补单一指示剂的缺点。下表 2-3-2 为常见的混合指示剂及其配制方法。

表 2-3-2　常见的混合指示剂及其配制方案

指示剂的组成	变色点(pH)	酸色	碱色
1 份 0.1%甲基黄酒精溶液，1 份 0.1%亚甲基蓝酒精溶液	3.25	蓝紫	绿
1 份 0.1%甲基橙水溶液，1 份 0.25%靛蓝二磺酸钠水溶液	4.1	紫	黄绿
3 份 0.2%甲基红酒精溶液，2 份 0.2%亚甲基蓝酒精溶液	5.4	红紫	绿
1 份 0.1%中性红酒精溶液，1 份 0.1%亚甲基蓝酒精溶液	7.0	蓝紫	绿
1 份 0.1%百里酚蓝 50%酒精溶液，3 份 0.1%酚酞 50%酒精溶液	9.0	黄	紫

任务三　酸碱滴定和指示剂的选择

酸碱滴定法是以酸碱反应为基础建立的分析方法。在滴定过程中，体系中 pH 的变化即代表和反映了化学反应的进程。因此，以酸或碱标准溶液的加入量为横坐标，溶液的 pH 为纵坐标，即可绘制反应过程中溶液 pH 随标准溶液量的变化曲线，即滴定曲线。但不同的酸碱滴定反应对应的滴定曲线也不同，可据此选择合适的指示剂指示滴定终点。

一、强碱滴定强酸

现以 0.100 0 mol/L NaOH 溶液为标准溶液滴定 20.00 mL 0.100 0 mol/L HCl 溶液为例来进行讨论。为方便讲解，本书中将整个滴定过程分为滴定前、化学计量点前、化学计量点、化学计量点后 4 个阶段来讨论。

1. 滴定前

溶液 pH 完全由待测的 HCl 溶液决定。则：

$$[H^+]=0.1000\ mol/L, pH=1.00$$

2. 化学计量点前

滴定开始，有 NaOH 进入 HCl 溶液体系反应并消耗 H^+，则此阶段中溶液的 pH 由反应后溶液中剩余的 HCl 决定。则：

$$[H^+]=\frac{V(HCl)-V(NaOH)}{V(HCl)+V(NaOH)}\times c(HCl)$$

例如，当滴入 18.00 mL NaOH 溶液时，因为浓度相同，原溶液中就会有 18.00 mL 的 HCl 溶液 H^+ 被消耗掉，只剩余 2.00 mL，而溶液的体积则增加了 18.00 mL，使溶液的 pH 由开始的 1.00，变成了 2.28。

$$[H^+]=\frac{20.00-18.00}{20.00+18.00}\times 0.1000=5.26\times 10^{-3}$$

$$pH=2.28$$

又如，当滴入 19.98 mL NaOH 溶液（即滴定已完成 99.90%）时，溶液中剩余的 HCl 实际只有 0.02 mL，则溶液中 H^+ 的浓度变为：

$$[H^+]=\frac{20.00-19.98}{20.00+19.98}\times 0.1000=5.00\times 10^{-5}$$

$$pH=4.30$$

3. 化学计量点时

滴入 NaOH 溶液 20.00 mL，与原溶液中的 HCl 体积一致，两者恰好完全反应，溶液成中性，溶液中的$[H^+]$完全来自水的电离，即：

$$[H^+]=1.00\times 10^{-7}\ mol/L, pH=7.00$$

4. 化学计量点后

溶液中 HCl 中的 H^+ 已消耗完全，溶液的 pH 完全由过量的 NaOH 溶液所决定。则：

$$[OH^-]=\frac{V(NaOH)-V(HCl)}{V(NaOH)+V(HCl)}\times C(NaOH)$$

例如，当加入 20.02 mL NaOH 溶液时，NaOH 体积超过 HCl，过量 0.02 mL，溶液的 pH 为：

$$[OH^-]=\frac{20.02-20.00}{20.02+20.00}\times 0.1000=5.00\times 10^{-5}$$

$$pOH=4.30，则\ pH=14.00-4.30=9.70$$

根据以上的计算，我们可以将整个滴定过程中 pH 随加入 HCl 溶液的变化推演出来（表 2-3-3），并得到强碱滴定强酸的滴定曲线，如图 2-3-1 所示。

表 2-3-3　0.100 0 mol/L NaOH 溶液滴定 20.00 mL 0.100 0 mol/L HCl 溶液 pH 的变化

HCl 溶液的体积/mL	0.00	18.00	19.80	19.98	20.00	20.02	20.20	22.00	40.00
溶液的 pH	1	2.28	3.30	4.30	7.00	9.70	10.70	11.68	12.52

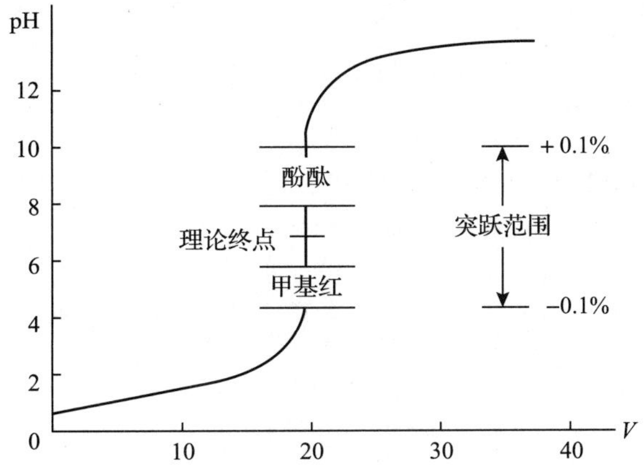

图 2-3-1　0.100 0 mol/L NaOH 滴定 0.100 0 mol/L HCl 溶液曲线

由图 2-3-1 可知，整个滴定过程中 pH 的变化不是均匀的。滴定的前半段和后半段变化较平缓，在计量点前后变化迅速。化学计量点前半滴至计量点后半滴（即 NaOH 溶液由 19.98 mL 到 20.02 mL 过程中），NaOH 的体积只增加了约 0.04 mL，溶液的 pH 却从 4.30 突跃至 9.70，曲线在此部分几乎变成了垂直于横坐标的直线。这种化学计量点前后±0.1%相对误差范围内溶液 pH 的变化称为突跃。突跃所覆盖的 pH 范围称为突跃范围。

一般来说，突跃范围与酸碱的浓度相关，酸碱浓度大 10 倍，滴定突跃范围增加 2 个 pH 单位；反之，酸碱浓度减小 10 倍，则滴定突跃范围减小 2 个 pH 单位。通常酸、碱标准溶液的浓度在 0.010 0～1.000 0 mol/L 较为适宜。

二、强酸滴定强碱

现以 0.100 0 mol/L HCl 溶液滴定 20.00 mL 0.100 0 mol/L NaOH 溶液为例，讨论在滴定过程中溶液 pH 的变化情况。

1. 滴定前

溶液 pH 完全由待测的 NaOH 溶液决定。则：

$$pOH = -\lg 0.100\,0 = 1$$
$$pH = 14 - 1 = 13$$

2. 化学计量点前

滴定开始，有 HCl 进入 NaOH 溶液体系反应并消耗 OH^-，则此阶段中溶液的 pH 由反应后溶液中剩余的 NaOH 决定。则：

$$[OH^-] = \frac{V(NaOH) - V(HCl)}{V(NaOH) + V(HCl)} \times c(NaOH)$$

例如，当滴入 18.00 mL HCl 溶液时，因为浓度相同，原溶液中就会有 18.00 mL 的 NaOH 溶液 OH^- 被消耗掉，只剩余 2.00 mL，而溶液的体积则增加了 18.00 mL，使溶液的 pH 由开始的 13.00 变成了 2.28。

$$[OH^-]=\frac{(20.00-18.00)\times 0.1000}{20.00+18.00}=5.26\times 10^{-3}$$
$$pOH=2.28$$
$$pH=14-pOH=11.72$$

又如，当滴入 19.98 mL HCl 溶液(即滴定已完成 99.90%)时，溶液中剩余的 NaOH 实际只有 0.02 mL，则溶液中 OH^- 的浓度变为：

$$[OH^-]=\frac{(20.00-19.98)\times 0.1000}{20.00+19.98}=5.00\times 10^{-5}$$
$$pOH=4.30$$
$$pH=14-pOH=9.70$$

3. 化学计量点时

滴入 HCl 溶液 20.00 mL，与原溶液中的 NaOH 体积一致，两者恰好完全反应，溶液成中性，溶液中的$[H^+]$完全来自水的电离，即：

$$[H^+]=1.00\times 10^{-7}\ mol/L, pH=7.00$$

4. 化学计量点后

NaOH 溶液中的 OH^- 已消耗完全，溶液的 pH 完全由过量的 HCl 溶液所决定。则：

$$[H^+]=\frac{V(HCl)-V(NaOH)}{V(HCl)+V(NaOH)}\times c(HCl)$$

例如，当加入 20.02 mL HCl 溶液时，HCl 体积超过 NaOH，过量 0.02 mL，溶液的 pH 为：

$$[H^+]=\frac{20.02-20.00}{20.02+20.00}\times 0.1000=5\times 10^{-5}$$
$$pH=4.30$$
$$pH=-\lg(5.00\times 10^{-5})=4.30$$

根据以上分析及 pH 的计算方法，可得到溶液 pH 随 HCl 体积的变化结果，见表 2-3-4。

表 2-3-4 0.100 0 mol/L HCl 溶液滴定 20.00 mL 0.100 0 mol/L NaOH 溶液 pH 的变化

HCl 溶液的体积/mL	0.00	18.00	19.80	19.98	20.00	20.02	20.20	22.00	40.00
溶液的 pH	13.00	11.72	10.70	9.70	7.00	4.30	3.70	2.32	1.48

据此绘制出的酸碱滴定曲线如图 2-3-2 所示。

可知，在化学计量点前后，总共只滴加了 0.04 mL HCl 溶液，但溶液的 pH 从 9.70 突变到 4.30，改变了 5.40 个 pH 单位，在酸碱滴定曲线上所表现的几乎是一条垂直线段。因此，

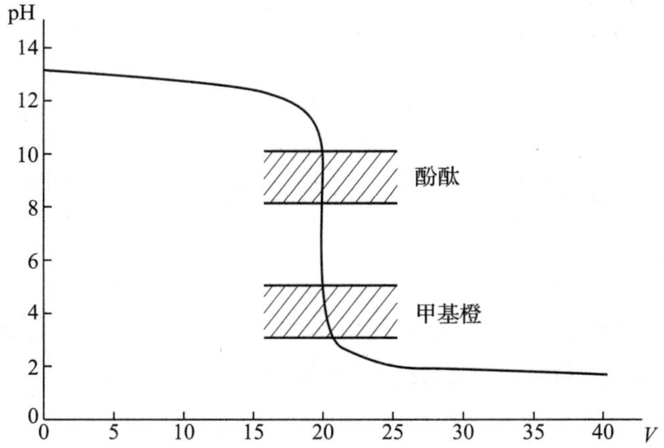

图 2-3-2　0.100 0 mol/L HCl 溶液滴定 0.100 0 mol/L NaOH 溶液的滴定曲线

pH＝9.70～4.30 为 0.100 0 mol/L HCl 溶液滴定 20.00 mL 0.100 0 mol/L NaOH 溶液的突跃范围。在这个突跃范围之内可选择的指示剂有甲基橙、甲基红和酚酞，但选择甲基橙作指示剂带来的误差相对较大。

三、强碱滴定一元弱酸

一元弱酸、弱碱因存在电离平衡，pH 变化情况复杂，导致整个曲线较为复杂。现以 0.100 0 mol/L NaOH 溶液为标准溶液滴定 20.00 mL 0.100 0 mol/L CH_3COOH 溶液为例来进行讨论。过程中的滴定反应方程式如下：

$$OH^- + CH_3COOH \rightleftharpoons CH_3COO^- + H_2O$$

同样，本书将整个滴定过程分为滴定前、化学计量点前、化学计量点、化学计量点后 4 个阶段来讨论。

1. 滴定前

溶液的 pH 完全由 CH_3COOH 电离出的 H^+ 决定。因为 $c/K_a > 500$，则 H^+ 浓度可按如下方式计算：

$$[H^+] = \sqrt{K_a \times c} = \sqrt{1.8\times10^{-5}\times0.100\,0} = 1.33\times10^{-3}\ \text{mol/L}$$

$$pH = 2.88$$

2. 化学计量点前

溶液 pH 由未反应完全的 CH_3COOH 以及反应生成的产物 CH_3COONa 共同决定。因 CH_3COOH 和 CH_3COONa 形成了缓冲体系，则：

$$pH = pK_a + \lg\frac{c(\text{弱酸盐})}{c(\text{弱酸})}$$

例如，当滴入 19.98 mL NaOH 溶液（即滴定已完成 99.90%）时，溶液中剩余的 CH_3COOH 实际只有 0.02 mL，则：

$$[CH_3COOH]=0.1000\times\frac{0.02}{20.00+19.98}=5.00\times10^{-5}(mol/L)$$

$$[CH_3COO^-]=0.1000\times\frac{19.98}{20.00+19.98}=5.00\times10^{-2}(mol/L)$$

$$pH=pK_a+\lg\frac{c(弱酸盐)}{c(弱酸)}=-\lg(1.8\times10^{-5})+\lg\frac{5.00\times10^{-2}}{5.00\times10^{-5}}=7.74$$

3. 化学计量点时

加入的 NaOH 的体积为 20 mL，刚好与溶液中的 CH_3COOH 完全反应，则溶液中实际存在的就是 CH_3COONa，溶液的 pH 由 CH_3COONa 水解出的 OH^- 决定：

$$[OH^-]=\sqrt{K_b\times c}=\sqrt{\frac{K_W}{K_a}\times c}=\sqrt{\frac{1.0\times10^{-14}}{1.8\times10^{-5}}\times0.05000}=5.3\times10^{-6}(mol/L)$$

则：pOH＝5.28，pH＝8.72。

4. 化学计量点后

溶液中主要是过量的 NaOH 和 CH_3COO^-，溶液的 pH 主要由 NaOH 决定。

例如，当滴入 20.02 mL NaOH 溶液时，溶液的 pH 就由过量的 0.02 mL NaOH 决定，则：

$$[OH^-]=\frac{(20.02-20.00)\times0.1000}{20.02+20.00}=5.0\times10^{-5}\ mol/L$$

$$pOH=4.30,pH=9.70$$

根据以上的计算，我们也可以将整个滴定过程中 pH 随加入 HCl 溶液的变化推演出来（表 2-3-5），并得到如图 2-3-3 所示的滴定曲线。

表 2-3-5　0.1000 mol/L NaOH 溶液滴定 20.00 mL 0.1000 mol/L CH_3COOH 溶液 pH 的变化

NaOH 溶液的体积/mL	0.00	18.00	19.80	19.98	20.00	20.02	20.20	22.00	40.00
溶液的 pH	2.88	5.71	6.47	7.74	8.73	9.70	10.70	11.70	12.50

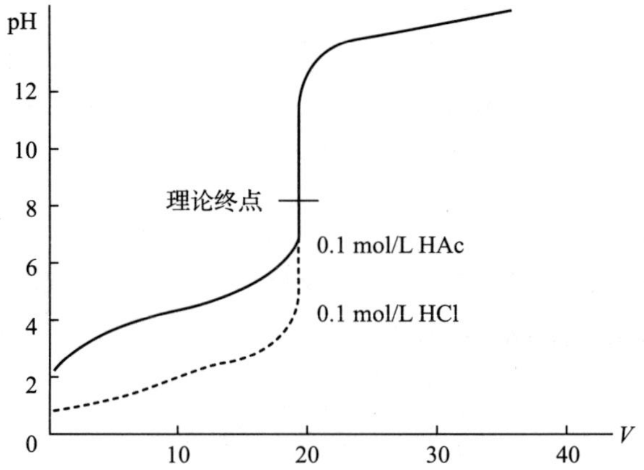

图 2-3-3　0.1000 mol/L NaOH 滴定 0.1000 mol/L HAc 溶液曲线

由图 2-3-3 可知，强碱滴定一元弱酸的滴定曲线有以下特点：

(1)滴定前，溶液的 pH 比强碱滴定 HCl 高了近 2 个 pH 单位，因为 CH_3COOH 为弱酸，H^+ 未完全电离。

(2)滴定开始后到计量点之前，pH 提升较快，且因为生成的产物为 CH_3COONa，理论终点 pH 不是 7.00，而是 8.72。

(3)计量点时，整体上，突跃范围集中在弱碱性区域(pH＝7.74～9.70)，终点时溶液中的物质为 CH_3COONa 呈现弱碱性，pH 为 8.72。因此，集中在酸性范围内变色的指示剂，如甲基橙、甲基红等不能选用，可选用酚酞、百里酚蓝。

(4)计量点后，溶液的 pH 主要由溶液中过量的 NaOH 决定，与强碱滴定强酸情况相同，所以滴定曲线也基本重合。

强碱滴定一元弱酸时，滴定曲线的 pH 突跃范围除了与滴定剂的浓度、弱酸的浓度有关之外，也与弱酸的酸性强弱有关。弱酸浓度小，突跃范围小；若酸的浓度一定，则其 K_a 越小，滴定的突跃范围也小。一元弱酸能否被强碱直接准确滴定，需要综合考虑其 K_a 及浓度 c 的大小。一般认为只有在一元弱酸 $c \times K_a \geqslant 10^{-8}$ 的条件下，才能被直接准确滴定。

四、强酸滴定一元弱碱

以 0.100 0 mol/L HCl 溶液滴定 20.00 mL 0.100 0 mol/L $NH_3 \cdot H_2O$ 溶液(一元弱碱)为例，讨论在强酸滴定弱碱过程中溶液 pH 的变化情况。方程式如下：

$$HCl + NH_3 \cdot H_2O = NH_4Cl + H_2O$$

1. 滴定开始前

溶液的 pH 完全由 $NH_3 \cdot H_2O$ 电离出的 OH^- 决定。因为 $c \times K_b \geqslant 10^{-8}$，则 OH^- 浓度可按如下方式计算：

$$[OH^-] = \sqrt{K_b \cdot c_{碱}} = 1.34 \times 10^{-3} \text{ mol/L}$$

$$pOH = -\lg(1.34 \times 10^{-3}) = 2.87$$

$$pH = 14 - 2.8 = 11.13$$

2. 化学计量点前

溶液 pH 由未反应完全的 $NH_3 \cdot H_2O$ 以及反应生成的产物 NH_4Cl 共同决定。因 $NH_3 \cdot H_2O$ 和 NH_4Cl 形成了缓冲体系，溶液显弱碱性。则：

$$pOH = pK_b + \lg \frac{c(NH_4Cl)}{c(NH_3 \cdot H_2O)}$$

例如，当滴入 19.98 mL HCl 溶液(即滴定已完成 99.90%)时，溶液中剩余的 $NH_3 \cdot H_2O$ 实际只有 0.02 mL，则：

$$[NH_4Cl] = \frac{0.100\,0 \text{ mol/L} \times 19.98 \text{ mL}}{39.98 \text{ mL}} = 0.049\,97 \text{ mol/L}$$

$$[NH_3 \cdot H_2O]=\frac{0.1000\ mol/L\times 20.00\ mL-0.1000\ mol/L\times 19.98\ mL}{39.98\ mL}$$

$$=0.0005\ mol/L$$

$$pOH=-\lg(1.8\times 10^{-5})+\lg\frac{0.04997}{0.0005}=7.74$$

$$pH=6.26$$

3. 化学计量点时

加入的 HCl 体积为 20 mL，刚好与溶液中的 $NH_3 \cdot H_2O$ 完全反应，则溶液中实际存在的就是 NH_4Cl，溶液的 pH 由 NH_4Cl 水解出的 H^+ 决定。

$$[NH_4Cl]=\frac{0.1000\ mol/L\times 20.00\ mL}{40.00\ mL}$$

$$=0.05\ mol/L$$

$$[H^+]=\sqrt{c_{盐}\cdot\frac{K_W}{K_b}}$$

$$=\sqrt{0.05\times 5.6\times 10^{-10}}$$

$$=5.30\times 10^{-6}$$

$$pH=-\lg(5.30\times 10^{-6})=5.28$$

4. 化学计量点后

溶液的 pH 主要由溶液中过量的 HCl 决定，与强酸滴定强碱情况相同，所以滴定曲线也基本重合。则：

$$[H^+]=\frac{V(HCl)-V(NH_4\cdot H_2O)}{V(HCl)+V(NH_4\cdot H_2O)}\times c(HCl)$$

例如，当滴入 20.02 mL HCl 溶液时，溶液中主要是过量的 HCl 和 NH_4^+，溶液的 pH 主要由 HCl 决定，则：

$$[H^+]=\frac{20.02-20.00}{20.02+20.00}\times 0.1000=5\times 10^{-5}$$

$$pH=4.30$$

根据以上分析及 pH 的计算方法，可得溶液 pH 随 HCl 体积的变化结果，见表 2-3-6。

表 2-3-6　0.100 0 mol/L HCl 溶液滴定 20.00 mL 0.100 0 mol/L $NH_3 \cdot H_2O$ 溶液 pH 的变化

HCl 溶液的体积/mL	0.00	18.00	19.98	20.00	20.02	22.00	40.00
溶液的 pH	11.13	8.30	6.30	5.28	4.30	2.32	1.48

据此绘制出的酸碱滴定曲线如图 2-3-4 中实线所示：

可知，强酸滴定弱碱滴定曲线与强碱滴定弱酸情况基本相似，但 pH 的变化方向相反。溶液 pH 随着滴定的进行逐渐减小，化学计量点前后同样出现突跃。

另外，与强碱滴定弱酸相似，强酸滴定弱碱的突跃范围也与弱碱的浓度和本身的电离常数

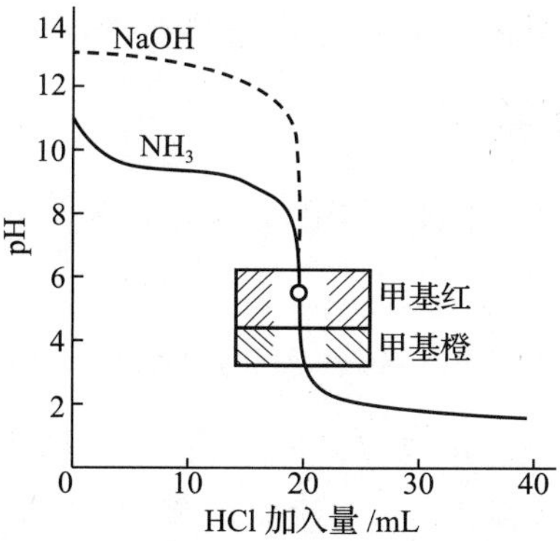

图 2-3-4　强酸滴定强碱、弱碱滴定曲线比较图

K_b 有关。只有在只有在一元弱酸 $c \times K_b \geqslant 10^{-8}$ 的条件下，弱碱才能被直接准确滴定。

五、指示剂的选择

突跃范围是指示剂选择的主要依据，具有重要的意义。指示剂选择原则包括：①应尽量使选择的指示剂变色范围全部或者部分落在滴定突跃范围内；②应尽量选择变色点靠近化学计量点的指示剂。例如，当突跃范围的 pH 在 4.3～9.7 时，即可选用甲基红(pH 4.4～6.2)或酚酞(pH 8.0～10.0)作为指示剂。

另外，考虑到滴定时，突跃范围与溶液浓度大小的关系，通常将酸、碱标准溶液的浓度控制在 0.01～1.00 mol/L 为宜。

任务四　酸碱滴定法的应用

一、凯氏定氮法(蒸馏法)测有机物中氮含量

凯氏定氮法是由丹麦化学家凯道尔于 1883 年建立起来的分析方法，现已发展为常量、微量凯氏定氮法以及自动定氮仪法等，是分析有机化合物含氮量的常用方法。

测试中：①先将有机氮化合物用浓硫酸消化分解(以铜盐、汞盐等作催化剂)，使各种氮全部转化为 NH_4^+；②将第一步得到的试样置于蒸馏瓶中，加浓碱并加热，使 NH_4^+ 转化为 NH_3 而被蒸馏出来；③用一定量且过量的 HCl 或 H_2SO_4 标准溶液吸收蒸馏得到的 NH_3，以甲基橙或甲基红作指示剂，用 NaOH 标准溶液返滴定过量酸即可。或者，也可以用过量的 H_3BO_3 溶液吸收 NH_3，然后用 HCl 标准溶液滴定过量的 H_3BO_3 吸收液即可。过程中的反应方程式如下：

$$NH_3 + H_3BO_3 = NH_4H_2BO_3$$

$$H^+ + H_2BO_3^- = H_3BO_3$$

其终点的产物是 H_3BO_3 和 NH_4^+，pH＞5，可用甲基红作指示剂进行滴定。最终，可得到有机物中氮的含量为：

$$w(N) = \frac{c(HCl)V(HCl)M(N)}{m_s} \times 100\%$$

该方法的优势在于过程中只需要 HCl 一种标准溶液即可。

二、甲醛法测定氮含量

这种方法主要基于甲醛可以与 NH_4^+ 作用，定量转化为 H^+ 和质子化的六亚甲基四胺（$K_a = 7.1\times10^{-6}$），反应方程式如下：

$$4NH_4^+ + 6HCHO = (CH_2)_6N_4H^+ + 3H^+ + 6H_2O$$

质子化的六亚甲基四胺与 H^+ 可以以酚酞为指示剂，用 NaOH 同时滴定。1 mol NH_4^+，就相当于产生了 1 mol 的 H^+。若试样中含有游离酸，则应事先以甲基红作指示剂，用碱中和后再行此反应。

◎ 思 政 园 地 ◎

曲折的化学史——酚酞的发现

在今天的分析化学中，酸碱指示剂稀松平常。但在曲折的化学发展史中，酸碱指示剂的发现经历了相当漫长的一段历史。而且你一定想不到，最早的酸碱指示剂竟然是红茶。18 世纪初，英国化学家罗伯特·博义发现，把红茶浸泡在酸性溶液中时，茶叶会变成红色，而当把红茶浸泡在碱性溶液中时，茶叶却变成了蓝色。因此，就将红茶作为了最早的“酸碱指示剂”用来检测物质的酸碱性。当时，这种方法就被称为“茶叶指示法”。

19 世纪初，瑞典化学家卡尔·威廉·舍勒发现了一种新的且一直沿用到今天的酸碱指示剂——酚酞。他发现，当酚酞溶液的 pH 在 8.2～10 时，它会发生明显的变色，由无色变为粉红色。同时还可以用酚酞来检测酸性溶液和碱性溶液之间的中性分界点。1894 年，德国化学家奥斯特瓦尔德以电离平衡理论为基础，第一次对酸碱指示剂的变色机理做出了解释，并建议将分析化学反应看作是离子间的相互作用。

进入现代，科学技术的迅猛发展使得越来越多的酸碱指示剂被人们发现，为酸碱滴定的发展提供了更广阔的应用领域和更精确的分析结果，帮助人们快速准确地检测各类不同的酸碱物质。

◎ 目 标 检 测 ◎

一、选择题

1. 用基准无水碳酸钠标定 0.100 0 mol/L 盐酸，宜选用（　　）作指示剂。

A. 溴钾酚绿-甲基红　　B. 酚酞

C. 百里酚蓝　　D. 二甲酚橙

2. 甲基红指示剂的变色范围是（　　）。

A. 4.4～6.2　　B. 3.1～4.4　　C. 3.0～4.6　　D. 8.0～10.0

3. 酚酞指示剂的变色范围是(　　)。

A. 4.4～6.2　　B. 3.1～4.4　　C. 8.0～10.0　　D. 6.0～8.0

4. 滴定分析中,需要用待装溶液润洗的是(　　)。

A. 锥形瓶　　B. 量筒　　C. 容量瓶　　D. 滴定管

5. 用 0.100 0 mol/L HCl 溶液滴定 0.100 0 mol/L NaOH 溶液时的 pH 突跃范围是 9.7～4.3,用 0.010 0 mol/L HCl 滴定 0.010 0 mol/L NaOH 的 pH 突跃范围是(　　)。

A. 8.7～5.3　　B. 8.7～4.3　　C. 9.7～4.3　　D. 10.7～5.3

6. 某酸碱指示剂的 pK(HIn)$=1.0\times10^{-5}$,则从理论上推算其 pH 变色范围是(　　)。

A. 4～5　　B. 5～6　　C. 4～6　　D. 5～7

7. 已知乙酸 $K_a=1.8\times10^{-5}$,若想用 NaOH 准确滴定其浓度,则其溶液浓度 c 应满足下列哪个条件?(　　)

A. $c\geqslant0.1$ mol/L　　B. $c\leqslant0.1$ mol/L

C. $c\times K_b\geqslant10^{-8}$　　D. $c\times K_a\geqslant10^{-8}$

8. 用 HCl 标准溶液滴定 NaOH 溶液可选用甲基红作指示剂,则终点时溶液由黄色变为(　　)。

A. 蓝色　　B. 绿色　　C. 橙色　　D. 红色

9. 酸碱指示剂的理论变色范围为(　　)。

A. pK(HIn)±1　　B. pK(HIn)　　C. K(HIn)±1　　D. 不能确定

10. 以 0.100 0 mol/L 的 NaOH 分别滴定 0.100 0 mol/L 的醋酸和盐酸溶液,比较两种情况得到的滴定曲线,乙酸的突跃范围(　　)盐酸的突跃范围。

A. 大于　　B. 小于　　C. 等于　　D. 不确定

二、简答题

1. 酸碱滴定中,指示剂用量对分析结果有什么影响?

2. NaOH 标准溶液若吸收了空气中的 CO_2,用它测定 HCl 的浓度,分别用甲基橙和酚酞作指示剂时,其测定结果是否相同?为什么?

三、计算题

1. 用 0.100 0 mol/L NaOH 滴定 20.00 mL 0.100 0 mol/L HAc,计算化学计量点的 pH。

2. 在 20.00 mL 0.100 0 mol/L 的 NaOH 溶液中加入 20.02 mL 0.100 0 mol/L 的 HCl 溶液,计算混合溶液的 pH。

3. 标定 NaOH 标准溶液的准确浓度时,称取邻苯二甲酸氢钾基准物质 0.553 0 g,以酚酞为指示剂,终点时,消耗 NaOH 溶液共 21.20 mL,计算 NaOH 的准确浓度。

4. 用 0.400 0 mol/L 的 HCl 溶液滴定 1.000 g 不纯的 K_2CO_3 试样,完全滴定时,用去 HCl 溶液 35.00 mL,计算试样中 K_2CO_3 的质量分数。

项目四

氧化还原滴定法

氧化还原滴定法是以氧化还原反应为基础的滴定分析方法，应用广泛。该法以氧化剂或还原剂为滴定剂，直接滴定一些具有还原性或氧化性的物质；或者间接滴定一些本身并没有氧化还原性，但能与某些氧化剂或还原剂起反应的物质。根据氧化剂或还原剂的不同，氧化还原滴定法主要可分为高锰酸钾法、重铬酸钾法、碘量法、溴酸钾法、铈量法等，本项目主要介绍前三种。

任务一　高锰酸钾法

一、高锰酸钾法的原理

以高锰酸钾($KMnO_4$)为滴定剂的氧化还原滴定法称为高锰酸钾法。作为一种强氧化剂，$KMnO_4$ 的氧化能力和还原产物与溶液的酸度有关，具体如下：

强酸性溶液中，MnO_4^- 被还原为 Mn^{2+}：

$$MnO_4^- + 8H^+ + 5e^- \rightleftharpoons Mn^{2+} + 4H_2O$$

弱酸性、中性或弱碱性溶液中，MnO_4^- 被还原为 MnO_2：

$$MnO_4^- + 2H_2O + 3e^- \rightleftharpoons MnO_2 + 4OH^-$$

强碱性溶液中 MnO_4^- 被还原为 MnO_4^{2-}：

$$MnO_4^- + e^- \rightleftharpoons MnO_4^{2-}$$

一般情况下，高锰酸钾在强酸性溶液中氧化能力较强，因此高锰酸钾法一般在酸性环境中进行滴定。其酸度常用 H_2SO_4 硫酸溶液进行调节，避免使用具有还原性的 HCl 和 HNO_3。

高锰酸钾法的主要特点：

(1)$KMnO_4$ 氧化能力强，应用广泛，可以直接测定亚铁离子(Fe^{2+})、草酸根离子($C_2O_4^{2-}$)、亚硝酸根离子(NO_2^-)、二价锑离子(Sb^{2+})等还原性物质以及双氧水(H_2O_2)等氧化性物质，也可用返滴定法测定氧化铅(PbO_2)和氧化锰(MnO_2)等。

(2)$KMnO_4$ 本身呈紫红色，滴定时一般不需要另加指示剂。

(3)$KMnO_4$ 试剂中常有少量杂质，易与水和空气中的还原性物质起反应；且标准溶液不稳定，不宜长期使用。

(4)$KMnO_4$ 氧化能力强，可与很多还原性物质反应，选择性差，干扰较多。

二、$KMnO_4$ 标准溶液的配制和标定

市售 $KMnO_4$ 常含有少量 MnO_2 和其他杂质，且热、光、酸、碱等外界条件的变化还会促进其分解，因此，$KMnO_4$ 标准溶液不能直接配制。必须先将其配制成近似浓度的溶液，放置一周后再滤去沉淀，用基准物质进行标定。

可用于标定 $KMnO_4$ 的基准物质有 $Na_2C_2O_4$、$H_2C_2O_4 \cdot 2H_2O$、As_2O_3、纯铁丝等。其中最常用的为 $Na_2C_2O_4$，将其置于 105～110 ℃烘干约 2 h 后放在干燥器中冷却至室温即可使用。

在硫酸溶液中，高锰酸钾和 $Na_2C_2O_4$ 的反应如下：

$$2MnO_4^- + 5C_2O_4^{2-} + 16H^+ = 2Mn^{2+} + 10CO_2\uparrow + 8H_2O$$

过程中，应注意以下滴定条件：

(1)温度　室温下，该反应速度较慢，可将溶液温度控制在 75～85 ℃。溶液温度低于 60 ℃无法达到反应所需的反应速度；溶液温度高于 90 ℃，则会使部分草酸分解导致标定结果偏高。

(2)酸度　$KMnO_4$ 的还原产物随溶液酸度的不同而不同，一般将溶液中 H^+ 的浓度控制在 1.0 mol/L 为宜。酸度过低会使 $KMnO_4$ 部分被还原为 MnO_2，酸度过高则促使 $H_2C_2O_4$ 分解，均可导致较大的误差。

(3)滴定速度　此反应为自动催化反应，即滴入的第一滴高锰酸钾溶液褪色后，生成的产物 Mn^{2+} 对反应的进行具有催化作用，可促使反应速度加快。因此，滴定速度在开始时应尽量放慢些，待第一滴 $KMnO_4$ 紫红色褪去后，再滴第二滴。后续有了生成的 Mn^{2+} 做催化剂，反应速度逐渐加快，便可适当加快滴定速度。快到滴定终点时，溶液褪色的速度又慢下来，滴定速度也需放慢。

(4)滴定终点　此法滴定终点不太稳定，因为空气中的还原性气体、尘埃等都可使 $KMnO_4$ 缓慢分解，所以滴定时如果溶液出现的浅红色在 30 s 内不褪色，便可认为已达到滴定终点。

以上过程中，若 $Na_2C_2O_4$ 的质量为 m(g)，$Na_2C_2O_4$ 摩尔质量为 M(g/mol)，滴定时消耗高锰酸钾溶液的体积为 V(mL)，根据反应方程中 $C_2O_4^{2-}$ 同 MnO_4^- 的化学计量关系，高锰酸钾溶液浓度 c(mol/L)的计算式如下：

$$c(KMnO_4) = \frac{2 \times m(Na_2C_2O_4)}{5 \times M(Na_2C_2O_4) \times V(KMnO_4) \times 10^{-3}}$$

三、高锰酸钾法的应用

1. 高锰酸钾法测定 H_2O_2

在酸性环境中，可用 $KMnO_4$ 溶液直接滴定 H_2O_2，其反应方程式如下：

$$5H_2O_2 + 2MnO_4^- + 6H^+ = 2Mn^{2+} + 5O_2\uparrow + 8H_2O$$

反应过程中，为防止 H_2O_2 分解，注意不能通过加热加快反应速度。滴入的第一滴 $KMnO_4$ 溶液褪色后，产生的 Mn^{2+} 同样可加快反应速度，因此要控制速率先慢后快，到滴定终点附近时需再次放慢滴定速度。除 H_2O_2 之外，其他的还原性物质如 Fe^{3+}、As(Ⅲ)、Sb(Ⅲ)、NO_2^- 等都可以用 $KMnO_4$ 标准溶液直接滴定。

2. 高锰酸钾法测定 Ca^{2+}

Ca^{2+} 不能直接被氧化，因此不能用 $KMnO_4$ 标准溶解直接滴定。可采用间接滴定法，将 Ca^{2+} 全部定量地转化为 CaC_2O_4 沉淀，将其过滤、洗涤后溶于稀的热 H_2SO_4 溶液，再用 $KMnO_4$ 标准溶液滴定生成的 $H_2C_2O_4$，即可得到原先 Ca^{2+} 的含量。相关反应如下：

$$Ca^{2+} + C_2O_4^{2-} = CaC_2O_4 \downarrow$$

$$CaC_2O_4 + 2H^+ = Ca^{2+} + H_2C_2O_4$$

$$5H_2C_2O_4 + 2MnO_4^- + 6H^+ = 2Mn^{2+} + 10CO_2 \uparrow + 8H_2O$$

注意，在使用高锰酸钾法测定 Ca^{2+} 浓度时，应将试剂的酸度控制在 pH＝3.5～4.5（甲基橙指示剂显示黄色）范围内。在中性或弱碱性溶液中，会有部分 $Ca(OH)_2$ 或碱式草酸钙生成而导致测定结果偏低。除 Ca^{2+} 之外，Ba^{2+}、Zn^{2+}、Cd^{2+} 等都能与 $C_2O_4^{2-}$ 定量地生成草酸盐沉淀，都可以用高锰酸钾间接滴定法测定。

任务二　重铬酸钾法

一、重铬酸钾法概述

重铬酸钾法是以重铬酸钾 $K_2Cr_2O_7$ 为标准溶液的氧化还原滴定法。作为一种较强的氧化剂，$K_2Cr_2O_7$ 在酸性溶液中可被还原为 Cr^{3+}，其反应方程式如下：

$$Cr_2O_7^{2-} + 14H^+ + 6e^- \rightleftharpoons 2Cr^{3+} + 7H_2O$$

其产物 Cr^{3+} 呈绿色，终点时，无法辨别出过量 $K_2Cr_2O_7$ 的黄色，因而，需要加入氧化还原指示剂二苯胺磺酸钠来指示终点。

整体上，与高锰酸钾法相比，重铬酸钾法的优点在于：① $K_2Cr_2O_7$ 的易提纯，在 140～150 ℃烘干后冷却即可用于直接配制标准溶液；② $K_2Cr_2O_7$ 性质稳定，可长期保存；③ $K_2Cr_2O_7$ 氧化能力稍弱，受其他还原性物质的干扰比 $KMnO_4$ 少，选择性好。但同时，因为氧化性的限制，其应用范围较 $KMnO_4$ 窄，且滴定终点时，需要加入指示剂才能指示终点。

二、重铬酸钾法的应用

重铬酸钾法最重要的应用是测定试样中铁的含量。反应的进行主要依赖于 $K_2Cr_2O_7$ 重铬酸钾同 Fe^{2+} 之间的氧化还原反应，方程式如下：

$$Cr_2O_7^{2-} + 6Fe^{2+} + 14H^+ = 2Cr^{3+} + 6Fe^{3+} + 7H_2O$$

因此，Fe^{2+} 是最终的测定形式。若试样为亚铁盐，可直接将试样配制成溶液进行滴定；若是含有三价铁的固体试样（如测定铁矿石中全铁量），则一般应先用热的浓 HCl 溶解试样，并用 $SnCl_2$ 趁热将 Fe^{3+} 还原为 Fe^{2+}。待试样冷却后，用 $HgCl_2$ 氧化过量的 $SnCl_2$，在 H_2SO_4—H_3PO_4 混合酸介质中，以二苯胺磺酸钠为指示剂，用重铬酸钾标准溶液滴定即可。

任务三 碘量法

一、碘量法概述

碘量法是以 I_2 的氧化性和 I^- 的还原性为基础的滴定分析法。其基本反应式为：

$$I_2 + 2e^- \rightleftharpoons 2I^-$$

但由于 I_2 是一种较弱的氧化剂，只能与部分较强的还原剂作用；而 I^- 是一种中等强度的还原剂，可被一般的氧化剂（如 $K_2Cr_2O_7$、Cu^{2+}、Br_2）氧化，所以碘量法可分为直接碘量法和间接碘量法两种。

1. 直接碘量法

主要利用 I_2 的氧化性，以淀粉为指示剂，用 I_2 标准溶液直接滴定 S^{2-}、SO_3^{2-}、As(Ⅲ)等还原性物质。在反应到达化学计量点前，滴入的 I_2 全部被还原为 I^-，溶液呈无色；滴定终点时，稍过量的 I_2 即使溶液呈现明显的蓝色，指示到达滴定终点。

但由于 I_2 的氧化能力较弱，能氧化的物质较少，且受溶液酸性影响较大（例如，I_2 在碱性环境中可发生如下的歧化反应），直接碘量法的应用限制较多。

$$3I_2 + 6OH^- = IO_3^- + 5I^- + 3H_2O$$

2. 间接碘量法

主要利用 I^- 的还原性，用氧化剂将其定量氧化为 I_2，再用 $Na_2S_2O_3$ 标准溶液进行滴定。过程中，仍然以淀粉为指示剂，在到达化学计量点之前，未反应完全的 I_2 与淀粉结合使溶液呈现出蓝色；计量点时，滴入的 $Na_2S_2O_3$ 恰好与溶液中的 I_2 反应完全，溶液的蓝色消失，即达到滴定终点。涉及的反应方程式如下：

$$2I^- = I_2 + 2e^-$$

$$I_2 + 2S_2O_3^{2-} = 2I^- + S_4O_6^{2-}$$

能利用间接碘量法测定的物质有：Cu^{2+}、$K_2Cr_2O_7$、$KMnO_4$、H_2O_2、IO_3^-、BrO_3^-、NO_2^- 等多种氧化性物质，应用范围较直接碘量法广泛。

二、间接碘量法的测定条件

(1)间接碘量法一般在中性或微酸性溶液中进行。因为在碱性溶液中，会发生如下副反应：

$$4I_2 + S_2O_3^{2-} + 10OH^- = 8I^- + 2SO_4^{2-} + 5H_2O$$

且 I_2 在此环境下，易发生歧化反应：

$$3I_2+6OH^-=IO_3^-+5I^-+3H_2O$$

而在强酸性溶液中，$Na_2S_2O_3$ 会分解：

$$S_2O_3^{2-}+2H^+=SO_2+S\downarrow+H_2O$$

且 I^- 易被空气中的 O_2 氧化：

$$4I^-+4H^++O_2=2I_2+2H_2O$$

(2)碘量法的应用中，误差主要来源于 I_2 的挥发和 I^- 的氧化。为此，需要采取相应措施加以减免。主要包括：①加入过量的 KI，使 I_2 形成 I_3^- 从而增大 I_2 的溶解度；②滴定过程中应尽量避免剧烈摇晃，以减少 I_2 的挥发；③将反应控制在室温下进行，温度不可太高；④因 I^- 被氧化的反应随着光照及酸度增高而加快，因此反应中应尽量避免阳光直射，同时尽量使用带玻璃塞的碘量瓶；⑤间接碘量法中，淀粉指示剂的加入不宜过早，可在邻近滴定终点前滴入。若过早滴入，大量的 I_2 会与淀粉结合成蓝色物质，这部分 I_2 不易与 $Na_2S_2O_3$ 反应，会使滴定终点滞后，产生误差。

三、碘量法中标准溶液的配制和标定

碘量法中，常使用的标准溶液有 $Na_2S_2O_3$ 和 I_2 两种。

1. $Na_2S_2O_3$ 标准溶液的配制和标定

市售的硫代硫酸钠结晶($Na_2S_2O_3\cdot5H_2O$)一般含有少量的 S、Na_2SO_3、Na_2CO_3、NaCl 等杂质，因此不能直接用来配制标准溶液。且 $Na_2S_2O_3$ 溶液不稳定，可被微生物、CO_2、O_2 等分解，因此，配制溶液时，应先煮沸蒸馏水，并加入少量的 Na_2CO_3 使溶液呈碱性；配好的溶液应贮存于棕色试剂瓶中，避光保存 2 周的时间再标定；长期放置后的溶液也应先重新标定再使用；若溶液中出现浑浊，则应弃去重配。

标定 $Na_2S_2O_3$ 标准溶液的基准物质较多，有 KIO_3、$KBrO_3$、$K_2Cr_2O_7$ 等。其中，最常用的是 $K_2Cr_2O_7$。其过程如下：称取一定量的基准物质 $K_2Cr_2O_7$，使其在酸性环境中与过量的 KI 反应，使 $K_2Cr_2O_7$ 定量转化为 I_2；再以淀粉为指示剂，用待标定的 $Na_2S_2O_3$ 溶液滴定析出的 I_2 至终点即可。过程中，涉及的反应方程式如下：

$$Cr_2O_7^{2-}+6I^-+14H^+\rightleftharpoons2Cr^{3+}+3I_2+7H_2O$$

$$I_2+2S_2O_3^{2-}\rightleftharpoons2I^-+S_4O_6^{2-}$$

假设标定过程中，与过量的 KI 反应的 $K_2Cr_2O_7$ 基准物质质量为 m(g)，摩尔质量为 M(g/mol)，消耗 $Na_2S_2O_3$ 溶液的体积为 V(mL)，根据以上方程式中 $Cr_2O_7^{2-}$ 与 $S_2O_3^{2-}$ 的化学计量关系，则 $Na_2S_2O_3$ 的浓度 c(mol/L)应为：

$$c(Na_2S_2O_3)=\frac{6\times m(K_2Cr_2O_7)}{M(K_2Cr_2O_7)\cdot V(Na_2S_2O_3)\times10^{-3}}$$

2. I_2 标准溶液的配制和标定

I_2 标准溶液的配制一般采用间接配制法，即先用市售的 I_2 配制为近似浓度的溶液，再标定其准确浓度。由于 I_2 在水中的溶解度很小，且易挥发，因此通常将 I_2 加入浓的 KI 溶液中，

使其形成 I_3^- 以增加其溶解度并减少挥发。

标定 I_2 标准溶液可用已知准确浓度的 $Na_2S_2O_3$ 溶液，反应过程中的方程式如下：

$$I_2+2S_2O_3^{2-}=\!=\!=2I^-+S_4O_6^{2-}$$

若 $Na_2S_2O_3$ 溶液的浓度为 c(mol/L)，滴定中消耗的体积为 V_1(mL)，I_2 消耗体积为 V_2(mL)，则 I_2 的浓度 c(mol/L)为：

$$c(I_2)=\frac{c(Na_2S_2O_3)\cdot V_1(Na_2S_2O_3)}{2V_2(I_2)}$$

也可用基准物质 As_2O_3 对 I_2 标准溶液的浓度进行标定。As_2O_3 难溶于水，易溶于碱溶液生成亚砷酸盐，亚砷酸根离子可与 I_2 以 1∶1 的比例完成氧化还原反应，使 I_2 被还原为 I^-。相关的反应方程式如下：

$$As_2O_3+6OH^-=\!=\!=2AsO_3^{3-}+3H_2O$$

$$AsO_3^{3-}+I_2+H_2O=\!=\!=AsO_4^{3-}+2I^-+2H^+$$

任务四 碘量法的应用

一、漂白粉中氯的测定

漂白粉的主要成分是 $Ca(ClO)_2$，其他成分还有 $CaCl_2$、$Ca(ClO_3)_2$ 及 CaO 等。漂白粉中的有效氯指的是能释放出来的氯，通常用 $w(Cl_2)$来表示，其含量一般都是通过碘量法测定的。其具体方法为：在一定量漂白粉试样配制的溶液中加入稀硫酸进行酸化，加入过量的 KI，使 ClO^- 全部转化为 I_2，再以淀粉为指示剂，用标准溶液滴定生成的 I_2 至滴定终点。过程中的反应方程式为：

$$ClO^-+2I^-+2H^+=\!=\!=Cl^-+I_2+H_2O$$

$$I_2+2S_2O_3^{2-}=\!=\!=2I^-+S_4O_6^{2-}$$

过程中，若称取的漂白粉样品质量为 m(g)，$Na_2S_2O_3$ 标准溶液浓度为 c(mol/L)，消耗 $Na_2S_2O_3$ 标准溶液体积为 V(mL)，Cl_2 的摩尔质量为 M(g/mol)，则该试样中有效氯的计算公式为：

$$w(Cl_2)=\frac{c(Na_2S_2O_3)\cdot V(Na_2S_2O_3)\cdot M(Cl_2)\times10^{-3}}{2\times m}\times100\%$$

二、药片中维生素 C 的测定

维生素 C($C_6H_8O_6$)又称抗坏血酸，具有还原性，能被 I_2 定量氧化，因此可用直接碘量法来测定其含量。具体过程为：准确称取待测药片试样，在新煮沸并冷却的蒸馏水中溶解后，加入淀粉指示剂，迅速用已知准确浓度的 I_2 标准溶液滴定至溶液呈现稳定的蓝色即到达滴定终点。其反应式为：

$$C_6H_8O_6(\text{烯醇式})+I_2 = C_6H_6O_6(\text{酮式})+2HI$$

滴定过程中要注意，维生素 C 的还原能力很强，易在碱性介质中被氧化。因此，在滴定时应加入乙酸酸化。若称取含维生素 C 的药片试样质量为 m(g)，碘标准溶液浓度为 c(mol/L)，消耗碘液体积为 V(mL)，维生素 C 摩尔质量为 M(g/mol)，则该试样中维生素 C 的质量分数为：

$$w(\text{VC})=\frac{c(I_2)\cdot M(C_6H_8O_6)\cdot V(I_2)\times 10^{-3}}{m(\text{试样})}\times 100\%$$

任务五　氧化还原滴定法计算

氧化还原反应同其他滴定反应一样，其计算的依据是滴定剂与被滴定的物质之间发生了有确定计量关系的化学反应，且定量地生成了产物。

一、溶液浓度的计算

【例 1】 称取经烘干并冷却的 $Na_2C_2O_4$ 0.150 0 g 溶解于硫酸溶液中，用 $KMnO_4$ 标准溶液滴定到终点时，共消耗 $KMnO_4$ 标准溶液的体积为 22.00 mL，计算 $KMnO_4$ 标准溶液的浓度。

解：其反应方程式为

$$2KMnO_4+5Na_2C_2O_4+8H_2SO_4=K_2SO_4+2MnSO_4+5Na_2SO_4+10CO_2\uparrow+8H_2O$$

$$n(KMnO_4):n(Na_2C_2O_4)=2:5$$

$$c(KMnO_4)=\frac{2\,000\times m(Na_2C_2O_4)}{5V(KMnO_4)M(Na_2C_2O_4)}$$

$$=\frac{2\,000\times 0.150\,0}{5\times 22.00\times 134.00}$$

$$=0.020\,35(\text{mol/L})$$

二、试样中某组分相对含量的计算

【例 2】 称取石灰石(主要成分为 $CaCO_3$)试样 0.500 0 g，将其溶解于过量的盐酸溶液后使 Ca^{2+} 全部转化为草酸钙沉淀(CaC_2O_4)。将沉淀过滤、洗涤，溶于稀硫酸，并用 0.020 20 mol/L $KMnO_4$ 标准溶液滴定至终点，共消耗 $KMnO_4$ 标准溶液 35.00 mL，计算试样中的 Ca 含量。

解：其反应方程式为：

$$CaCO_3+2HCl = CaCl_2+CO_2\uparrow+H_2O$$

$$CaCl_2+Na_2C_2O_4 = CaC_2O_4\downarrow+2NaCl$$

$$2KMnO_4+5CaC_2O_4+8H_2SO_4 = K_2SO_4+2MnSO_4+5CaSO_4+10CO_2\uparrow+8H_2O$$

$$n(Ca):n(KMnO_4)=5:2$$

$$5n(KMnO_4)=2n(Ca)$$

$$5c(KMnO_4)\frac{V(KMnO_4)}{1\,000}=\frac{2m(Ca)}{M(Ca)}$$

$$m(\text{Ca}) = 5c(\text{KMnO}_4) \times V(\text{KMnO}_4) \times \frac{M(\text{Ca})}{2\,000}$$

$$= 5 \times 0.020\,20 \times 35.00 \times \frac{40.08}{2\,000}$$

$$= 0.070\,84(\text{g})$$

$$w(\text{Ca}) = \frac{m(\text{Ca})}{m(\text{试样})} \times 100\%$$

$$= \frac{0.070\,84\ \text{g}}{5\,000\ \text{g}} \times 100\%$$

$$= 14.17\%$$

【例 3】称取铁矿石(主要成分 Fe_2O_3)试样 0.302 9 g 溶解于盐酸溶液中,用过量的 $SnCl_2$ 将溶液中的 Fe^{3+} 还原成 Fe^{2+}(过量的 $SnCl_2$ 用 $HgCl_2$ 在常温下氧化),再用 0.016 43 mol/L $K_2Cr_2O_7$ 标准溶液滴定溶液中的 Fe^{2+} 至终点,共消耗 $K_2Cr_2O_7$ 标准溶液 35.14 mL,计算铁矿石中 Fe 和 Fe_2O_3 的含量。

解:其反应方程式为:

$$Fe_2O_3 + 6HCl = 2FeCl_3 + 3H_2O$$

$$2FeCl_3 + SnCl_2(\text{过量}) = 2FeCl_2 + SnCl_4$$

$$K_2Cr_2O_7 + 6FeCl_2 + 14HCl = 2KCl + 2CrCl_3 + 6FeCl_3 + 7H_2O$$

$$n(\text{Fe}) : n(K_2Cr_2O_7) = 6 : 1$$

$$n(\text{Fe}) = 6n(K_2Cr_2O_7)$$

$$\frac{m(\text{Fe})}{M(\text{Fe})} = 6c(K_2Cr_2O_7) \times \frac{V(K_2Cr_2O_7)}{1\,000}$$

$$m(\text{Fe}) = 6c(K_2Cr_2O_7) \times V(K_2Cr_2O_7) \times \frac{M(\text{Fe})}{1\,000}$$

$$= 6 \times 0.016\,43 \times 35.14 \times \frac{55.85}{1\,000}$$

$$= 0.193\,5\ \text{g}$$

$$w(\text{Fe}) = \frac{m(\text{Fe})}{m(\text{样品})} \times 100\%$$

$$= \frac{0.193\,5\ \text{g}}{0.302\,9\ \text{g}} \times 100\%$$

$$= 63.88\%$$

同理:

$$3Fe_2O_3 \sim K_2Cr_2O_7$$

$$n(Fe_2O_3) : n(K_2Cr_2O_7) = 3 : 1$$

$$n(Fe_2O_3) = 3n(K_2Cr_2O_7)$$

$$m(Fe_2O_3) = 3c(K_2Cr_2O_7) \times V(K_2Cr_2O_7) \times \frac{M(Fe_2O_3)}{1\,000}$$

$$= 3 \times 0.016\,43 \times 35.14 \times \frac{159.69}{1\,000}$$

$$=0.2766$$

$$w(Fe_2O_3)=\frac{m(Fe)}{m(样品)}\times 100\%$$

$$=\frac{0.2766\ g}{0.3029\ g}\times 100\%$$

$$=91.32\%$$

【例 4】称取铜合金试样 0.200 0 g,用间接碘量法测定其铜的含量。析出的碘用 0.100 0 mol/L $Na_2S_2O_3$ 标准溶液滴定至终点,消耗 $Na_2S_2O_3$ 标准溶液 20.00 mL,计算铜合金中铜的质量分数。

解:其离子方程式为:

$$4I^- + 2Cu^{2+} = I_2 + 2CuI\downarrow$$

$$I_2 + 2S_2O_3^{2-} = S_4O_6^{2-} + 2I^-$$

$$n(Cu) : n(Na_2S_2O_3) = 1 : 1$$

$$n(Na_2S_2O_3) = n(Cu)$$

$$c(Na_2S_2O_3)V(Na_2S_2O_3)=\frac{m(Cu)}{M(Cu)}$$

$$m(Cu)=c(Na_2S_2O_3)\times V(Na_2S_2O_3)\times\frac{M(Cu)}{1000}$$

$$=0.1000\times 20.00\times\frac{63.55}{1000}$$

$$=0.1271\ g$$

$$w(Cu)=\frac{0.1271\ g}{0.2000\ g}\times 100\%$$

$$=63.55\%$$

◎ 思 政 园 地 ◎

有机锡化合物及其污染

1999 年,在赣南发生了一起猪油中毒事件,有 1 002 人中毒,其中 3 人死亡。该事件是不法分子用曾经装过有机锡的废桶盛装食用猪油造成的。中国科学院生态环境研究中心对这起事件进行了详细的分析,为中毒原因的解释提供了科学依据。受污染猪油、中毒病人血液、尿液以及中毒死者内脏样品的定量分析结果显示,受污染猪油样品中含有多种有机锡化合物,其中以甲基锡为主,尤其是二甲基锡。该物质存在于所有被测样品中,且含量很高,大多数样品达到了千分之一的数量级。

有机锡催化广泛运用于多种行业,没有及时分解掉的有机锡化合物、随着土壤、水环境进入生物链。由于有机锡化合物对生物体主要损害为中枢神经系统,会造成脑白质水肿、损害细胞免疫功能、抑制激素引发糖尿病和高血脂病等。有机锡对皮肤、呼吸道和角膜的刺激作用,通过皮肤或脑水肿会引起全身中毒。因此,须谨慎使用有机锡,对其废弃物通过化学方法集中处理，以免污染土壤和水质，危害人体健康。

◎ 目 标 检 测 ◎

一、选择题

1. 二苯胺磺酸钠是 $K_2Cr_2O_7$ 滴定 Fe^{2+} 的常用指示剂，它属于(　　)。

A. 自身指示剂　　B. 氧化还原指示剂
C. 特殊指示剂　　D. 其他指示剂

2. 在间接碘量法中，若滴定开始前加入淀粉指示剂，测定结果会(　　)。

A. 偏低　　B. 无影响　　C. 无法确定　　D. 偏高

3. $K_2Cr_2O_7$ 法测铁矿石(主要成分 Fe_2O_3)中 Fe 的含量时，将溶液中的 Fe^{3+} 转化成 Fe^{2+} 时用的物质是(　　)。

A. $SnCl_4$　　B. $HgCl_2$　　C. $SnCl_2$　　D. Hg_2Cl_2

4. 调节 $KMnO_4$ 滴定法所需的酸性环境用下列哪种酸？(　　)

A. HCl　　B. H_2SO_4　　C. HNO_3　　D. H_3PO_4

5. 间接碘量法要求在中性或弱酸性介质中进行测定，若酸性太强，会(　　)。

A. 反应不定量　　B. 终点不明显
C. I_2 易挥发　　D. I^- 被氧化，$Na_2S_2O_3$ 被分解

6. 碘量法测 Cu^{2+} 时，KI 最主要的作用是(　　)。

A. 氧化剂　　B. 还原剂　　C. 配位剂　　D. 沉淀剂

7. 用 $Na_2C_2O_4$ 作基准物质标定 $KMnO_4$ 溶液时，开始反应的速度慢，溶液的颜色变化也很慢。稍后，随着反应的速度加快，溶液的颜色变化也随之加快，导致这种现象发生的物质是(　　)。

A. H^+　　B. MnO_2　　C. Mn^{2+}　　D. CO_2

8. 对 $KMnO_4$ 滴定法，下列说法错误的是(　　)。

A. 可在 HCl 介质中进行　　B. 直接法可测定还原性物质
C. 标准溶液用标定法制备　　D. 在 H_2SO_4 介质中进行滴定

9. 下列测定中，需要加热的有(　　)。

A. $KMnO_4$ 溶液测定 H_2O_2　　B. $KMnO_4$ 溶液测定 $Na_2C_2O_4$
C. $K_2Cr_2O_7$ 标定 $Na_2S_2O_3$ 溶液　　D. 碘量法测 $CuSO_4$

10. 在用 $K_2Cr_2O_7$ 标定 $Na_2S_2O_3$ 溶液时，由于 KI 与 $K_2Cr_2O_7$ 反应较慢，为了使反应能完全进行，下列哪种措施是不正确的？(　　)

A. 增加 KI 的量　　B. 适当增加酸度
C. 溶液在暗处放置 5 min　　D. 加热

11. 下列可以用直接法配制标准溶液的物质是(　　)。

A. $K_2Cr_2O_7$　　B. $Na_2S_2O_3$　　C. $KMnO_4$　　D. I_2

12. 下列哪种溶液在读取滴定管读数时，应读液面周边的最高点？(　　)

A. NaOH 标准溶液　　B. $Na_2S_2O_3$ 溶液
C. I_2 标准溶液　　D. $KMnO_4$ 标准溶液

13. 配制 I_2 的标准溶液时，正确的操作是（　　）。

A. 将固体碘溶解在浓的碘化钾溶液中

B. 将碘直接溶于蒸馏水中

C. 将碘溶解于水后，再加入碘化钾

D. 将碘溶于酸性溶液中

14. 间接碘量法测胆矾中铜的含量时，指示剂水溶性淀粉应（　　）。

A. 滴定开始前加入　　B. 滴定一半时加入

C. 滴定近终点时加入　　D. 在滴定终点时加入

15. 配制 $Na_2S_2O_3$ 标准溶液时，以下操作不正确的是（　　）。

A. 用煮沸并冷却的蒸馏水配制　　B. 在溶解后的溶液中加少许 Na_2CO_3

C. 配制好后立即标定　　D. 配制好放入放入棕色瓶中避光保存

二、简答题

1. 高锰酸钾测定还原性物质时，其标准溶液的配制应用什么方法？简述理由。

2. 高酸锰钾溶液为什么必须盛装在棕色试剂瓶中和棕色滴定管中？

3. 标定高锰酸钾时为何只能加 H_2SO_4，而不能用 HCl 和 HNO_3？

4. 直接碘量法和间接碘量法有何不同？其指示剂的颜色如何发生变化？

5. 标定高锰酸钾溶液为何要控制温度和酸度？

6. 比较高锰酸钾法、重铬酸钾法和碘量法的反应原理和反应条件。

7. 查找资料，简述高锰酸钾法和重铬酸钾法测定 COD 的适用范围。

8. 高锰酸钾法测定双氧水中 H_2O_2 的含量过程中，是否需要加热？

9. 直接碘量法和间接碘量法在反应过程中是否都需要剧烈摇动锥形瓶？

10. 重铬酸钾法可选择的指示剂有几种？终点时的颜色变化是否相同？

三、计算题

1. 在 100 mL 溶液中：(1)含有 1.158 0 g $KMnO_4$；(2)含有 0.490 0 g $K_2Cr_2O_7$，请计算在酸性条件下作氧化剂时，$KMnO_4$ 溶液和 $K_2Cr_2O_7$ 溶液的物质的量浓度分别是多少？

2. 称取含有 MnO_2 的试样 1.000 g，在酸性溶液中加入 0.402 0 g $Na_2C_2O_4$，其反应式为：$MnO_2 + Na_2C_2O_4 + 2H_2SO_4 = MnSO_4 + Na_2SO_4 + 2CO_2\uparrow + 2H_2O$。过量的 $Na_2C_2O_4$ 用浓度为 0.020 00 mol/L $KMnO_4$ 标准溶液进行滴定，到达终点时消耗 20.00 mL，计算试样中 MnO_2 的含量。

3. 准确称取 0.830 0 g 基准物质 $K_2Cr_2O_7$，溶解后定容于 100 mL 容量瓶中配成 $K_2Cr_2O_7$ 标准溶液备用，称取含铁样品 0.523 5 g，溶解并经处理将 Fe^{3+} 转化成 Fe^{2+}，用上述 $K_2Cr_2O_7$ 标准溶液滴定至终点，消耗 $K_2Cr_2O_7$ 标准溶液 28.56 mL。求样品中 Fe_2O_3 的质量分数。

4. 准确称取 1.482 0 g 经烘干冷却的 $Na_2C_2O_4$ 溶解于硫酸溶液中，转入 200 mL 容量瓶中定容。再用移液管移取 20.00 mL 于锥形瓶中，然后用 $KMnO_4$ 标准溶液进行滴定。到滴定终点时消耗 $KMnO_4$ 标准溶液的体积为 22.20 mL，计算 $KMnO_4$ 标准溶液的浓度。

5. 称取铜合金试样 0.200 0 g，用间接碘量法测定其铜的含量。析出的碘用 0.103 2 mol/L $Na_2S_2O_3$ 标准溶液滴定至终点，消耗 $Na_2S_2O_3$ 标准溶液 20.56 mL，计算铜合金中铜的质量分数。(反应的离子方程式为：$I_2 + 2S_2O_3^{2-} = S_4O_6^{2-} + 2I^-$，$4I^- + 2Cu^{2+} = I_2 + 2CuI\downarrow$)

6. 一定质量的 $H_2C_2O_4$ 需用 21.26 mL 的 0.238 4 mol/L 的 $KMnO_4$ 标准溶液去滴定才

能滴定至终点。同样质量的 $H_2C_2O_4$ 需用 25.28 mL 的另一种 $KMnO_4$ 标准溶液去滴定才能滴定至终点。求这种 $KMnO_4$ 标准溶液的量浓度。

7. 准确吸取 25.00 mL 双氧水样品溶液置于 250 mL 的容量瓶中，加水至刻度线并震荡摇匀，再用移液管吸取 25.00 mL 稀释后的稀溶液置于 250 mL 的锥形瓶中。加硫酸酸化后用 0.025 32 mol/L 的 $KMnO_4$ 标准溶液去滴定，到滴定终点时消耗 $KMnO_4$ 标准溶液的体积为 27.68 mL，计算双氧水中含 H_2O_2 的质量浓度（质量浓度的表示方法为 g/L）。

8. 称取饲料添加剂（含维生素 C）待测样品，加新煮沸过的冷水 100 mL，用 6%的乙酸溶液（CH_3COOH）10 mL 溶解样品，加 1 mL 水溶性淀粉作指示剂，立即用 0.100 0 mol/L 的 I_2 的标准溶液进行滴定，终点时消耗 I_2 的标准溶液 11.10 mL，求样品中维生素 C 的含量。

项目五

沉淀滴定法

沉淀滴定法是基于沉淀反应建立的分析方法，此法可用于测定物质中易于生成难溶性沉淀物的离子含量，在食品工业、土壤分析、环境监测等领域都有着重要的作用。沉淀反应很多，但能够用于滴定的沉淀反应必须满足以下条件：

①反应迅速，且定量完成；

②生成的沉淀组成恒定且溶解度小；

③有合适的指示剂指示终点；

④生成的沉淀吸附现象不影响终点的观察。

目前，应用最广的沉淀滴定反应主要是生成难溶性银盐的银量法，可主要用于测定 Ag^+、Cl^-、Br^-、I^-、SCN^- 等。根据滴定过程中所用指示剂的不同，银量法又可分为莫尔法、福尔哈德法、法扬斯法。

任务一　莫尔法

一、莫尔法的基本原理

莫尔法是以铬酸钾（K_2CrO_4）为指示剂的银量法，又称为铬酸钾指示剂法。

以测定 Cl^- 为例，莫尔法中，以硝酸银（$AgNO_3$）为标准溶液，以铬酸钾为指示剂，在中性或弱碱性环境中进行滴定。反应过程中，溶解度小的氯化银沉淀先析出，当出现砖红色的铬酸银沉淀时，终点到达。此法简便、快捷，应用范围广。涉及的反应方程式如下：

滴定反应：$Ag^+ + Cl^- \longrightarrow AgCl\downarrow$（白色）

终点反应：$2Ag^+ + CrO_4^{2-} \longrightarrow Ag_2CrO_4\downarrow$（砖红色）

二、莫尔法的滴定条件

(1)溶液酸度　莫尔法中，通常将溶液的 pH 控制在 6.5～10.5，使溶液呈中性或弱酸性。酸性溶液中 CrO_4^{2-} 会转化成 $Cr_2O_7^{2-}$，使 Ag_2CrO_4 沉淀出现延迟，终点延后出现；碱性溶液中 Ag^+ 易生成 Ag_2O 沉淀。

(2)指示剂浓度　滴定过程中，可在 50～100 mL 被滴定溶液中加入 5% K_2CrO_4 1 mL。

因其本身为黄色，若浓度太大，颜色太深会对终点颜色的观察带来影响；若浓度太小，颜色不易观察则可能导致终点滞后，影响滴定准确度。

(3)干扰成分　滴定时，溶液环境中如有影响滴定的物质时，必须先分离除去，包括：①NH_3；②能水解的 Fe^{3+}、Al^{3+} 等；③大量的有色离子 Cu^{2+}、Ni^{2+} 等；④与 Ag^+ 可生成沉淀的阴离子如 CO_3^{2-}、$C_2O_4^{2-}$、PO_4^{3-} 等；⑤与 CrO_4^{2-} 可生成沉淀的阳离子 Pb^{2+}、Ba^{2+} 等。

(4)适用范围　莫尔法适用于测定 Cl^-、Br^-、Ag^+。例如，氯化物、溴化物的纯度测定及水中氯的含量等都可以用莫尔法测定。莫尔法不适宜于测定 I^-、SCN^-，也不可用 NaCl 溶液滴定 Ag^+。

任务二　福尔哈德法

一、福尔哈德法的基本原理

福尔哈德法是在酸性环境中，以铁铵矾$[NH_4Fe(SO_4)_2 \cdot 12H_2O]$为指示剂的银量法。根据滴定方式的不同，福尔哈德法可分为直接滴定法和返滴定两种方法。

1. 直接滴定法

在含有 Ag^+ 的硝酸溶液中，以铁铵矾为指示剂，以 NH_4SCN(或 KSCN、NaSCN)为标准溶液进行的滴定分析。过程中，溶液中首先析出 AgSCN 的白色沉淀。当 Ag^+ 沉淀完全后，稍过量的 SCN^- 就会与 Fe^{3+} 生成$[Fe(SCN)]^{2+}$配离子而使溶液呈红色，达到终点。过程中涉及的反应方程式如下：

滴定反应：$Ag^+ + SCN^- \longrightarrow AgSCN\downarrow$(白色)

终点反应：$Fe^{3+} + SCN^- \longrightarrow [Fe(SCN)]^{2+}$(红色)

2. 返滴定法

福尔哈德法测定卤素离子(如 Cl^-、Br^-、I^-、SCN^-)时应采用返滴定法。过程中，需要在酸性(HNO_3)待测溶液中，先加入已知过量的 $AgNO_3$ 标准溶液，使待测离子全部与 Ag^+ 结合形成沉淀；再用铁铵矾作指示剂，用 NH_4SCN 标准溶液滴定剩余过量的 $AgNO_3$。过程中涉及的反应方程式如下：

未滴定时：$Cl^- + Ag^+ \rightleftharpoons AgCl\downarrow + Ag^+$(剩余)

滴加 KSCN 时：$Ag^+ + SCN^- \rightleftharpoons AgSCN\downarrow$(白色)

滴定终点时：$SCN^- + Fe^{3+} \rightleftharpoons [Fe(SCN)]^{2+}$(红色)

最终，待测试液中 Cl^- 的含量可通过两种标准溶液的消耗量转换成 Ag^+ 的含量之差得出。

二、福尔哈德法的滴定条件

(1)溶液的酸度　福尔哈德法一般在 0.1～1.0 mol/L 的硝酸溶液中，即强酸环境中进行。不适宜在中性或碱性环境中进行，因为在中性或碱性环境中 Fe^{3+} 会生成 $Fe(OH)_3$ 沉淀，影响终点的确定。

(2)铁铵矾指示剂的用量　铁铵矾指示剂的浓度一般以 Fe^{3+} 浓度为 0.015 mol/L 为宜。

浓度过大终点易提前，浓度过小终点易拖后。

(3)滴定注意事项　①福尔哈德法不宜在高温条件下进行，以免形成的$[Fe(SCN)]^{2+}$配离子解离，影响终点颜色的指示。②滴定过程中生成的 AgSCN 对 Ag^+ 有强烈的吸附作用，为防止 Ag^+ 被吸附使终点提前，滴定的过程中需剧烈摇动溶液，使被吸附的 Ag^+ 及时释放。③强氧化剂和氮的低价氧化物以及铜盐、汞盐都可与 SCN^- 作用，干扰测定，因而在应用福尔哈德法测定前必须预先除去。④用返滴定法测定 I^- 时，应首先加入过量的 $AgNO_3$，再加铁铵矾指示剂，否则指示剂中的 Fe^{3+} 将 I^- 氧化为 I_2，会造成误差。

任务三　法扬斯法

一、法扬斯法的基本原理

法扬斯法是用吸附指示剂指示终点的银量法。吸附指示剂是一类有机染料，当被沉淀表面吸附后，其结构发生改变，引起颜色变化，即可用于指示终点。这类吸附指示剂可根据其酸碱性的不同分为酸性和碱性两种。酸性指示剂可解离出阴离子，如荧光黄；碱性指示剂可解离出阳离子，如甲基紫、罗丹明 6G 等。以荧光黄(HFIn)为例，它在溶液中存在下列解离平衡：

$$HFIn \rightleftharpoons H^+ + FIn^-\text{(黄绿色)}$$

以 $AgNO_3$ 标准溶液滴定未知浓度的 Cl^- 时，即以酸性的荧光黄为指示剂，采用法扬斯法进行。计量点之前，溶液中 Cl^- 过量，AgCl 吸附 Cl^- 而带负电荷，FIn^- 带同种负电不被吸附，溶液即呈现出 FIn^- 的黄绿色。化学计量点后，溶液中存在过量的 Ag^+，AgCl 因吸附 Ag^+ 而带正电，可吸附 FIn^-。被吸附后的 FIn^- 随即发生结构变化而呈现出粉红色，指示终点到达。过程中涉及的反应方程式如下：

计量点前：$AgCl + Cl^- \rightleftharpoons AgCl \cdot Cl^-$

计量点后：$AgCl + Ag^+ \rightleftharpoons AgCl \cdot Ag^+$

$AgCl \cdot Ag^+ + FIn^- \rightleftharpoons AgCl \cdot Ag^+ \cdot FIn^-$

二、法扬斯法的滴定条件

(1)沉淀的比表面积应尽可能大，争取终点时发生在沉淀表面的颜色变化足够明显。为此可加入一些试剂保护胶体不聚沉，如糊精、淀粉等。

(2)溶液的酸度应根据指示剂显色态适宜的 pH 环境进行相应的调节。例如，荧光黄适宜的显色 pH 范围为 7～10，因此利用荧光黄作指示剂时，一般可调节溶液 pH 在 7～8；曙红适宜的 pH 范围为 2～10，用曙红作指示剂时，则一般可调整溶液 pH 为 3～8。

(3)滴定时应避免强光照射，因为吸附了指示剂的氯化银对光极为敏感，遇光易分解。

(4)溶液浓度不宜过低，否则沉淀量小，终点难以观察。

(5)法扬斯法适用范围：可用于测定 Cl^-、Br^-、I^- 和 SCN^- 及生物碱盐类物质。测定 Cl^- 时常用荧光黄作指示剂，测定其他几个离子时则常用曙红作指示剂。

◎ 思 政 园 地 ◎

曲折的化学史——沉淀滴定法的发展

在沉淀滴定法的发展中，德国分析化学家克拉普罗特的贡献不可磨灭。在重量分析中，他强调沉淀必须烘干或灼烧至恒重。为了测定矿物中的金属含量，他先称量了适当的沉淀化合物，再利用换算因素求得金属含量。他最先记录下分析测定的物质成分的实际百分比。除此之外，他还设计了多种非金属元素测定步骤。准确地测定了近 200 种矿物的成分及各种工业产品如玻璃、非铁合金等的组分。

1856 年，德国著名分析化学家莫尔提出了用硝酸银滴定氯化物的"莫尔法"，并被一直沿用到了今天。作为当时最领先的科学药剂师，他于 1855 年发现了化学分析滴定法，并改进了很多的分析过程，为滴定法的发展做出了巨大的贡献。

1874 年，德国化学家福尔哈德发表了《一种新的容量分析测定银的方法》，受到了广泛关注。在此文章中，他介绍了硫氰酸盐滴定法测定银的具体操作和数据比较，并指出此法可用于间接测定能被银定量转化为沉淀的氯、溴、碘化物。

1923 年，美国化学家法扬斯在沉淀滴定中采用了吸附指示剂，引领了沉淀滴定法发展的关键时期。法扬斯发现，荧光黄及其衍生物能清楚地指示银离子溶液滴定卤化物样品的终点。并于后来证实酒石黄和酚藏花红对酸溶液中的滴定很有效。

◎ 目 标 检 测 ◎

一、选择题

1. 莫尔法使用的指示剂是(　　)。

A. 硝酸银　　B. 铁铵矾　　C. 吸附指示剂　　D. 铬酸钾

2. 法扬斯法使用的指示剂是(　　)。

A. 硝酸银　　B. 铁铵矾　　C. 吸附指示剂　　D. 铬酸钾

3. 测定 Ag^+ 含量时，选用的滴定剂是(　　)。

A. NaCl　　B. $AgNO_3$　　C. NH_4SCN　　D. Na_2SO_4

4. 莫尔法测定 Cl^- 采用的滴定剂及滴定方式是(　　)。

A. 用 Hg^{2+} 盐直接滴定　　B. 用 $AgNO_3$ 直接滴定

C. 用 $AgNO_3$ 沉淀后，返滴定　　D. 用 Pb^{2+} 沉淀后，返滴定

5. 莫尔法测定 Cl^- 时，终点沉淀物的颜色是(　　)。

A. 白色　　B. 绿色　　C. 黄色　　D. 砖红色

6. 莫尔法测定 Cl^- 含量时，要求介质的 pH 在 6.5～10，若酸度过高则(　　)。

A. AgCl 沉淀不完全　　B. AgCl 吸附 Cl^- 增强

C. Ag_2CrO_4 沉淀不易形成　　D. AgCl 沉淀易溶解

7. 下列试剂能使 $BaSO_4$ 沉淀的溶解度增加的是(　　)。

A. 浓 HCl　　B. 1 mol/L NaOH

C. 1 mol/L Na_2SO_4　　D. 1 mol/L $NH_3 \cdot H_2O$

8. 用福尔哈德法测定 Cl^- 时,采用的指示剂是(　　)。

A. 铁铵矾　　B. 铬酸钾　　C. 甲基橙　　D. 荧光黄

9. 法扬斯法的滴定条件中不包含下列哪项?(　　)

A. 滴定时溶液的酸碱性要适宜

B. 滴定时应在强光照射下进行,否则不易观察终点

C. 滴定时,溶液浓度不能过低

D. 可用于测定 Cl^-、Br^-、I^- 和 SCN^-

10. 法扬斯法中的有机指示剂可指示终点的原因是(　　)。

A. 指示剂与待测物质发生反应

B. 指示剂解离出的离子显示出与之前不同的颜色

C. 终点时,当指示剂被沉淀表面吸附后,其结构发生改变,引起颜色变化

D. 终点时,溶液 pH 环境突然变化,导致指示剂显示出不同的颜色

二、填空题

1. 沉淀滴定法中的银量法根据指示剂的不同,按创立者的名字可分别命名为________、________和________。

2. 荧光黄的________离子被吸附了________的 AgCl 颗粒吸附后,结构发生了变化而呈现出________色。

3. 在法扬斯法中,应根据指示剂的性质来调节溶液的酸度。例如,荧光黄适宜的显色 pH 范围为________,因此利用荧光黄作指示剂时,一般可调节溶液 pH 在________;曙红适宜的 pH 范围为________,用曙红作指示剂时,则一般可调整溶液 pH 为________。

4. 根据滴定方式的不同,福尔哈德法又可分为________和________两种方法。

5. 用福尔哈德法滴定卤素离子时应采用返滴定法。先要在酸性待测溶液中,加入已知过量的 $AgNO_3$ 标准溶液,使待测离子全部与 Ag^+ 结合形成沉淀;再用________作指示剂,用________标准溶液滴定剩余过量的 $AgNO_3$。

三、计算题

1. 法扬斯法测定某试样中碘化钾含量时,称取 1.522 0 g 试样,溶于水后,再用 0.050 00 mol/L 的 $AgNO_3$ 标准溶液滴定至终点,共消耗体积 18.20 mL。请计算试样中 KI 的质量分数。

2. 称取基准物质 NaCl 共 0.120 0 g,溶解后加入过量的 $AgNO_3$ 标准溶液 30.00 mL,再用 NH_4SCN 标准溶液返滴定,终点时共消耗体积 3.00 mL。已知 20.00 mL $AgNO_3$ 标准溶液能与 21.50 mL NH_4SCN 标准溶液完全作用。请计算 $AgNO_3$ 和 NH_4SCN 溶液的浓度各为多少?(已知 NaCl 的相对分子质量为 58.49 g/mol)

项目六

配位滴定法

任务一　配位化合物

一、配位化合物的概念及组成

配位化合物，简称配合物或络合物，是指一类由可提供孤对电子的金属离子（或原子）（统称配体）和可接受孤对电子的配位体（统称形成体），按照一定的组成以配位键结合而成的化合物。例如，$K_3[Fe(CN)_6]$、$[Ni(CO)_4]$等都是配位化合物。

配合物通常由内界和外界两部分组成。内界是配合物的特征部分，由配体和形成体组成，通常写在方括号内。方括号外的部分构成配合物的外界。例如，上述的 $K_4[Fe(CN)_6]$中，方括号中的$[Fe(CN)_6]^{4-}$就是此配合物的内界；而方括号外的 K^+ 则为此配合物的外界。整个配合物因内外界所带电荷抵消而不带电。

现以$[Cu(NH_3)_4]SO_4$ 和 $K_4[Fe(CN)_6]$为例，将配合物的组成概括如下：

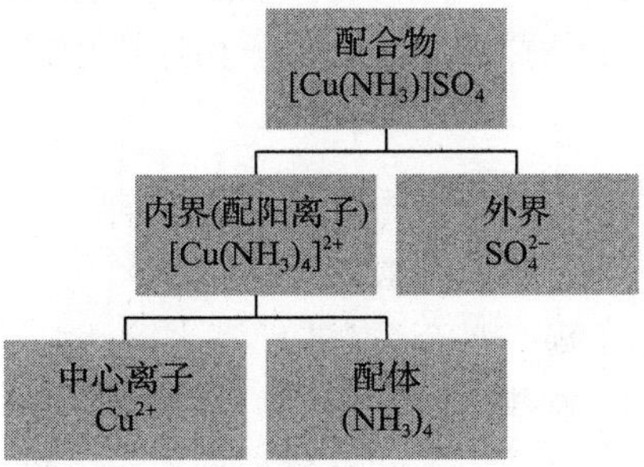

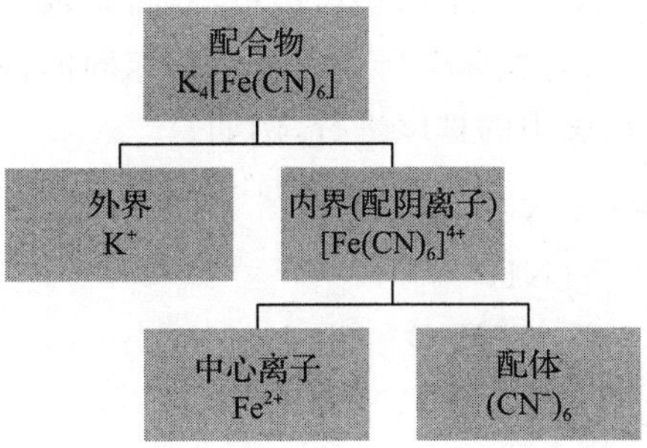

（1）中心离子（中心原子或形成体）　配合物的中心绝大多数为金属阳离子，其中最常见的是过渡金属离子，如 Fe^{3+}、Co^{2+}、Ni^{2+}、Cu^{2+}、Zn^{2+}、Ag^+ 等；也有少数的电中性的原子，如$[Cr(CO)_6]$、$[Fe(CO)_5]$、$[Ni(CO)_4]$中的 Cr、Fe、Ni 等。

（2）配位体和配位原子　有孤对电子可与中心原子（或离子）以配位键结合的中性分子或阴离子称为配位体，简称配体。常见的有 O、N、S、P、C 等。以上两个例子中的 NH_3 和 CN^- 即为配体。

配位体按其所提供的配位原子的数目分为单齿配体和多齿配体。只提供一个配位原子和中心离子配位的配位体称为单齿配体，如 F^-、Cl^-、Br^-、I^-、CN^-、NH_3、H_2O 等；能提供两个或两个以上配位原子同时与一个中心离子(或原子)配位的配体称为多齿配体，如乙二胺 $NH_2—CH_2—CH_2—NH_2$(简写 en)、乙二胺四乙酸(简称 EDTA)。

(3)配位数　在配合物中，与中心离子(或原子)通过配位键结合的配位原子的数目称为中心离子的配位数。常见的配位数是 4 和 6。对于单齿配体，配位数＝配位体数。例如，$K_3[Fe(CN)_6]$中 Fe^{3+} 的配位数是 6，$[Cu(NH_3)_4]SO_4$ 中 Cu^{2+} 的配位数是 4；对于多齿配位体，配位数＝配位体数×配位原子数。例如，$[Fe(en)_3]^{2+}$ 中 Fe^{2+} 的配位数＝3×2＝6，而不是 3。

二、配位化合物的命名

对配合物的命名，与一般无机化合物的命名原则相同，即：阴离子名称在前，阳离子名称在后。若配合物的酸根为简单阴离子(如 Cl^-)，则命名为某化某；若酸根为复杂阴离子(如 SO_4^{2-}、NO_3^-、配离子等)，则命名为某酸某；若外界为 H^+ 时，则称为某酸，如 $H_2[PtCl_6]$即命名为六氯合铂(Ⅳ)酸；若外界为 OH^- 则称氢氧化某，如$[Cu(NH_3)_4](OH)_2$ 即命名为氢氧化四氨合铜(Ⅱ)。

针对配合物的内界，命名的情况相对复杂，总体上可按照如下的顺序进行：

配位体数(用中文数字一、二、三……表示)→配位体名称→合→中心离子名称→中心离子氧化数(以带圆括号的罗马数字表示)。如下面几种配合物可分别按右侧的方式命名：

$H_2[SiF_6]$	六氟合硅(Ⅳ)酸
$[Cu(NH_3)_6]SO_4$	硫酸四氨合铜(Ⅱ)
$K_4[Fe(SCN)_6]$	六硫氰合铁(Ⅱ)酸钾
$[Ni(CO)_4]$	四羰基合镍

同时，如果配离子中的配位体不止一种，则无机配体在前，有机配体在后；若都为同种无机或有机配体，则先阴离子，后中性分子；若都为同类阴离子或阳离子配体，则按照配位原子的元素符号在英文字母中的顺序进行排列；若都为同种配位原子，则含原子数少的配体在前，原子数多的在后；若配体中所含原子数都相同的，则按照结构式中与配位原子相连原子的元素符号在英文字母表中的排序进行，例如：

$K_3[FeCl(NO_2)(C_2O_4)_2]$	一氯一硝基二草酸根合铁(Ⅲ)酸钾
$K[PtCl_3(NH_3)]$	三氯一氨合铂(Ⅱ)酸钾
$[Co(NH_3)_5(H_2O)]Cl_3$	三氯化五氨一水合钴(Ⅲ)
$[Pt(NH_2)(NO_2)(NH_3)_2]$	一氨基一硝基二氨合铂(Ⅱ)
$[Cr(OH)_3(H_2O)(en)]$	三羟基一水一乙二胺合铬(Ⅲ)

要特别注意的是，有些配体，虽然化学式相同，但配位原子不同，则名称也不同。例如，$—NO_2$ 是以 N 原子配位则称为硝基；—ONO 是以 O 原子配位则称为亚硝酸根；—SCN 是以 S 原子配位则称为硫氢根；$—NCS^-$ 是以 N 原子配位则称为异硫氰根。

任务二　配位滴定剂

一、常用的配位滴定剂

配位滴定法是以配位反应为基础的一种滴定分析方法。用配位滴定法测定待测金属子含量时，选择合适的配位剂即滴定剂对于分析的进行有着十分重要的意义。配位滴定中，使用最多的有机配位剂是氨配位剂，其中以乙二胺四乙酸(简称 EDTA)最为常见，其结构式如下：

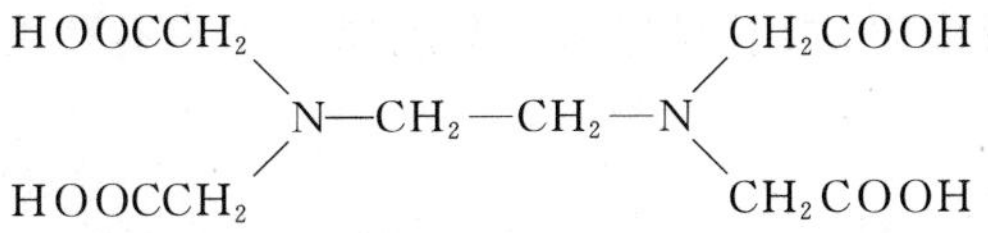

从结构上可以看出，EDTA 为一种四元有机酸，可用化学式 H_4Y 表示。这是一种白色晶体，在水中的溶解度很小。但易溶于氨水和氢氧化钠等碱性溶液，生成相应的盐溶液。因其二钠盐($Na_2H_2Y_2 \cdot H_2O$，仍简称 EDTA)溶解度大，因此配位滴定中通常用其二钠盐配制成标准溶液。

二、EDTA 标准溶液的配制与标定

1. EDTA 标准溶液的配制

配制 EDTA 标准溶液通常采用间接法，即先用 EDTA 的二钠盐配制成近似浓度的溶液，然后进行标定，常用浓度一般为 0.01～0.05 mol/L。

2. EDTA 标准溶液的标定

可用于标定 EDTA 标准溶液的基准物质有 Zn、$CaCO_3$、ZnO、$ZnSO_4$ 等。以 ZnO 为基准物质标定 EDTA 的过程如下：

①先用少量水湿润 ZnO，再慢慢加入 HCl(1∶1)。溶解后，定量转移，定容于 250 mL 容量瓶中，摇匀。

②用移液管移取 25.00 mL 于锥形瓶中，加二甲酚橙指示剂 3～4 滴后，滴加 1∶1 氨水直至溶液呈橙色。最后滴加 20% 的六亚甲基四胺至溶液呈现稳定的紫红色，保持溶液 pH 为 5～6。

③用待标定的 EDTA 溶液(主要保存在聚乙烯塑料瓶或硬质玻璃瓶中)滴定至上述溶液由紫红色变为亮黄色，即为终点。

④平行滴定 3 次，根据滴定消耗的 EDTA 标准溶液的体积和基准物质的质量，即可计算出 EDTA 标准溶液的准确浓度。

根据过程中消耗的 ZnO 的质量及 EDTA 溶液的体积，可以得出 EDTA 的物质的量浓度为：

$$c(\text{EDTA})=\frac{m(\text{ZnO})\times 1\,000}{M(\text{ZnO})V(\text{EDTA})}$$

三、金属离子指示剂

配位滴定中常使用金属离子指示剂指示滴定终点。这是一种配位剂，能与金属离子生成与本身颜色显著不同的有色配合物，从而指示滴定过程中金属离子浓度的变化，被称为金属指示剂。

1. 金属指示剂的作用原理

金属指示剂是有机染料，能与被滴定的金属离子生成与该指示剂本身颜色显著不同的配合物，从而可判断终点。

以M代表金属离子，In代表指示剂，MIn代表指示剂与金属离子形成的配合物。滴定前，先在溶液中加入少量指示剂，指示剂与少量金属离子生成有色配合物，溶液显示MIn配合物的颜色。

$$\underset{}{M} + \underset{\text{指示剂颜色}}{In} \rightleftharpoons \underset{\text{配合物颜色}}{MIn}$$

滴定时，溶液中游离的金属离子与滴入的EDTA形成MY配合物。当达到化学计量点时，金属离子与EDTA反应完全，则EDTA夺取MIn中的M，生成更稳定的MY，使指示剂游离出来。此时溶液显示指示剂的颜色，指示终点：

$$\underset{\text{配合物颜色}}{MIn} + Y \rightleftharpoons MY + \underset{\text{指示剂颜色}}{In}$$

2. 金属指示剂应具备的条件

作为金属指示剂，必须满足以下条件：

(1)在滴定的pH范围内，金属离子与指示剂形成的配合物MIn应具有与指示剂In本身显著不同的颜色，以方便终点的判断。

(2)金属离子与指示剂形成的配合物MIn应有一定的稳定性。稳定性太低，指示剂会过早地游离出来使终点提前；稳定性太高，则化学计量点时，EDTA不能夺取MIn中的金属离子而使终点拖后，甚至无法指示终点。如溶液中存在一类金属离子，使溶液一直呈现这些金属离子与指示剂形成的配合物MIn的颜色，即使到了化学计量点也不变色，这种现象称为指示剂的封闭现象。

(3)指示剂与金属离子的反应应迅速、灵敏，有良好的可逆性。

(4)金属指示剂与金属离子形成的配合物MIn应易溶于水。如果金属指示剂与金属离子形成的配合物溶解度很小，或稳定性只稍差于对应的MY配合物，都可能使EDTA与MIn之间的反应缓慢，终点拖长，这种现象称为指示剂的僵化现象。

(5)指示剂应易溶于水，且稳定不易变质，便于贮存和使用。

3. 常用的金属指示剂

(1)铬黑T(简称EBT)　在pH＝7～11时，铬黑T本身显蓝色；同时能与Ca^{2+}、Mg^{2+}、Zn^{2+}、Pb^{2+}、Hg^{2+}等多种金属离子形成红色配合物。因此，可在此pH范围内(一般为pH＝9～10)用作金属指示剂。

(2)钙指示剂(简称 NN 或钙红)　在 pH＝8～13 内显蓝色，同时能与 Ca^{2+} 形成酒红色配合物，故可在此 pH 范围内用于滴定 Ca^{2+}，终点时由酒红色变为纯蓝色。

配位滴定法中常用的金属指示剂如表 2-6-1 所示。

表 2-6-1　几种常见的金属指示剂

指示剂名称	适用 pH 范围	颜色变化		可滴定的离子	配制方法
		In	MIn		
铬黑 T	7～10	蓝	红	pH＝10：Mg^{2+}，Zn^{2+}，Ca^{2+}，Pb^{2+}，Mn^{2+}，In^{3+}，稀土(Cu^{2+}、Al^{3+}、Fe^{3+} 等有封闭作用)	1∶100 NaCl
酸性铬蓝 K	8～13	蓝	红	pH＝10：Mg^{2+}，Zn^{2+} pH＝13：Ca^{2+}	1∶100 NaCl
钙指示剂	10～13	蓝	红	pH＝12～13：Ca^{2+}(Cu^{2+}，Al^{3+}，Fe^{3+} 等有封闭作用)	1∶100 NaCl
PAN	2～12	黄	红	pH＝2～3：Bi^{3+}，Th^{4+} pH＝4～5：Cu^{2+}，Ni^{2+}	0.1%乙醇溶液
二甲酚橙	＜6	黄	红	pH＜1：ZrO^{2+} pH＝1～3：Bi^{3+}，Th^{4+} pH＝5～6：Zn^{2+}，Pb^{2+}，Cd^{2+}，Hg^{2+}，稀土(Al^{3+}、Fe^{3+} 等有封闭作用)	0.5%水溶液
磺基水杨酸	1.3～3.3	无色	紫红	pH＝1.5～2.5：Fe^{3+}(加热)	2%水溶液

任务三　EDTA 配位滴定法的应用

水硬度作为水质的一个重要监测指标，主要是指水中 Ca^{2+}、Mg^{2+} 的总量。对水硬度的监测可知其是否适用于工业生产及日常生活。如高硬度的水口感差，有苦涩味，饮用后可能影响胃肠功能；饲喂牲畜用硬度高的水可能引发孕畜流产；洗涤时若使用高硬度的水则可能使肥皂沉淀从而大大降低洗涤剂的洗涤效果等。

水的总硬度有暂时硬度和永久硬度之分。在水中以碳酸氢盐形式存在的钙、镁盐，遇热能析出碳酸盐沉淀而失去其硬度，这类盐形成的硬度称为暂时硬度；凡水中含钙、镁的硫酸盐、硝酸盐、氯化物等所形成的硬度则称为永久硬度。暂时硬度和永久硬度的总和称为“总硬度”。其中，由 Mg^{2+} 形成的硬度称为“镁硬度”，由 Ca^{2+} 形成的硬度称为“钙硬度”。

测定水的硬度时，通常采用 EDTA 配位滴定法进行。测定过程中，通常用 $NH_4Cl—NH_3 \cdot H_2O$ 缓冲溶液将溶液 pH 调到 10，以铬黑 T 为指示剂(可与水中的 Mg^{2+} 形成紫红色配合物)，用 EDTA 标准溶液进行滴定。过程中，EDTA 先与 Ca^{2+}，再与 Mg^{2+} 形成无色螯合物，终点时，溶液由紫红色转变成蓝色(EDTA 夺取与铬黑 T 结合的 Mg^{2+}，形成 MgY^{2-} 的颜色)。记录 EDTA 的用量，即可根据 EDTA 的浓度及其消耗的体积得出水的总硬度。计算水的总硬度时，常将 Ca^{2+}、Mg^{2+} 的含量折算成 CaO 的质量，即：

$$总硬度(°)=\frac{c(EDTA)\times V(EDTA)\times M(CaO)}{V(水样)}\times 100$$

测定水中Ca^{2+}的含量时，可再移取一定体积的水样，用10%的NaOH溶液调节水样的pH到12，使水样中的Mg^{2+}全部转化为$Mg(OH)_2$沉淀，再加入钙指示剂，用EDTA标准溶液滴定至溶液由酒红色变为蓝色，即达终点，记录消耗的EDTA即可得出其中Ca^{2+}的含量。

【例 1】取100.0 mL某水样，在pH=10的缓冲溶液中以铬黑T为指示剂，用EDTA标准溶液滴定至终点，用去0.010 20 mol/L的EDTA标准溶液20.85 mL；另取相同水样，用NaOH溶液调整其pH为12，加钙指示剂，用0.010 24 mol/L的EDTA标准溶液滴定至终点，用去EDTA标准溶液15.47 mL。计算该水样的总硬度(°)及该水样中Ca^{2+}、Mg^{2+}的含量(mg/L)。

解：

$$总硬度(°)=\frac{c(EDTA)\times V_1\times M(CaO)}{V(水样)}\times 100=\frac{0.010\ 20\times 20.85\times 56.08}{100.00}\times 100=11.93°$$

$$\rho(Ca^{2+})=\frac{c(EDTA)\times V_2\times M(Ca^{2+})}{V(水样)}=\frac{0.010\ 20\times 15.47\times 40.08}{100.00\times 10^{-3}}=63.24(mg/L)$$

$$\rho(Mg^{2+})=\frac{c(EDTA)\times (V_1-V_2)\times M(Mg^{2+})}{V(水样)}$$

$$=\frac{0.010\ 20\times (20.85-15.47)\times 24.31}{100.00\times 10^{-3}}=13.34(mg/L)$$

该水样的总硬度为11.93°，水样中Ca^{2+}、Mg^{2+}的含量分别为63.45 mg/L、13.42 mg/L。

◎ 思 政 园 地 ◎

曲折的化学史——配合滴定法的发展

20世纪以来，在容量分析的发展史中，氨羧络合剂滴定法的发明应用可谓闪亮的一页。20世纪30年代，人们已知乙二胺四乙酸(EDTA)等氨基多羧酸在碱性介质中能与钙、镁离子生成极稳定的络合物，可用于水的软化。

瑞士化学家施瓦岑巴赫对这类化合物的物理化学性质进行了广泛的研究，并提出以EDTA滴定水的硬度，以紫尿酸铵为指示剂，获得了很大的成功。随后，又在1946年提出以铬黑T作为这项滴定的指示剂，奠定了EDTA滴定法的基础。

EDTA在水溶液中几乎和所有金属阳离子都可以形成络合物，但稳定性差别很大，为此可借助调节溶液中的pH或利用适当的掩蔽剂来提高EDTA滴定的选择性。1948年，施瓦岑巴赫提出以KCN为掩蔽剂，用来掩藏Cd^{2+}、Zn^{2+}、Cu^{2+}、Ni^{2+}等离子。1956年，捷克斯洛伐克科学院的蒲希比等提出用二甲酚橙为指示剂在不同pH条件下滴定Sc^{3+}、La^{3+}、Pb^{2+}、Zn^{2+}、Cd^{2+}和Hg^{2+}等离子，并找到了三乙醇胺成功解决了掩蔽Fe^{3+}的问题。到20世纪60年代，近50个元素都已能用EDTA直接滴定，16个元素能间接滴定，特别是它能直接滴定碱土金属、铝及稀土元素，弥补了过去容量分析的一大缺陷。

◎ 目 标 检 测 ◎

一、选择题

1. $[Co(en)(C_2O_4)_2]^-$ 中心离子的配位数是（　　）。

A. 3　　B. 4　　C. 5　　D. 6

2. EDTA 与金属离子形成的配合物，其配位比一般为（　　）。

A. 1∶1　　B. 1∶2　　C. 1∶4　　D. 1∶6

3. EDTA 滴定 Zn^{2+} 时，若以铬黑 T 作指示剂，则终点颜色为（　　）。

A. 黄色　　B. 酒红色　　C. 橙色　　D. 蓝色

4. 对金属指示剂叙述错误的是（　　）。

A. 指示剂本身颜色与其生成的配位物颜色应显著不同

B. 指示剂应在适宜 pH 范围内使用

C. MIn 稳定性要略小于 MY 的稳定性

D. MIn 稳定性要略大于 MY 的稳定性

5. 如果 MIn 的稳定性大于 MY 的稳定性，此时金属指示剂将出现（　　）。

A. 封闭现象　　B. 提前指示终点　　C. 僵化现象　　D. 氧化变质现象

6. 在直接配位滴定法中，终点时，一般情况下溶液显示的颜色为（　　）。

A. 被测金属离子与 EDTA 配合物的颜色

B. 被测金属离子与指示剂配合物的颜色

C. 游离指示剂的颜色

D. 金属离子与指示剂配合物和金属离子与 EDTA 配合物的混合色

7. 在 Fe^{3+}、Zn^{2+} 共存的溶液中，用 EDTA 测定 Fe^{3+}，要消除 Zn^{2+} 的干扰，最简便的是（　　）。

A. 沉淀分离法　　B. 控制酸度法

C. 配位掩蔽法　　D. 离子交换

8. 配合物时中心离子和配位体以何种键相结合形成的？（　　）

A. 离子键　　B. 共价键　　C. 配位键　　D. 氢键

9. 配位体中的配体主要分为哪两种？（　　）

A. 单齿配体和多齿配体　　B. 分子配体和离子配体

C. 阴离子配体和阳离子配体　　D. 分子配体和原子配体

10. 如果 MIn 的稳定性大于 MY 的稳定性，此时金属指示剂将出现（　　）。

A. 封闭现象　　B. 提前指示终点

C. 僵化现象　　D. 氧化变质现象

二、简答题

1. 命名下列配合物和配离子，并指出中心离子的配位数和配体的配位原子。

(1) $[Co(NH_3)_6]Cl_2$　　(2) $[CoCl(NH_3)_5]Cl_2$

(3) $[Ag(NH_3)_2]Cl$　　(4) $[PtCl_2(NH_3)_2]$

(5) $[Ni(CO)_4]$　　(6) $K_2[Ni(CN)_4]$

2. 根据下列配合物的名称写出对应的化学式。

(1)氯化二氯·四水合钴(Ⅲ) (2)硫酸四氨合铜(Ⅱ)

(3)三氯化六氨合铬(Ⅲ) (4)二氯·二羟基·二氨合铂(Ⅳ)

(5)六氯合铂(Ⅳ)酸钾 (6)二氯化四氨合锌(Ⅱ)

三、计算题

量取水样 100.0 mL,以铬黑 T 为指示剂,加入 NH_3—NH_4Cl 缓冲溶液,用 EDTA(浓度为 0.010 00 mol/L)滴定至终点,消耗 EDTA 的体积为 18.36 mL,计算水的硬度,以 $CaCO_3$ 的浓度(mg/L)表示。

模块三

有机化学基础

项目一

有机化学概述

任务一　无机物与有机物

一、无机物

无机化合物通常指不含碳元素的化合物，但少数含碳元素的化合物，如二氧化碳、碳酸、一氧化碳、碳酸盐等也属于无机物。

二、有机物

有机物本质上的特点是都含有碳（多数含有氢，其次是氧、氮、卤素、硫、磷等）。所以，有机化合物都是含碳化合物。

有机化合物与无机化合物比较，一般有以下几个特性。

（一）可燃性

有机物一般可以燃烧（这与其含碳和氢有关）。如酒精、汽油等都容易燃烧，燃烧时放出大量的热，最后碳变成二氧化碳，氢则生成水。燃烧后不留残渣（含金属的有机物例外）。而大多数无机物如 NaCl 等不能燃烧，因此灼烧试验可用来区别有机物与无机物。

（二）熔点低

有机物的挥发性大。在常温下通常以气体、液体或低熔点固体的形式存在。大多数固体有机物的熔点在室温至 300 ℃，一般不高于 400 ℃；而一般无机物的熔点都比较高，如 NaCl 的熔点为 801 ℃。这是由于有机化合物的晶格质点是分子，它们之间的结合是靠范德华力（分子间力）来维持的，而无机化合物的晶格质点是正、负离子，它们之间的结合是靠静电吸引来维持的。又因为范德华力的键合力比化学键的键能小 1～2 个数量级，所以，当它们熔化时，破坏有机化合物的晶格所需的能量要小于破坏无机化合物的晶格所需要的能量。因此，有机物的熔点比无机物要低。

（三）难溶于水，易溶于有机溶剂

大多数有机物难溶于水，而易溶于乙醇、乙醚、丙酮等有机溶剂中。这些物质在溶解性能方面有一个经验规则——“相似相溶”。其实质是结构相似的分子之间的作用力比结构上完全不同的分子间的作用力强。正因为如此，有机反应常在有机溶剂中进行。

（四）反应速度慢

无机反应一般进行得速度很快。例如，酸碱中和反应，Ag^+ 与 Cl^- 离子生成 AgCl 沉淀的反应都是在瞬间完成的。这是因为无机反应是离子反应，反应的发生是靠离子间的静电引力，故结合比较迅速。而有机反应一般来说都是分子间的反应，反应时必须使分子具有一定的能量，以引起某个键的破裂，才能起反应，所以比较慢，需要较长的时间，如几十分钟、几小时或更多的时间才能完成。为了加速有机反应，常采用加热、振摇（或搅拌）或加催化剂等措施。

（五）反应产物复杂，常有副反应发生，效率低

在有机反应进行时，除主要反应外，还常伴随副反应发生。这是由于有机物分子大都是由多个原子结合而成的复杂分子，所以当它和某一试剂作用时，分子中易受试剂影响的部位较多，而不是只局限于分子的某一特定部位发生反应。因此在反应后得到的产物常为较复杂的混合物，使主要反应的产量大大降低。所以，一个有机反应若能达到 80%～90% 的理论产率已经是很令人满意的了，这与无机反应一般能按反应式定量地进行不同。

（六）异构现象普遍存在

分子式相同的不同化合物叫异构体，这种现象叫异构现象。有机化合物中普遍存在着多种异构现象，如构造异构、顺反异构、对映异构、构象异构等，这是有机化合物的一个重要特点，也是造成有机物数目特别多的重要原因之一，而无机化合物很少有这种现象。

造成以上有机物和无机物性质上差异的原因在于有机物中把碳原子和其他原子连接起来的化学键的本质。

任务二　烃与烃的衍生物

一、烃

只由碳和氢两种元素组成的有机化合物叫作碳氢化合物，简称为烃。根据烃分子中碳原子连接的方式，烃可以分为三类：

（1）脂肪烃　又叫开链烃。根据分子中碳和氢的比例又可分为饱和烃和不饱和烃。分子中与碳结合的氢原子数达到饱和程度的烃叫作饱和烃，开链的饱和烃又称为烷烃。在链烃分子中所含的氢原子数比相应的烷烃少的叫作不饱和烃，如烯烃、炔烃。

（2）脂环烃　分子中碳原子连接成闭合的碳链，也可分为饱和和不饱和脂环烃。

（3）芳香烃　分子中大多含有六个碳原子组成的苯环，可看作一类特殊的不饱和烯烃。

二、烃的衍生物

烃是各种有机物的母体，其他各类的有机物都可以看作烃的衍生物，例如：

(1)卤代烃　烃类分子中的氢原子被卤原子取代所生成的化合物总称为卤代烃。

(2)醇、酚、醚　在结构上可以看作是水分子中的氢被烃基取代的衍生物。水分子中的一个氢被脂肪烃基取代是醇。被芳基取代的是酚，如果两个氢都被烃基取代的叫醚。

(3)醛、酮　分子结构中都含有羰基的化合物，总称为羰基化合物。羰基至少和一个氢原子结合的化合物叫醛，羰基和两个烃基结合的化合物叫酮。

(4)羧酸及其衍生物　分子中具有羧基的化合物称为羧酸。羧酸和它的衍生物——酯、酰胺、酰卤和酸酐都与醛、酮一样分子中含有碳氧双键。

(5)胺　可以看作是氨中氢被烃基取代的衍生物。

三、烃和烃的衍生物的区别

烃分子中的氢原子被其他原子或者原子团所取代而生成的一系列化合物称为烃的衍生物。是否属于烃主要是从组成元素上看，只含有C、H元素的有机物都属于烃，比如甲苯、对二甲苯属于芳香烃，如果要从结构上看，就看是否含有除烷烃基、苯环、C═C键以外的官能团，如—OH、—COOH、—CHO、$—NH_2$ 等，既然是“烃”，就当然不算是衍生物，衍生物必须含有C、H以外的元素。

任务三　碳环化合物与杂环化合物

一、碳环化合物

碳环化合物分子中含有完全由碳原子组成的碳环，它又可分为两类：

(1)脂环族化合物　不含苯环的碳环化合物都属于这一类。它们的性质与脂肪族化合物相似，因此叫作脂环族化合物，例如：

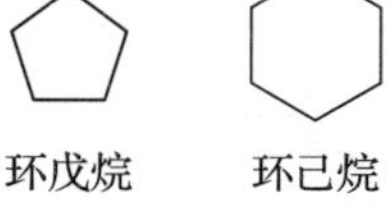

环戊烷　　环己烷

(2)芳香族化合物　芳香族化合物具有一些特殊的性质，大多数含有苯环。例如：

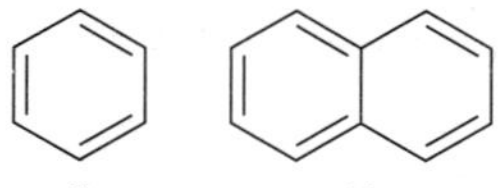

苯　　萘

二、杂环化合物

这类化合物分子中都含有由碳原子和别的原子所组成的杂环，成环的原子，除碳以外，都叫作杂原子。常见的杂原子为氧、硫和氮。例如：

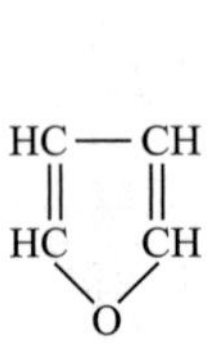
呋喃

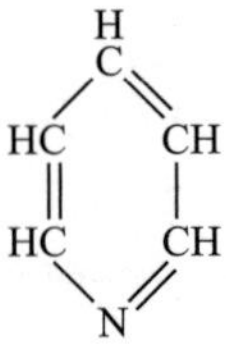
吡啶

碳环族化合物的母体是相应的碳氢化合物，杂环族化合物的母体是最简单的杂环化合物，即成环的原子在环外只与氢原子结合。

任务四　官能团

一、官能团的定义

官能团是指有机化合物分子中特别能起化学反应的一些原子或原子团，它常常可以决定该化合物的主要性质，例如，氯乙烷分子的氯原子（—Cl）、乙醇分子中的羟基（—OH）在有机化学中均称为官能团。

二、官能团的种类

常见的官能团见表 3-1-1。

表 3-1-1　常见重要官能团的名称和代表物质

类别	官能团	典型代表物
烷烃	无	甲烷 CH_4
烯烃	$\gt C=C\lt$	乙烯 $H_2C=CH_2$
炔烃	$-C\equiv C-$	乙炔 $HC\equiv CH$
芳香烃	（苯环不是官能团，是特征结构）	苯
卤代烃	—X	溴乙烷 CH_3CH_2Br
醇	—OH（醇）羟基	乙醇 CH_3CH_2OH
酚	—OH（酚）羟基	苯酚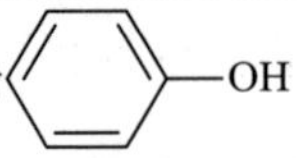
醚	—O—	乙醚 $CH_3CH_2OCH_2CH_3$
醛	—CHO	乙醛 $H_3C-\overset{\overset{O}{\|}}{C}-H$
酮	$\gt C=O$	丙酮 $H_3C-\overset{\overset{O}{\|}}{C}-CH_3$

续表3-1-1

类别	官能团	典型代表物
羧酸	—COOH	乙酸 $H_3C-\overset{\overset{\displaystyle O}{\|}}{C}-CH_3$
酯	—COOR	乙酸乙酯 $H_3C-\overset{\overset{\displaystyle O}{\|}}{C}-O-C_2H_5$
胺	$-NH_2$	苯胺 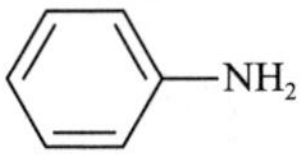
酰胺	—CONH—	甲酰胺 $H-\overset{\overset{\displaystyle O}{\|}}{C}-NH_2$
硝基化合物	$-NO_2$	硝基苯 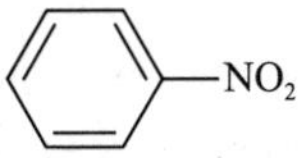
偶氮化合物	—N═N—	偶氮苯 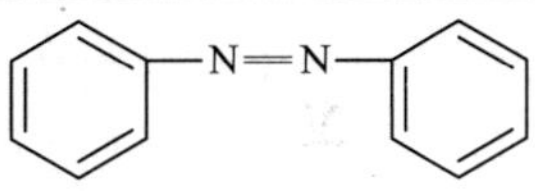
磺酸	$-SO_3H$	甲磺酸 CH_3SO_3H

任务五　有机物的表示方法

一、电子式

标出有机物中所有共用和未成键电子的化学式称为路易斯点电子式。在电子式表示法中，用一个圆点代表一个电子，用一对原点表示一对成对电子，例如：

$$H:C\vdots\vdots C:H$$

$$\begin{array}{c} \ \ \ H\ \ H \\ \ \ \ \,\ddot{}\ \ \ \ \ddot{} \\ H:C::C:H \end{array}$$

二、结构式

$$\begin{array}{ccccccc} & & H & & H & & \\ & & | & & | & & \\ H & - & C & - & C & - & O-H \\ & & | & & | & & \\ & & H & & H & & \end{array}$$

上式中表示原子的种类、数目和排列的次序，称为结构式。结构式中每一条线代表一个价键，称为键。如果两个原子各用一个价键结合，这种键称为单键；在某些化合物中，还可用两个价键或三个价键结合，称为双键或三键。

三、结构简式

$$CH_3—CH_2—OH$$

省略碳氢键，甚至省略所有单键写出来的式子，就是结构简式。结构简式的书写方法：定主链，画碳骨架，把主链上的碳原子摆成一条直线；画侧链和官能团如果需要，要对主链上的碳原子编号；依据碳四价的规则，补齐 H 原子。

四、分子式

用原子及其个数表示分子组成的方式。

$$C_2H_6O$$

把有机物分子里的原子，按 C、H、O、N 顺序计数书写，原子个数写在相应原子右下角。如 C_2H_6O。简单的有机物写分子式无歧义；由于存在几何异构现象，复杂一点的有机物只写分子式，并不能确定是何物质。上述分子式可以表示乙醇也可以表示乙醚，可看出分子式阐明了元素组成和比例，但物质的结构不明确。

◎ 思 政 园 地 ◎

合成纯碳环

碳，作为周期表和地球上最引人瞩目的元素之一，存在于我们生活中 90%以上的已知物质中。碳元素可以组成多种不同的构型：当它的每个原子都连着另 3 个碳原子时，形成的是相对柔软的石墨；再加上一个键，它又会变成另一种目前最坚硬的矿物——钻石；而把 60 个碳原子按照足球的形状连在一起，巴基球(即碳-60)就出现了。

值得注意的是，上述这些最少也要求每个碳原子与另 3 个或以上的碳原子相连接。那如何能单纯地让每个碳原子只连接另 2 个碳原子，就好像一个人左右手各牵着另两人一样形成一个碳原子环(苯环是相似结构，但外围牵着个氢)，这是科学家们近 50 年来一直回避的问题。

其实，不是科学家们不努力，而是这个设想太“狡猾”。之前科学家们使出浑身解数，也只是生产出了一个很快就会消散的气体碳环。但是，来自牛津大学(University of Oxford)和 IBM Research 的研究团队共同创造出一个稳定的碳环，这是一件非常了不起的事情。该研究也发表在最新一期的《科学》杂志上。为实现这一“创举”，研究人员耗费了大量精力去尝试各种方法来完成这个“环碳”的制备。他们首先合成了三角形的“环氧-环碳”($C_{24}O_6$)，其拥有 18 个碳原子，另有 6 个一氧化碳(CO)分子平均分布在三角形的 3 个角上，即在每个角上各聚集了两个 CO 分子。

接下来，他们把这种混合物置于附有一层氯化钠的铜板上，并在真空室中将其冷却至接近于绝对零度的温度。这样，就为三角形的“环氧-环碳”提供了一个可以让它保持自身结构稳定的惰性表面。最后，研究人员利用原子力显微镜(atomic force microscopy，AFM)将一氧化碳分子从 $C_{24}O_6$ 结构中分离出来，这样就只留下了一个碳原子的环。说起来简单，但实际操作还是困难重重。研究人员表示，他们不能保证总是在不破坏 $C_{24}O_6$ 环状结构的情况下把所有的 CO 分子都敲掉。

关于碳的每次突破，都备受科学家们关注。我们从中学就知道，碳有两种晶体形态：一种是金刚石，另一种就是石墨，我们也应该知道铅笔里面不是“铅”，而是石墨。但在 1985 年，人们发现碳还有其他的存在形式：60 个碳原子组成的足球结构——巴基球，也就是碳-60。巴基球的发现及其所属的富勒烯（Fullerene）家族让 Robert Floyd Curl、Harold Kroto 和 Richard Errett Smalley 三人分享了 1996 年的诺贝尔化学奖。而后，人们又发现了几厘米长，直径在 1 nm 左右，由碳原子组成的管状结构——碳纳米管。接下来，就是让普通人都耳熟能详的石墨烯了，它也是一种由碳原子组成的六角型蜂巢状晶格的单层二维纳米材料。2010 年的诺贝尔物理学奖就颁给了曼彻斯特大学的两位物理学家 Andre Geim 和 Konstantin Novoselov，以表彰他们对石墨烯研究做出的贡献。

◎ 目标检测 ◎

一、选择题

1. 有机物的结构特点之一就是多数有机物都以(　　)。

A. 配价键结合　B. 共价键结合　C. 离子键结合　D. 氢键结合

2. 根据元素化合价，下列分子式正确的是(　　)。

A. C_6H_{13}　B. $C_5H_9Cl_2$　C. $C_8H_{16}O$　D. $C_7H_{15}O$

3. 通常有机物分子中发生化学反应的主要结构部位是(　　)。

A. 键　B. 氢键　C. 所有碳原子　D. 官能团

4. 自然界中化合物种类最多的就是(　　)。

A. 无机化合物　B. 有机化合物　C. 铁的化合物　D. 氧的化合物

5. 乙醇(CH_3CH_2OH)与二甲醚(CH_3OCH_3)互为(　　)。

A. 位置异构体　B. 官能团异构体

C. 同系物　D. 碳链异构体

6. 下列哪一种化合物为芳香烃类化合物？(　　)

A. 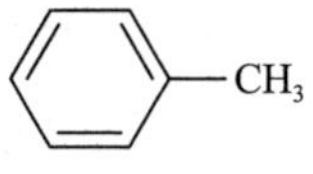

B. $CH_3CH_2—OH$

C. $C_6H_5CH_2N(CH_3)_2$　D. $CH_3CH_2—Br$

7. 胰岛素含硫 3.1%，分子量为 5 734，请问每一分子中含有多少个硫原子？(　　)

A. 3 个　B. 4 个　C. 5 个　D. 6 个

8. 根据碳四价、氧二价、氢一价、氮三价确定下列分子式可能是(　　)。

A. C_3H_9O　B. $C_7H_{15}O$　C. C_4H_4　D. C_4H_7NO

9. 下列分子式中哪一个分子式能够表示两种有机物？(　　)

A. CH_4　B. C_2H_6　C. C_2H_5O　D. C_3H_8

10. 某一有机物含 C 65.35%，含 H 5.6%，相对分子质量为 110，它的化学式为(　　)。

A. $C_6H_6O_2$　B. $C_{11}H_9O_3$　C. $C_{12}H_{26}N_2O_2$　D. $C_6H_{13}NO_2$

二、简答题

1. 写出下列基团的结构式

(1)异丙基　(2)仲丁基　(3)叔戊基　(4)新戊基

(5)异戊基　(6)正戊基　(7)乙烯基　(8)苄基

(9)2-甲基戊基　(10)1-甲基-1,3-丁二烯基

(11)4-甲基-4-戊烯-2-炔基　(12)2-甲基-3-乙基-2,4-环戊二烯基

(13)2,4-二甲基苯基　(14)叔丁氧基　(15)3-苯基-1-丙烯基

(16)烯丙氧基　(17)2,4-二氯苯氧基

2. 指出下列化合物中所含的官能团的名字和所属类别

(1) 
(2) 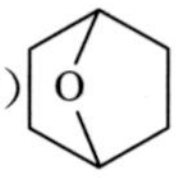
(3) 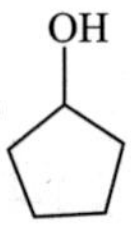
(4) 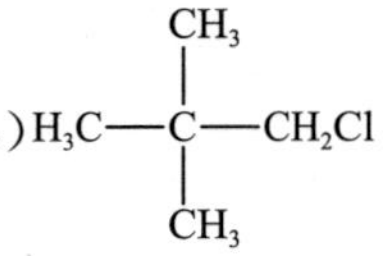

(5) 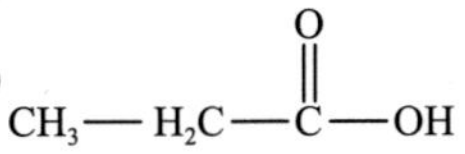
(6) 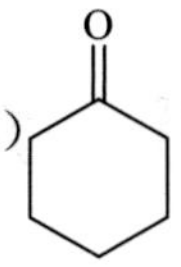
(7) 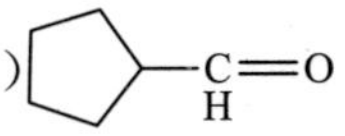

(8) 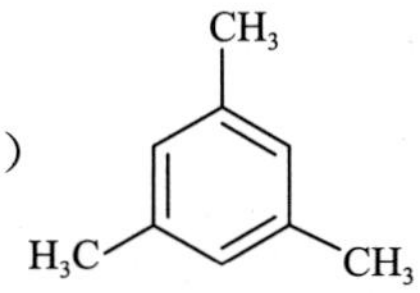
(9) 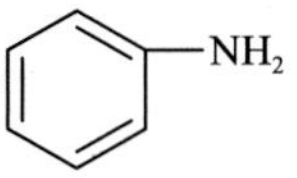
(10) 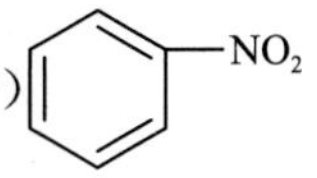

(11) 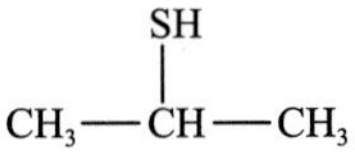

3. 某一有机物进行元素定量分析，表明含有 92.1% 的碳、7.9% 的氢，又测得其分子量为 78。问它的分子式是什么？

4. 只有一种结合方式：2 个氢，1 个碳，1 个氧。试把分子中的电子画出来。

5. 有机化学的研究主要包括哪几个方面？

项目二

饱　和　烃

任务一　烷烃

一、烷烃的结构和命名

（一）烷烃的通式

烷烃是通式为 C_nH_{2n+2} 的碳氢化合物的总称，n 为碳原子数。在烷烃分子中，四价的碳除和其他碳原子相连外均和氢原子相连。

甲烷是仅含一个碳原子的最简单的烷烃，分子式为 CH_4，乙烷、丙烷分子式分别为 C_2H_6、C_3H_8，它们的结构式为

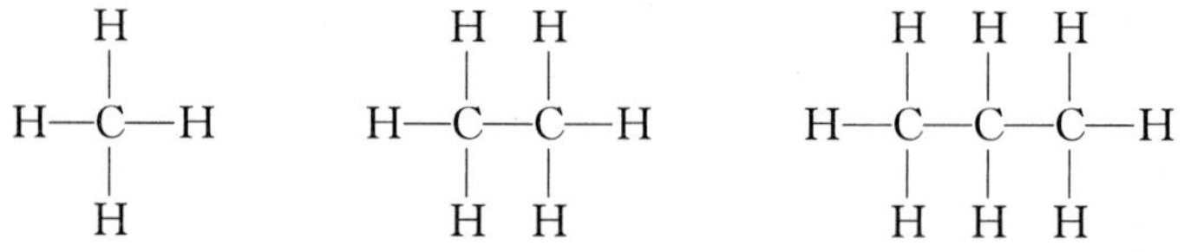

甲烷中一个氢原子被甲基取代得到乙烷。乙烷中一个氢原子被甲基取代可得到丙烷。甲烷、乙烷、丙烷都是一个分子式对应一个结构式，不存在构造异构体，如果用甲基取代丙烷分子中一个氢原子可得到两种不同结构的丁烷。这是因为丙烷分子中有两类不同的氢原子，甲基分别取代这两类不同氢原子就可得到两种丁烷。依此类推，由丁烷得到的戊烷有三个构造异构体…这样烷烃随着碳原子数增加，其异构体数也迅速增多。烷烃构造异构体数目见表 3-2-1。

表 3-2-1　烷烃构造异构体数目

烷烃	构造异构体数
己烷	5
庚烷	9
辛烷	18

续表3-2-1

烷烃	构造异构体数
壬烷	35
癸烷	75
十五烷	4 347

(二)烷烃的分类和命名

1. 烷烃的分类

分子中没有环的烷烃称为链烷烃,其通式为 C_nH_{2n+2},n 为碳原子数。分子中含有环状结构的烷烃叫环烷烃,又称为脂环化合物。只含有一个环的环烷烃称为单环烷烃,单环烷烃的通式为 C_nH_{2n},与单烯烃互为同分异构体。环烷烃按环的大小,分为①小环:三、四元环;②普通环:五、六、七元环;③中环:八至十一元环;④大环:十二元环及以上。含有两个或多个环的环烷烃称为多环烷烃。环系各以环上一个碳原子用单键直接相连而成的多环烷烃称为集合环烷烃。两个环共用两个或多个碳原子的多环烷烃称为桥环烷烃。单环之间共用一个碳原子的多环烷烃称为螺环烷烃。

2. 烷烃的命名

(1)直链烷烃的命名　直链烷烃的命名和普通命名法基本相同,去掉"正"字,称"某烷",例如

$$CHCH_2CH_2CH_2CH_2CH_2CH_2CH_3$$

普通命名法:　　　　正辛烷

系统命名法:　　　　辛烷

(2)支链烷烃的命名　支链烷烃是直链烷烃的烷基取代衍生物。其命名的具体步骤如下:

①选取主链(母体)选择含碳原子数最多的碳链作为主链,并写出这个主链烷烃的名称,支链作为取代基。

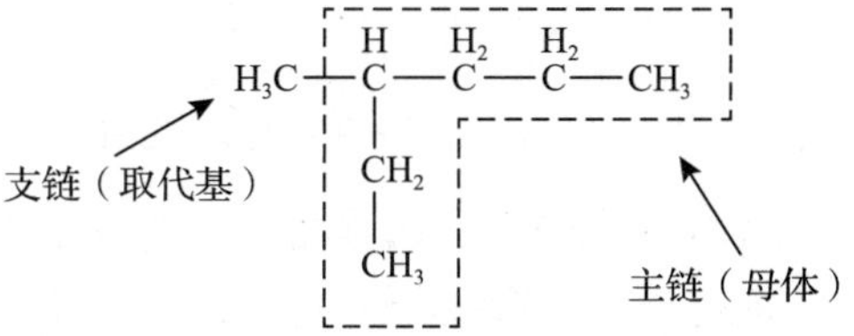

在上式中,如果选择直线的碳链作为主链,则此碳链上的碳原子数有 5 个;如选择虚线内的碳链作为主链,则有 6 个碳原子,所以应选定含 6 个碳原子的碳链作为主链,即以虚线内的碳链作为主链。

如果有多条碳原子数目相同的碳链时,则选择取代基多的碳链为主链。

②主链碳原子的位次编号在选定主链以后,就要进行主链的位次编号,也就是确定取代基的位次,主链从一端向另一端编号。位次用 1、2、3、4、…表示,读成 1 位、2 位、3 位、4 位等。

简单烷烃从距离取代基最近的一端开始编号。例如,下式中从右到左取代基(甲基)的位

次为 4，而从左到右则为 3，故这个烷烃的编号应从左到右，才可使甲基的位数最小。

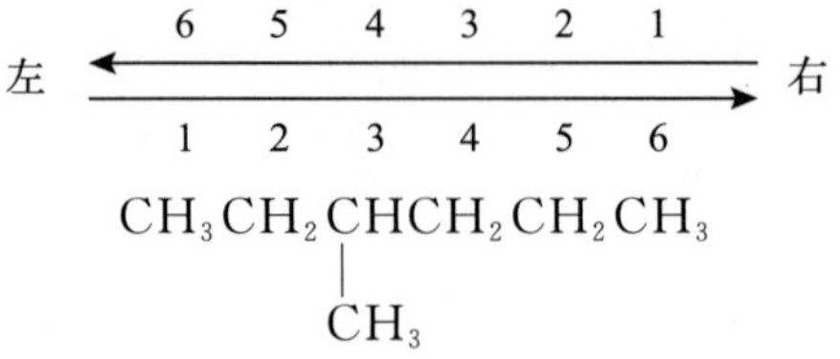

当主链以不同方向编号，得到两种或两种以上不同编号的系列时，则依次列出取代基在几种编号系列中的位次，顺次逐项比较，最先出现差别的那项中，以位次最小者定为“最低系列”，取此系列的标号为主链编号。

当出现多条取代基数目相同的碳链，选择使取代基具有“最低系列”的编号，并以“最低系列”编号的碳链为主链。

(3)名称的书写规则

①按取代基位次、取代基名称、母体名称顺次书写，取代基位次和取代基名称之间要用半字线“-”连接起来，取代基名称和母体名称间则不用半字线连接。

如果含有几个相同的取代基时，取代基名称前用二、三、四…表示其数目，其位次则必须逐个注明，位次的阿拉伯数字之间以“,”隔开。命名时，逗号和短线应特别注意，往往容易忽视。

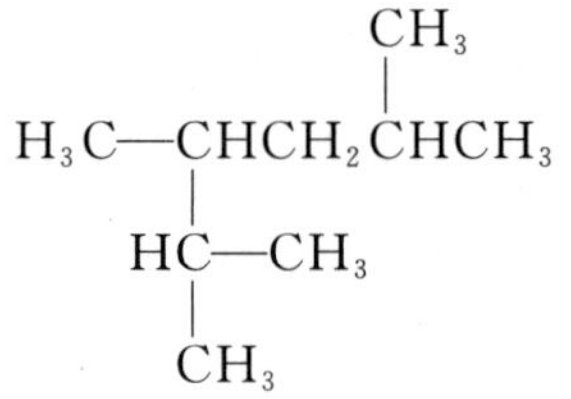

2,3,5-三四基已烷

②有机化合物中的各种基团可以按一定的规则来排列先后次序，这个规则称为次序规则。它的主要内容如下：

单原子取代基按其原子序数大小排列，大者为“较优”基团。若为同位素，则质量大的为“较优”基团。例如：

$$I>Br>Cl>S>P>F>O>N>C>D>H$$

对于多原子取代基，则先比较第一个原子；如果第一个原子相同时，则把与第一个原子相连的其他原子顺次按原子序数进行比较，依次类推，排出优先次序。例如：

丁基

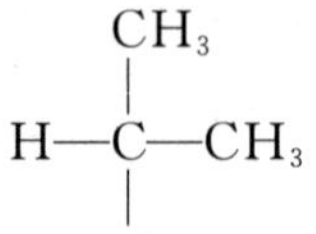

异丙基

两个基团的第一个原子都是碳原子，则把与第一个原子相连的其他原子顺次比较。丁基中与碳原子相连的是 C、H、H，而异丙基是 C、C、H，故异丙基的次序优于丁基。

含有双键或三键基团，可以认为连有两个或三个相同原子。例如，在—C≡CH 中为—C(C、C、C)。

③如果两个不同取代基的位次都符合“最低系列”时，按次序规则顺序，“较优”基团后列出。

④如果支链上还有取代基时，这个取代的支链的名称可放在括号中或用带撇的数字来表明支链中的碳原子。

二、烷烃的性质

(一)烷烃的物理性质和同系物规律

1. 烷烃、环烷烃的物理性质

在室温下，含有 1～4 个碳原子的烷烃为气体；含有 5～16 个碳原子的烷烃为液体，低沸点的烷烃为无色液体，有特殊气味，高沸点烷烃为黏稠油状液体，无味；含有 17 个碳原子以上的正烷烃为固体，但直至含有 60 个碳原子的正烷烃，其熔点都不超过 100 ℃。

正烷烃的沸点随相对分子质量的增加而升高。低级烷烃每增加一个 CH_2，沸点相差较大；高级烷烃每增加一个 CH_2，沸点相差较小，故低级烷烃较易分离，高级烷烃分离困难得多。

在同分异构体中，直链烷烃的沸点通常要比支链烷烃高，支链越多，沸点越低。例如，正戊烷沸点 36.1 ℃，2-甲基丁烷沸点 25 ℃，2，2-二甲基丙烷沸点只有 9 ℃。

正烷烃同系列前几个分子的熔点并不规则变化，而 C_4 以上烷烃的熔点随着碳原子数的增加而升高。在正烷烃中，含单数碳原子的烷烃其熔点升高较含双数碳原子的少。

烷烃的密度随相对分子质量增大而增大，密度增加到一定数值后，相对分子质量随密度变化很小。

与碳原子数相等的链烷烃相比，环烷烃的沸点、熔点和密度均要高一些。常温常压下环丙烷和环丁烷为气体，其他环烷烃多为液体。

2. 同系物规律

从甲烷(CH_4)、乙烷(C_2H_6)、丙烷(C_3H_8)、丁烷(C_4H_{10})等一系列烷烃分子式可以看出，任意两个烷烃分子间，其组成相差是 CH_2 或其整数倍。具有同一个通式、组成上相差只是 CH_2 或其整数倍的一系列化合物称作同系列。同系列中各个化合物称为同系物，CH_2 称为同系列的系差。同系物具有相似的化学性质，其物理性质(如沸点、熔点等)随着碳原子数增加而呈现有规律性的变化。

(二)烷烃的化学性质

1. 氧化反应

烷烃在空气中燃烧，生成二氧化碳和水，并放出大量热能。例如：

$$C_{10}H_{22}(l)+\frac{31}{2}O_2(g)=10CO_2(g)+11H_2O(g) \qquad \Delta H=-677\ 8\ \mathrm{kJ/mol}$$

$$C_nH_{2n+2}+\frac{3n+1}{2}O_2=nCO_2+(n+1)H_2O$$

这就是汽油和柴油作为燃料的基本变化和根据。但这种燃烧通常是不完全的,特别是 O_2 不充足的情况下,会生成大量 CO。

烷烃在室温下,一般不与氧化剂反应,与空气中的氧气也不起反应,但在高温和加压下或在催化剂作用下可以使它发生部分氧化,生成各种含氧衍生物如醇、醛、酸等。

烷烃的氧化过程是自由基反应。

2. 取代反应

(1)卤化反应 烷烃的氢原子可被卤素取代生成卤代烃,并放出卤化氢。这种取代反应称为卤化反应。若被氯或溴取代可分别称为氯化或溴化反应。

$$-\overset{/}{\underset{\backslash}{C}}-H+X_2 \longrightarrow -\overset{/}{\underset{\backslash}{C}}-X+HX$$

烷烃在常温和黑暗中不发生或极少发生卤化反应,但在紫外光漫射或高温下易发生反应,有时甚至剧烈到爆炸的程度。例如,甲烷和氯气在光或热影响下生成氯甲烷和氯化氢。

$$CH_4+Cl_2 \xrightarrow{\text{紫外光}} CH_3Cl+HCl$$

甲烷的氯化反应较难停留在一氯代甲烷阶段。因为生成的氯甲烷还会继续被氯化,生成二氯甲烷、三氯甲烷和四氯化碳,往往生成 4 种产物的混合物,工业上把这种混合物作为溶剂使用。

$$CH_3Cl+Cl_2 \longrightarrow CH_2Cl_2+HCl$$
$$CH_2Cl_2+Cl_2 \longrightarrow CHCl_3+HCl$$
$$CHCl_3+Cl_2 \longrightarrow CCl_4+HCl$$

但是,通过控制一定的反应条件和原料的用量比,可使其中一种氯代烷成为主要的产品。例如,用极过量的甲烷,则反应几乎完全限制在一氯化反应阶段(400~450 ℃,甲烷∶氯=10∶1)。由于甲烷的沸点为-164 ℃,一氯甲烷的沸点为-242 ℃,两者相差很大而容易分离。

烷烃是生产卤代烷的重要原料。氯、溴与烷烃反应生成一卤和多卤代烷烃类,氟与烷烃反应剧烈,难以控制,而碘通常不反应。所以,卤素与烷烃反应的相对活性顺序为

$$F_2>Cl_2>Br_2>I_2$$

碳链较长的烷烃氯化时,反应可以在分子中不同的碳原子上进行,取代不同的氢原子,得到各种氯代烷,情况较为复杂。乙烷只能生成一种一氯代乙烷,而丙烷、丁烷和异丁烷都能生成两种一氯代物。例如:

$$CH_3CH_2CH_3 \xrightarrow[25\ ℃]{Cl_2,h\nu} \underset{\substack{\text{1-氯丙烷} \\ 43\%}}{CH_3CH_2CH_2Cl}+\underset{\substack{\text{2-氯丙烷} \\ 57\%}}{H_3C-\overset{\overset{\displaystyle Cl}{|}}{C}H-CH_3}$$

在丙烷分子中伯氢有 6 个,仲氢有 2 个。人们希望丙烷氯化的两种产物产率之比应为

6∶2＝3∶1，在高温（>450 ℃）氯化时，确实是这样。但在室温时，这两种产物的产率之比却为 43∶57。显然，每个仲氢和每个伯氢的氯化产率之比为 4∶1，也就是仲氢和伯氢的相对活性为 4∶1。

$$\frac{\text{仲氢}}{\text{伯氢}}=\frac{57/2}{43/6}\approx\frac{4}{1}$$

再看异丁烷氯化时的情况：

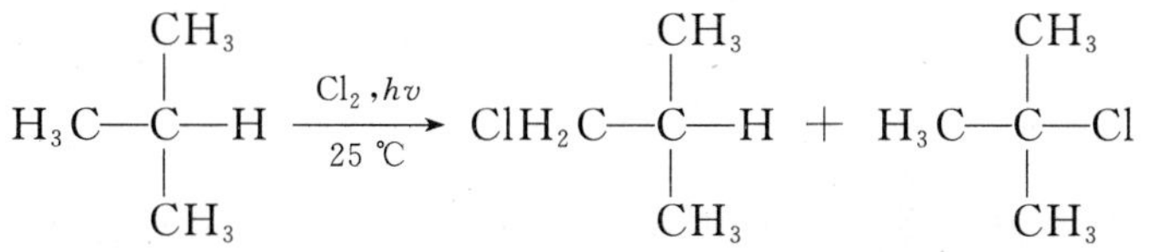

2-甲基-1-氯丙烷　　2-甲基-2-氯丙烷

64%　　　　　　　36%

$$\frac{\text{叔氢}}{\text{伯氢}}=\frac{36/1}{64/9}=\frac{5.1}{1}$$

实验结果表明，叔氢、仲氢、伯氢在室温时氯化的相对活性为 5∶4∶1。当升高温度时，比例逐渐接近 1∶1∶1。据此，可以预测某一烷烃在室温氯化产物中异构体的产率。例如：

1-氯丁烷　　　　2-氯丁烷

$$\frac{\text{1-氯丁烷的产率}}{\text{2-氯丁烷的产率}}=\frac{\text{伯氢的总数}}{\text{仲氢的总数}}\times\frac{\text{伯氢的相对活性}}{\text{仲氢的相对活性}}$$

所以　　1-氯丁烷的产率＝3÷(3＋8)×100%≈27%

2-氯丁烷的产率＝8÷(3＋8)×100%≈73%

在溴化反应中，相对活性顺序也遵循着叔氢>仲氢>伯氢，但差别很大，为 1 600∶82∶1。

(2)硝化反应　烷烃与硝酸或四氧化二氮（N_2O_4）进行气相（400～450 ℃）反应，生成硝基化合物（RNO_2）。这种直接生成硝基化合物的反应叫作硝化。气相硝化法制备硝基烷烃，常得到多种硝基化合物的混合物，反应如下：

$$CH_3CH_2CH_3 \xrightarrow[420\ ℃]{HNO_3} \underset{25\%}{CH_3CH_2CH_2NO_2} + \underset{40\%}{(CH_3)_2CHNO_2} + \underset{10\%}{CH_3CH_2NO_2} + \underset{25\%}{CH_3NO_2}$$

3. 磺化及氯磺化反应

烷烃在高温下与硫酸反应，生成烷基磺酸，这种反应叫作磺化。例如：

$$CH_3CH_3 + H_2SO_4 \xrightarrow{400\ ℃} CH_3CH_2SO_3H + H_2O$$

长链烷基磺酸的钠盐是一种洗涤剂，称为合成洗涤剂，例如，常用的十二烷基磺酸钠

($C_{12}H_{25}SO_3Na$)即为其中的一种。

高级烷烃与硫酰氯(或二氧化硫和氯气的混合物)在光的照射下,生成烷基磺酰氯的反应称为氯磺化。磺酰氯经水解,形成烷基磺酸,其钠盐或钾盐即为上述的洗涤剂,反应如下:

$$C_{12}H_{26}+SO_2Cl_2 \longrightarrow \underset{\text{十二烷基磺酰氯}}{C_{12}H_{25}SO_2Cl}+HCl$$

$$\downarrow H_2O$$

$$C_{12}H_{25}SO_2OH+HCl$$

4. 热裂反应

无氧存在时,烷烃在高温发生碳碳键断裂,大分子化合物变为小分子化合物,这个反应称为热裂。热裂反应的反应机理是热作用下的自由基反应,由于烷烃解离能很大,C—C 键约在 347 kJ/mol,C—H 键约在 414 kJ/mol。因此裂解时温度很高,往往在 500～700 ℃,而且需一定的压力。烷烃热裂成小分子烃,也可脱氢转变为烯烃和氢。例如:

$$CH_3CH_2CH_2CH_2\cdot+H\cdot \qquad CH_3CH_2CH{=\!=}CH_2+H_2$$

$$CH_3(CH_2)_2CH_3 \xrightarrow{\triangle} CH_2CH_2CH_2\cdot+CH_3\cdot \longrightarrow CH_3CH{=\!=}CH_2+CH_4$$

$$CH_3CH_2\cdot+CH_3CH_2\cdot \qquad CH_2{=\!=}CH_2+CH_3CH_3$$

三、重要的烷烃

1. 甲烷

甲烷是重要的燃料和化工原料。甲烷在镍催化剂存在下与水蒸气生成一氧化碳和氢的混合物,工业上称为合成气,是生产合成氨和甲醇的原料:

$$CH_4+H_2O \xrightarrow{Ni} CO+H_2$$

2. 乙烷

天然气和炼厂气中含有乙烷,可以回收用于工业生产。乙烷最重要的工业用途是作为生产乙烯或氯乙烯的原料。

3. 丙烷

丙烷是液化石油气的一种组分,可以从液化石油气回收。它最重要的用途是作为生产乙烯和丙烯的原料。

4. 丁烷和异丁烷

丁烷可以从液化石油气中回收,它具有多种工业用途。例如,经水蒸气裂解生成乙烯和丙烯;经催化脱氢生成丁二烯;经酸性催化重排生成异丁烷;经气相催化氧化生成顺丁烯二酐;经气相催化氧化生成乙酸。

任务二　环烷烃

一、环烷烃的结构和命名

(一)环烷烃的通式和构造异构

环烷烃分子的通式为 C_nH_{2n}，与烯烃互为异构体。如果仅从形式上看，烯烃与环烷烃十分相像，前者可以看作是两个相邻的碳原子各以两价彼此结合，成为一个由两个碳原子形成的环，这个最小的“环”可以称为“二元环”；后者是由三个或三个以上的碳原子彼此结合而成的环，它们相应地称为三元环或多元环。

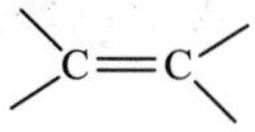
烯烃，二元环

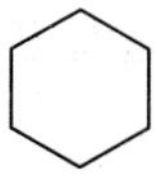
环己烷

环烷烃与烯烃互为异构体外，环状化合物之间也可互为异构体。

环丁烷

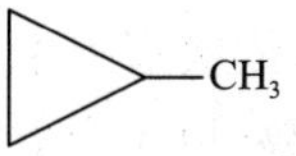
甲基环丙烷

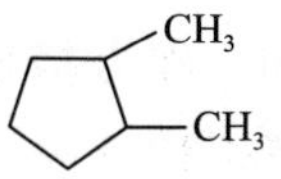
1,2-二甲基环戊烷

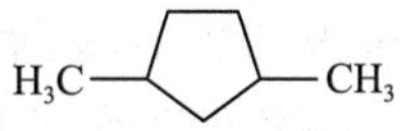
1,3-二甲基环戊烷

(二)环烷烃的分类和命名

1. 单环烷烃的命名原则

只有一个环的环烷烃称为单环烷烃。环上没有取代基的环烷烃命名时，中文名称只需在相应的烷烃前加环。例如：

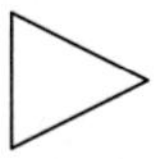
环丙烷

环丁烷

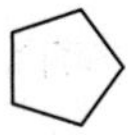
环戊烷

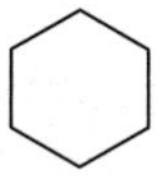
环己烷

环上有取代基的单环烷烃命名时，若环上的取代基比较简单，通常将环作为母体来命名。例如：

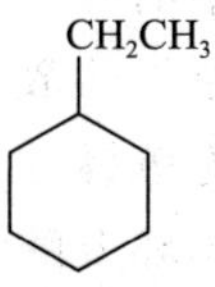
乙基环己烷

环上有两个或多个取代基且以环为母体命名时，要对母体环进行编号。母体环编号时，由于环没有端基，首先要确定 1 号碳的位置，然后要确定编号按顺时针方向还是逆时针方向进行。确定 1 号碳位置及编号方向仍要遵守位次最低原则。例如：

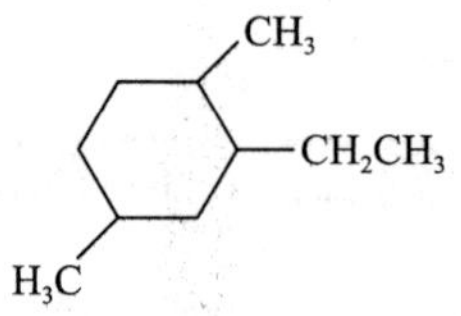

1,4-二甲基-2-乙基环己烷

2. 桥环烷烃的命名

桥环烷烃是指环与环之间共用两个或多个碳原子的多环烷烃。共用碳原子中的端碳原子为桥头碳,两个桥头碳之间可以是一根键或碳链,称之为桥。

桥环烷烃的命名格式为:环数＋带数字的方括号＋母体烃的名称。命名步骤如下:

(1)确定母体烃的名称　根据成环的碳原子数确定母体烃的名称。

(2)确定环数　环数等于把化合物切开成链烃的最少切割次数(每切割一次断一根键)。

(3)确定主环、主桥和次桥　将碳原子数最多的环确定为主环,主环以外的碳链均为桥,最长的桥为主桥,其他的桥为次桥。若最长的桥有两个或多个,要选较对称地分割主环的桥为主桥。

(4)编号　编号时,选主桥的一个桥头碳为1位号,沿主环碳多的一边依次编号到主桥的另一个桥头碳,再编主环的另一边到起点。主环编完后,接着编主桥上的碳原子,再编次桥上的碳原子,先长后短。

(5)确定方括号内的数字,表明结构　在方括号内,依次写上主桥两侧的碳原子数(不包括桥头碳,先多后少)、主桥的碳原子数、各次桥的碳原子数(以上各数字之间在右下面用小圆点式的句号隔开),次桥碳原子数、各次桥碳原子数的右上方要写上环与次桥相连碳原子数的位次(位次之间用逗号隔开)。

(6)按命名格式写出名称。

例如:

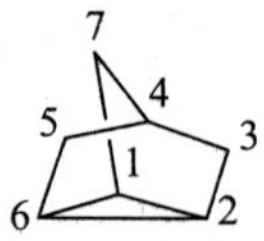

三环[2.2.1.$0^{2,6}$]庚烷

3. 螺环烷烃的命名

螺环烷烃是指环与环之间共用一个碳原子的多环烷烃,共用的碳原子称为螺原子。

螺环烷烃的命名格式为:螺数＋带数字的方括号＋母体烃的名称。命名步骤如下:

(1)确定母体烃的名称　根据成环碳原子的数目确定母体烃的名称。

(2)确定螺数　根据螺原子的个数分为单螺、二螺、三螺等。

(3)编号　编号从与端螺原子相连的小环上的邻碳开始,沿多环的边使所有螺原子位号都尽可能小的路径编号。

(4)确定方括号内的数字,标明结构　顺着环的编号顺序,用数字依次写出螺原子之间的碳原子数目,放在方括号内,数字之间用小圆点式的句号隔开。

(5)按螺环烷烃的命名格式写出化合物的名称。

例如：

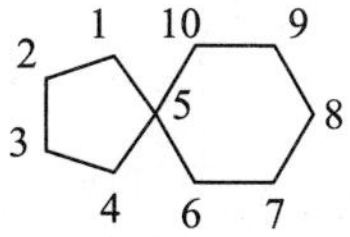

螺[4.5]庚烷

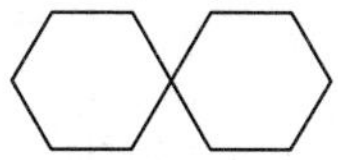
螺[5.5]十一烷

二、环烷烃的性质

(一)环烷烃的物理性质

比较环烷烃和相应的链形烃的熔点和沸点，可以看出结构对它们所起的作用，链形化合物可以比较自由地振动，分子间“拉”得不紧，容易挥发，沸点低一些。由于这种摇动，比较难以在晶体内作有次序的排列，所以熔点也低一些。环烷烃排列得紧密一些，密度高一些。

(二)环烷烃的化学性质

五元或者五元以上的环烷烃对一般试剂表现得不活泼，也不易发生开环反应，但能发生自由基取代反应。三元、四元的小环烷烃分子不稳定，比较容易发生开环反应。

1. 氢解

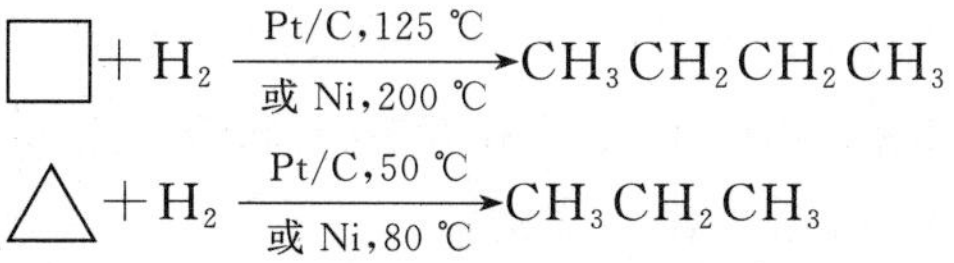

环戊烷必须在较激烈的条件下才能加氢，环己烷以上的环烷烃一般不发生加氢反应。

2. 卤解

四元环和更大的环很难与卤素发生开环反应。

3. 酸解：小环不稳定性(与氢碘酸反应)

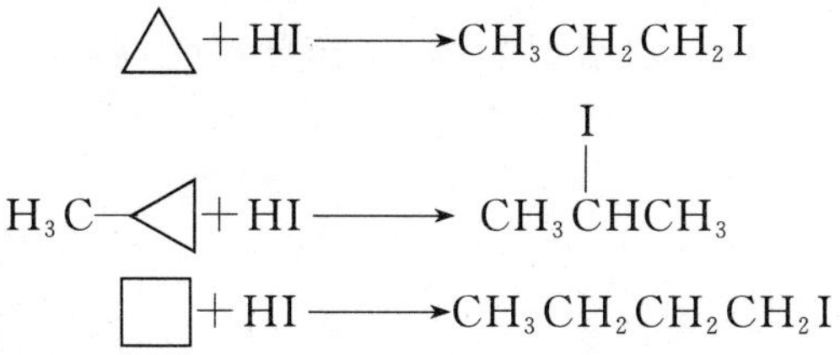

其他环烷烃不发生此类反应。从上述的例子可以推断，开环反应的活性为：三元环>四元环>五元、六元、七元环。

六、重要的环烷烃

(一)环己烷

环己烷及其衍生物是自然界存在最广泛的脂环化合物。环己烷内能低与它的构象有关。

椅式构象是环己烷的最稳定构象，顾名思义它就像一把椅子，其形状如下：

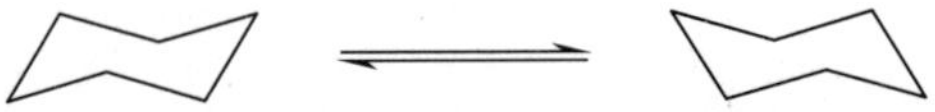

环己烷的 C—H 键分为两组：一组垂直于碳原子所在的平面，称为竖键或直立键，也称 a 键。a 键是英文 axial（轴向）bond 的第一个字母。另一组与这个平面大致平行，称为横键或平伏键，也称 e 键，e 是英文 equatorial（赤道）bond 的第一个字母。

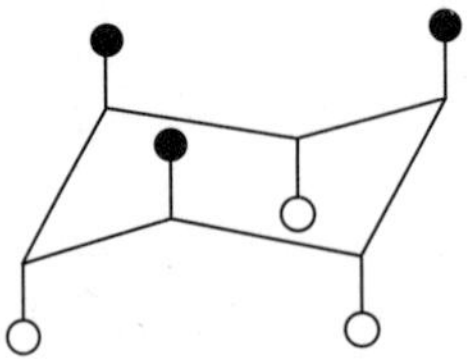

直立键或竖键
a键

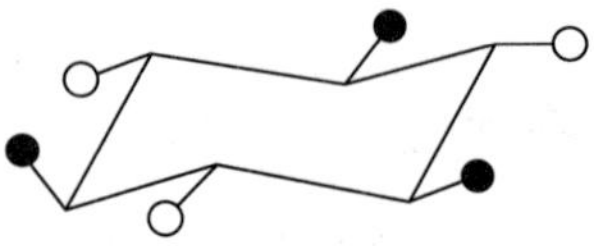

平伏键或横键
e键

在室温下，由于分子的热运动，环迅速翻转，由一种椅式构象转变为另一种椅式构象。当环翻转时，与碳相连的键的相对位置不变，但直立键转变为平伏键，平伏键转变为直立键。

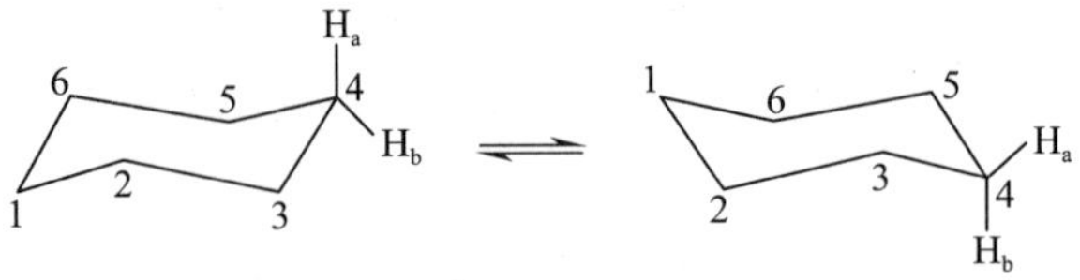

椅式构象能量最低，其键角均为 109.5°，无角张力，也无范德华力。椅式构象可翻转为另一椅式构象，其中经过半椅式、扭船式和船式构象。

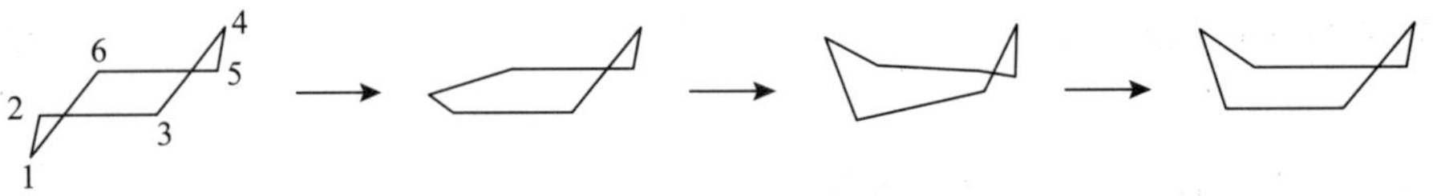

椅式　　半椅式　　扭船式　　船式

环己烷是无色液体，不溶于水，溶于乙醇、乙醚、苯、丙酮等多数有机溶剂。可用作橡胶、涂料、清漆的溶剂，胶黏剂的稀释剂，油脂萃取剂；用作分析试剂，如作溶剂、色谱分析的标准物质；用作光刻胶溶剂等。

（二）环丙烷

环丙烷为无色气体，微溶于水，易溶于乙醇、乙醚等多数有机溶剂，主要用作麻醉剂，也可用于有机合成。

环丙烷的三个碳原子必须在同一平面上，所以碳原子核连线之间应为 60°，若环碳原子以 sp^3 的形式杂化，则分子轨道之间的角度应为 109°28′。因此在形成环丙烷时，可以有两种选择：一种是保持正常轨道 109°，轨道彼此间电子的排斥力最小（正四面体），但这样就会使两个轨道重叠得非常不好；另一种是不管轨道间的电子排斥，而使轨道的轴和碳原子之间的轴在同一条线上，已达到最大的重叠。而实际上，测得环丙烷分子的 C—C—C 键角为 105°30′，H—C—H 的键角为 115°，C—C 键长和 C—H 键长分别是 151.0 pm 和 108.9 pm。这说明，为了使分子的能量达到最适合的程度，实际上，环丙烷中的价键是这两种成键方式相协调的结果，也就是说，既大略地保持原来轨道的角度，又达到一定程度重叠而形成一个弯曲的键。

(三)十氢化萘

十氢化萘主要用作油、脂、树脂、橡胶等的溶剂，也可用作除漆剂和润滑剂，有两种顺反异构体：

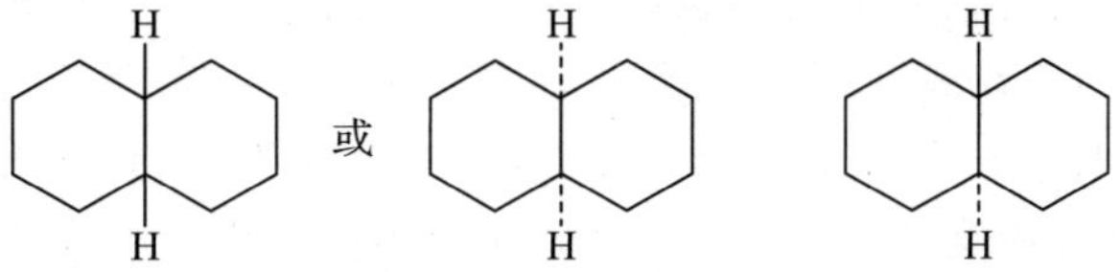

	顺十氢化萘	反十氢化萘
沸　点	187.3 ℃	195.7 ℃
燃烧热	5 286 kJ/mol	5 277 kJ/mol

桥头上的氢可省去，用圆点表示向上方伸出的氢：

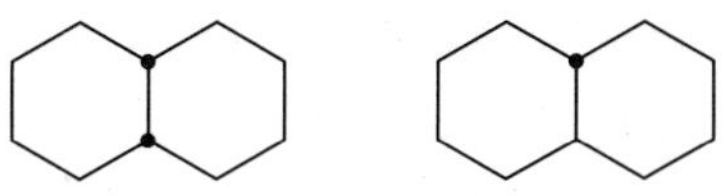

顺十氢化萘　　　反十氢化萘

从燃烧热可以看出反十氢化萘较稳定，它的稳定性从分子的键能上得不到解释，而是由分子内的非键张力引起的，与自身构象的稳定性有关。

顺、反十氢化萘都由两个椅式构象组成。如果把一个环当作另一环的取代基，则顺十氢化萘两环以 ae 键相连，反十氢化萘以 ee 键相连，反十氢化萘比顺十氢化萘稳定。

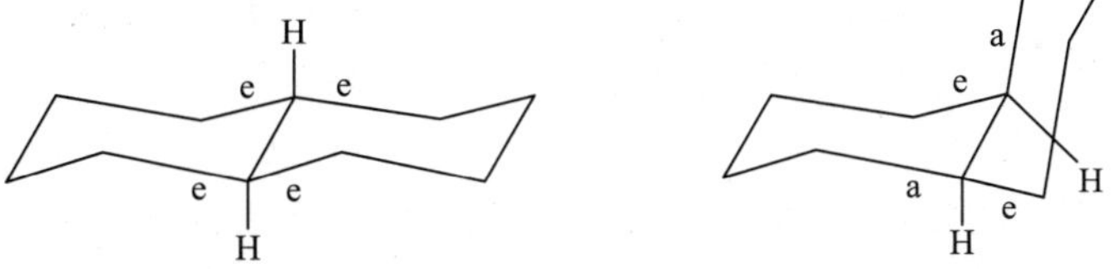

反十氢化萘　　　顺十氢化萘

◎ 思 政 园 地 ◎

人 工 钻 石

钻石本身其实就是金刚石，是一种由碳元素组成的单质晶体，最早的天然钻石形成于地球内部，是在地球深部高压、高温条件下形成的。这种由碳元素历经上亿年演变成的石头，拥有十分坚硬的特性，是世界上最硬的天然物质，但是它的韧性很差，抗冲击能力弱，用锤子就能砸碎金刚石。金刚石的这种硬而脆的特性来自它特殊的晶体结构，也就是面心立方点阵结构，这种原子排布十分规律的结构也让金刚石在光线的照耀下产生色散现象，呈现璀璨的光芒，因此备受人们追捧。然而天然钻石市场被少数人垄断，开发人工钻石，具有极大的商业前景。

近年来，中国科学院在合成人工钻石方面取得重大突破。在实验室环境下，一星期即可培育一颗1克拉的钻石，其硬度和纯净度都可以媲美天然钻石，价格却只有天然钻石的六分之一。合成钻石，首先要有一个天然钻石的籽晶片，还需要用到的是甲烷气体，甲烷在能量的作用下，形成了一个碳的等离子体，这个等离子体就像灰尘一样，在空气中慢慢地沉积到金刚石的籽晶片上，一点一滴地沉积上去。从甲烷气体中，分裂出的碳原子沉积在种子钻石上，以每小时0.007 mm的速度增长。除了可以制成各类钻石饰品外，这项技术还可用于制造激光、雷达等领域的精密仪器。采用这种新材料制造的手术刀会更锋利，使用寿命更长。

培育钻石领域，中国已经成为全球最大的原料生产国，2018年中国宝石级培育钻石产量达到130万克拉，产量占据全球总量的90%以上。业内人士认为，中科院的科技突破将进一步提升中国培育钻石产业的竞争力，未来中国培育钻石产业发展前景良好，商机无限。维持了上百年的钻石营销神话，终于败给了中国制造。

◎ 目标检测 ◎

一、选择题

1. 下列化合物中沸点最高的是（　　）。

A. 3,3-二甲基戊烷　　B. 正庚烷

C. 2-甲基庚烷　　D. 2-甲基己烷

2. 下列反应的反应类型属于（　　）。

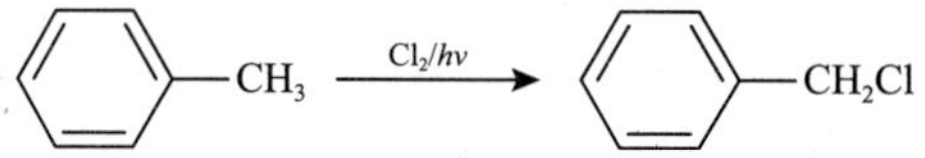

A. 自由基反应　B. 亲核加成　C. 亲电加成　D. 碳正离子重排

3. 五个碳的烷烃可能有的同分异构体最多有（　　）种。

A. 5　B. 6　C. 3　D. 4

4. 某烷烃的分子式为C_5H_{12}，其一元氯化物有三种，那么它的结构为（　　）。

A. 正戊烷　B. 异戊烷　C. 新戊烷　D. 不存在这种物质

5. 构象异构属于（　　）。

A. 结构异构　B. 碳链异构　C. 互变异构　D. 立体异构

6. 环烷烃的环上碳原子是以哪种轨道成键的？（　　）

A. sp^2轨道　B. s轨道　C. p轨道　D. sp^3轨道

7. 环烷烃的稳定性可以从它们的角张力来推断，下列环烷烃中哪个稳定性最差？（　　）

A. 环丙烷　B. 环丁烷　C. 环己烷　D. 环庚烷

8. 单环烷烃的通式是下列哪一个？（　　）

A. C_nH_{2n+2}　B. C_nH_{2n}　C. C_nH_{2n-6}　D. C_nH_{2n-2}

9. 环己烷的所有构象中最稳定的构象是（　　）。

A. 船式　B. 椅式　C. 扭船式　D. 稳定性相同

10. 下列化合物最容易发生开环反应的是（　　）。

A. 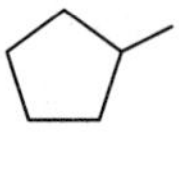　B. 　C. 　D. 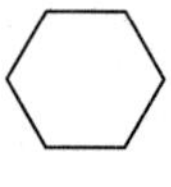

二、简答题

1. 用系统命名法命名下列化合物。

(1)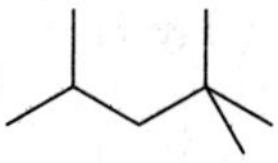

(2)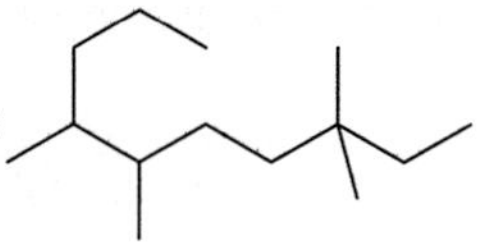

(3)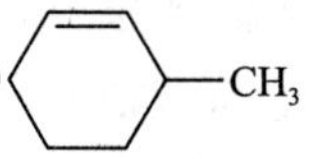

(4)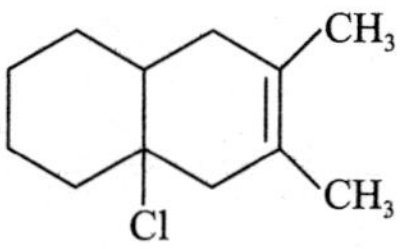

(5)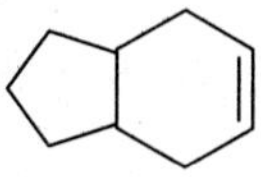

(6)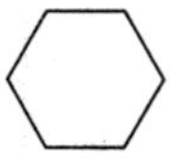

2. 写出下列化合物的结构简式。

(1)2,2,3,3-四甲基戊烷。

(2)由一个丁基和一个异丙基组成的烷烃。

(3)含一个侧链甲基,相对分子质量为 86 的烷烃。

(4)相对分子质量为 100,同时含有伯、叔、季碳原子的烷烃。

3. 用键线式和结构简式写出 C_5H_{12},C_6H_{14} 的所有构造异构体。

4. 将下列基团按次序规则排列。

$-HC=CH_2$　　$-C(CH_3)_3$　　$-C\equiv N$　　$-C\equiv CH$

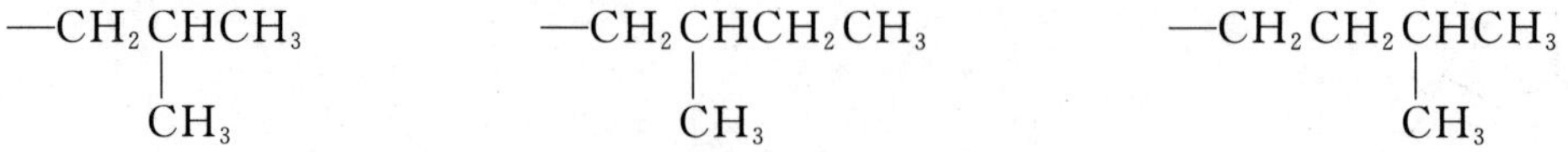

5. 试写出下列各反应生成的一卤代烷，并指出主要产物。

(1) $CH_3CH_2CH_3 + Cl_2 \xrightarrow[\text{室温}]{hv}$

(2) 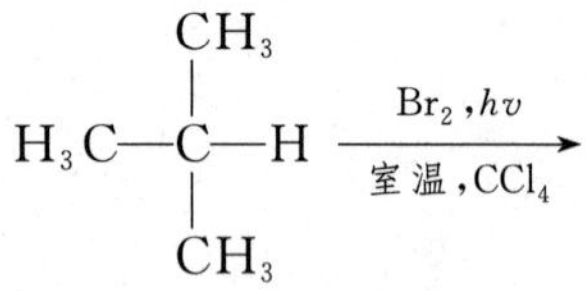

6. 化合物 A 分子式为 C_4H_8，它能使溴溶液褪色，但不能使稀的高锰酸钾溶液褪色。1 mol A 与 1 mol HBr 作用生成 B，B 也可以从 A 的同分异构体 C 与 HBr 作用得到。化合物 C 能使溴溶液褪色，也能使稀的高锰酸钾溶液褪色。试推断化合物 A、B、C 的结构式，并写出各步反应式。

项目三

不 饱 和 烃

任务一　烯烃

一、烯烃的结构和命名

(一)结构

烯烃通常是指分子中含有一个碳碳双键 $\gt C{=}C\lt$ 的烃类化合物。烯烃比相应的饱和烷烃少两个氢原子,因此又称它为不饱和烃,通式为 C_nH_{2n}。

碳碳双键是由一个 π 键及一个 σ 键组成,这两种键成键的方式不同。σ 键是轨道沿键轴方向进行重叠,电子云呈轴对称,重叠程度大,碳碳结合较紧,键能较高。而 π 键是 p 轨道肩并肩重叠,电子云成平面对称,重叠程度小,π 键键能比 σ 键小(图 3-1-1)。

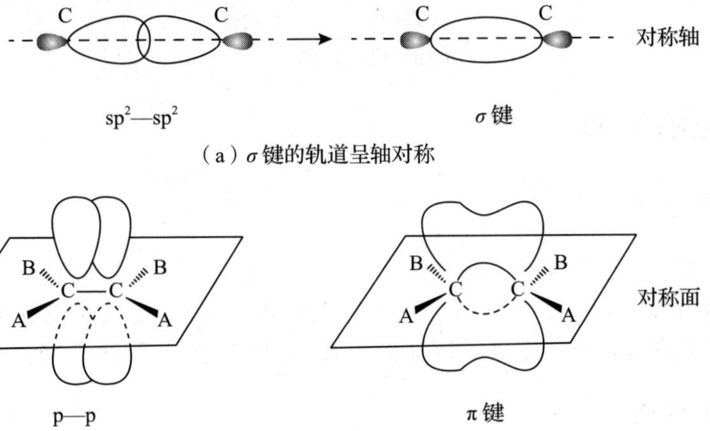

(a) σ 键的轨道呈轴对称

(b) π 键的轨道呈平面对称

图 3-3-1　σ 键和 π 键的轨道对称性

但是双键由 σ 键与 π 键组成，因此双键比单键的键能大，但其强度也不是单键的两倍。

π 键的成键方式决定它不能像 σ 键那样沿键轴自由旋转，旋转的结果是重叠变小甚至键断裂(图 3-3-2)。

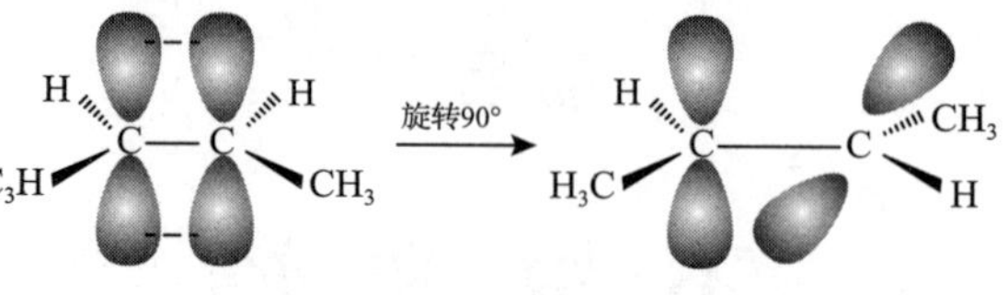

图 3-3-2 碳碳双键旋转将使 p 轨道间不能重叠，破坏 π 键

(二)命名

1. 一般命名

(1)选择主链　选择含双键的最长碳链作为主链，依主链碳原子的数目命名成为“某烯”。

(2)给主链碳原子编号　从最靠近双键的一端起，将主链碳原子依次编号。

(3)标明双键的位次　将双键两个碳原子中位次较小的一个编号，放在烯烃名称的前面。

其他命名原则与烷烃的相同。例如：

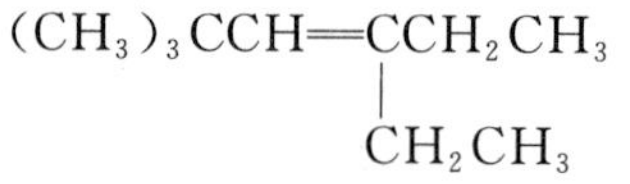

2,2-二甲基-4-乙基-3-己烯

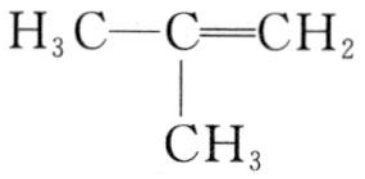

2-甲基丙烯

2. 顺反异构体的命名

根据 IUPAC 命名法，当双键碳原子所连接的“优先基团”处在双键平面同一侧的为 Z 构型，命名时在名称的前面附以(Z)，若不在同一侧的则为 E 构型。

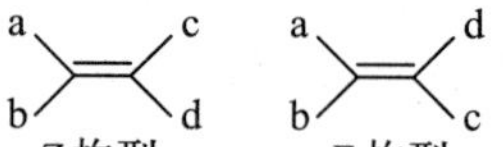

Z 构型　　E 构型

基团的优先次序：a > b，c > d

二、烯烃的性质

(一)物理性质

烯烃和烷烃具有基本相似的物理性质。在室温下含 2～4 个碳原子的烯烃为气体，含 5～18 个碳原子的为液体，含 18 个碳原子以上的为固体。沸点、熔点都随相对分子质量的增加而上升。相对密度随相对分子质量的增加而上升，但都小于 1。不溶于水，易溶于有机溶剂。

(二)化学性质

烯烃的化学性质与烷烃的不同，非常活泼。它的活泼性主要体现在碳碳双键 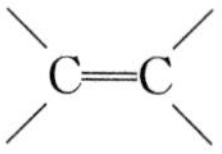

上，明显的原因是碳碳双键由一个 σ 键和一个 π 键组成，其中 π 键较弱，容易被打开，它是反应的中心。

1. 亲电加成反应

烯烃的加成反应，是 π 电子与加成试剂作用的结果。π 键较弱，π 电子受核的束缚较小，结合较松散，因此可作为电子的来源，给别的反应物提供电子。反应时，把它作为反应底物，与它反应的试剂应是缺电子的化合物，俗称亲电试剂。这些物质中有酸中的质子、极化的带正电的卤素，因此烯烃与亲电试剂加成称为亲电加成反应。常用的亲电试剂是卤化氢、水、卤素等。

（1）与卤素加成　烯烃能与卤素起加成反应，生成相邻两个碳原子上各带一个卤原子的邻二卤代物。

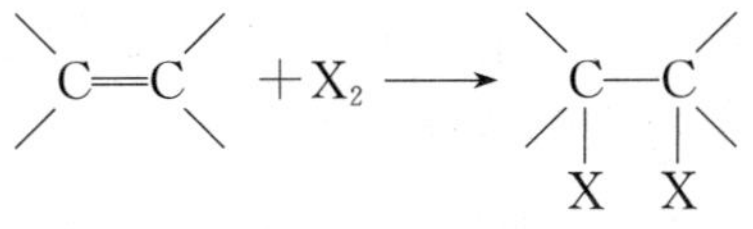

氟与烯烃的反应太剧烈，往往使碳链断裂，得到的是分解产物。

氯与烯烃加成，生成的 1,2-二氯乙烷是很好的溶剂。

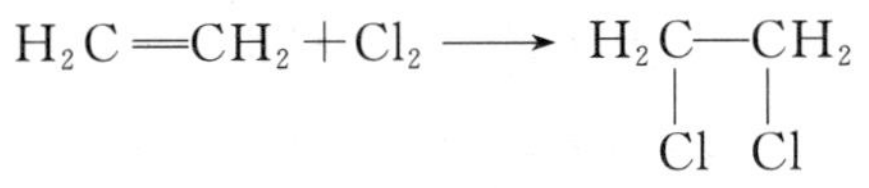

溴的四氯化碳溶液与烯烃反应时，溴的颜色消失（红棕色或橙红色）。在实验室里，常利用这个反应来检验烯烃。

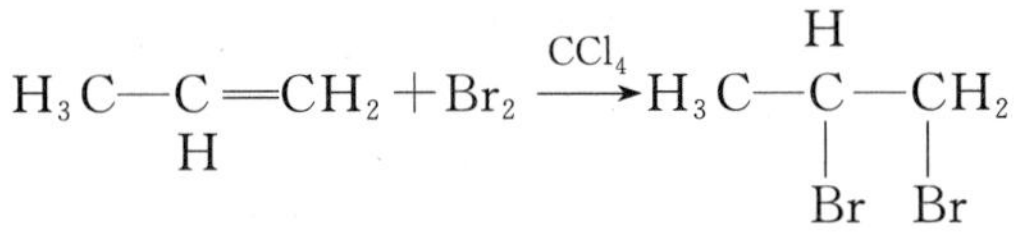

烯烃与单质碘难起反应，该反应是一个可逆反应，平衡位置偏于生成烯烃，邻二碘烷烃容易分解为烯烃，一般采用氯化碘（ICl）或溴化碘（IBr）试剂，它可定量与碳碳双键反应。

（2）与卤化氢加成　马尔科夫尼科夫规则（简称为马氏规则）：凡是不对称结构的烯烃和酸（HX）加成时，酸中的氢（带正电荷部分的基团）主要加到含氢原子较多的双键碳原子上。

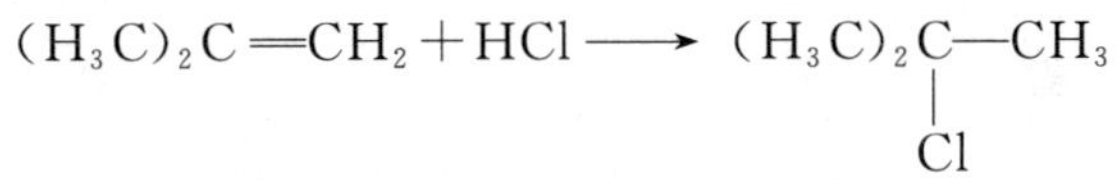

（3）与硫酸加成　不对称烯烃与硫酸加成，反应取向符合马氏规则。

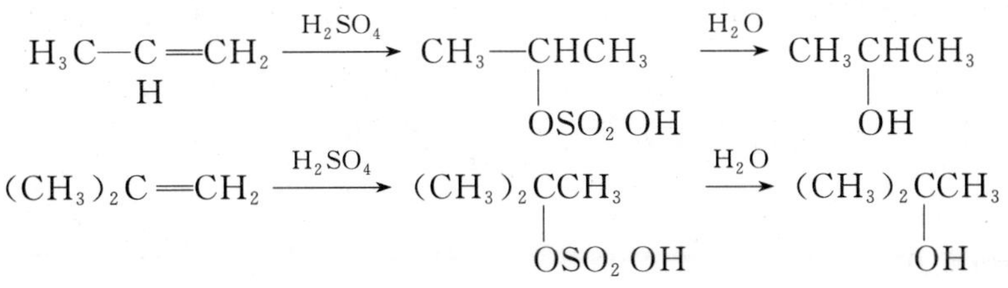

（4）与卤素水溶液加成　烯烃与卤素和水也可以发生加成反应，卤素与水作用生成次氯

酸，但因氧原子的电负性较强，缺电子物质是 $X^{\delta+}$ 而不是 H^+，与烯烃反应后生成卤代醇。

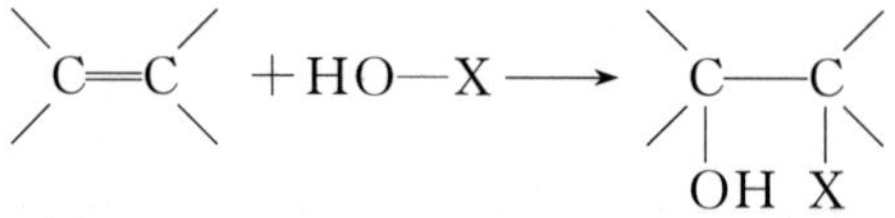

不对称烯烃和卤素及水作用时，卤原子主要加到含氢较多的双键碳原子上。

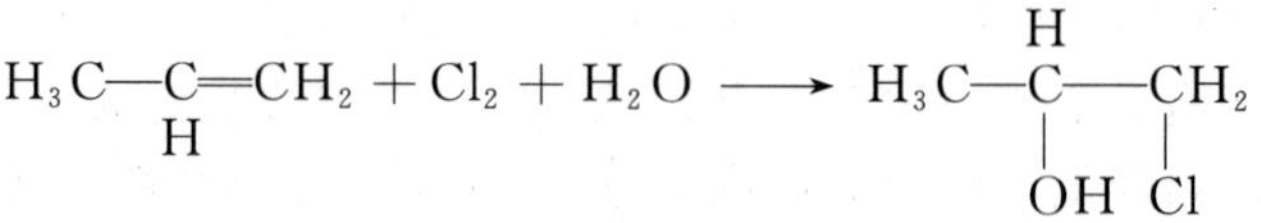

(5)硼氢化-氧化　由 B—H 键对烯烃双键进行加成的反应，成为硼氢化反应。

乙硼烷与不对称烯烃反应时，硼原子作为正性基团(缺电子)，加到含氢较多的双键碳原子上，而 H 作为负性基团，加到含氢较少的碳原子上。

$$H_3C—HC{=}CH_2 + H—BH_2 \longrightarrow CH_3CH_2CH_2BH_2$$

(6)烯烃的二聚　烯烃可硫酸或磷酸的催化下转变成二聚的烯烃。

异丙烯在硫酸的作用下生成两个二聚烯烃。

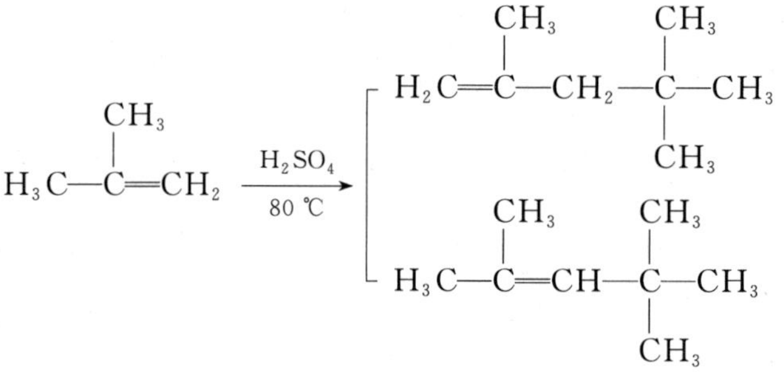

2,4,4-三甲基-1-戊烯

2,4,4-三甲基-2-戊烯

2. 催化氢化

烯烃在铂、钯、镍的催化下加氢，生成相应的烷烃。这是由烯制备烷烃的办法。铂和钯催化时常温下即可加氢，但成本较高。

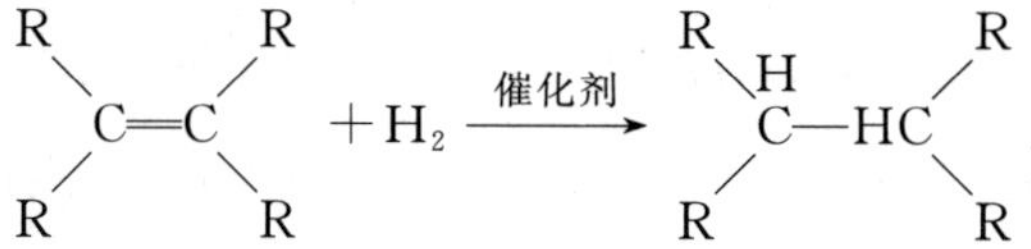

公认的催化加氢历程如下：催化剂将氢及烯吸附在它的表面上，这种吸附是一种化学吸附。吸附后氢分子的原子之间的 σ 键变弱，氢几乎以原子状态被吸附在催化剂表面，烯的 π 键打开，即与金属表面成键，氢逐步转移到烯上，氢是在烯烃被吸附的一侧加上去的，加成是顺式的。

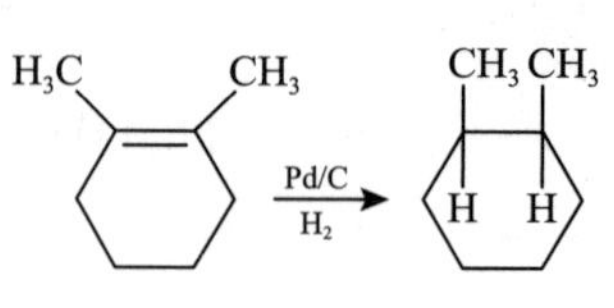

3. 自由基加成反应

当有过氧化物(如 H_2O_2、R—O—O—R)存在，氢溴酸与丙烯或其他不对称烯烃发生加成反应时，反应的取向是反马氏规则的。

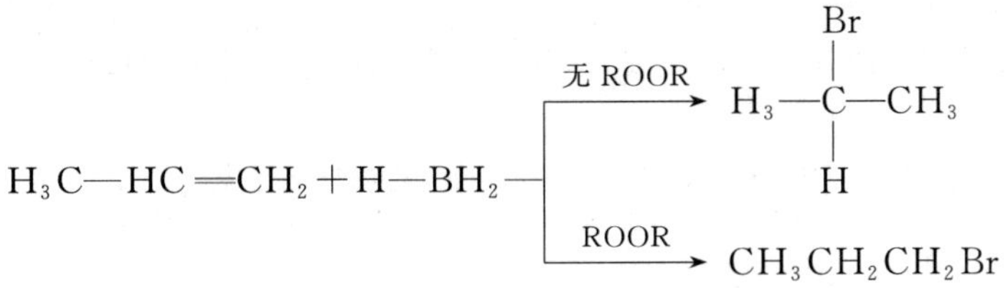

过氧化物中存在过氧链—O—O—，过氧链不稳定，很容易均裂形成自由基，自由基的存在引发了自由基反应，使反应按自由基历程进行。

$$\left.\begin{array}{l}(1)\mathrm{R{-}O{-}O{-}R \longrightarrow 2RO\cdot}\ (\text{自由基})\\(2)\mathrm{RO\cdot + H:Br \longrightarrow ROH + Br\cdot}\end{array}\right\}\text{链引发}$$

$$\left.\begin{array}{l}(3)\mathrm{Br\cdot + H_2C{=}CH_2 \longrightarrow BrCH_2CH_2\cdot}\\(4)\mathrm{BrCH_2CH_2\cdot + H:Br \longrightarrow BrCH_2CH_3 + Br\cdot}\end{array}\right\}\text{链传递}$$

$$(5)\mathrm{Br\cdot + BrCH_2CH_2\cdot \longrightarrow BrCH_2CH_2Br}\quad \text{链终止}$$

4. 自由基聚合反应

自由基加成的另一个例子是聚合反应。它在高分子工业中起了关键的作用。乙烯在高压下，在体系的少量氧的引发下，进行自由基加成的链式反应，碳链不断增长，最后形成大分子聚乙烯。聚乙烯是食品包装和地膜的原料。

$$\underset{\text{单体}}{n\mathrm{H_2C{=}CH_2}} \xrightarrow[0.1\sim1\ \mathrm{Mpa},60\sim75\ ^\circ\mathrm{C}]{\mathrm{TiCl_4\text{-}Al(C_2H_5)_3}} \underset{\text{高分子}}{\mathrm{\left[CH_2CH_2\right]_n}}$$

这种由许多单个分子互相加成生成高分子化合物的反应称为加聚反应。合成高分子化合物的原料叫单体，如乙烯是聚乙烯的单体。

5. α 卤代反应

烯烃的性质集中表现在双键的加成上。烯上的烷基也具有烷的性质，在烷基上的反应主要是 α 卤代反应。

当烯烃与卤素反应时，卤素既可以进攻双键发生加成反应，也可以进攻烷基发生取代反应。卤素同双键进行亲电加成反应，卤素同烷基进行自由基取代反应。采用不同的反应条件可得到不同的结果。

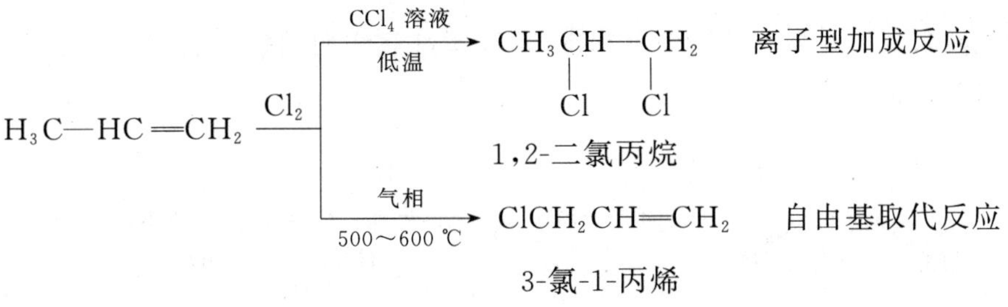

6. 烯烃的氧化

烯烃可看作是一个电子源，它容易给出电子，自身被氧化。不同的试剂，不同的条件会得到不同的产物。

(1)被高锰酸钾氧化　烯烃在酸性高锰酸钾溶液中氧化，得到 C═C 键断裂的氧化产物，氧化后 H_2C═形成 CO_2，RCH═形成羧酸(RCOOH)，R_2C═形成酮(R_2C═O)。例如：

$$RCH{=}CH_2 \xrightarrow[H_2SO_4]{KMnO_4} RCOOH + CO_2$$

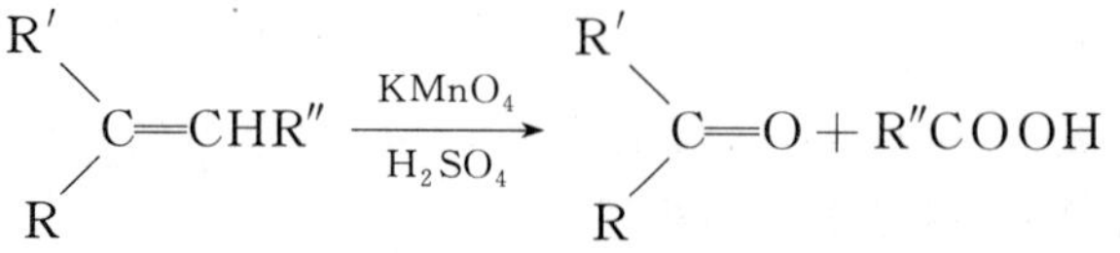

反应中，高锰酸钾溶液的紫色消退，并且生成棕褐色的二氧化锰沉淀，故这个反应可以用于鉴定不饱和烃。

(2)臭氧化反应　将含有臭氧(6%～8%)的氧化气通入液态烯烃或烯烃的溶液时，臭氧迅速而定量地与烯烃作用，生成黏糊状的臭氧化物，这个反应称为臭氧化反应。

生成醛、酮和过氧化氢，过氧化氢是氧化剂，为了防止醛、酮被进一步氧化，通常加入还原剂(如 Zn/H_2O)得到的水解产物是醛或酮。

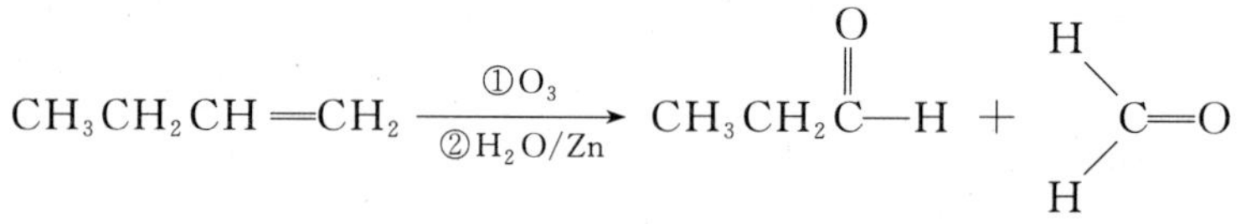

也可以用 Pd/C、H_2 处理，使 H_2O_2 还原成水，同时得到醛或酮。

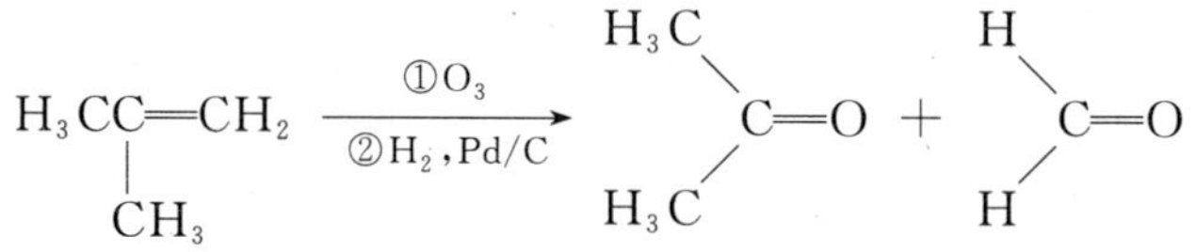

如果用氢化锂铝($LiAlH_4$)或硼氢化钠($NaBH_4$)还原可得到醇。

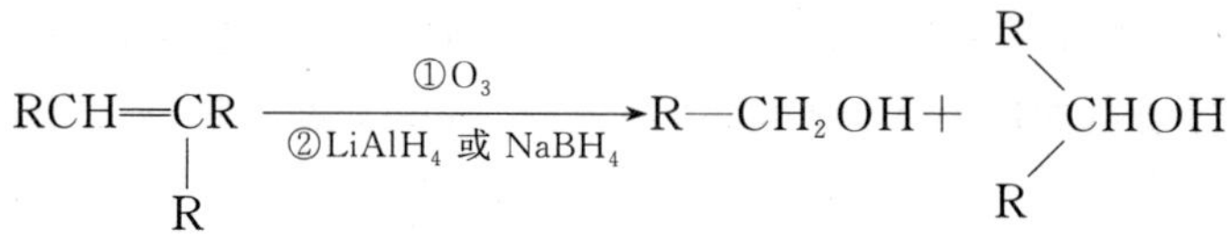

(3)过氧酸氧化　在室温和惰性溶剂下，烯烃与过氧酸如间氯过氧苯甲酸反应，生成环氧化物，再经水解可得到反式邻二醇。

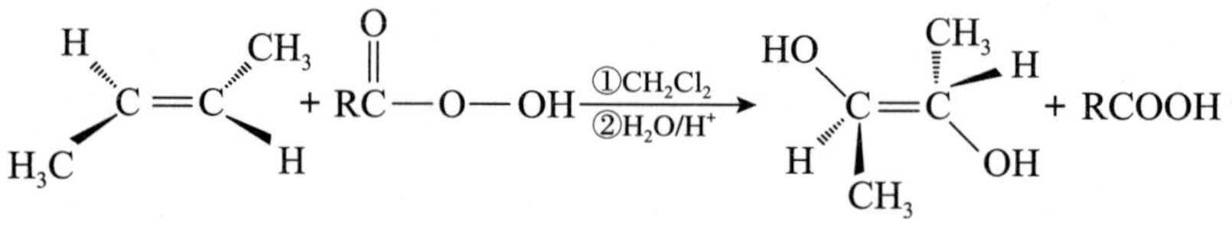

(4)催化氧化反应　乙烯和丙烯在水溶液中，被氯化钯-氯化铜催化氧化生成乙醛和丙酮，被称为瓦克尔反应。

$$H_2C=CH_2+\frac{1}{2}O_2 \xrightarrow[100\sim125\ ℃]{PdCl_2\text{-}CuCl_2} H_3C-\overset{\overset{\large O}{\|}}{C}-H$$

$$CH_3-HC=CH_2+\frac{1}{2}O_2 \xrightarrow[120\ ℃]{PdCl_2\text{-}CuCl_2} H_3C-\overset{\overset{\large O}{\|}}{C}-CH_3$$

以氧化钼与氧化铋或磷钼酸铋为催化剂，使丙烯与氨和氧发生作用，一步合成丙烯腈。

$$H_2C=CH-CH_3+NH_3+\frac{3}{2}O_2 \xrightarrow{\text{催化剂}} CH_2=CH-CN+3H_2O$$

三、重要的烯烃

乙烯和丙烯是工业生产上最重要的烯烃，是单烯烃中最典型的代表物。

(一)乙烯

物理性质：一种稍带甜味的无色气体，沸点－103.7 ℃，临界温度 9.9 ℃，临界压力 50.5 MPa。

用途：乙烯用量最大的是制备聚乙烯，乙烯系统产品占国际上全部石油化工产品产值的 70%以上。

催化氧化反应：乙烯在银催化剂的存在下，被空气中的氧气直接氧化为环氧乙烷。

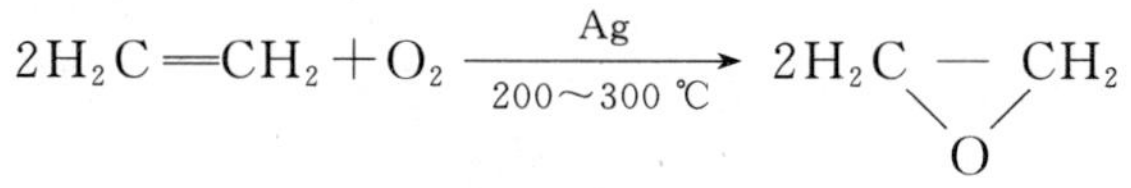

(二)丙烯

丙烯为无色气体，比空气重，沸点为－47.7 ℃。丙烯和乙烯一样，由于分子中有活泼的双键，化学性质活泼，可以和许多化合物发生化学反应，生成许多有用的有机产品。丙烯可以用来合成聚丙烯、异丙醇、异丙苯、氯丙烯和丙烯腈等。

任务二　炔烃

一、炔烃的结构和命名

(一)结构

分子中含有碳碳三键的烃叫作炔烃，炔烃的通式是 C_nH_{2n-2}，也是不饱和烃，比相应的烷烃少四个氢，其不饱和度为 2。

炔烃中结构最简单的成员是乙炔。乙炔中的碳原子为 sp 杂化，两个碳各以一个 sp 轨道互相重叠，形成一个 C—C σ 键。每个碳又分别与氢的 1s 轨道重叠，形成两个 C—H σ 键。分子中四个原子处在一条直线上（图 3-3-3）。

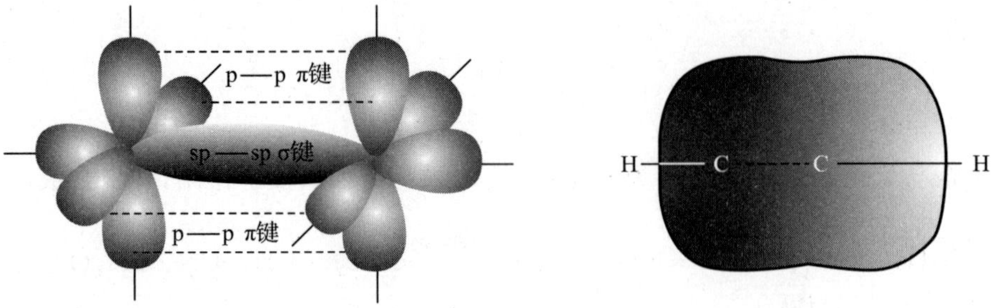

（a）乙炔的两个 π 键　　（b）乙炔分子模型

图 3-3-3　乙炔分子

每个碳剩下的两个 p 轨道的轴除互相垂直外，还与 sp 杂化轨道的对称轴互相垂直。因此，四个 p 轨道可在各自的侧面平行重叠，形成两个互相垂直的 π 键。

π 电子云围绕连核的直线，形成一个中空的圆柱体。

（二）命名

炔烃的系统命名法和烯烃相似，只是将"烯"字改为"炔"字。

注意：同时含有三键和双键的分子称为烯炔，命名规则：首先选取含有双键和三键的最长碳链为主链，位次的编号按"最低系列"原则，使双键和三键的位次最小。当双键和三键处在相同的位次时，则给双键最低的位次，书写时按照"先烯后炔"的顺序，词尾为"几烯几炔"

例：$(H_3C)_2CHC{\equiv}CH$　　3-甲基-1-丁炔

$HC{\equiv}CCH{=}CHCH_3$　　3-戊烯-1-炔

二、炔烃的性质

（一）物理性质

低级的炔烃在常温下是气体。随着碳原子数的增加，沸点升高，炔烃的沸点比对应的烯烃高 10～20 ℃。炔烃的相对密度比对应的烯烃稍大。炔烃不溶于水，易溶于极性小的有机溶剂，在水中的溶解度比烷烃和烯烃大。

（二）化学性质

炔烃具有不饱和的三键，它与烯烃一样可以发生加成、氧化等反应。不同的是炔烃分子中碳碳三键上的氢具有微弱的酸性，可以成盐，进行烷基化。

1. 端基炔氢的酸性

乙炔与金属钠作用放出氢气并生成乙炔钠，其反应如下：

$$2Na+2HC{\equiv}CH \xrightarrow{110\ ℃} 2HC{\equiv}CNa+H_2\uparrow$$

与过量的钠在更高的温度下反应，可生成乙炔二钠。

$$2Na + HC{\equiv}CH \xrightarrow{190\sim200\ ^\circ C} NaC{\equiv}CNa + H_2\uparrow$$

乙炔和 RC≡CH 型的炔烃在液态氮中与氨基钠发生中和作用生成炔化钠。

$$HC{\equiv}CH + NaNH_2 \xrightarrow{\text{液氨}} HC{\equiv}C^- Na^+ + NH_3$$

$$RC{\equiv}CH + NaNH_2 \xrightarrow{\text{液氨}} RC{\equiv}C^- Na^+ + NH_3$$

三键碳原子上的氢原子具有微弱酸性，可以被金属取代，生成炔化物。如将乙炔通入硝酸银的氨溶液或氯化亚铜的氨溶液中，析出白色的乙炔银沉淀或棕红色的乙炔亚铜沉淀。

$$HC{\equiv}CH + 2AgNO_3 + 2NH_4OH \longrightarrow \underset{\text{乙炔银（白色）}}{Ag{-}C{\equiv}C{-}Ag\downarrow} + 2NH_4NO_3 + 2H_2O$$

$$HC{\equiv}CH + Cu_2Cl_2 + 2NH_4OH \longrightarrow \underset{\text{乙炔亚铜（棕红色）}}{Cu{-}C{\equiv}C{-}Cu\downarrow} + 2NH_4Cl + 2H_2O$$

上述两个反应现象明显，RC≡CR 型的炔烃不能进行这两个反应，故可用于鉴定乙炔和 RC≡CH 型的炔烃。

2. 还原成烯烃

炔烃催化加氢时得到烷烃，反应一般不能停留在烯烃阶段。

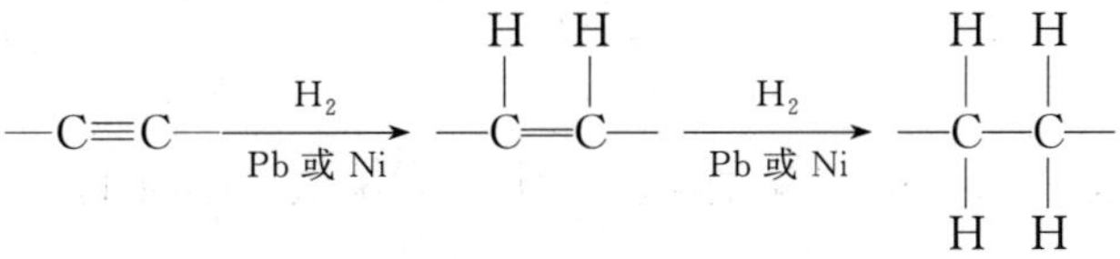

为使反应停留在烯烃阶段，可采用活性较低的林德拉催化剂或 P-2 催化剂。这两种催化剂不仅可使炔烃的还原停留在烯烃阶段，更重要的是由此得到的是具有一定立体构型的顺式烯烃。例如：

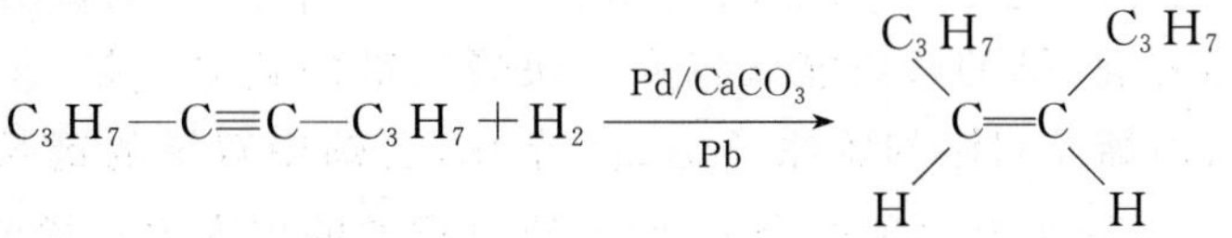

90%

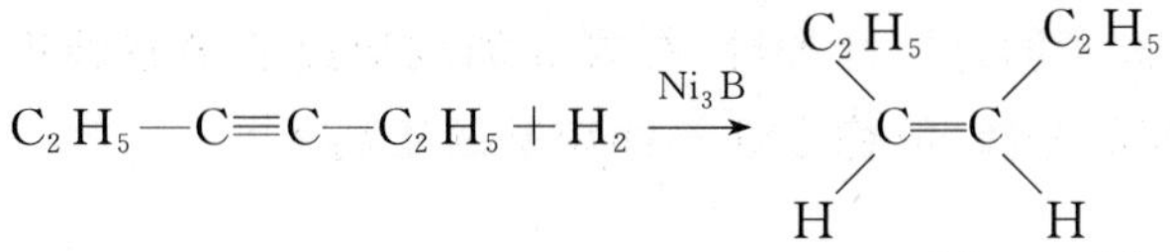

98%～99%

用钠或锂在液氨中进行化学还原，可将炔烃还原为反式烯烃。

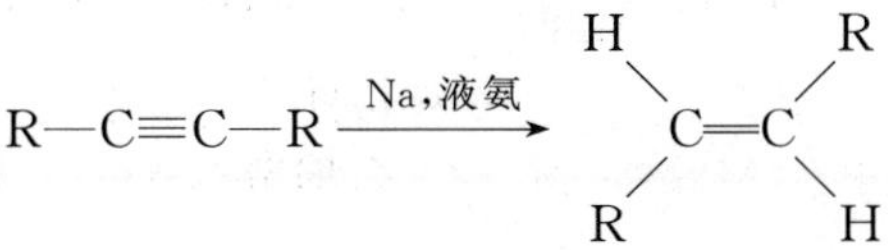

反式烯烃

3. 炔烃的亲电加成反应

炔烃与烯烃一样可以进行亲电加成反应，但它的亲电加成活性比烯的小一些。例如，烯炔加卤素首先加在双键上。

$$H_2C{=}CH{-}CH_2{-}C{\equiv}CH + Br_2 \longrightarrow H_2\underset{\displaystyle Br}{\underset{|}{C}}{-}\underset{\displaystyle Br}{\underset{|}{C}}H{-}CH_2{-}C{\equiv}CH$$

(1)与卤素加成

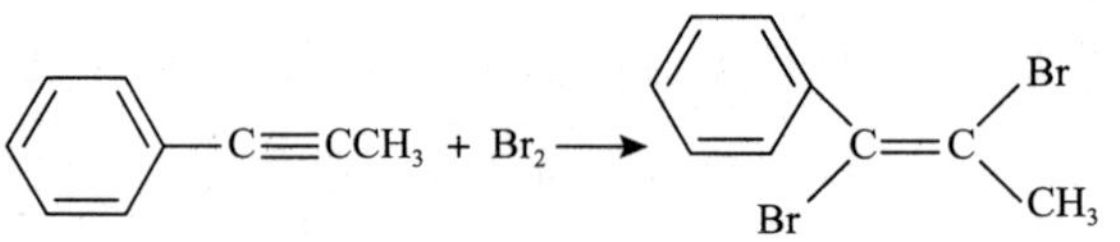

炔烃与溴的反应可用于炔烃的鉴定。

(2)与卤化氢加成

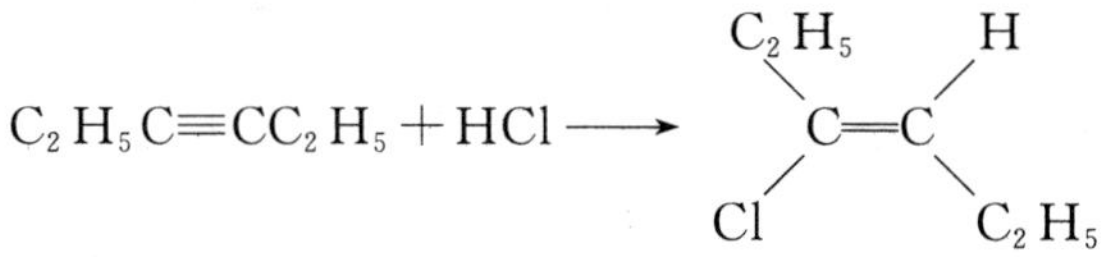

当 R—C≡CH 与卤化氢加成时先得一卤代烯，而后得二卤代烷，产物符合马氏规则：

$$R{-}C{\equiv}CH \xrightarrow{HX} R{-}\underset{\displaystyle X}{\underset{|}{C}}{=}CH_2 \xrightarrow{HX} R{-}\overset{\displaystyle X}{\overset{|}{\underset{\displaystyle X}{\underset{|}{C}}}}{-}CH_3$$

炔烃虽较烯烃多一个 π 键，但与亲电试剂的加成却较烯烃难进行，三键的 π 电子比双键难以极化，因而不容易给出电子与亲电试剂结合。在 s 与 p 的杂化轨道中，s 轨道成分越大，键长就越短，越难极化，键的解离能就越大。炔烃三键的碳原子是 sp 杂化，乙炔中三键的键长为 0.120 nm；而烯烃双键的碳原子是 sp^2 杂化，乙烯中双键的键长为 0.133 nm。这表明形成 π 键的两个 p_z 原子轨道和两个 p_y 原子轨道重叠的程度比乙烯要大，可见乙炔的 π 键强于乙烯。

从反应产生的碳正离子的稳定性来看，在炔烃加成形成的烯基碳正离子中，C^+ 与 C_{sp^2} 的电负性大，不利于正电荷的分散，故稳定性不如烷基碳正离子。

(3)催化加水

乙炔在硫酸汞、硫酸的催化下与水加成，产物是乙醛(CH_3CHO)而不是预期的乙烯醇。

$$HC{\equiv}CH + HOH \xrightarrow[H_2SO_4]{HgSO_4} \underset{\text{乙烯醇}}{\underset{\displaystyle OH}{\underset{|}{HC}}{=}CH_2} \xrightarrow{\text{重排}} \underset{\text{乙醛}}{CH_3CHO}$$

炔烃的水合符合马氏规则，只有乙炔的水合生成乙醛，其他炔烃都生成相应的酮。例如：

$$CH_3CH_2CH_2C\equiv CCH_2CH_2CH_3 + H_2O \xrightarrow[H_2SO_4]{HgSO_4} CH_3CH_2CH_2CH_2\underset{\underset{O}{\|}}{C}CH_2CH_2CH_3$$

4-辛酮

89%

4. 炔烃的亲核加成

炔烃与烯烃的另一个差别是它能与乙醇、氢氰酸、乙酸这一类试剂进行亲核加成，而简单的烯烃却不行。

乙炔在乙酸锌催化下与乙酸加成，生成乙酸乙烯酯。

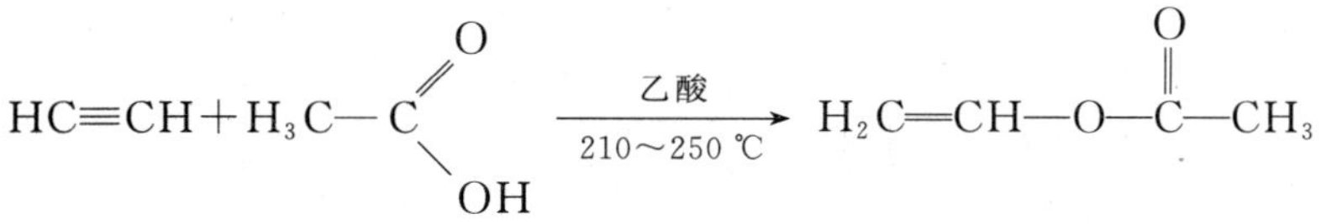

乙酸　　　　乙酸乙烯酯

乙炔在氯化铵-氯化亚铜水溶液中可与氢氰酸加成得到丙烯腈。

$$HC\equiv CH + HCN \xrightarrow{NH_4Cl, Cu_2Cl_2\text{ 溶液}} H_2C=CHCN$$

氢氰酸　　　　丙烯腈

乙醇在碱催化下与乙炔反应，生成乙烯基乙醚。

$$HC\equiv CH + C_2H_5OH \xrightarrow[150\sim180\ ^\circ C/\text{压力}]{\text{碱}} H_2C=CH-OC_2H_5$$

乙醇　　　　乙烯基乙醚

5. 炔烃的氧化

炔烃被氧化剂氧化时，三键断裂生成羧酸，$\equiv CH$ 端生成二氧化碳等产物。

$$RC\equiv CH \xrightarrow[H_2O, OH^-]{KMnO_4} RCOOH + CO_2 + H_2O$$

反应后高锰酸钾溶液的颜色褪去，析出棕褐色的 MnO_2 沉淀，这个反应可用于炔烃的定性鉴定。

三键比双键难于加成，也难于氧化，如在同时存在双键和三键的化合物中，氧化首先发生在双键上。

$$HC\equiv C(CH_2)_7CH=C(CH_3)_2 \xrightarrow{CrO_3} HC\equiv C(CH_2)_7CHO + CH_3COCH_3$$

如用臭氧氧化，可发生 C≡C 键的断裂，生成两个羧酸。

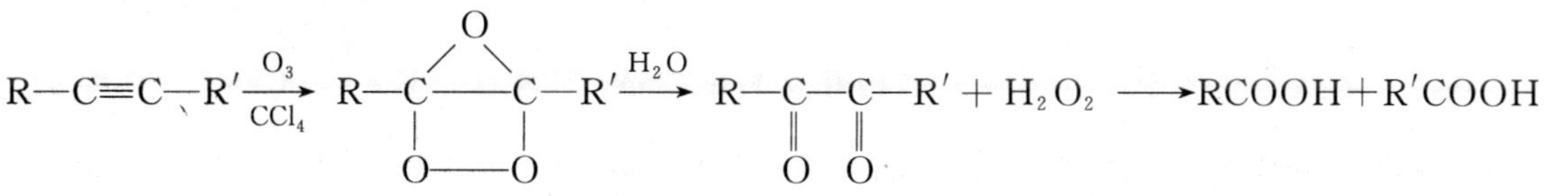

三、重要的炔烃——乙炔

(1)物理性质　纯乙炔是无色、无臭的气体,可溶于水,易爆炸。

(2)用途　乙炔燃烧时火焰的温度很高,广泛用来焊接和切割金属。

(3)化学性质　乙炔能起聚合反应,在不同的催化剂作用下,发生二聚、三聚、四聚等低聚作用。

将乙炔通入氧化亚铜-氯化铵的强酸溶液中,则发生二聚生成乙烯基乙炔。

$$HC{\equiv}CH + HC{\equiv}CH \xrightarrow{催化剂} H_2C{=}CH{-}C{\equiv}CH$$

三分子乙炔聚合,则生成二乙烯基乙炔。

$$3HC{\equiv}CH \longrightarrow H_2C{=}HC{-}C{\equiv}C{-}CH{=}CH_2$$

乙炔在高温下可发生环状三聚合作用。

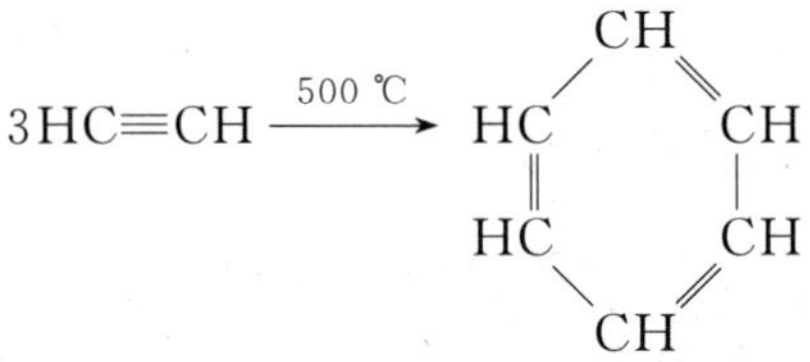

乙炔或其一元取代物与具有羟基(—OH)、巯基(—SH)、氨基($-NH_2$)、亚氨基($=NH_2$)、酰氨基($-CONH_2$)和羧基(—COOH)等基团的有机化合物发生加成反应,生成含有双键的乙烯基产物。

$$HC{\equiv}CH + C_2H_5OH \xrightarrow[150\sim180\ ℃,压力]{碱} H_2C{=}CH{-}OC_2H_5$$

任务三　二烯烃

一、二烯烃的结构和命名

(一)结构

分子中含有两个碳碳双键的烃叫作二烯烃,二烯烃的通式为 C_nH_{2n-2},也是不饱和烃,比相应的烷烃少四个氢,其不饱和度为 2。

二烯烃根据双键的排列方式可分为以下三类:

1. 共轭二烯烃

共轭二烯烃是指分子中双键和单键相互交替的二烯,即含有 $>C{=}\overset{H}{C}{-}\overset{H}{C}{=}C<$ 体系的二烯烃。所谓"共轭"就是指单键、双键相互交替的意思。

2. 孤立二烯烃

孤立二烯烃分子中两个双键被两个或两个以上的单键隔开。例如，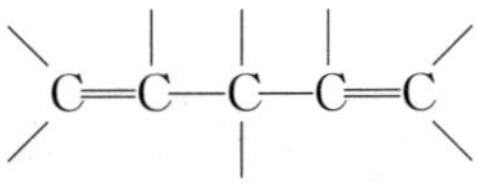与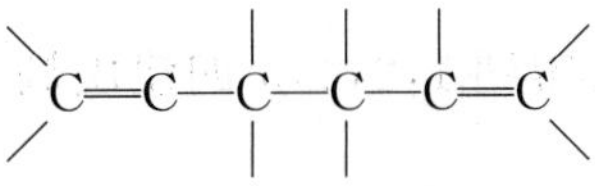。双键被多个单键分开，它们之间不发生影响，因此孤立双烯的性质与一般烯烃的相似。

3. 累积双烯

累积双烯的两个双键集中在一个碳原子上，如丙二烯 $CH_2 = C = CH_2$。该烯分子中间的碳为 sp 杂化，三个碳原子在一条直线上，两边碳为 sp^3 杂化，它们的 p 轨道分别与中间碳原子两个互相垂直的 p 轨道重叠，形成两个互相垂直的 π 键，两个亚甲基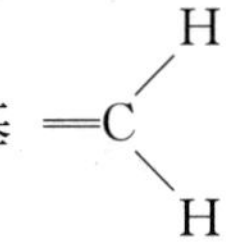位于互相垂直的平面上（图 3-3-4）。

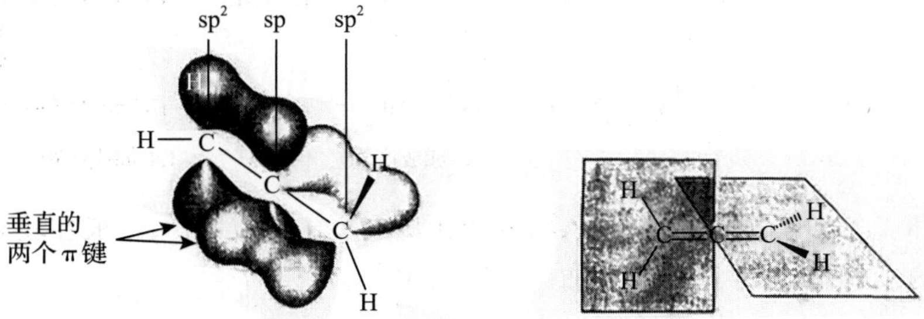

（a）分子轨道模型　　（b）立体形象

图 3-3-4　丙二烯的结构

（二）命名

二烯烃的命名与烯烃相似，但词尾用二烯代替烯，并用两个数字表示双键的位置。例如：

$$H_2C = CH - CH = CH_2$$

1,3-丁二烯

多烯烃的顺反异构体，则用顺、反或 *Z*、*E* 表示，例如：

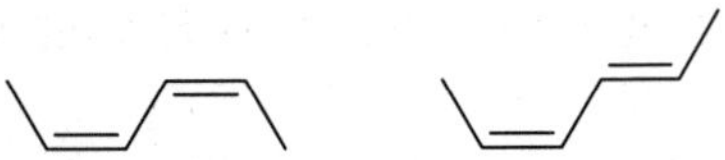

顺，顺-2,4-己二烯　　顺，反-2,4-己二烯

二、二烯烃的性质

(一)亲电加成反应

用溴处理 1,4-戊二烯,首先得到 4,5-二溴-1-戊烯,加更多的溴可得到 1,2,4,5-四溴戊烷。

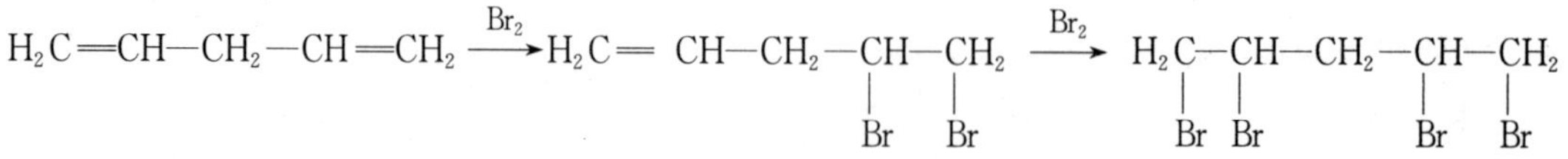

反应中两个双键独立地进行反应,如同在两个分子中一样,这是孤立双烯的典型性质。

共轭二烯烃加成时有两种可能。试剂不仅可以加到一个双键上,而且也可以加到共轭二烯两端的碳原子上。前者称为 1,2-加成,产物在原来的位置上保留一个双键;后者称为 1,4-加成,原来的两个双键消失了,而在 2、3 位两个碳原子间生成一个新的双键。

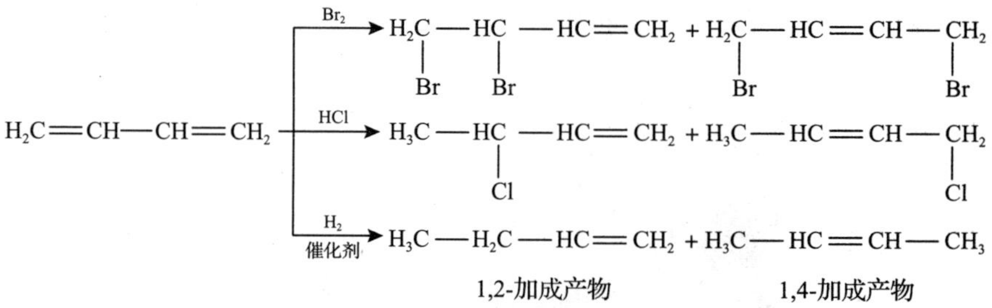

1,2-加成和 1,4-加成是同时发生的,两者的比例取决于反应条件,一般在较高的温度下以 1,4-加成产物为主,较低的温度以 1,2-加成产物为主。

(二)自由基聚合反应

共轭双烯容易聚合,有重要用途的是 1,3-丁二烯和 2-甲基-1,3-丁二烯(又称异戊二烯),它们是合成橡胶的原料。

1,3-丁二烯在常温下为气体,沸点 4.41 ℃,1,3-丁二烯的聚合以 1,4-位为主,产物为聚二烯。

$$nH_2C{=}CH{-}CH{=}CH_2 \xrightarrow{\text{催化剂}} {\left[H_2C{-}HC{=}CH{-}CH_2\right]}_n$$

(三)狄尔斯-阿德尔(Diels-Alder)反应

丁二烯和顺丁烯二酸酐在苯溶液中加热可以生成环状的 1,4-加成产物。这个反应叫狄尔斯-阿德尔反应。

狄尔斯-阿德尔反应是 1,4-加成反应,产物为六元环的化合物,反应在加热条件下进行,是合成六元环的重要方法。反应物分两个部分,其一是共轭双烯(成双烯体),另一个为含烯键的化合物,称为亲双烯体,所以反应又称双烯合成。一般亲双烯体上带有拉电子基团时,具有较高的反应活性,例如:

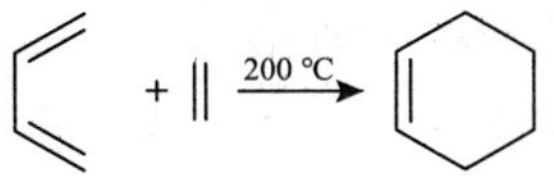

1,3-丁二烯　乙烯　　　环己烯 20%

狄尔斯-阿德尔反应是顺式加成，加成产物仍保持双烯和亲双烯体原来的构型。例如：

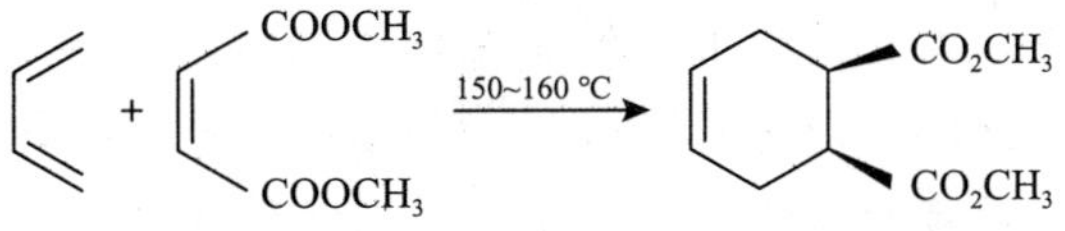

顺丁烯二酸二乙酯　　　顺-环己烯-4,5-二甲酸二甲酯

三、重要的二烯烃

(一)1,3-丁二烯

(1)物理性质　往往简称为丁二烯，无色微带有香味的气体，沸点－44 ℃，微溶于水，易溶于有机溶剂中。

(2)用途　合成橡胶的重要原料，丁二烯与苯乙烯共聚而制成的丁苯橡胶广泛用于制造轮胎、鞋底等，丁二烯与丙烯腈共聚而制成的丁腈橡胶用于油封等。

(3)化学性质　丁二烯聚合后得到聚丁二烯，聚丁二烯是最早由人工合成的橡胶。

$$nH_2C{=}CH{-}CH{=}CH_2 \xrightarrow{\text{催化剂}} \lbrack H_2C{-}HC{=}CH{-}CH_2 \rbrack_n$$

(二)异戊二烯

(1)结构　$H_2C{=}\underset{\displaystyle CH_3}{\underset{|}{C}}{-}CH{=}CH_2$ 系统名为2-甲基-1,3-丁二烯。

(2)物理性质　无色稍有刺激性气味的液体，沸点34 ℃，微溶于水，易溶于有机溶剂。

(3)用途　异戊二烯是天然橡胶解聚后取得的单体。

◎ 思 政 园 地 ◎

乙烯利的作用

生活中，有时候我们购买的香蕉、柿子、杧果等水果还很青涩，就会取苹果和未熟水果装在一起，用纸袋子密封，几天后这个水果就熟了。如果对比会发现，和苹果装在一起的水果比自然放置的同种水果熟得更快。这就是因为乙烯。乙烯是最简单的植物激素，结构式为 $CH_2{=}CH_2$。多年来的科学研究发现，乙烯可激发及促进呼吸跃变型水果的后熟过程，这一原理已被作为一种商业的采后处理方式应于采后果蔬的催熟。

乙烯利(2-氯乙基膦酸)，是一种人工合成的有机化合物类植物生长调节剂，主要是通过释放乙烯促进果实的呼吸作用和其他过程。乙烯利催熟技术作为提升优质高效农业的有效方式，在全世界广泛应用推广。而对这一技术的“谣言”也一直未停，比如说给农户造成了严重损失的海南乙烯利事件。回溯到 2011 年 6 月，一则“使用乙烯利催熟香蕉存在食品安全问题”的不实报道引起了公众紧张，短短几天，香蕉价格一路下跌，甚至在海南的香蕉产地，香蕉收购价每斤两三毛钱仍无人问津。

那么为什么要催熟水果呢？我们以香蕉为例，香蕉是热带水果，我国的香蕉供应主要来自广东、广西、海南甚至东南亚。香蕉在树上自然成熟好吃，但完全成熟后的香蕉软糯且发黑，腐败速度加快，不适合进行长途的运输销售。所以，一般采摘的是七八成熟香蕉，从产地运出后，先放到冷库里，售卖前，用稀释好的乙烯利进行喷洒或在稀释液里蘸一下进行催熟。这样既可以保障香蕉、杧果等热带水果的远程运输需要，商家也可以根据需要调节成熟期。那么乙烯利真的会对人体有危害吗？在我们国家对乙烯利的残留量是有标准的。GB 2763 规定乙烯利在香蕉、菠萝、猕猴桃等水果的残留量在每千克蔬果表面均不得超过 2 mg。正常情况下，乙烯利溶于水后会放出乙烯气体，它很容易降解，所以不会对人体健康造成危害。而那些不实言论，却是真真实实伤害到了这些无辜的种植户。

不管是作为消费者还是其他角色，我们面对网络上的言论，要有自己的判断标准，善于思考，从科学的角度判断真实性，不可人云亦云。

◎ 目标检测 ◎

一、选择题

1. 碳正离子 a. $R_2C=CH-\overset{+}{C}HR_2$　b. $R_3\overset{+}{C}$　c. $RCH=CH\overset{+}{C}HR$　d. $R\overset{+}{C}=CH_2$ 稳定性次序为（　　）。

A. a>b>c>d　B. b>a>c>d　C. a>b≈c>d　D. c>b>a>d

2. 下列烯烃发生亲电加成反应最活泼的是（　　）。

A. $(H_3C)_2C=CHCH_3$　B. $CH_3CH=CHCH_3$

C. $H_2C=CHCF_3$　D. $H_2C=CHCCl_3$

3. 在烯烃与 HX 的加成反应中，反应经两步完成，生成（　　）的一步是速度较慢的步骤。

A. 碳正离子　B. 碳负离子　C. 自由基

4. 分子式为 C_5H_{10} 的烯烃化合物，其异构体数为（　　）。

A. 3 个　B. 4 个　C. 5 个　D. 6 个

5. 下列加成反应不遵循马氏规则的是（　　）。

A. 丙烯与溴化氢反应

B. 2-甲基丙烯与浓硫酸反应

C. 2-甲基丙烯与次氯酸反应

D. 2-甲基丙烯在有过氧化物存在下与溴化氢反应

6. 若正己烷中有杂质 1-己烯，用洗涤方法能除去该杂质的试剂是（　　）。

A. 水　B. 汽油　C. 溴水　D. 浓硫酸

7. 下列物质能与 $Ag(NH_3)_2^+$ 反应生成白色沉淀的是(　　)。

A. 乙醇　　B. 乙烯　　C. 2-丁炔　　D. 1-丁炔

8. 鉴别环丙烷、丙烯与乙炔需要的试剂是(　　)。

A. $AgNO_3$ 的氨溶液;$KMnO_4$ 溶液

B. $HgSO_4/H_2SO_4$;$KMnO_4$ 溶液

C. Br_2 的 CCl_4 溶液;$KMnO_4$ 溶液

D. $AgNO_3$ 的氨溶液

9. 1-戊烯-4-炔与 1 mol Br_2 反应时,预期的主要产物是(　　)。

A. 3,3-二溴-1-戊-4-炔　　B. 1,2-二溴-1,4-戊二烯

C. 4,5-二溴-2-戊炔　　D. 1,5-二溴-1,3-戊二烯

10. 某二烯烃和一分子溴加成结果生成 2,5-二溴-3-己烯,该二烯烃经高锰酸钾氧化得到两分子乙酸和一分子草酸,该二烯烃的结构式是(　　)。

A. $H_2C{=}CHCH{=}CHCH_2CH_3$

B. $CH_3CH{=}CHCH{=}CHCH_3$

C. $CH_3CH{=}CHCH_2CH{=}CH_2$

D. $CH_2{=}CHCH_2CH_2CH{=}CH_2$

二、简答题

1. 命名下列化合物,如有顺反异构体则写出其结构式。

(1)$(CH_3)_2C{=}CHCH(CH_3)CH_2CH_2CH_3$

(2)$(CH_3)_3CCH_2CH(C_2H_5)CH{=}CH_2$

(3)$CH_3CH{=}C(CH_3)C_2H_5$

(4) 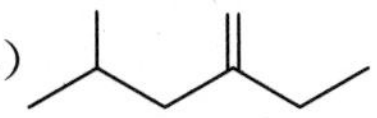

(5) 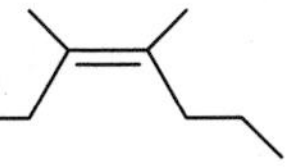

(6) 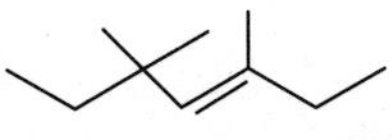

2. 完成下列反应式。

(1) $CH_3CH{=}C(CH_3){-}CH_3 \xrightarrow{HCl}$

(2) 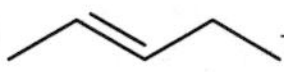 $\xrightarrow[450\ ^\circ C]{Cl_2}$

(3)$H_2C{=}CHCH(CH_3)_2 \xrightarrow[②H_2O]{①H_2SO_4}$

(4) 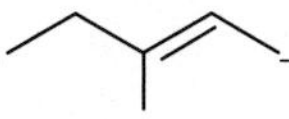 $\xrightarrow[H_2O_2]{HBr}$

(5)$(CH_3)_2C{=}CH_2 \xrightarrow{B_2H_6}$

(6)* 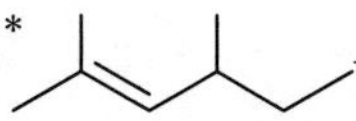 $\xrightarrow[CCl_4]{Br_2}$

(7) $nCH_3CH=CH_2 \xrightarrow{\text{催化剂}}$

(8) 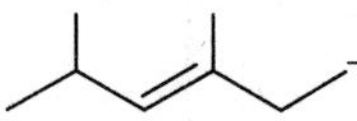 $\xrightarrow{Cl_2,H_2O}$

(9) * $H_3C—\overset{\overset{\Large CH_3}{|}}{C}=CHCH_3 \xrightarrow[\text{②}H_2O/H^+]{\text{①}RCOOOH/CH_2Cl_2}$

(10) 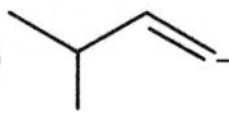 $\xrightarrow[\triangle]{O_2/PdCl_2\text{-}CuCl_2}$

(11) * 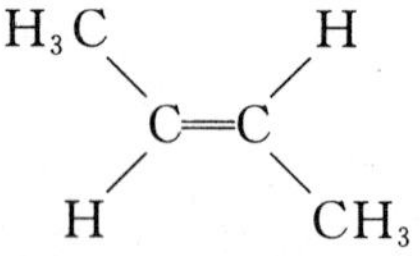 $\xrightarrow[\text{②}NaHSO_4]{\text{①}OsO_4/\text{吡啶}}$

(12) $CH_2=CH_2 \xrightarrow[Ag]{O_2}$

3. 结构推导题

某烯烃的分子式为 C_5H_{10}，它有四种异构体，经臭氧化还原水解后 A 和 B 分别得到少一个碳原子的醛和酮，C 和 D 反应后都得到乙醛，C 还得到丙醛，而 D 则得到丙酮。试推导该烯烃的可能结构式。

4. 命名下列化合物

(1) $(CH_3)_3CC\equiv CCH_2C(CH_3)_3$

(2) $CH_3CH=CHCH(CH_3)C\equiv CCH_3$

(3) $HC\equiv \underset{C}{C}\equiv CCH=CH_2$

(4) 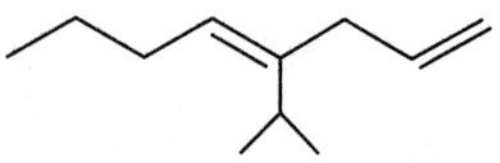

(5) 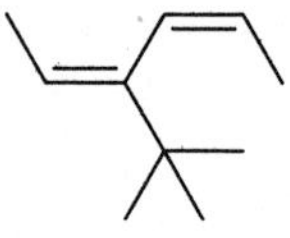

5. 写出下列反应的产物

(1) $CH_3CH_2CH_2C\equiv CH+HBr(\text{过量})\longrightarrow$

(2) $CH_3CH_2C\equiv CCH_2CH_3+H_2O \xrightarrow{HgSO_4+H_2SO_4}$

(3) $CH_3C\equiv CH+Ag(NH_3)_2^+ \longrightarrow$

(4) $H_2C=\underset{\underset{\Large Cl}{|}}{C}—CH=CH_2 \xrightarrow{\text{聚合}}$

(5) $CH_3C\equiv CCH_3+HBr\longrightarrow$

(6) $CH_3CH{=}CH(CH_2)_2CH_3 \xrightarrow{Br_2} ? \xrightarrow{NaNH_2} ? \xrightarrow{?}$ 顺-2-己烯

(7) $CH_2{=}CH{-}CH_2{-}C{\equiv}CH + Br_2 \longrightarrow$

6. 写出下列反应中“?”的化合物的结构式

(1) $CH_3C{\equiv}CH \xrightarrow[H_2SO_4 \cdot H_2O]{HgSO_4} ?$

(2) $HC{\equiv}CCH_2CH_2CH_3 \xrightarrow{Ag(NH_3)_2^+} ? \xrightarrow{HNO_3} ?$

(3) $CH_3C{\equiv}CNa + H_2O \longrightarrow ?$

(4) $H_2C{=}\underset{\displaystyle CH_3}{\underset{|}{C}}{-}CH{=}CH_2 + HCl \longrightarrow ? + ?$

(5) 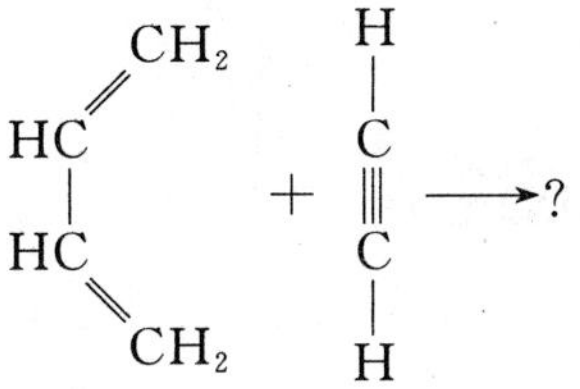

(6) $CH_3CH_2CH_2{-}C{\equiv}CH \xrightarrow[OH^-,H_2O]{KMnO_4} ? + ?$

(7) $CH_3CH_2CH_2{-}C{\equiv}CH \xrightarrow[H_2O]{O_3} ? + ?$

项目四

芳　　烃

任务一　芳烃的分类和命名

一、芳烃的分类

分子中含有苯环结构的烃称为芳烃，因芳烃最初取自具有芳香气味的物质，故又称为芳香烃。芳烃按照其结构可以分为两类，即单环芳烃和多环芳烃。

1. 单环芳烃

分子中含有一个苯环的芳烃，包括苯及其同系物、乙烯苯和乙炔苯等。

2. 多环芳烃

分子中含有两个以上苯环的芳烃，根据苯环连接的方式，又可再分为以下三类。

(1)联苯　苯环各以环上的一个碳原子直接相连的。例如：

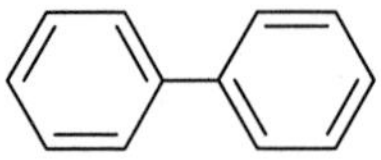

联苯

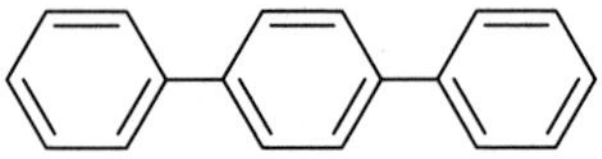

对联三苯

(2)多苯代脂肪烃　链烃分子中的氢被两个或多个苯基取代的化合物。命名时，一般将苯基作为取代基，链烃作为母体。例如：

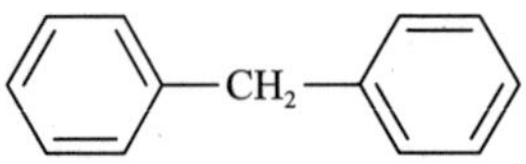

二苯甲烷

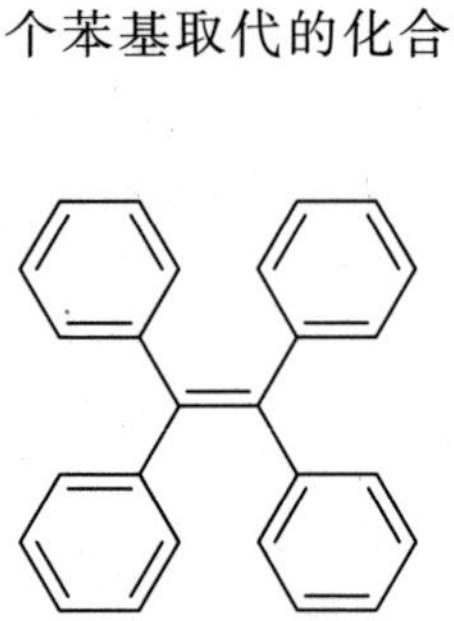

四苯乙烯

(3)稠环芳烃　两个或多个苯环共用两个邻位碳原子的化合物。最简单、最重要的稠环芳烃是萘、蒽、菲。例如：

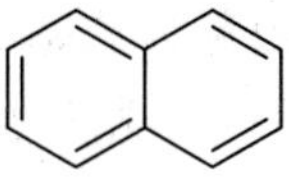

萘

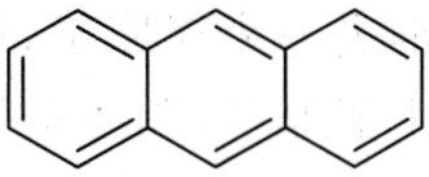

蒽

二、单环芳烃的命名

单环芳烃可以看作是苯环上的氢原子被烃基取代的衍生物，分为一烃基苯、二烃基苯和三烃基苯等。

简单的单环芳烃的命名以苯环作为母体，烃基作为取代基，称为某烃基苯，“基”字常略去。例如：

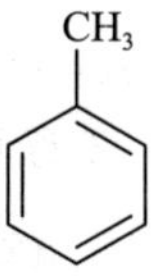

甲苯

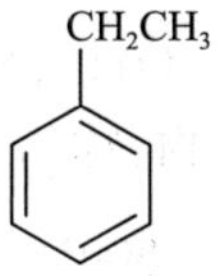

乙苯

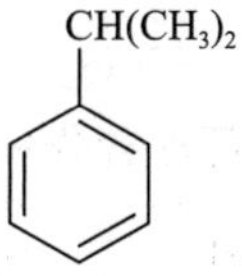

异丙苯

若苯环上所连接的烃基较长、较复杂，或是不饱和烃基，或链烃上有多个苯环，命名时常把链烃当作母体，苯环当作取代基（即苯基，可简写为 Ph），但也有例外情况。例如：

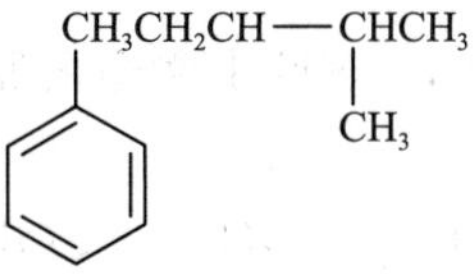

1-苯基-4-甲基戊烷

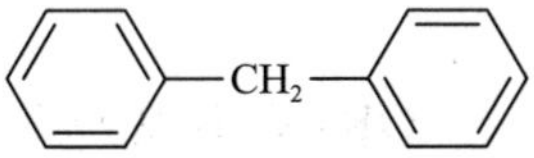

二苯甲烷

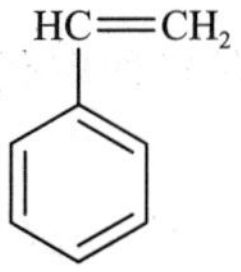

苯乙烯

二烃基苯有三种异构体，这是由于取代基在苯环上相对位置不同而产生的。例如，二甲苯有三种异构体，它们的结构式和命名为：

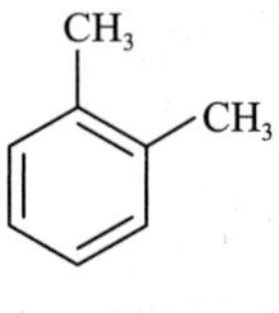

邻二甲苯

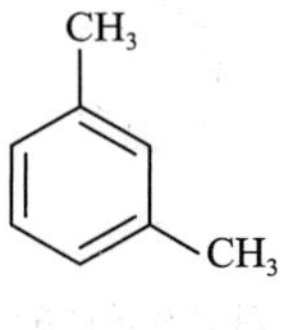

间二甲苯

对二甲苯

三个相同取代基的三烃基苯也有三种异构体，常用“连”字表示三个烃基处于相邻的位置，或用 1，2，3 表示；“偏”字表示三个烃基偏向一边，或用 1，2，4 表示；“均”字表示三个烃基是对称的，或用 1，3，5 表示。例如，三甲苯的三种异构体的结构式和命名为：

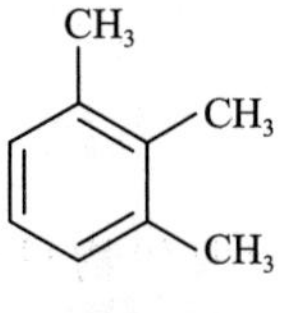

连三甲苯

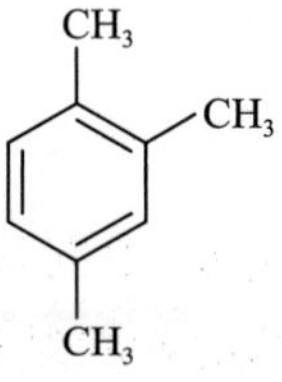

偏三甲苯

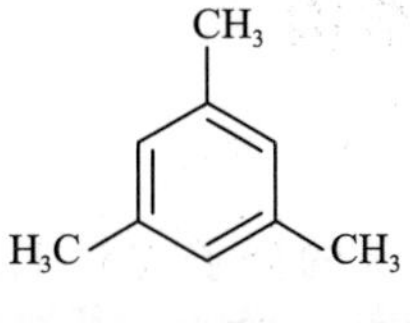

均三甲苯

当芳烃分子的芳环上消去一个氢原子，剩下的原子团称为芳基（可缩写为 Ar）。

苯分子的环上消去一个氢原子，剩下的原子团—C_6H_5 称为苯基（可缩写为 Ph）。甲苯分子的甲基上消去一个氢原子，剩下的原子团—$C_6H_5CH_2$ 称为苄基。

（1）某些取代基，如硝基（—NO_2）、亚硝基（—NO）和卤素（—X）等，通常只作取代基而不作母体。因此，具有这些取代基的芳烃衍生物应把芳烃看作母体，称为某基芳烃。例如：

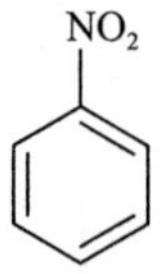

硝基苯

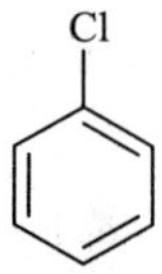

氯苯

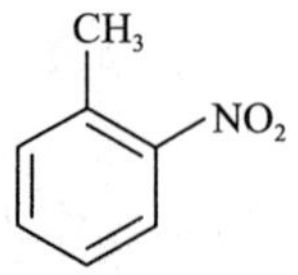

邻硝基甲苯

（2）当取代基为氨基（—NH_2）、羟基（—OH）、磺酸基（—SO_3H）、醛基（—CHO）和羧基（—COOH）等时，则把它们各看作一类化合物，称为苯胺、苯酚、苯磺酸、苯甲醛和苯甲酸等。

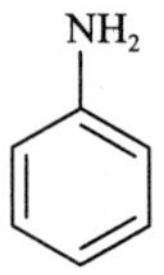

苯胺

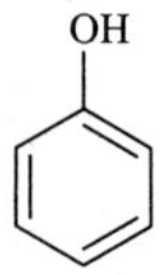

苯酚

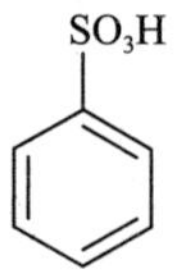

苯磺酸

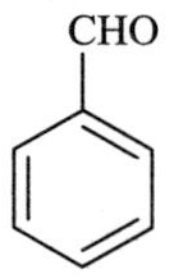

苯甲醛

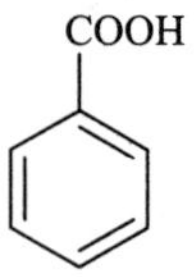

苯甲酸

（3）当环上有多种取代基时，首先要选好母体，依次编号。按照中文命名原则，选择母体的顺序如下：

—NO_2＜—X＜—R（烷基）＜—OR（烃氧基）＜—NH_2＜—OH＜—COR＜—CHO＜—CN＜—$CONH_2$＜—COX（酰卤）＜—COOR＜—SO_3H＜—COOH。在这个顺序中排在后面的为母体，排在前面的为取代基。例如：

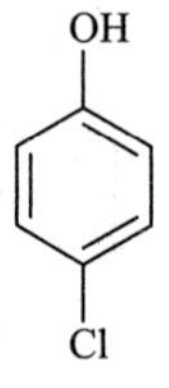

对氯苯酚

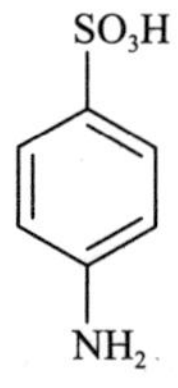

对氨基苯磺酸

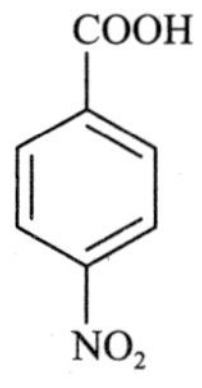

对硝基苯甲酸

任务二　单环芳香烃

一、苯的分子结构

1. 苯的凯库勒式

1865 年，凯库勒从苯的分子式 C_6H_6 出发，根据苯的一元取代物只有一种的事实，推测苯分子中六个氢原子是等同的，首先提出了苯的环状结构式，然后根据碳原子为四价，把苯写成如下形式：

这个苯的结构式称为苯的凯库勒式，其虽然可以说明苯分子的组成及原子间的连接次序，但并不能确切地反映苯的真实结构，存在如下两个问题：第一，虽然式中含有三个双键，但苯不起类似烯烃的加成反应；第二，根据凯库勒式，苯的邻二元取代物应有两种，即 a 和 b，而实际上只有一种。

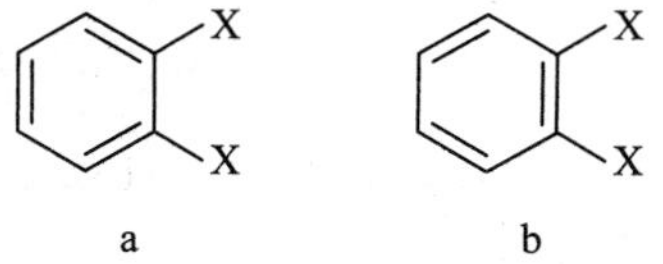

2. 苯分子结构的价键观点

现代物理方法证明了苯分子呈平面正六边形构型，键角都是 120°(图 3-4-1)。

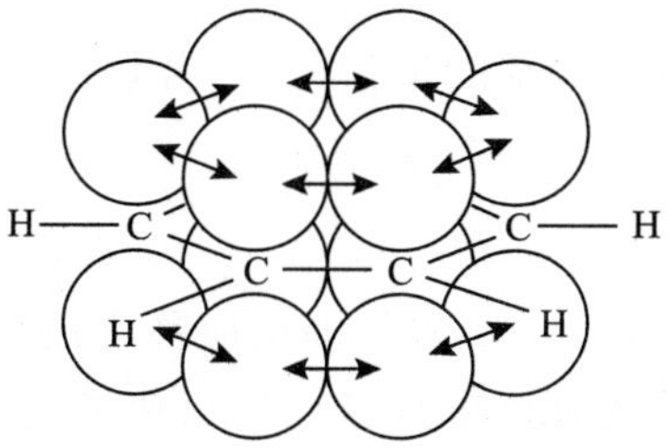

图 3-4-1 苯分子 p 轨道交叠成 π 键

按照杂化轨道理论，苯分子中六个碳原子都以 sp^2 杂化轨道互相沿对称轴的方向重叠形成 6 个 C—C σ 键，组成一个正六边形，每个碳原子各以一个 sp^3 杂化轨道分别与氢原子 1s 轨道沿对称轴的方向重叠形成 6 个 C—H σ 键。由于碳原子轨道是 sp^2 杂化，所以苯分子中的键角都是 120°，所有碳原子和氢原子都在同一平面上。每个碳原子还有一个垂直于 σ 键平面的，每个 p 轨道上有 1 个 p 电子，6 个 p 轨道组成了大 π 键。

二、单环芳香烃的化学性质

(一)亲电取代反应

1. 硝化反应

苯与浓硝酸和浓硫酸的混合物于 55～60 ℃反应，苯环上的氢原子被硝基取代，生成硝基苯。向有机化合物分子中引入硝基的反应称为硝化反应。

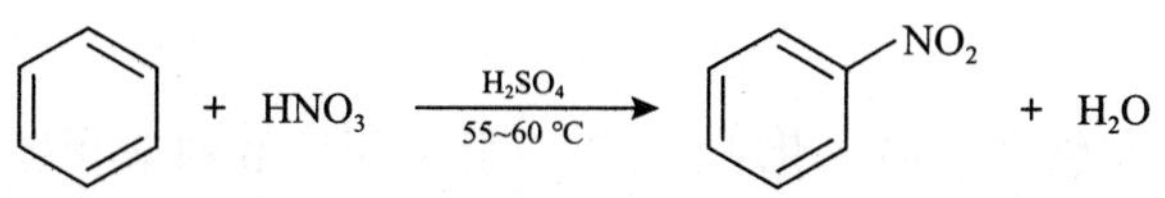

反应温度和酸的用量对硝化程度的影响很大。例如，当硝基苯在过量的混酸存在下继续硝化时，生成间二硝基苯。但是，这个第二次硝化反应要比第一次慢得多，需要比较高的温度。

导入第三个硝基更为困难。因此，可以认为在不改变条件的情况下，用苯直接硝化一般是得不到三硝基苯的。

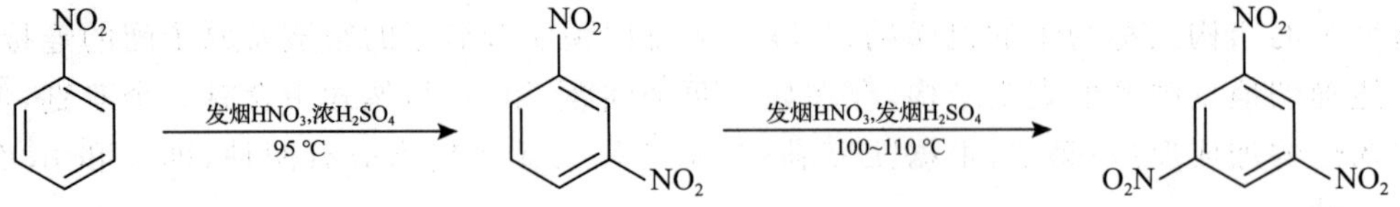

烷基苯比苯容易硝化，如甲苯在低于 50 ℃就可以硝化。主要生成邻硝基甲苯和对硝基甲苯。硝基甲苯进一步硝化可以得到 2,4,6-三硝基甲苯，即炸药 TNT。

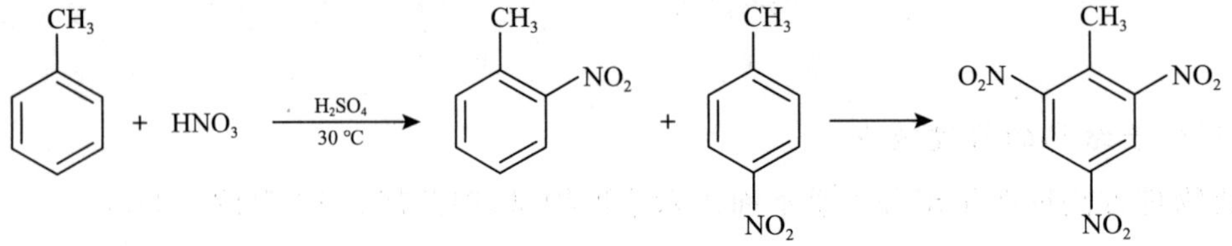

硝化反应是向苯环引入含氮取代基的最佳方法，芳烃的硝基衍生物是重要的有机合成中间产物。

2. 卤化反应

有机化合物分子中的氢被卤素(—X)取代的反应称为卤化反应。卤化反应也是芳环上引入官能团的重要方法。苯在路易丝(Lewis)酸，如三氯化铁、三氯化铝等的催化作用下能与氯或溴发生苯环上的卤化反应，生成氯苯或者溴苯。

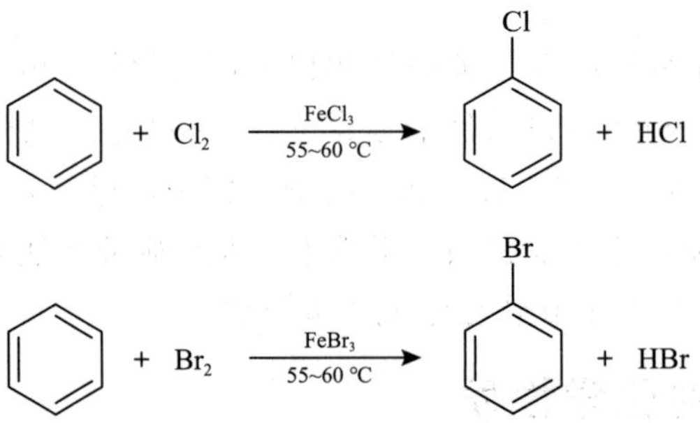

氯苯和溴苯都是有机合成的重要原料，常用这个反应来制备氯苯和溴苯，但还会得到少量的二卤代苯。例如：

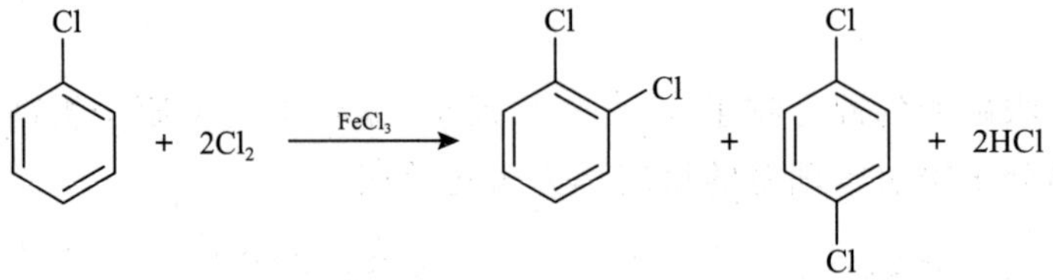

甲苯在铁粉或三氯化铁存在时氯化，主要生成邻氯甲苯和对氯甲苯。

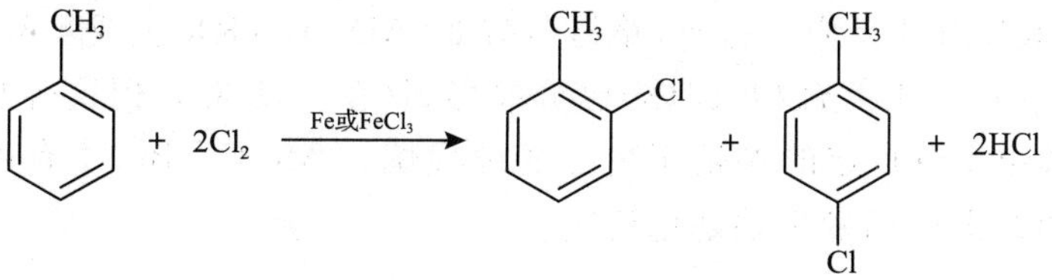

3. 磺化反应

苯与 98%浓硫酸在 75～80 ℃时发生作用，苯环的氢原子被磺酸基（$—SO_3H$）取代生成苯磺酸。有机化合物分子中引入磺酸基的反应称为磺化反应。磺化反应与卤化、硝化不同，它是一个可逆反应，反应中生成的水使硫酸浓度变低，磺化速率变慢，水解速率加快。因此，常用发烟硫酸在 30～50℃进行磺化反应。

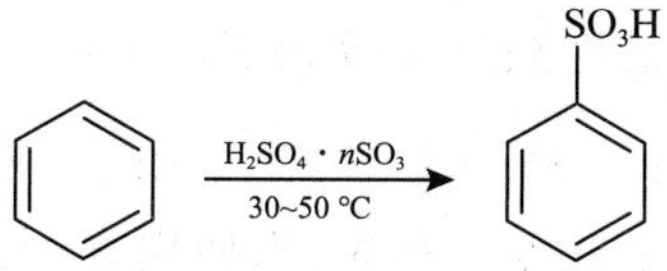

烷基苯的磺化也较苯容易，如用浓硫酸在常温下就可以使甲苯磺化，主要产物是邻甲苯磺酸和对甲苯磺酸。

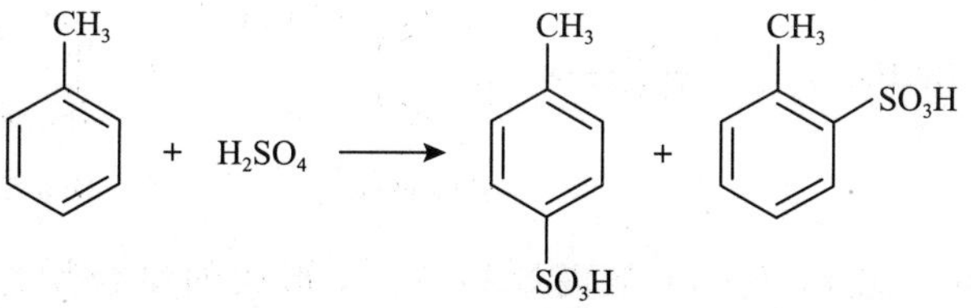

苯及其同系物几乎都可以磺化。由于磺化反应是可逆的，同时磺酸基又可被硝基、卤素等取代，在有机合成上可利用磺酸基占据苯环上的一个位置，待导入别的取代基后，再除去磺酸基，故磺化反应在有机合成上应用颇广。

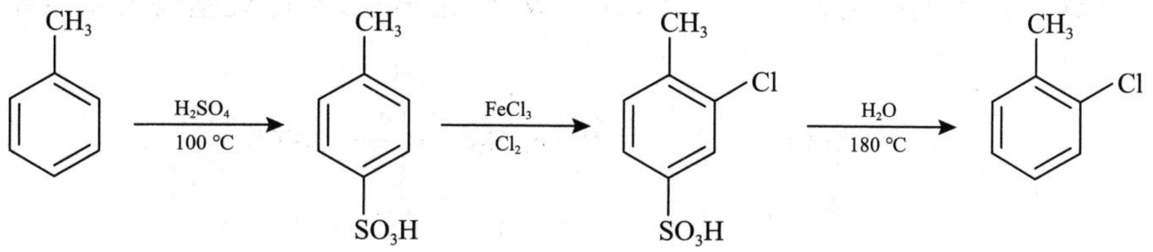

4. 烷基化

苯与溴乙烷在无水三氯化铝的催化下反应生成乙苯。

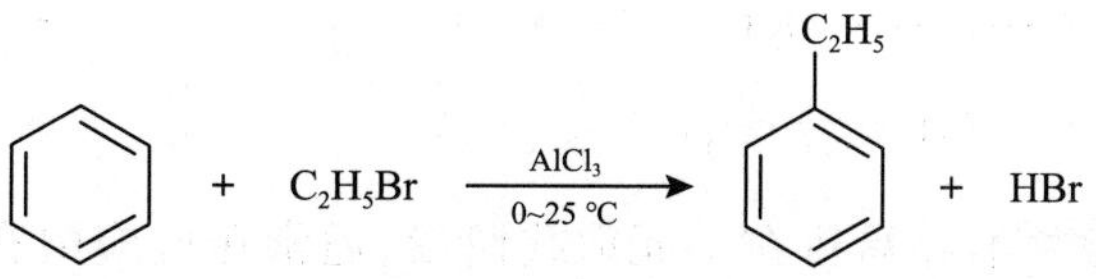

凡在有机化合物分子中引入烷基的反应，称为烷基化反应。

卤代烃中的烷基（$R^{\delta+}—X^{\delta-}$）是亲电的，但是通常与芳烃不起作用，必须在催化剂路易斯酸的存在下，才能起烷基化反应。这时，路易斯酸如(AlX_3)与 RX 生成了复合物。例如，溴甲烷与三溴化铝生成的 1∶1 复合物(固体)已分离得到(在−78 ℃)，但这种复合物溶液仅微弱导电。只有能解离出十分稳定的烷基正离子的卤代烷如 $Me_3C—Br$，才有可能作为独立的亲电试剂(Me_3C^+)进攻芳烃而发生烷基化反应。

$$RBr + AlBr_3 \longrightarrow R^{\delta+}—Br\cdots AlBr_3^{\delta-}$$

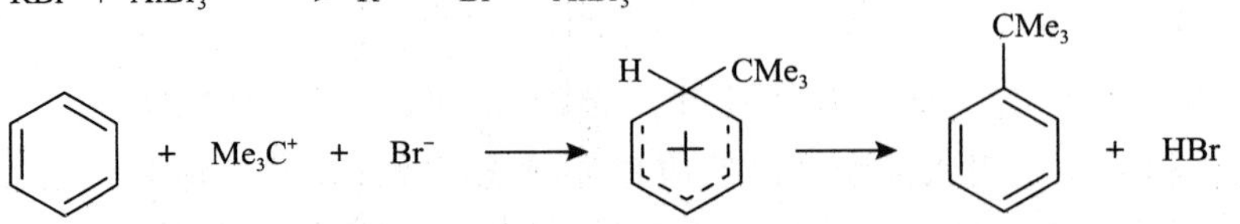

卤代烃、烯烃、醇、环氧乙烷是常用的烷基化试剂，在适当催化剂作用下都能产生烷基碳正离子。最初用的催化剂是三氯化铝，后经证明，许多 Lewis 酸和质子酸都可以起催化作用。现在常用的 Lewis 酸催化剂的催化活性顺序大致如下：

$$AlCl_3 > FeCl_3 > SbCl_5 > SnCl_4 > BF_3 > TiCl_4 > ZnCl_2$$

在烷基化反应中必须注意以下几点。首先，当使用 3 个或 3 个以上碳原子的直链卤代烷作烷基化试剂时，会发生碳链异构现象。例如，苯与 1-氯丙烷在加热条件下反应，得到的主要产物是异丙苯而不是正丙苯：

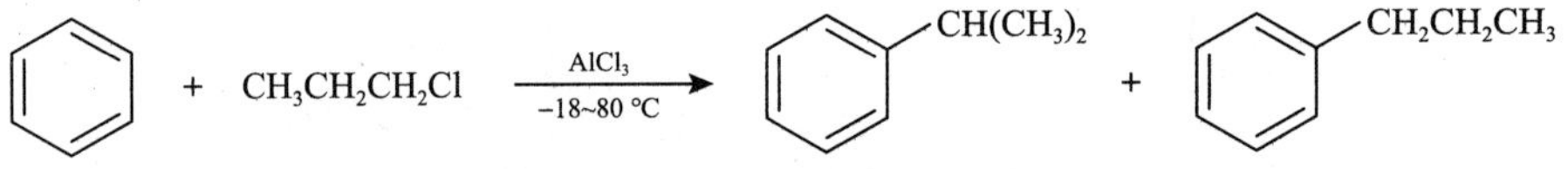

65%~69%　　　　31%~35%

异构化现象的产生一般解释为，1-氯丙烷和 $AlCl_3$ 形成的复合物为带有部分正电荷的一级烷基。

$$CH_3CH_2CH_2Cl + AlCl_3 \longrightarrow CH_3CH_2\overset{\delta+}{CH_2}\cdots\cdots AlCl_4^{\delta-}$$

由于一级碳正离子的稳定性小于二级(或三级)碳正离子，所以烷基要发生重排：

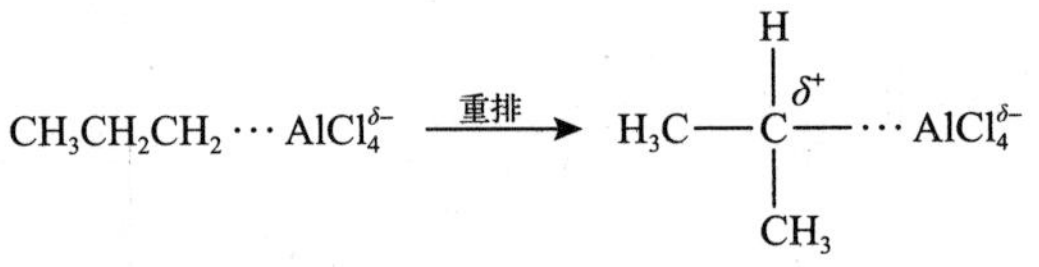

1°　　　　2°

因此，跟苯发生亲电取代反应，就生成了异丙苯。

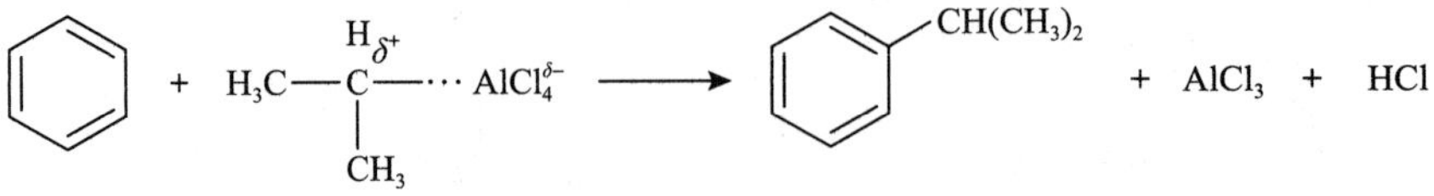

其次，烷基化反应常常不容易留在一元取代阶段，通常在反应中有多烷基苯生成。例如：

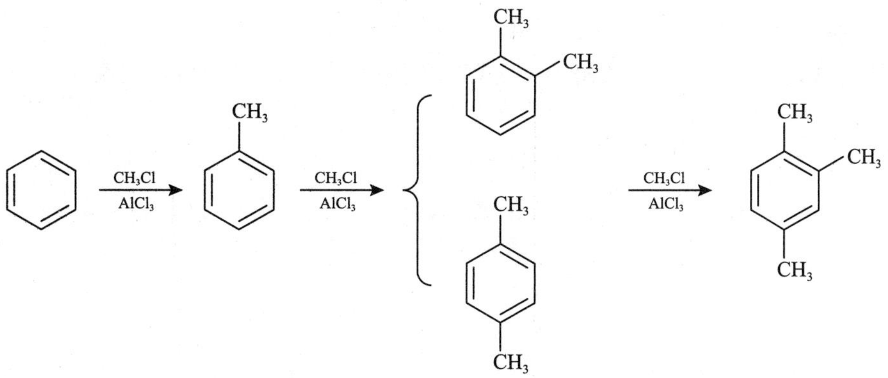

如果在上述反应中苯大大过量，则可得到较多的一元取代物。

最后，当苯环上已经有$—NO_2$、$—N^+(CH_3)_3$、—COOH、—COR、$—CF_3$、$—SO_3H$等取代基时，傅-克烷基化反应不能再发生。因为这些基团都是吸电子基，会使苯环上电子密度降低。如果苯环上有$—NH_2$、—NHR、$—NR_2$，也不能发生傅-克烷基化反应，因为氨基或取代氨基会与缺电子的路易斯酸$AlCl_3$作用，使氨基上的氮带正电荷而转变为具有吸电子作用的基团。

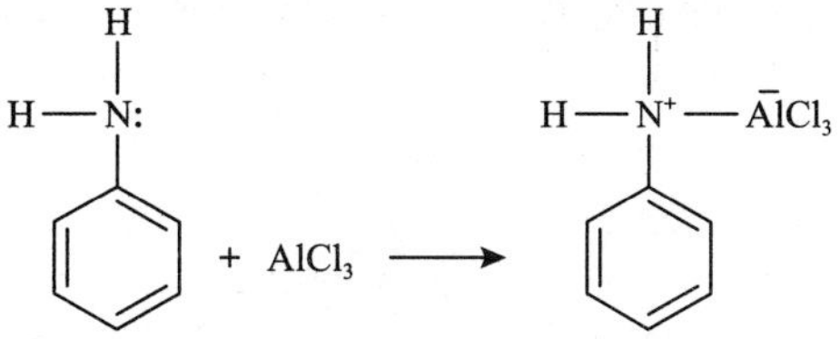

由于硝基苯不能发生傅-克烷基化反应，所以可以用硝基苯作溶剂来进行烷基化反应。傅-克烷基化反应是制备芳烃特别是苯的同系物的主要方法。

其他碳正离子的前体，如烯烃或醇也可作为烷基化试剂，在工业上很有价值。例如，苯和乙烯可以制得乙苯。

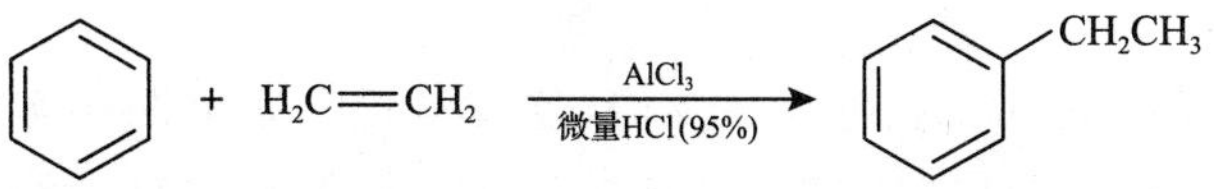

工业上用丙烯和苯反应生成异丙苯。

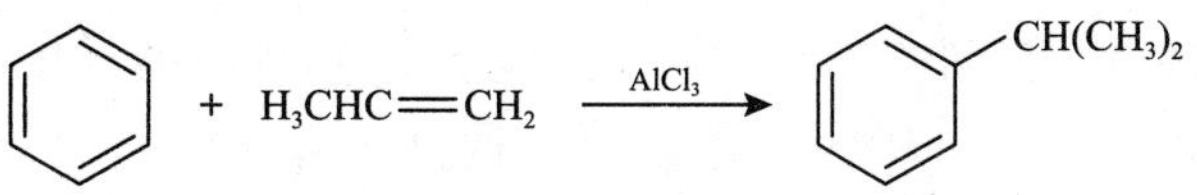

用烯烃或醇作烷基化试剂时，质子化是必要的条件。例如：

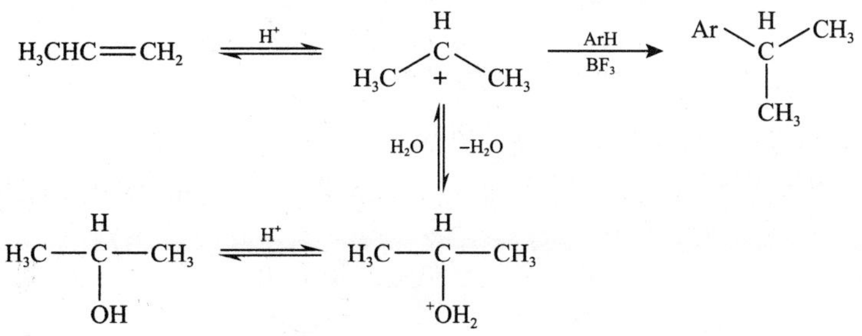

5. 酰基化反应

在路易斯酸催化下，酰氯或酸酐等与芳烃能发生与烷基化相似的亲电取代反应。例如：

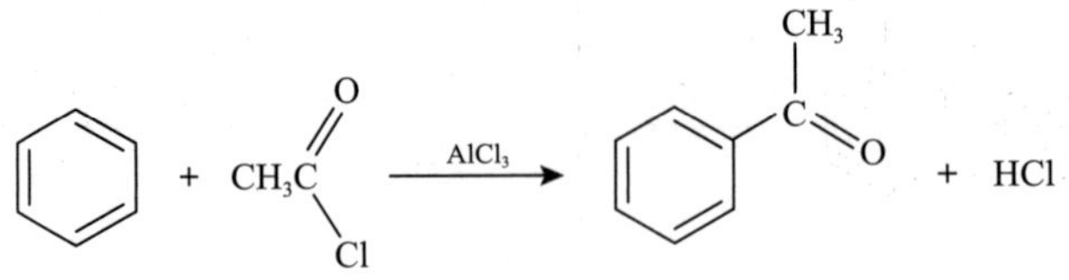

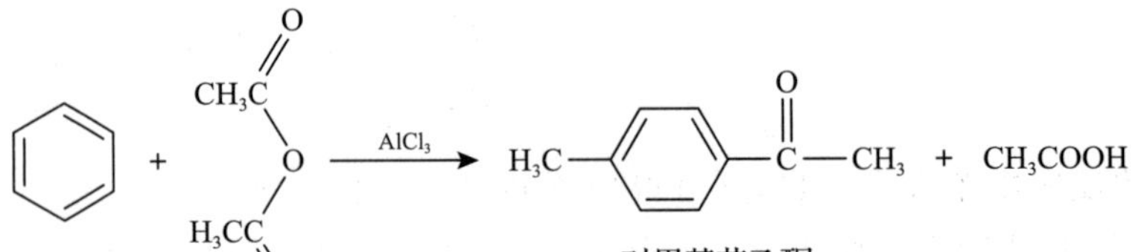

对甲基苯乙酮

酰基化反应和烷基化反应都使用相同的催化剂，反应机理也相似，环上连有硝基、磺酸基、酰基和氰基等吸电子基团时不发生反应，但是酰基化反应没有异构化产物，也没有多元取代产物生成。因此制备含有 3 个或 3 个以上碳原子的直链烷基苯时，可采取先进行酰基化反应，然后将羰基还原的方法。例如：

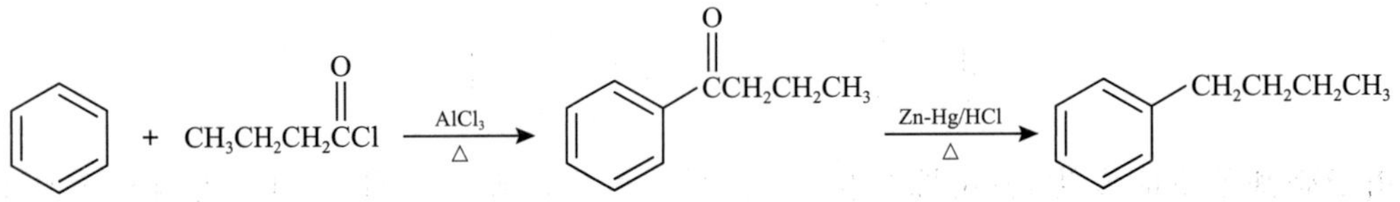

但酰基化反应的催化剂用量（如氯化铝）要比烷基化多，因为酰基化产物能通过氧原子与等量氯化铝生成配合物。

（二）加成反应

芳烃易发生取代反应而难于发生加成反应，这就是化学家早期在实践中反复观察到的“芳香性”。芳烃难于加成，但还是能加成的，而且在某些条件下比较容易发生加成反应。

1. 加氢

因为苯环结构的特点，芳烃比烯烃较难还原，通常需要较高的温度和压力。例如，苯在高温和催化剂存在下，发生气相加氢生成环己烷。这是工业上生产环己烷的方法，产品纯度较高。

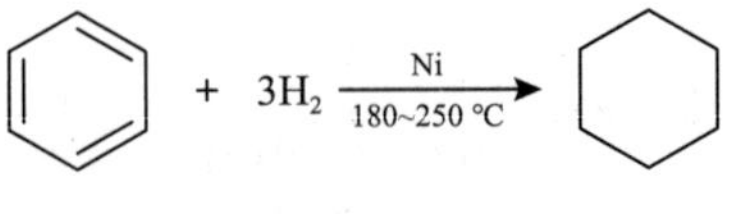

芳烃如用均相催化剂，能在常温常压下氢化。

用碱金属溶于液氨中还原芳烃，能够发生 1,4-加成反应。这一反应称为伯奇还原反应。

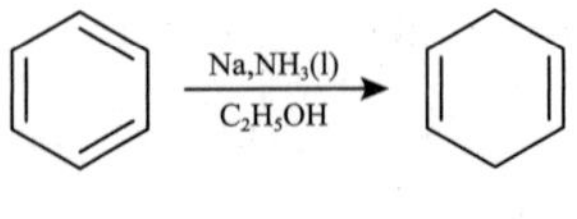

如果苯环上有吸电子取代基，可加快反应速率，使氢加在苯环的1-位和4-位，生成2，5-环己烯衍生物。例如：

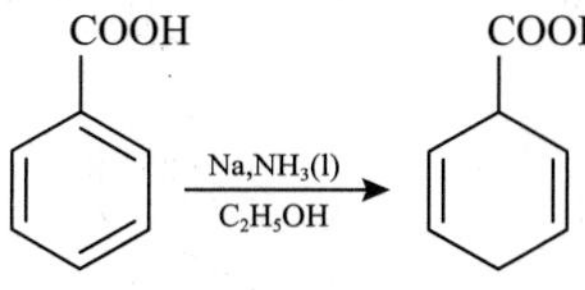

而烷基、羟基、烷氧基、氨基等给电子基团则可钝化苯环，使氢加到苯环的2-位和5-位，生成1，4-环己二烯衍生物。例如：

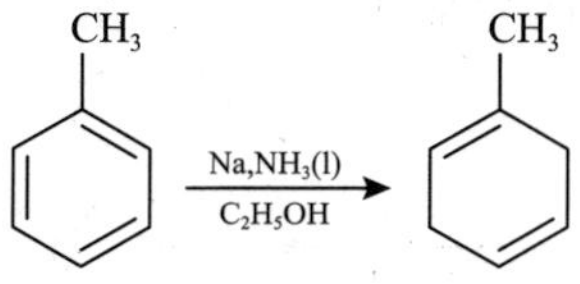

2. 加氯

在紫外线照射下，向苯中通入氯气时就发生了自由基反应：

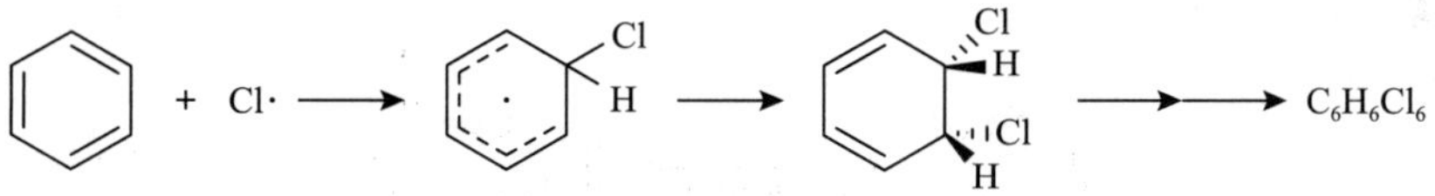

最终加成生成1，2，3，4，5，6-六氯环己烷，简称六六六。如将氯气通入沸腾的甲苯中，则是苯环侧链甲基的氢原子逐个被取代：

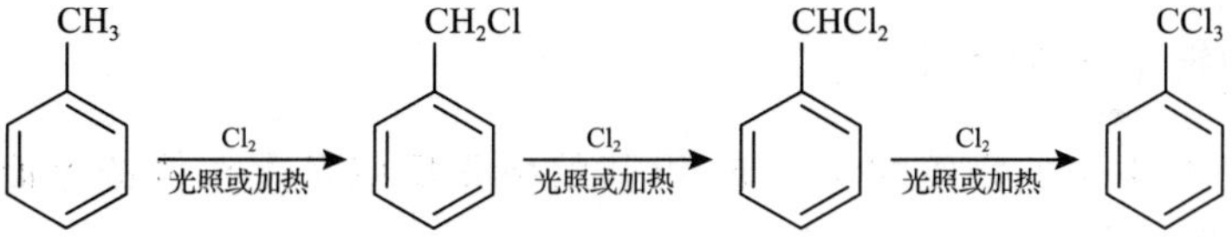

由此可见，反应条件不同，产物也就不相同。

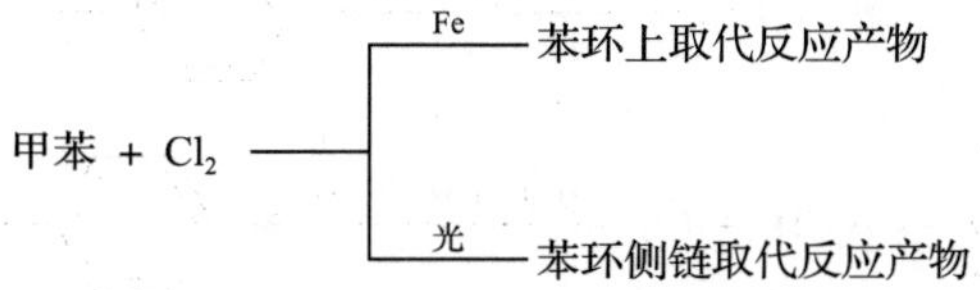

这是由于两者的反应机理不同，后者为自由基取代反应，前者为离子型取代反应。

(三)氧化反应

苯环不易氧化。但是，在高锰酸钾或重铬酸钾的酸性或碱性溶液中，烃基苯的侧链易被氧化，氧化反应发生在与苯环直接相连的碳氢键上。如果与苯环直接相连的碳原子上没有氢原子（如叔丁基），该碳原子不能被氧化。氧化时，不论烃基苯侧链上烷基长短，最后都会变为苯甲酸。

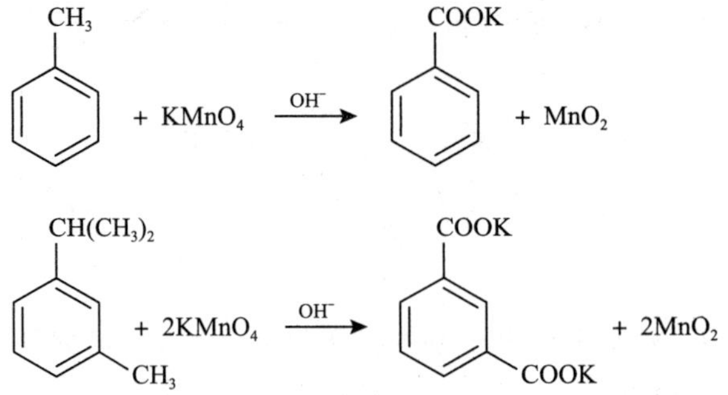

在激烈条件下，苯环被氧化破坏，生成顺丁烯二酸酐。

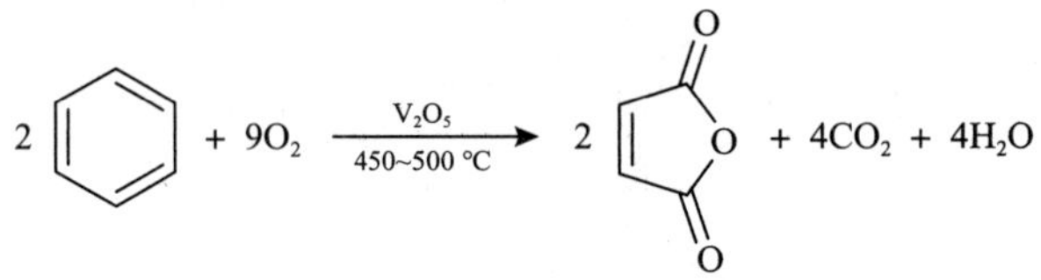

在激烈条件下，若烃基苯的两个烷基处在邻位，氧化产物是酸酐。例如：

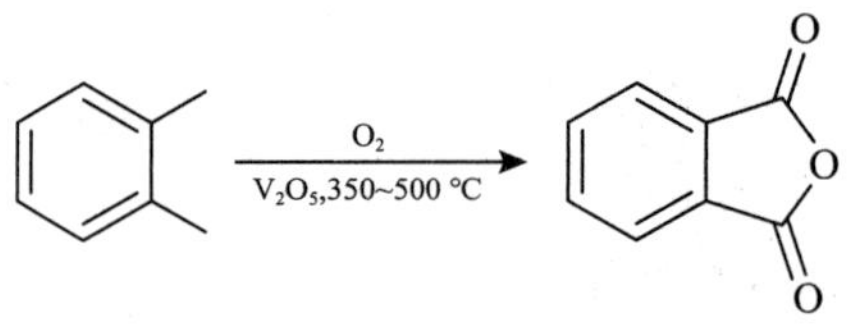

邻苯二甲酸酐

（四）苯环侧链 α-H 的卤化反应

在光或能产生自由基的物质的作用下，甲苯的卤化反应发生在侧链上而不是芳环上。如果侧链较长，卤化反应主要在 α-位。例如：

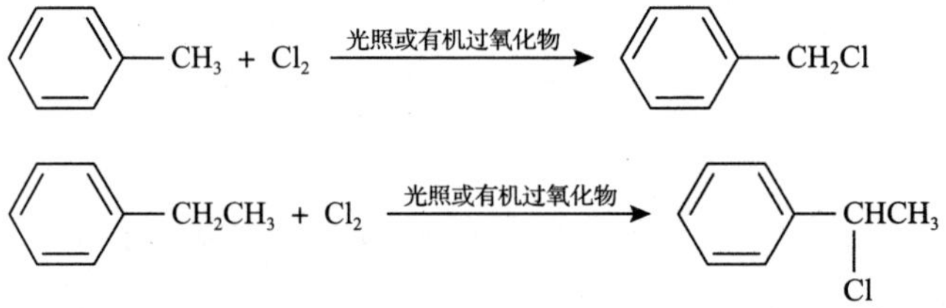

任务三　稠环芳烃

一、萘、蒽、菲

1．萘

萘的分子式为 $C_{10}H_8$，是由两个苯环共用两个相邻的碳原子稠合而成的。根据 X 射线的分析，两个苯环处在同一平面上。

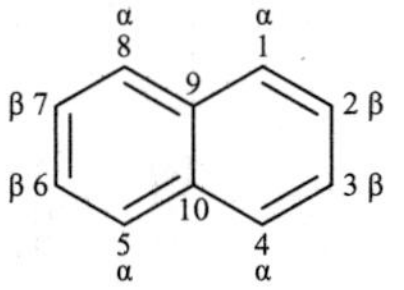

萘分子中碳原子的位次

在萘分子中，1，4，5，8-位等同，称为 α-位；2，3，6，7-位等同，称为 β-位。

萘分子中每个碳原子除了以 sp^2 杂化轨道形成碳碳 σ 键外，各碳原子的 p 轨道侧面互相重叠形成一个共轭体系。但萘与苯并不完全一样，在苯分子中各碳原子的 p 轨道彼此重叠都是均等的，而萘分子中 9 和 10 两个碳原子的 p 轨道除了彼此重叠之外，并分别和 1、8 及 4、5 碳原子 p 轨道重叠，这样，萘分子中的 π 电子云不是均匀分布在 10 个碳原子上，各碳原子之间的键长也有所不同。尽管如此，仍采用经典的单键和双键交替式来表达萘分子的结构。

2. 蒽

蒽在煤焦油中的含量约为 0.25%，将蒽油冷却过滤，得到粗蒽。纯蒽为无色片状晶体，熔点为 216 ℃，沸点为 340 ℃。

物理方法证明，蒽分子中三个苯环都在一个平面上，各个碳碳键的键长并不是相等的。

在蒽分子中，1，4，5，8-位等同，称为 α-位；2，3，6，7-位等同，称为 β-位；9，10-位等同，称为 γ-位或中位。

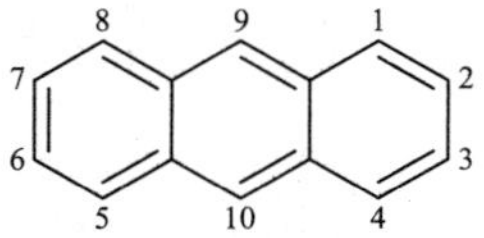

蒽分子中碳原子的位次

蒽虽然也有一定的芳香性，但是它的不饱和性比萘更为显著，9，10-位特别活泼，大部分反应都发生在这两个位置上。例如，氧化和还原反应都首先在这两个位置上发生。

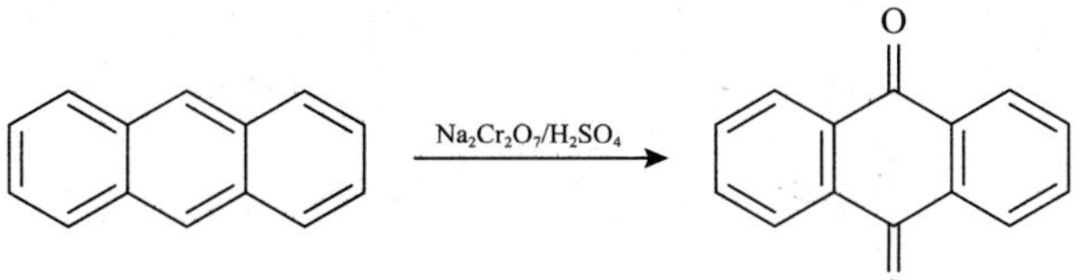

9,10-蒽醌

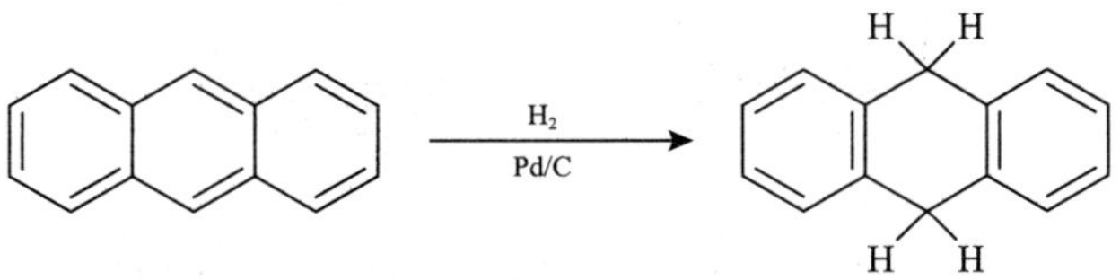

9,10-二氢蒽

3. 菲

菲存在于煤焦油的蒽油馏分中。它是带光泽的无色晶体，熔点 101 ℃，沸点 340 ℃，不溶于水，溶于乙醇、苯和乙醚，溶液有蓝色荧光。

菲是蒽的同分异构体，分子中三个苯环不处在一条直线上。

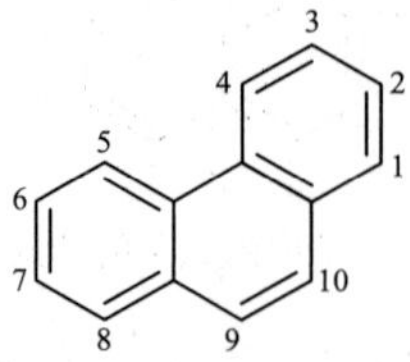

菲分子中碳原子的位次

菲的化学性质介于萘和蒽之间。它也可以在9，10-位发生反应，但没有蒽那么容易。菲氧化得菲醌。菲醌是一种农药，可防治小麦锈病等。

二、萘的化学性质

萘和苯相似，能发生亲电取代反应，但更容易发生氧化、加成、取代等反应。进行反应时，α-位易于β-位。

1．氧化反应

萘比苯容易氧化。以五氧化二钒为催化剂，萘的蒸气可被空气氧化生成邻苯二甲酸酐。

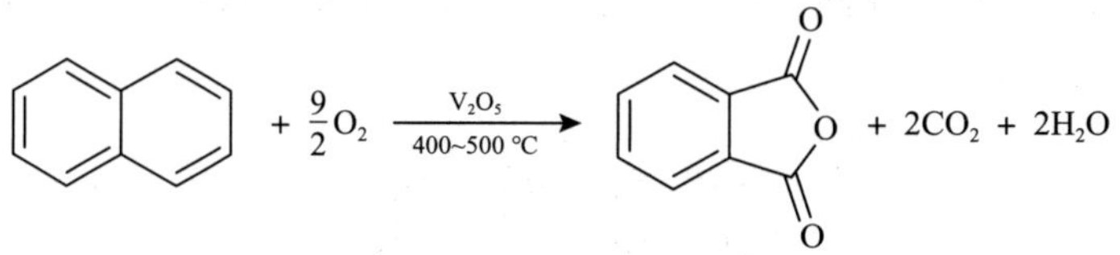

当含有取代基的萘被氧化时，哪个环氧化破裂取决于取代基的性质。苯环若是连有第一类定位基，则使其活化；若是连有第二类定位基，则使其钝化。氧化反应发生时，两个环中比较活泼的环，即电子密度比较高的环氧化破裂，所得产物为邻苯二甲酸或其衍生物。例如：

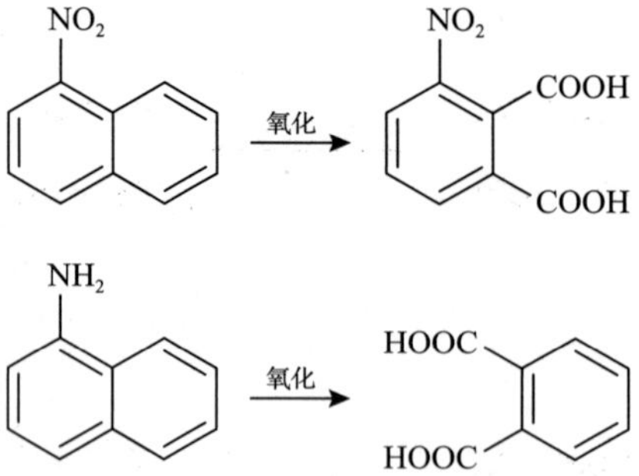

2．加成反应

萘比苯容易加成，在不同条件下可以发生部分的加氢或全部加氢。

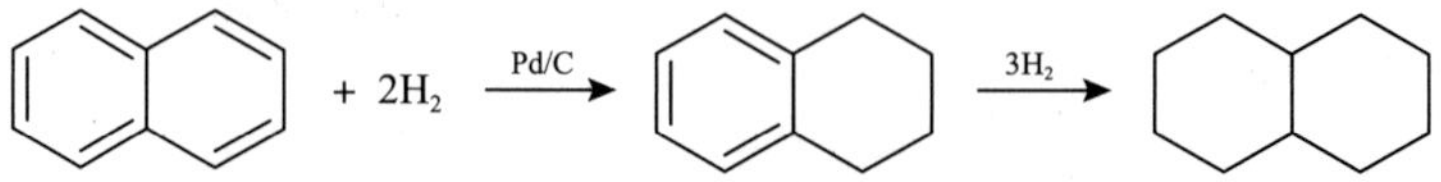

四氢化萘　　十氢化萘

3. 硝化反应

萘与混酸在常温下就可以反应，所得产物几乎全是 α-硝基萘。

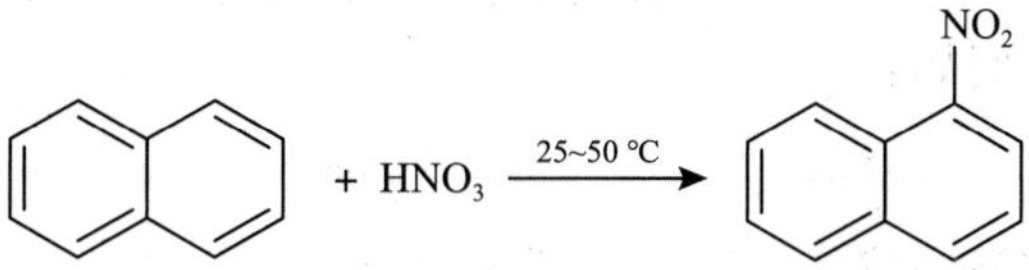

α-硝基萘

4. 磺化反应

磺化反应所得到的产物与反应温度有关。低温时多为 α-萘磺酸，较高温度下则主要是 β-萘磺酸；α-萘磺酸在硫酸中加热到 165 ℃时，大多数转化为 β-萘磺酸。其反应式如下：

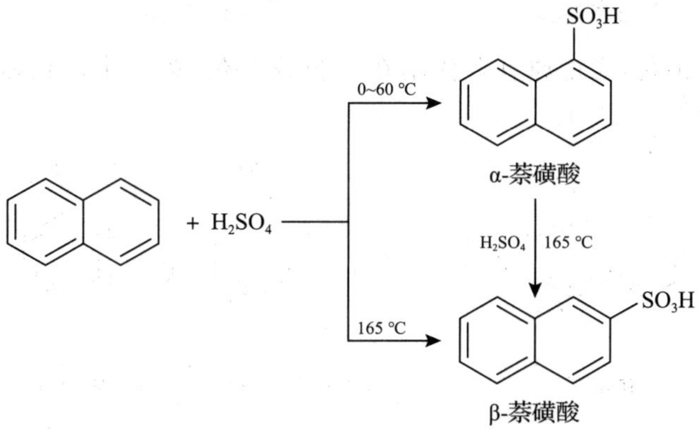

这两种萘磺酸都是有机合成的重要中间体，β-萘磺酸比较稳定，通过它可以制备萘的 β-位衍生物。

5. 傅-克酰基化反应

萘比较活泼，傅-克烷基化产物比较复杂，因此用处不大。萘的傅-克酰基化反应较单一，但定位效应与溶剂有关，以 CS_2 或四氯乙烷为溶剂，主要生成 α-取代物；以硝基苯为溶剂，主要生成 β-取代物。

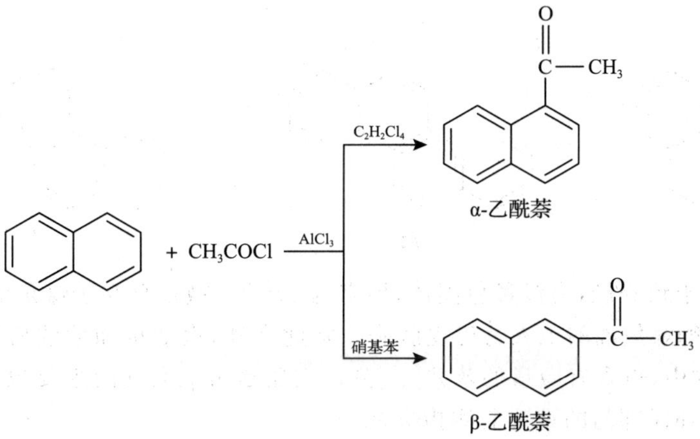

6. 一取代萘的定位效应

当萘环上原有取代基为邻、对位定位基时，它们使环活化，取代发生在同环。若取代基在1-位，则进一步取代主要发生在4-位；若取代基在2-位，则进一步取代主要发生在1-位。1-位和4-位都是同环的α-位。例如：

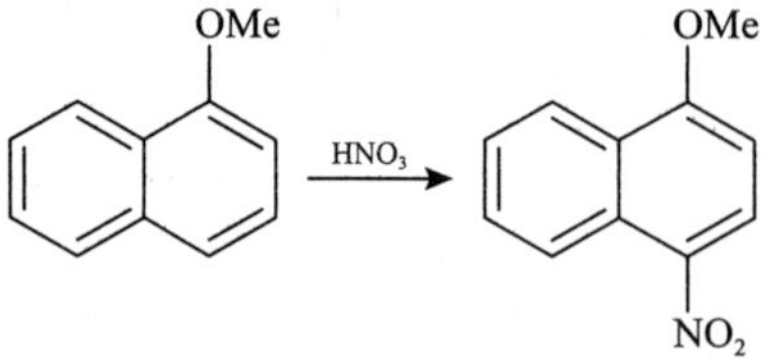

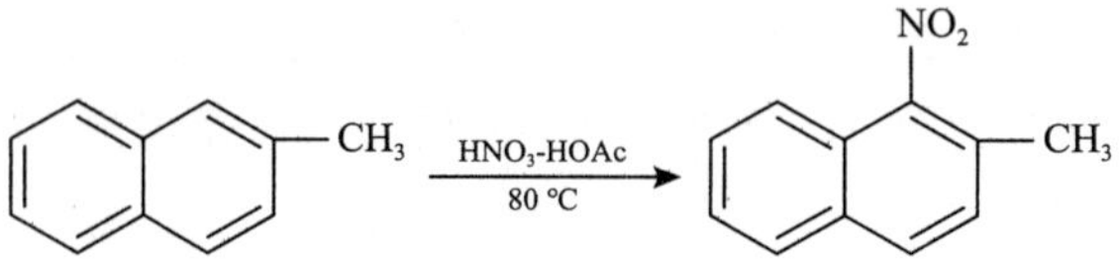

间位定位基使环钝化，无论原有取代基在1-位或2-位，第二个取代基都进入异环的8-位及5-位（即异环的α-位）。例如：

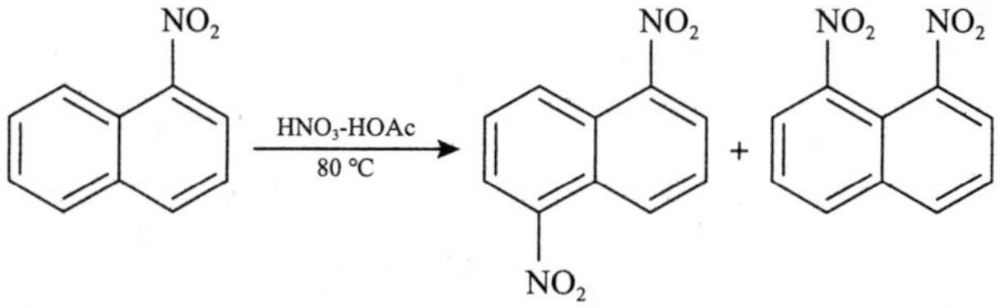

1-硝基萘　　1,5-二硝基萘　　1,8-二硝基萘

三、致癌烃

芳香族化合物中稠环芳烃很多，有些在ICPAC命名中作为母体，较重要的有以下几种。

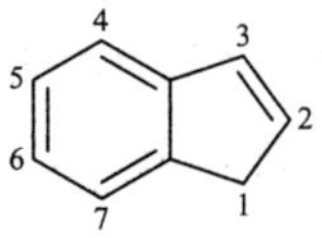

茚

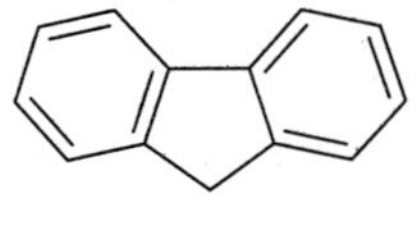

芴

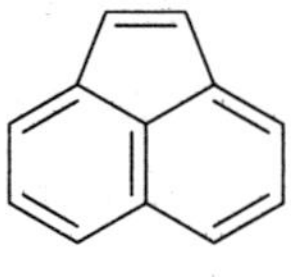

苊

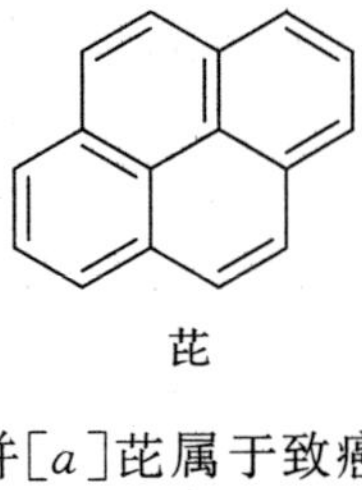

芘

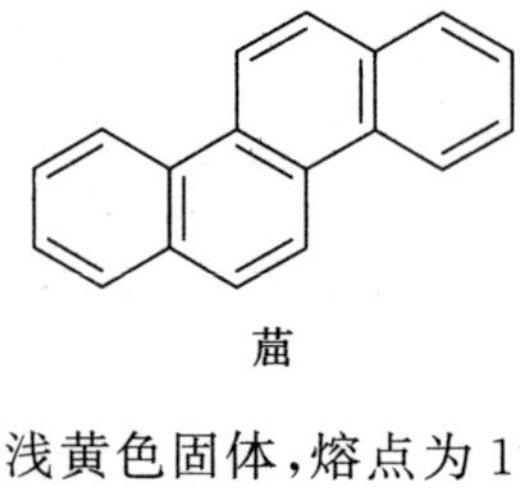

䓛

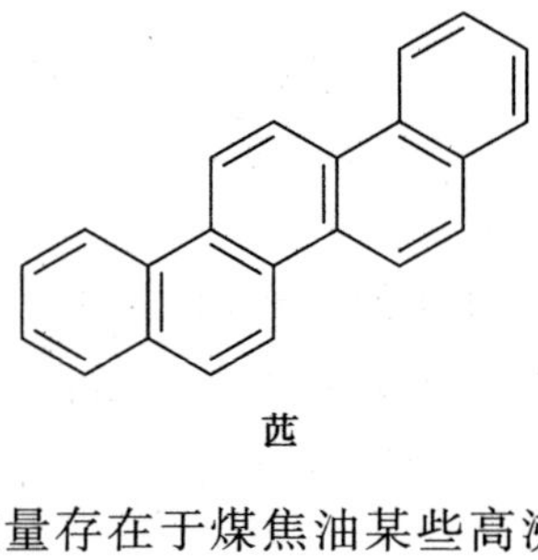

苉

苯并[a]芘属于致癌烃，为浅黄色固体，熔点为179 ℃，微量存在于煤焦油某些高沸点的馏分中，所以长期接触煤焦油的工人易患皮肤癌。除此之外，汽油机和柴油机排出的废气、烟草燃烧和烧焦的食物中，也含有微量的苯并[a]芘。它还是污染大气的主要致癌物质，空气中苯并[a]芘的含量是环保部门的重要监测指标之一。

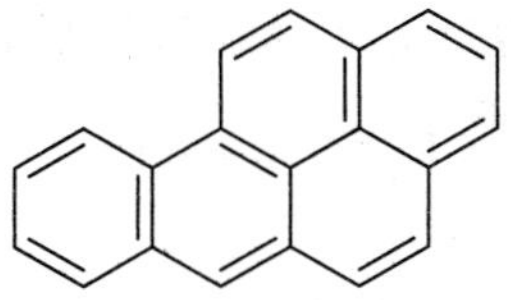

苯并[a]芘

致癌活性较强的还有下列稠环芳烃。

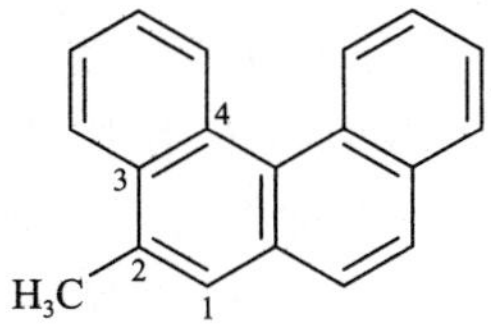

2-甲基-3,4-苯并菲

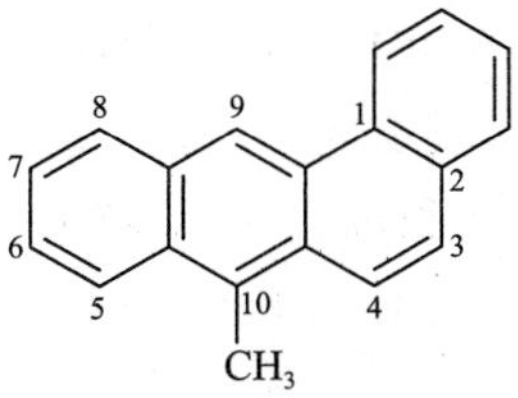

10-甲基-1,2-苯并蒽

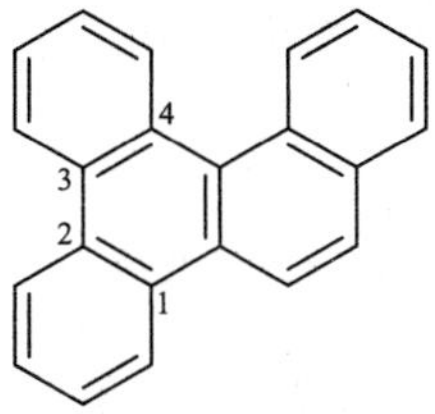

1,2,3,4-二苯并菲

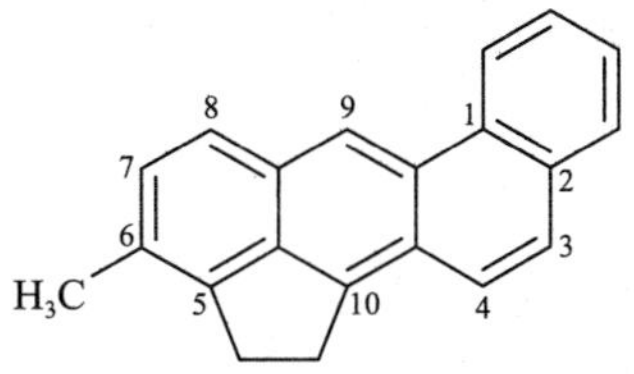

6-甲基-1,2-苯并-5,10-亚乙基蒽

四、重要的芳香烃

1. 苯

苯是无色液体，熔点为 5.5 ℃，沸点为 80.1 ℃，具有特殊的气味，易燃，不溶于水，易溶于有机溶剂，比水轻。苯是一种很好的溶剂，其蒸气有毒，长期接触苯蒸气会损害人的神经中枢和造血器官。

苯是 1825 年法拉第从压缩煤气所得到的油中发现的。1845 年，霍夫曼首次从煤焦油中分离出苯。后来曾从碳化钙合成苯。现在苯的工业制备方法为煤的干馏和石油的高温裂解或催化重整。

2. 甲苯

甲苯是无色、易燃、易挥发的液体。一小部分来自煤焦油，大部分从石油芳构化得到。

甲苯主要用来制造硝基甲苯、TNT、苯甲酸和苯甲醛等重要物质，也用作溶剂。

甲苯和混酸在较高温度下反应，直接生成 2,4,6-三硝基甲苯（俗称 TNT）。TNT 为黄色结晶，是一种猛烈炸药，有毒，味苦，不溶于水，溶于有机溶剂。

甲苯在催化剂（主要是钼、铬、铂等）、反应温度 350～530 ℃，压力为 1～1.5 MPa 条件下，能发生甲基转移，生成苯和二甲苯。

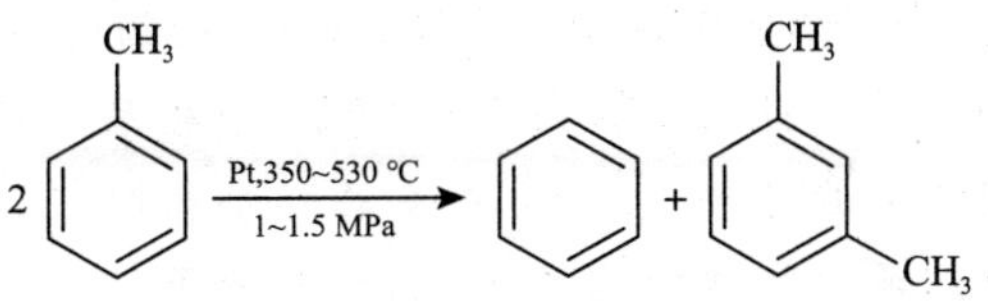

通过这个反应不仅可以得到高质量的苯，同时可得到二甲苯。随着苯和二甲苯的用途的扩大，这一反应已成为甲苯的主要工业用途。

3. 二甲苯

二甲苯有三种异构体，都存在于煤焦油中，主要从石油产品歧化而得。其中除邻二甲苯可以利用其沸点得差异分馏分离外，其余二者的沸点很接近，极难分开。工业品为三种异构体的混合物，是无色易燃液体，常作溶剂。但是，三种异构体各有其工业用途，如邻二甲苯是合成邻苯二甲酸酐的原料，间二甲苯用于染料等工业，对二甲苯是合成涤纶的原料。所以，分离三种异构体是工业上的一个重要课题。目前，工业上采用冷冻结晶法、吸附法、生成配合物或用分子筛的方法来分离，但成本很高。所以，除特殊需求外，一般把邻二甲苯分出后，即以间二甲苯和对二甲苯的混合液转化为对二甲苯，然后氧化成对苯二甲酸，作为制造涤纶的原料。

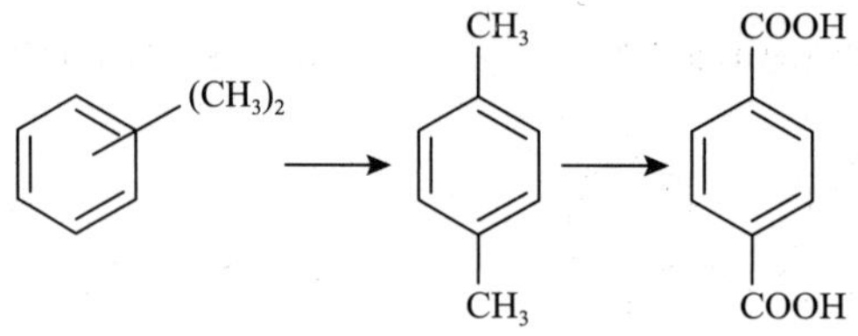

4. 乙苯与乙烯苯

乙苯的工业制法一般以无水三氯化铝为催化剂，将乙烯通入苯中进行烷基化反应。此时，苯和乙烯的物质的量比对生成产物的影响很大。因为，苯的烷基化反应通常并不停留在一烷基化的阶段，而经常伴随着生成多烷基苯（二乙苯、三乙苯等），但是，多乙基苯和苯反应又可生成乙苯。

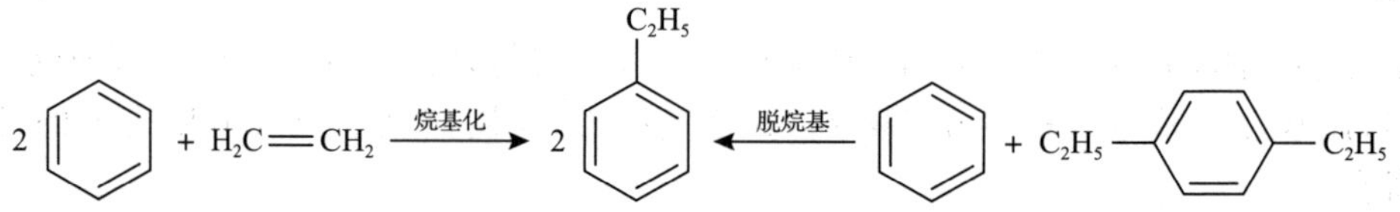

乙烯苯是无色，带有辛辣气味的易燃液体，沸点 145.2 ℃，难溶于水。乙烯苯有毒，人体吸入过多的乙烯苯蒸气时会引起中毒。

乙烯苯会聚合生成聚苯乙烯，所以储存时往往要加入阻聚剂。

◎ 思 政 园 地 ◎

苯环结构的发现

苯是一种无色、有特殊气味的液体，它是有机化合物的基础结构之一，被广泛应用于各个领域。苯的发现有一段有趣的小故事。

1825 年，英国科学家法拉第首先发现苯，此后几十年，人们始终不知道它的结构。所有的证据都表明苯分子非常对称，但是让人难以理解的是，6 个碳原子和 6 个氢原子，究竟是怎样完全对称地排列，并形成稳定的分子呢？1864 年冬的一个夜晚，在比利时根特大学任教的德国化学家凯库勒，正坐在壁炉前打瞌睡。睡梦中，原子和分子们开始跳起舞来，一条碳原子链，像一条响尾蛇一样咬住了自己的尾巴，在他眼前旋转。他像触电一般地猛然醒过来，终于明白，苯分子是一个环，由六个碳原子首尾相接而成。

然而故事到这里并未结束，1989 年，威廉・怀斯威瑟发表了一篇让人震惊的论文，题目是“洛斯密德，一个被遗忘了的天才”，文中披露了一些鲜为人知的史料：早在凯库勒发表他那篇关于苯环结构的著名论文前四年，奥地利的一位名不见经传的中学教师，名叫洛斯密德，已经出版了一本书，题为《化学研究》。该书详尽地描述了包括苯环结构在内的 368 个有机化合物的结构式。而后来，凯库勒关于苯环结构之梦的描述实有沽名钓誉之嫌。因为有证据表明，凯库勒在 1865 年发表那篇论文前，就已经读过洛斯密德在 1861 年出版的《化学研究》一书，这一结论，恰如化学史坛上的一次强地震。此外，1861 年出版的《化学研究》一书中，还附有洛斯密德的另一篇重要论文，是关于“洛斯密德常数”（即阿伏伽德罗常数）的计算推导，由该常数可以推导出分子的大小尺寸。洛斯密德在 1865 年发表的关于如何计算分子大小的那篇杰出的论文被人们称为十九世纪中叶化学史上最伟大的发现之一。

◎ 目 标 检 测 ◎

一、选择题

1. 下列化合物不能在酸性高锰酸钾作用下氧化为苯甲酸的是（　　）。

A. 甲苯　　B. 乙苯　　C. 叔丁苯　　D. 环己基苯

2. 下列化合物进行硝化反应的速率最大的是（　　）。

A. 甲苯　　B. 硝基苯　　C. 苯　　D. 氯苯

3. 下列物质中不能发生傅-克反应的是（　　）。

A. 甲苯　　B. 苯酚　　C. 苯胺　　D. 萘

4. 最容易发生亲电取代的化合物是（　　）。

A. 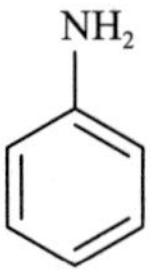

B. 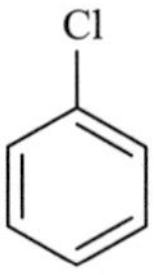

C. 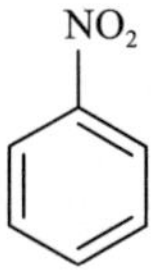

D. 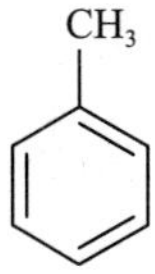

5. 在苯环的亲电取代反应中，属于邻、对位定位基的是（　　）。

A. $—NO_2$　　B. $—COCH_3$　　C. $—SO_3H$　　D. $CH_3CONH—$

6. 不能使溴水褪色的化合物是（　　）。

A. 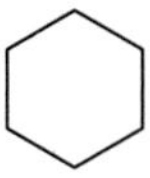
B. 
C. $HC\equiv CH$
D. 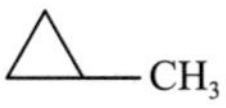

7. 能被氧化为一元芳香酸的是（　　）。

A. 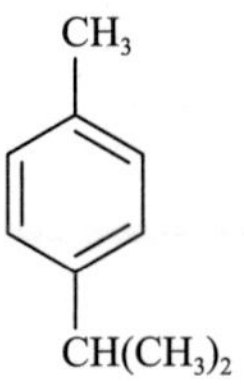

B. 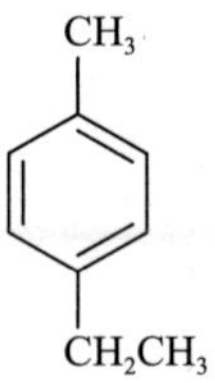

C. 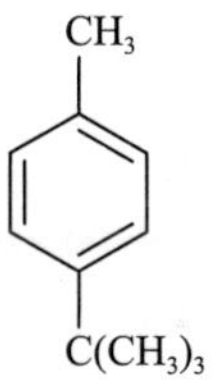

D. 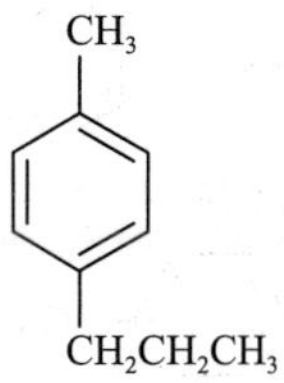

8. 下列分子中的各原子不在同一平面上的是(　　)。

A. 甲烷　　B. 乙烯　　C. 乙炔　　D. 苯

9. 苯环上的氢原子被 1 个氯原子取代后生成的一氯化物只有一种的是(　　)。

A. 乙苯　　B. 邻二甲苯　　C. 间二甲苯　　D. 对二甲苯

10. 下列物质发生亲电取代反应的活性顺序为(　　)。

a. 氯苯　b. 苯酚　c. 苯甲醚　d. 硝基苯　e. 苯

A. b>c>e>a>d　　B. a>b>c>d>e

C. d>a>b>c>e　　D. e>d>c>b>a

二、简答题

1. 写出单环芳烃 C_9H_{12} 的所有同分异构体的结构式并命名。

2. 写出下列反应的反应物的结构式。

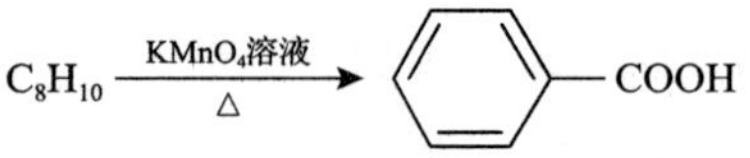

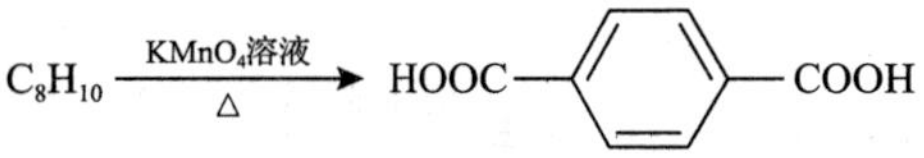

$C_9H_{12} \xrightarrow[\triangle]{KMnO_4溶液} C_6H_5COOH$

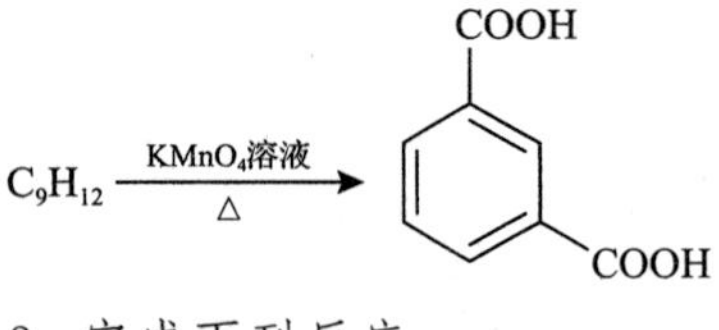

3. 完成下列反应：

(1) 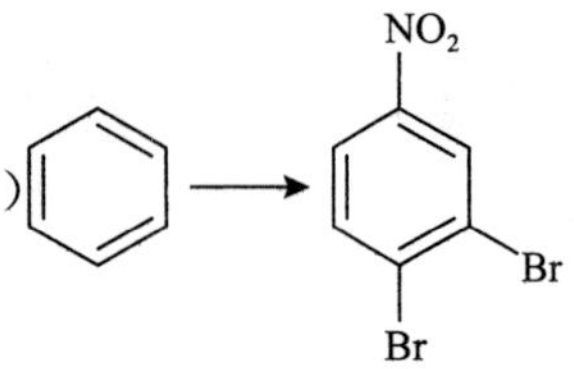

(2) 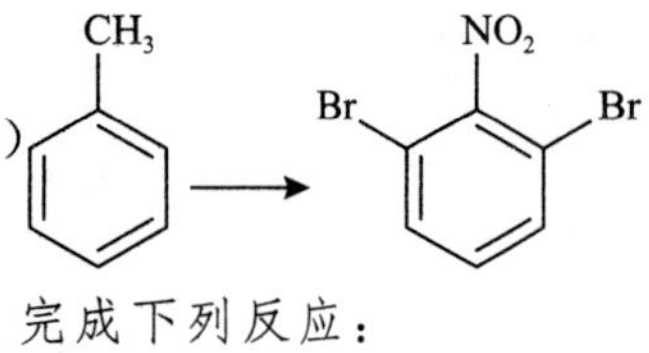

4. 完成下列反应：

(1) 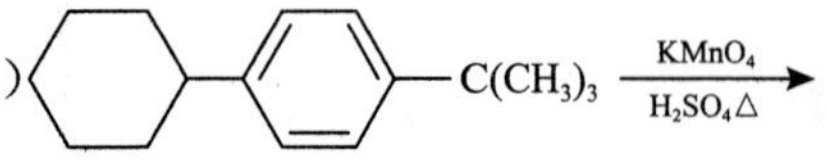

(2) 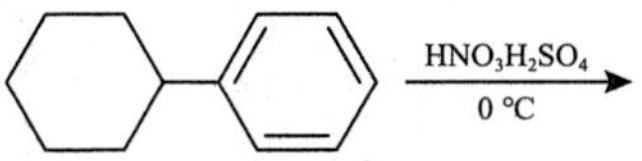

(3) 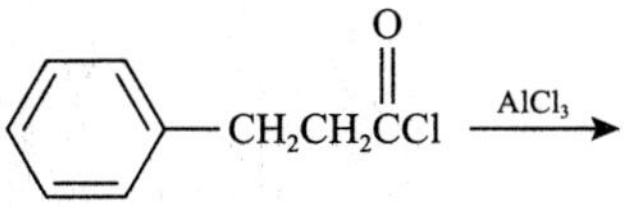

(4) 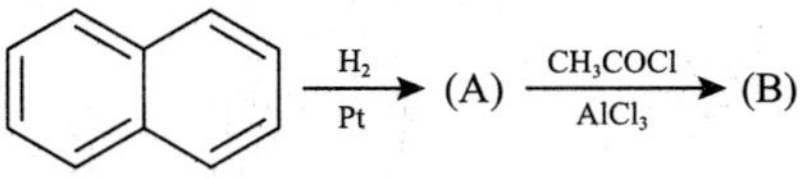

(5) 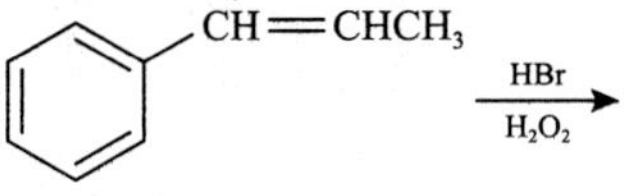

5. 用化学方法区别下列化合物：

A. 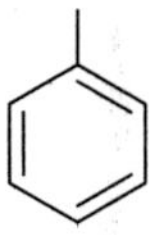 B. 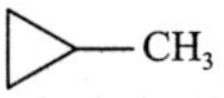 C.  D. 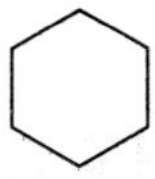

6. 某烃类化合物 A 的分子式为 C_9H_8，能使 Br_2 的 CCl_4 溶液褪色，在温和的条件下就能与 1 mol 的 H_2 加成生成 B(分子式为 C_9H_{10})；在高温高压下，A 能与 4 mol 的 H_2 加成；剧烈条件下氧化 A，可得到一个邻位的二元芳香羧酸。试推断 A 可能的结构。

项目五

卤　代　烃

任务一　卤代烃的分类和命名

一、卤代烃的分类

卤代烃可以按下面三种方法分类。

(1)按卤原子所连接的烃基结构,可分为饱和卤代烃、不饱和卤代烃和芳香卤代烃。在不饱和卤代烃中,卤原子与双键碳直接相连的称为乙烯型卤代烃,卤原子与双键邻位碳相连的称为烯丙型卤代烃。在芳香卤代烃中,卤原子与苯环直接相连的称为苯型卤代烃,与苯甲位碳相连的称为苯甲型(或苄型)卤代烃。

CH_3CH_2X　　$H_2C{=}CH{-}X$　　$H_2C{=}CH{-}CH_2X$　　　　

（乙烯型卤代烃）　（烯丙型卤代烃）　（苯型卤代烃）　（苯甲型卤代烃）

饱和卤代烃　　不饱和卤代烃　　芳香卤代烃

(2)按分子中卤原子的数目,可分为一卤代烃、二卤代烃及三卤代烃,其余依次类推。在二卤代烃中,两个卤原子连在同一个碳原子上的称为偕二卤代烃。两个卤原子连在相邻碳原子上的称为邻二卤代烃或连二卤代烃。在三卤代烃中,三卤甲烷俗称卤仿。

一卤代烃	二卤代烃		三卤代烃	
CH_3CHXCH_3	CH_2X_2	XCH_2CH_2X	CHX_3	XCH_2CHX_2
	偕二卤代烃	邻二卤代烃	卤仿	1,1,2-三卤乙烷

(3)按与卤原子相连的碳原子的级数,可分为一级卤代烃、二级卤代烃和三级卤代烃。

$(CH_3)_2CHCH_2X$	$CH_3CH_2CHXCH_3$	$(CH_3)_3C{-}X$
一级卤代烃	二级卤代烃	三级卤代烃

二、卤代烃的命名

1. 普通命名法

结构比较简单的卤代烃常用普通命名法命名，用相应的烷烃为母体，称为卤代某烃或某基卤。例如：

CH_3Cl

氯甲烷

$CH_3CH_2CH_2CH_2F$

正氟丁烷

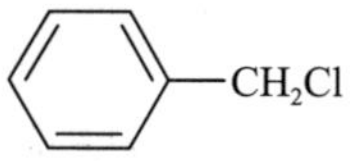

苄基氯

2. 系统命名法

卤代烷的系统命名以烷烃为母体，卤原子作取代基，按烷烃的命名原则来命名。主链的编号遵循位次最低原则，当主链有两个取代基且其一为卤原子时，由于在立体化学顺序规则中，卤原子优于烷基，应给予卤原子所连接的碳原子以较大的编号。命名时取代基列出的顺序按照“顺序规则”，较优基团在后。

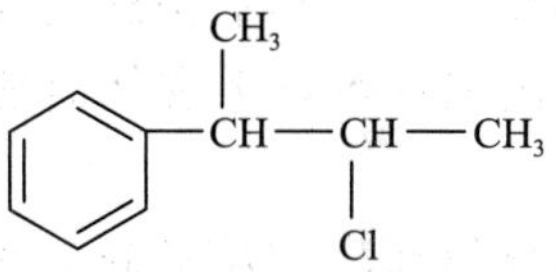

2-苯基-3-氯丁烷

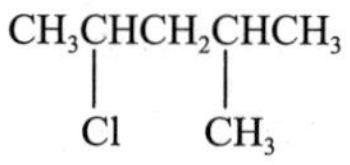

2-甲基-4-氯戊烷

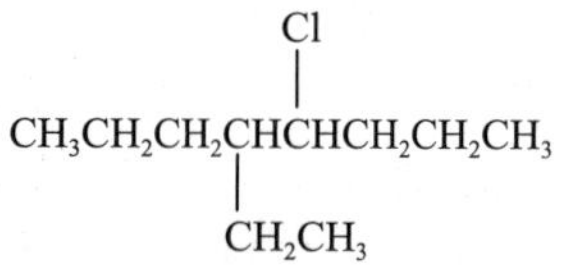

4-乙基-5-氯辛烷

卤代烯烃的系统命名是以烯烃为母体，把卤原子作为取代基，按烯烃的命名原则命名。例如：

$H_2C{=}CH—CH_2Br$

3- 溴丙烯

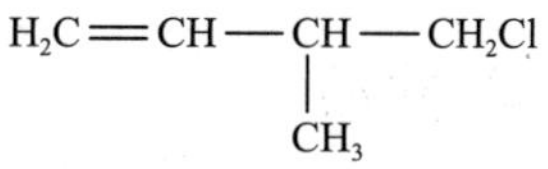

3- 甲基 -4- 氯 -1- 丁烯

卤代芳烃命名时，以芳烃为母体，卤原子作为取代基。例如：

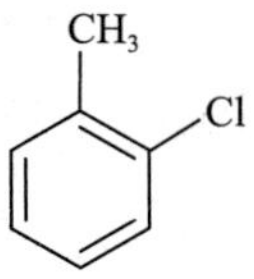

2-氯甲苯

1-氯-4-溴苯

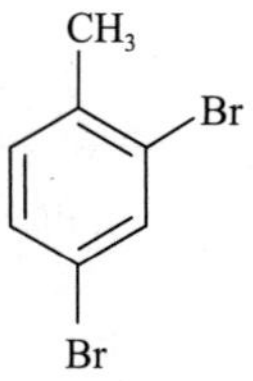

2,4-二溴甲苯

命名侧链卤代芳烃时，常以烷烃为母体，卤原子和芳环都作为取代基。例如：

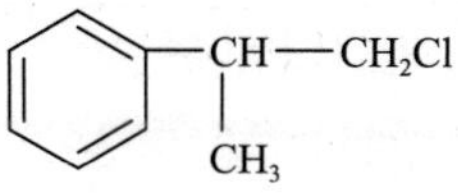

2-苯基-1-氯丙烷

卤代环烷烃则一般以脂环烃为母体命名，卤原子及支链都看作是它的取代基。例如：

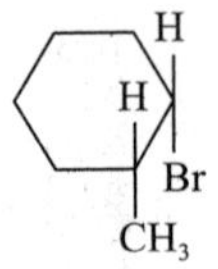

(1*R*,2*S*)-1-甲基-2-溴环己烷

任务二　卤代烃的性质

一、卤代烃的物理性质

在室温下，除氟甲烷、氟乙烷、氟丙烷、氯甲烷、氯乙烷及溴甲烷是气体外，其他常见的卤代烃一般为液体，高级卤代烃为固体。

纯粹的卤代烃是无色的，但是碘代烃容易分解而析出碘，所以，久置后逐渐带有棕红色。

一卤代烃具有一种令人不愉快的气味，其蒸气有毒，应该尽量避免吸入。所有卤代烃均不溶于水，而溶于弱极性或非极性的有机溶剂，如乙醚、苯和烃类。卤代烷在铜丝上燃烧时能产生绿色火焰，这可以作为鉴定卤素的简便方法。

由于C—X键具有极性，增加了分子间的作用力，所以卤代烷沸点较相应的烷烃高。烃基相同的卤代烷，以碘代烷的沸点最高，其次为溴代烷，氟代烷的沸点最低。在同一卤代烷的各种异构体中，与烷烃的情况类似，即直链异构体的沸点最高，支链越多的沸点越低。

一氯代烷的相对密度小于1，一溴代烷和一碘代烷的相对密度大于1，在同系列中，卤代烷的相对密度随碳原子数的增加而下降。

二、卤代烃的化学性质

1. 水解

卤代烃与氢氧化钠的水溶液共热，卤原子被氢氧化钠中的羟基(—OH)取代生成相应的醇，称为卤代烃的水解。

$$\underset{\text{(混合物)}}{C_5H_{11}Cl} + NaOH \xrightarrow{H_2O} \underset{\text{(混合物)}}{C_5H_{11}OH} + NaCl$$

2. 醇解

卤代烃与醇钠在相应的醇溶液中共热，卤原子被烷氧基(—OR)取代生成醚，称为卤代烃的醇解。这是制备不对称醚最常用的一种方法，称为Williamson合成法。

$$CH_3CH_2CH_2Br + (CH_3)_3CONa \xrightarrow[(CH_3)_3COH]{\triangle} CH_3CH_2CH_2OC(CH_3)_3 + NaBr$$

3. 氰解

卤代烃与氰化钠(或氰化钾)反应，卤原子被氰基(—CN)取代生成腈。

$$CH_3CH_2Br + NaCN \longrightarrow CH_3CH_2CN + NaBr$$

该反应主要适用于伯卤代烃，因为 NaCN 是碱，叔卤代烃在碱性条件下易发生消除反应生成烯烃。卤代烃转变成腈后，分子中增加了一个碳原子，这是有机合成中增长碳链的方法之一。此外，引入—CN 后还可进一步转化为其他官能团，如—COOH、—$CONH_2$ 等。例如：

$$RCN \xrightarrow{H_2O} R-\overset{\overset{\displaystyle O}{\|}}{C}-NH_2 \xrightarrow{H_2O} R-\overset{\overset{\displaystyle O}{\|}}{C}-OH$$

$$RCN \xrightarrow{[H]} R-CH_2NH_2$$

4. 氨解

卤代烃与氨作用生成有机胺，卤原子被氨基（—NH_2）取代，因此常称为氨解反应。

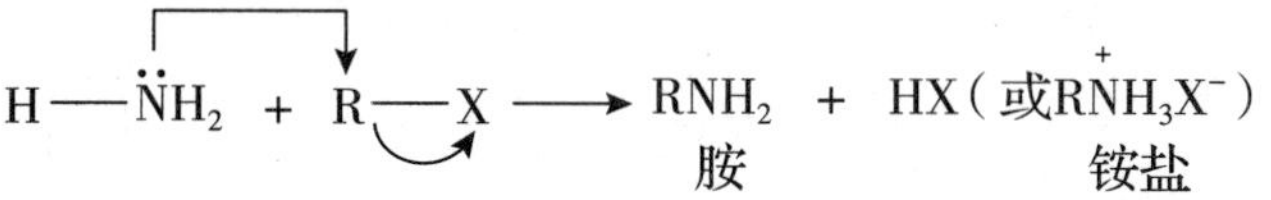

因为胺有碱性，它可与同时生成的 HX 形成铵盐。在这里氨解反应还可按如下形式继续进行。

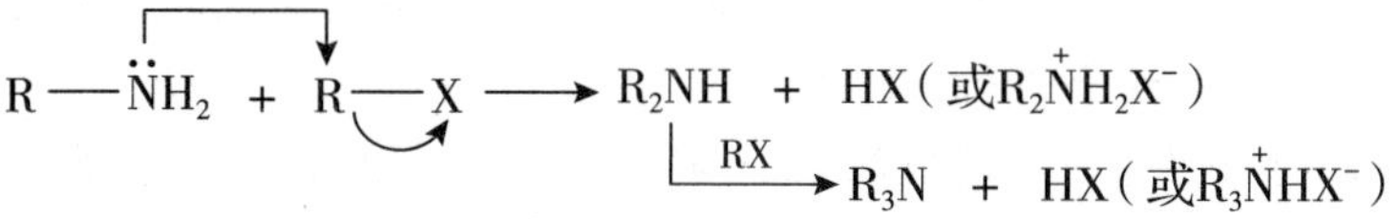

5. 与硝酸银的乙醇溶液反应

卤代烃与硝酸银的乙醇溶液反应，生成硝酸酯和卤化银沉淀。

$$RX + AgNO_3 \xrightarrow{C_2H_5OH} RONO_2 + AgX\downarrow$$

由于不同卤代烃在该反应中的速率不同，因此可以根据卤化银沉淀生成的快慢来鉴别卤代烃。一般来说，具有相同烃基结构的卤代烃，反应活性次序是 RI＞ RBr ＞ RCl。而卤原子相同，烃基结构不同时，反应活性次序为 3°＞2°＞1°。综合考虑：室温下，苯甲型卤代物、烯丙型卤代物、三级卤代烃及一般碘代烃能与硝酸银的乙醇溶液反应快速生成卤化银沉淀；一级、二级氯代烃和溴代烷则需要温热几分钟才能产生卤化银沉淀；苯型和乙烯型卤代物即使加热也不发生此反应；两个或多个卤原子连在同一个碳原子上的多卤代烷也不起反应。

6. 卤素互换反应

氯代烃和溴代烃分别与碘化钠在丙酮中反应，生成碘代烃。由于碘化钠可溶于丙酮，而氯化钠和溴化钠都不溶于丙酮，因此反应可进行到底。

$$RCl + NaI \xrightarrow{\text{丙酮}} RI + NaCl\downarrow$$

$$RBr + NaI \xrightarrow{\text{丙酮}} RI + NaBr\downarrow$$

7. 与金属镁反应——格氏试剂的生成

在常温下，把镁屑放在无水乙醚中，滴加卤代烃，卤代烃与镁作用生成有机镁化合物，该产物不须分离即可直接用于有机合成反应，这种有机镁化合物称为格氏试剂，其结构式为 RMgX。

$$RX + Mg \xrightarrow[0\sim5\ ℃]{醚} RMgX$$

乙醚的作用是与格氏试剂配位后生成稳定的溶剂化物，这样格氏试剂较稳定。

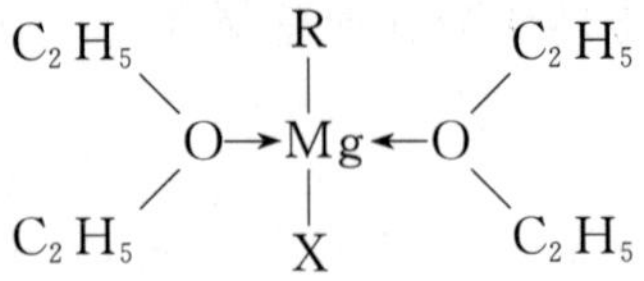

为防止生成的试剂与水、氧气、二氧化碳反应以及与未反应的卤代烃偶联，反应需在惰性气体保护下于低温进行。卤代烃与镁反应是在金属表面发生的。首先，RX 在 Mg 的表面上产生 R· 和 X· ，X· 和 Mg 结合，然后进一步反应得到 RMgX。

$$RX \xrightarrow{Mg} R\cdot + X\cdot \text{（在金属表面发生）}$$

$$X\cdot + Mg \longrightarrow XMg\cdot \xrightarrow{RX} RMgX + X\cdot$$

脂肪卤代烃和一卤代芳香烃，一般均可形成格氏试剂。卤代烃与镁的反应活性为：RI＞RBr＞RCl＞RF，3°＞2°＞1°。苯甲型、烯丙型卤代烃特别容易与格氏试剂偶联，因此通常用氯化物为原料，反应必须于低温下进行。

位于双键或苯环上的原子，特别是氯原子，在乙醚中不易形成格氏试剂，但反应可以在四氢呋喃中顺利进行。在制备格氏试剂时，若反应迟迟不开始，可以加一小粒碘来引发反应。

格氏试剂的性质非常活泼，能与多种含活泼氢的化合物作用，生成相应的烃。

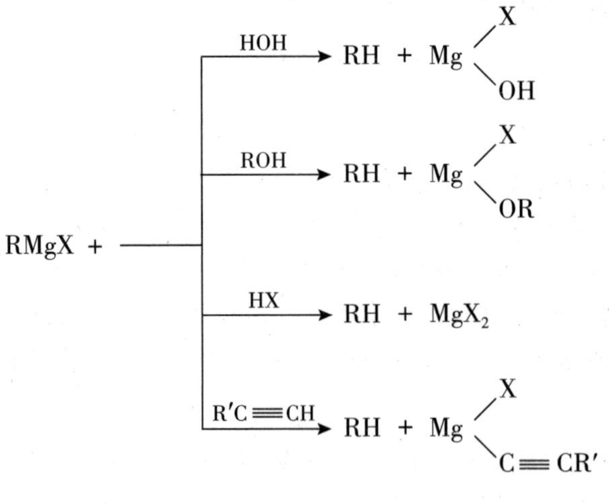

8. 与金属锂反应

卤代烃可与金属锂作用生成锂有机化合物。例如：

$$CH_3CH_2CH_2CH_2Br + 2Li \xrightarrow[-10\ ℃]{无水乙醚} CH_3CH_2CH_2CH_2Li + LiBr$$

有机锂试剂是一种重要的金属有机试剂，其制法、性质与格氏试剂十分相似。

有机锂与碘化亚铜可生成二烷基铜锂试剂（R_2CuLi）。

$$2RLi + CuI \xrightarrow{\text{无水乙醚}} R_2CuLi + LiI$$

二烷基铜锂的烃基可以是一级烷基、二级烷基，也可以是烯丙基、苄基、乙烯基和芳基等。

$$R_2CuLi + R'X \longrightarrow R{-}R' + RCu + LiX$$

二烃基铜锂与卤代烃反应生成烷烃，这是制备烷烃的一种方法，称为 Corey-House 合成。

R′X 中的烃基可以是一级烷基，也可以是烯丙基、苄基、乙烯基、芳基，有时二级烷基也能发生反应。

9. 消除反应

在一个有机化合物分子中消除两个原子或基团的反应称为消除反应。若被消除的两个原子或基团连在同一个碳原子上，该消除反应称为 α-消除或 1,1-消除；若被消除的两个原子或基团连在两个相邻的碳原子上，则称为 β-消除或 1,2-消除。

大多数消除反应如醇失水、卤代烃失卤化氢、邻二卤代烷失卤素都是 β-消除反应，它们是制备烯烃的重要反应。

三级卤代烃最容易脱去卤化氢，二级卤代烃次之，一级卤代烃最难。二级卤代烃和三级卤代烃在消除卤化氢时，反应有时可以在碳链的两个不同方向进行，因此，可能得到两种不同的产物。例如：

$$CH_3CH_2\underset{\displaystyle Br}{\underset{|}{C}}HCH_3 \xrightarrow{KOH-C_2H_5OH} \underset{81\%}{CH_3CH{=}CHCH_3} + \underset{19\%}{CH_3CH_2CH{=}CH_2}$$

$$CH_3CH_2\overset{\displaystyle CH_3}{\overset{|}{\underset{\displaystyle Br}{\underset{|}{C}}}}CH_3 \xrightarrow{KOH-C_2H_5OH} \underset{71\%}{CH_3CH{=}C(CH_3)_2} + \underset{29\%}{CH_3CH_2\overset{\displaystyle CH_3}{\overset{|}{C}}{=}CH_2}$$

实验证明，在 β-消除反应中，主要产物是由含氢较少的碳提供氢原子，生成双键碳原子上连接烃基较多的稳定烯烃。这个经验规则是俄国化学家扎依采夫(Zaitsev)于 1875 年根据当时的实验事实提出的，故称为 Zaitsev 规则，生成的稳定的烯烃称为 Zaitsev 产物。而由含氢较多的 β-碳原子提供氢原子生成的烯烃称为反 Zaitsev 产物。

10. 还原反应

卤代烃可被多种试剂还原，生成烷烃。

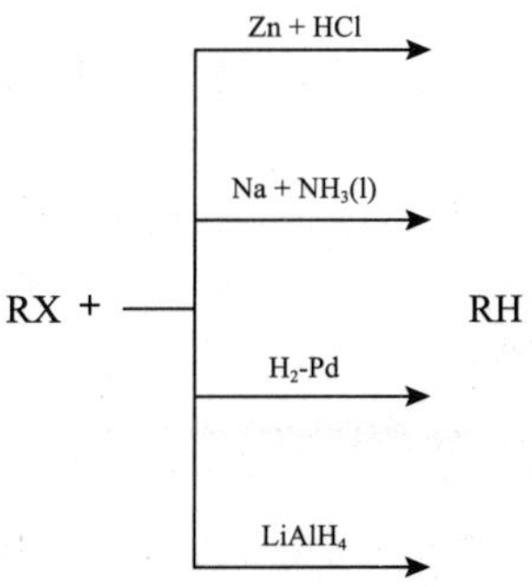

以上介绍了卤代烃的主要化学反应。通过这些反应可以把卤代烃转化为多种类型的化合物,在有机合成中,可以发挥非常重要的作用。

三、重要的卤代烃

1. 三氯甲烷

三氯甲烷($CHCl_3$)又称为氯仿,是一种无色而又香甜味的液体,沸点为 61.2 ℃,微溶于水,能与常用的有机溶剂混溶。三氯甲烷本身就是一种不燃性的常用溶剂和合成原料,曾用作麻醉剂,但由于毒性大,现已禁用。

三氯甲烷在常温、有空气存在和光照下能分解产生剧毒的光气,若加入少量乙醇可增加其稳定性,便于长期储存。三氯甲烷应存放在棕色瓶中。

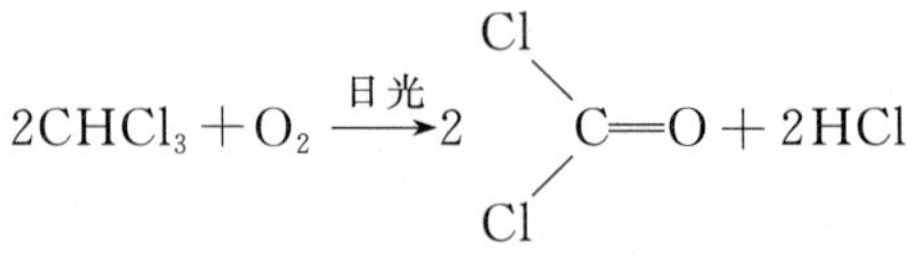

三氯甲烷可以由甲烷氯化得到。四氯化碳还原也生成三氯甲烷:

$$3CCl_4 + CH_4 \xrightarrow{400\sim500\ ℃} 4CHCl_3$$

$$CCl_4 + H_2 \xrightarrow{Fe+H_2O} CHCl_3 + HCl$$

此外,工业上还用乙醇或乙醛与次氯酸盐作用来合成氯仿。

2. 氯乙烯

氯乙烯 $CH_2{=}CHCl$ 为无色、易液化气体,沸点 −13 ℃。氯乙烯是有毒物质,长期吸入和接触氯乙烯可能引发肝癌。

氯乙烯是一种应用于高分子化工的重要的单体,可在催化剂存在的条件下加热至 150～160 ℃,由乙炔与氯化氢发生加成反应制得。

$$HC{\equiv}CH + HCl \xrightarrow[\triangle]{催化剂} CH_2{=}CHCl$$

氯乙烯主要用于制造聚氯乙烯,也可与乙酸乙烯酯、丁二烯、丙烯腈、丙烯酸酯、偏氯乙烯等共聚,制造胶黏剂、涂料、食品包装材料、建筑材料等,还可用作染料及香料的萃取剂,用作塑料原料及用于有机合成,也用作冷冻剂等。

3. 四氟乙烯

制备四氟乙烯($F_2C{=}CF_2$),在工业上先由氯仿和 HF 作用,制得二氟一氯甲烷:

$$CHCl_3 + 2HF \xrightarrow[20\sim30\ ℃]{SbCl_5} CHClF_2 + HCl$$

$CHClF_2$ 加热分解生成四氟乙烯:

$$2CHClF_2 \xrightarrow{600\sim750\ ℃} F_2C{=}CF_2 + 2HCl$$

四氟乙烯在常温下为无色气体(沸点 −76.3 ℃)。在引发剂过硫酸铵等作用下,四氟乙烯在加压的条件下，可聚合生成聚四氟乙烯：

$$nF_2C{=}CF_2 \xrightarrow[50\ ^\circ C, 490.5\ kPa]{(NH_4)_2S_2O_8, H_2O, HCl} {\rm +F_2C{-}CF_2+_n}$$

聚四氟乙烯是白色或淡灰色的固体，其平均相对分子质量为$(4\sim10)\times10^6$。它是一种非常稳定的塑料，能够耐高温而不易老化（可在 100～300 ℃内使用），耐低温达－200 ℃，号称“塑料大王”。能耐强酸强碱，甚至在“王水”中煮沸也无变化，有极好的绝缘性能和良好的不黏附性，无毒性，有自润滑作用。

◎ 思 政 园 地 ◎

制冷剂——氟利昂

在炎热的夏天，空调成了日常不可或缺的电器。我们在享受空调带来凉爽的同时，也不能忽略背后的环境危机。危机来源之一就是空调早期的制冷剂——氟利昂。

氟利昂是一种常见的制冷剂，大致分为三类，包括氯氟烃类、氢氯氟烃类、氢氟烃类。一般在常温常压下为气体，略有芳香味，具有较强的化学稳定性和热稳定性，以及表面张力小、气液两相变化容易、无毒、亲油、价廉等优点。直到氟利昂问世 50 年以后，人们才认识到氟利昂对臭氧层的破坏作用。

氟利昂首先被排放到大气中，少量会升入平流层，在强烈的紫外线照射下发生分解，产生自由的氯原子。活跃的氯原子进入臭氧层，与臭氧反应，破坏臭氧层，氯原子不断参与反应，甚至造成“臭氧空洞”，大大削弱臭氧层对紫外线的吸收能力。强烈的紫外辐射使得 DNA 在内的重要生物分子分解，增加人类患皮肤癌、白内障和免疫缺损病的发生率，危害农作物和水生生态系统。因此，在 1987 年，多国签署了《蒙特利尔破坏臭氧层物质管制议定书》，以限制氟利昂的排放，但这条禁令并没有彻底阻止人们使用氟利昂，直到 1996 年，氟利昂才被全面禁止使用。

尽管氟利昂的使用已经被禁止，但是氯氟烃类物质仍然存在于大气中，并且需要数十年时间才能完全分解。因此，全球范围内限制氯氟烃类物质的使用仍然是非常重要的环境保护工作。

随着保护环境的意识日益提高，科学家们也在致力于研究更加清洁环保的制冷剂。研究发现，目前使用的第四代制冷剂 HFOs（氢氟烯烃）拥有零 ODP 值（臭氧层消耗潜能值）和极低的 GWP 值（全球变暖潜能值），被看作是有巨大潜力的新一代制冷剂。

◎ 目 标 检 测 ◎

一、选择题

1. 下列化合物在 NaI 的 CH_3COCH_3 溶液中反应最快的为（　　）。

A. 3-溴-1-丙烯　　B. 溴乙烯

C. 1-溴丁烷　　D. 2-溴丁烷

2. 下列化合物能与镁生成格氏试剂的是(　　)。

A. 　B. 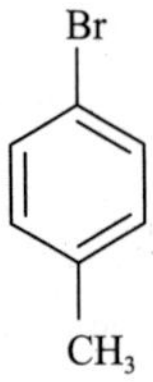　C. 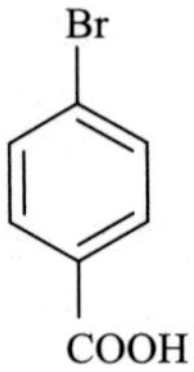　D. 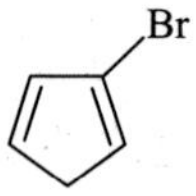

3.(多选)由醇制备卤代烃时常用的卤代剂有(　　)。

A. Br_2/CCl_4　B. $FeBr_3$　C. PCl_3　D. $SOCl_2$

4. 下列化合物发生消除反应活性顺序是(　　)。

①$(CH_3)_3CCl$　②$(CH_3)_3CBr$　③$CH_3CH_2CH_2Cl$　④$CH_3CH_2CHClCH_3$

A. ①>②>③>④　B. ②>①>③>④

C. ②>①>④>③　D. ①>②>④>③

5. 合成格氏试剂一般在下列哪一溶剂中进行反应?(　　)

A. 醇　B. 醚　C. 酯　D. 石油醚

6. 常用于表示格氏试剂的通式是(　　)。

A. RMgX　B. RX

C. MgX_2　D. RMgR′

7. 氟利昂可用作制冷剂,它是(　　)。

A. 胺类　B. 烯烃

C. 炔烃　D. 含氟及氯的烷烃

8. 下列化合物与 $AgNO_3$ 的乙醇溶液作用,产生沉淀最快的是(　　)。

A. 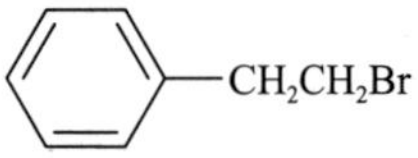　B. 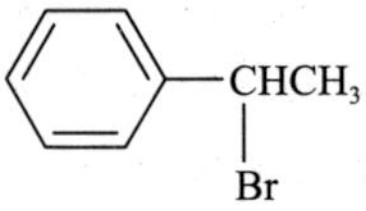

C. 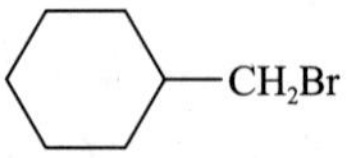　D. 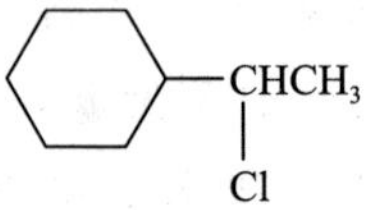

9. 下列卤代烃中密度最大的是(　　)。

A. CH_3Cl　B. CH_2Cl_2　C. $CHCl_3$　D. CCl_4

二、简答题

1. 用系统命名法命名下列化合物。

(1)$CH_2ClCH_2CH_2CH_2Cl$

(2) 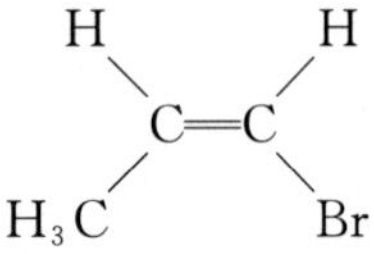

(3) 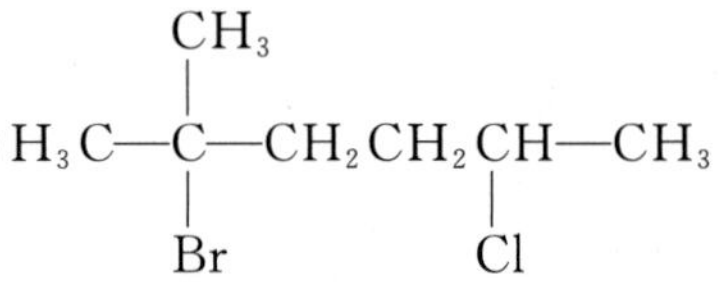

(4) 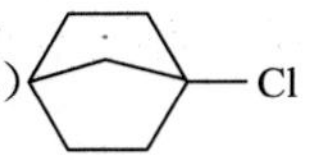

(5) 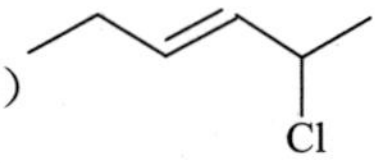

(6) 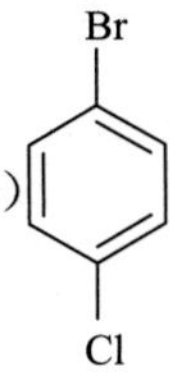

2. 写出下列反应的主要产物。

(1) 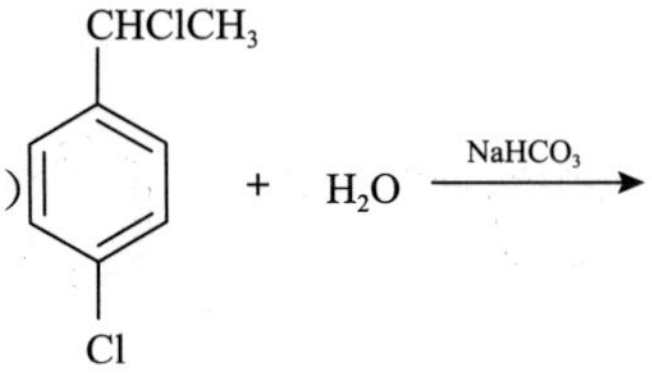

(2) $HOCH_2CH_2CH_2Cl + HBr \longrightarrow$

(3) 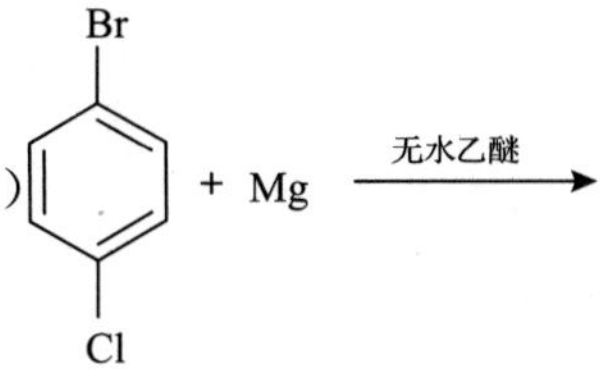

3. 将以下各组化合物按照不同要求排列成序。

(1)水解速率。

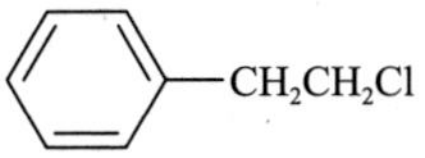　　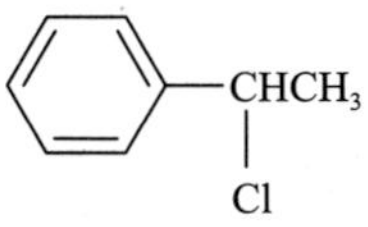　　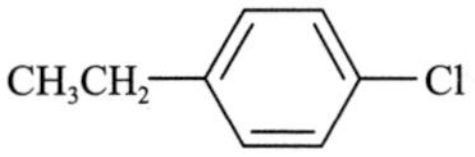

(2)与 $AgNO_3$-乙醇溶液反应的难易程度。

$BrHC{=}CHCH_3$　　$CH_3CH_2CH_2Br$　　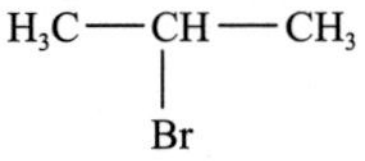　　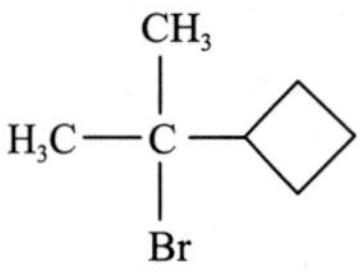

4. 用化学方程式表示 α-溴代乙苯与下列化合物反应的主要产物。

(1) NaOH(水)　　(2) KOH(醇)

(3) Mg,乙醚　　(4) NaI/丙酮

(5) $CH_3C{\equiv}CNa$　　(6) NH_3

5. 有一化合物分子式为C_8H_{10}，在铁的存在下与 1 mol 溴作用，只生成一种化合物 A，A 在光照下与 1 mol 氯作用，生成两种产物 B 和 C，试推断 A、B、C 的结构。

6. 用简便的化学方法鉴别下列化合物。

$H_2C{=}CHBr$　　$H_2C{=}CHCH_2Br$　　$H_2C{=}CHCH_2CH_2Br$　　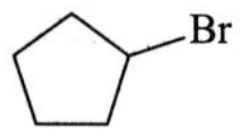　　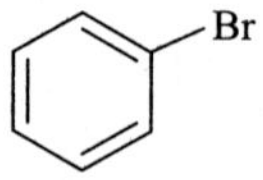

项目六

醇、酚、醚

醇、酚、醚都是烃的含氧衍生物，但属于不同的类型。醇是脂肪烃分子中的 H 或芳烃侧链上的 H 被羟基(—OH)所取代的产物，一般用 R—OH 表示。酚是芳香烃环上的 H 被羟基所取代的化合物，一般用 Ar—OH 表示。羟基是醇和酚的官能团。醚是水分子中两个 H 被烃基所取代的化合物，醚类化合物都含有醚键(C—O—C)。

任务一　醇

一、醇的分类及命名

(一)醇的分类

根据醇分子中羟基的数目，可以分为一元醇、二元醇及多元醇。根据羟基所连接 C 的数目不同，分为一级醇(伯醇)、二级醇(仲醇)、三级醇(叔醇)。

一级醇	二级醇	三级醇
RCH_2OH	$RCH(OH)R'$	$RC(R')(R'')OH$

根据醇分子中烃基的类别又可分为脂肪醇、脂环醇、芳香醇，或饱和醇、不饱和醇。

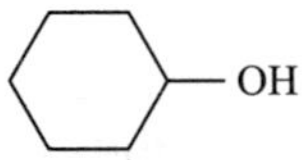

环己醇(脂环醇)

$CH_2=CHCH_2OH$

烯丙醇(不饱和醇)

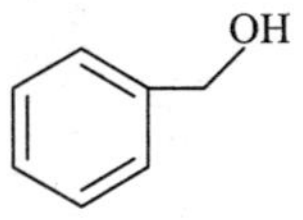

苯甲醇(芳香醇)

羟基和碳碳双键直接相连的醇叫作烯醇(如乙烯醇 $CH_2=CHOH$)，但是烯醇不稳定，会互变为较稳定的醛或酮。

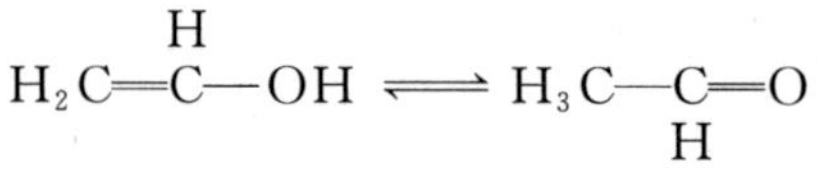

乙烯醇　　　　乙醛

(二)醇的命名

1. 俗名

如木精（CH_3OH）、酒精（C_2H_5OH）、甘醇（$HOCH_2CH_2OH$）、甘油（丙三醇，$CH_2OHCHOHCH_2OH$）等。

2. 普通命名法

简单的一元醇可用普通命名法命名，根据羟基所连烃基的名称来命名，直接在“醇”前面加上烃基的名称即可，即“某”醇。

3. 系统命名法

CH_3OH

甲醇

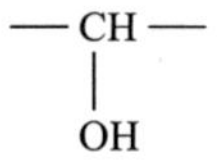

异丙醇

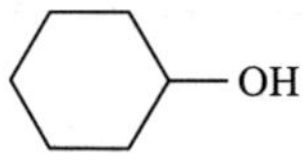

环己醇

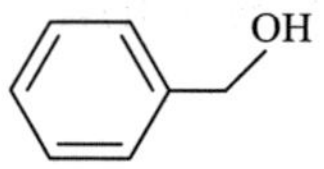

苄醇

以羟基为官能团，以最长碳为主链，并依次编号，使羟基位次最小，其余支链为取代基，按主链所含碳原子数称作“某”醇。

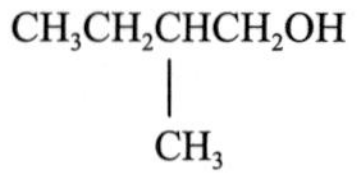

2-甲基-1-丁醇

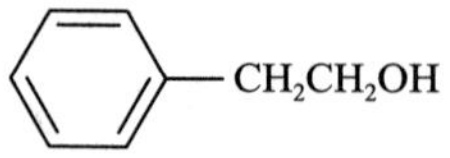

2-苯基乙醇

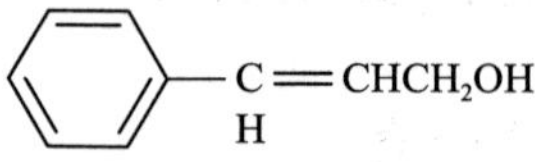

3-苯基-2-丙烯醇（肉桂醇）

多元醇选取羟基尽可能多的碳链作为主链，根据主链的碳原子数称为“某几醇”。

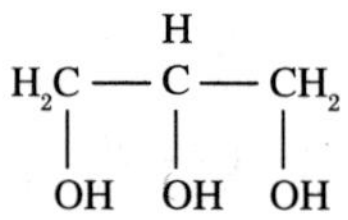

丙三醇（甘油）

顺-1,2-环戊二醇

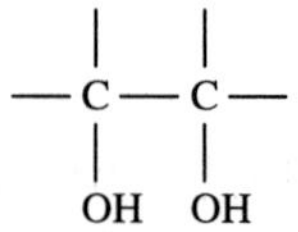

2,3-二甲基-2,3-丁二醇

4. 甲醇衍生物命名法

以甲醇为母体，将其他醇看作是甲醇的烃基衍生物。

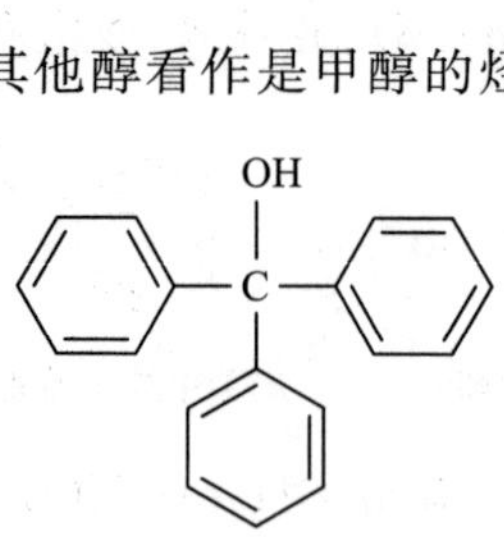

三苯甲醇

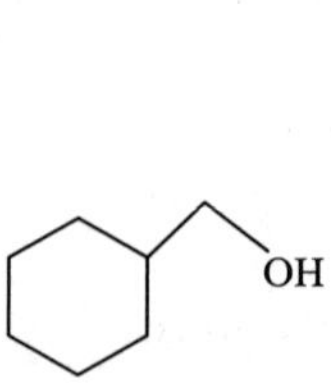

环己基甲醇

二、醇的结构和性质

(一)醇的结构

最简单的醇是甲醇，在 CH_3OH 分子中，C 和 O 都呈 sp^3 杂化，甲醇为四面体构型(图 3-6-1)，键角约为 109°，O 的两个孤电子对各占据一个 sp^3 轨道。由于醇分子中 O 的电负性比 C 大，使 O 的电子密度较高，因此 C—O 键使极性键，醇分子有较大的极性。

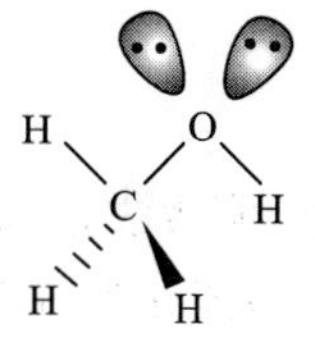

图 3-6-1　甲醇的结构

(二)醇的物理性质

1. 熔沸点

醇分子间可形成氢键，其熔沸点要比和其分子量相近的烃大很多。在直链饱和一元醇中，C_4 以下的为有酒味的流动液体，C_5～C_{11} 的为具有令人不愉快的气味的油状液体，C_{12} 以上的醇为无臭无味的蜡状固体。

2. 水溶性

醇羟基可与水的氢氧根形成氢键，但随着碳链的增长，醇不溶性增加。其中甲醇、乙醇、丙醇能与水以任意比例混溶；从正丁醇开始溶解度降低；到癸醇以上则不溶于水。

3. 密度

饱和一元醇的密度虽比相应的烷烃大，但仍比水小，相对密度均小于 1。

4. 醇化物

低级醇可与无机盐($MgCl_2$，$CaCl_2$，$CuSO_4$ 等)形成结晶分子化合物($MgCl_2 \cdot 6CH_3OH$，$CaCl_2 \cdot 4CH_3OH$，$CaCl_2 \cdot 4CH_3CH_2OH$ 等)，称为结晶醇或醇化物，因此不可用这些物质来干燥醇，结晶醇不溶于有机溶剂而溶于水。如工业中可以利用此性质除去乙醚中的少量乙醇。

(三)醇的化学性质

醇的化学性质主要由羟基官能团决定，同时也受烃基的影响(图 3-6-2)。

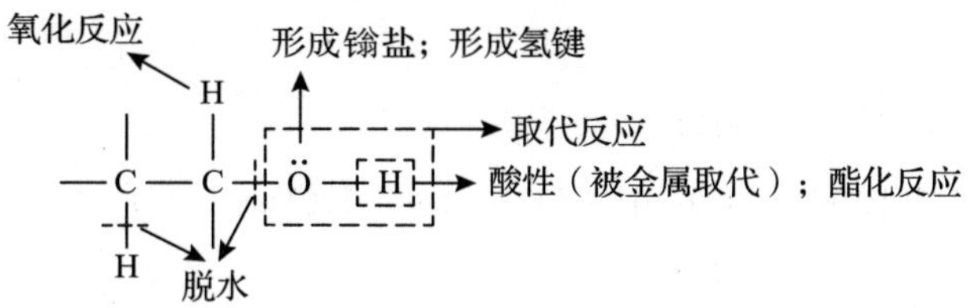

图 3-6-2　醇的化学性质

1. 羟基 H 的反应

(1)酸性(与活泼金属的反应)　醇具有弱酸性(pK_a 约为 16)，可与活泼金属反应并释放出氢气。醇与金属钠反应比水与金属钠反应要缓和的多，说明醇的酸性特别弱，相应的，其烷氧基负离子 RO^- 的碱性就比 HO^- 的强。

$$2C_2H_5OH + 2Na \longrightarrow 2C_2H_5ONa + H_2$$

醇与金属钠反应活性顺序如下，与碱性顺序相反：

反应活性：$CH_3OH > 1°$醇$> 2°$醇$> 3°$醇

碱性：$3°$醇钠$> 2°$醇钠$> 1°$醇钠$> CH_3ONa$

其他活泼金属，如金属镁、铝汞齐也可以在较高温度下和醇作用生成醇镁、醇铝和氢气。

(2)酯化反应　羟基 H 除了酸性，还可以与硫酸、硝酸、磷酸等反应，生成无机酸酯。醇与酸生成酯的反应称为酯化反应。

①醇与硫酸作用生成硫酸氢酯　硫酸氢乙酯是酸性酯，可以和碱作用生成盐。将硫酸氢乙酯或甲酯在减压条件下蒸馏，可以得到硫酸二乙酯或二甲酯。

$$C_2H_5OH + HOSO_2OH \longrightarrow C_2H_5OSO_2OH + H_2O$$

硫酸氢乙酯(乙基硫酸)

$$C_2H_5OSO_2\boxed{OH + HOSO_2}OC_2H_5 \xrightarrow[\text{减压}]{\triangle} C_2H_5OSO_2OC_2H_5 + H_2SO_4$$

硫酸二乙酯

②醇与浓硝酸或发烟硝酸作用生成硝酸酯

$$CH_3OH + HONO_2 \longrightarrow CH_3ONO_2 + H_2O$$

硝酸甲酯

甘油与硝酸发生酯化反应生成硝酸甘油酯，俗称硝化甘油。它是一种炸药，也是一种心血管扩张药。

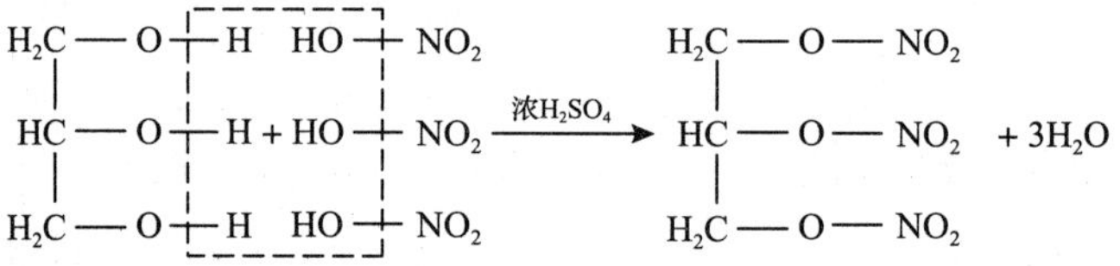

硝酸甘油酯

③醇与磷酸作用上生成磷酸酯　磷酸三丁酯常用作萃取剂或增塑剂。许多磷酸酯是重要的农药。

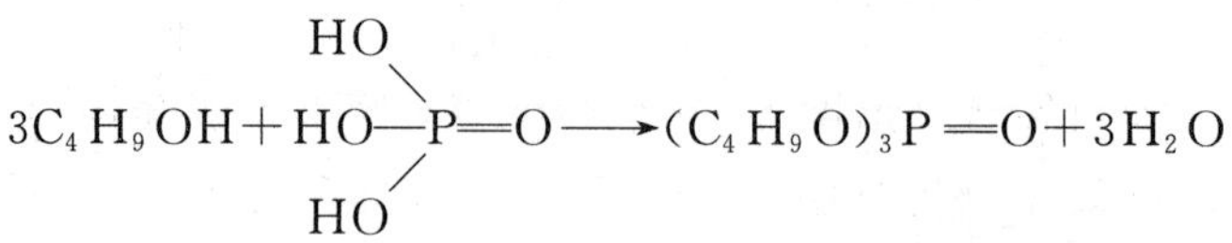

磷酸三丁酯

④醇与磺酰氯(Ts-Cl)反应生成磺酸烷基酯　对甲苯磺酸酯中磺酸根负离子(TsO^-)有弱碱性，这使它成为一个很好的离去基团，因此，磺酸烷基酯比醇容易进行亲核取代和消除反应。

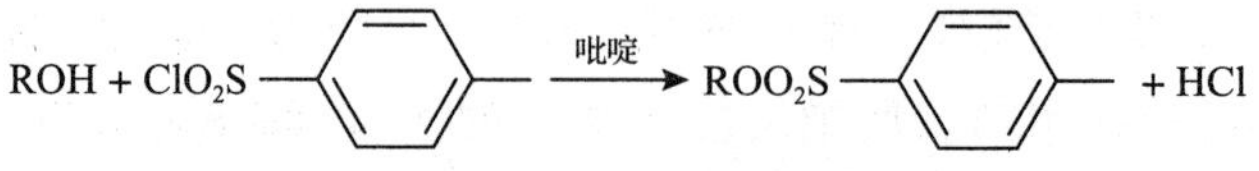

对甲苯磺酰氯　　对甲苯磺酸烷基酯

2. 羟基的亲核取代反应

(1)与氢卤酸反应 醇与氢卤酸反应生成卤代烃，是典型的取代羟基的反应。这是制备卤代烃的一种重要方法。

$$ROH+HX \longrightarrow R—X+H_2O$$

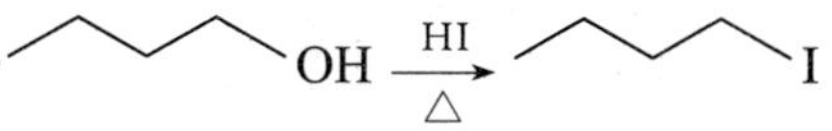

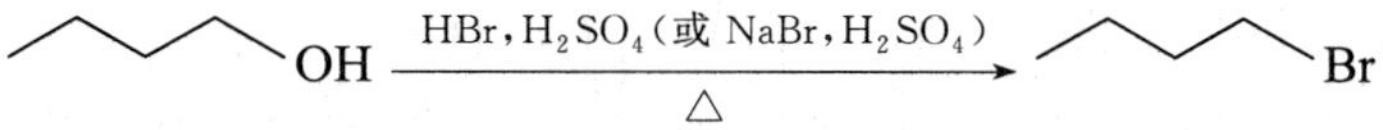

该反应的反应速率取决于醇的结构及氢卤酸的性质，其反应活性如下：

HI＞HBr＞HCl

烯丙型醇＞3°醇＞2°醇＞1°醇

利用醇与盐酸作用的快慢，可以区别一级、二级、三级醇，所用试剂为卢卡斯(Lucas)试剂(无水氯化锌与浓盐酸的混合物)。三级醇很快与卢卡斯试剂发生反应，生成的油状卤代烃不溶于酸，溶液浑浊后立即分层；二级醇作用较慢，静置片刻后溶液才浑浊，然后再分层；一级醇常温下不与卢卡斯试剂反应。

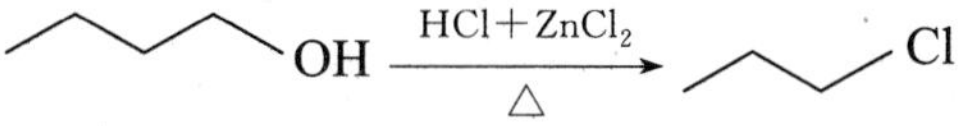

(2)与卤化磷(PX_3，PX_5)反应 醇与 PX_3 反应，可以得到卤代烃以及亚磷酸。该法一般用于制备溴代烃或碘代烃。如：

$$3ROH+PX_3 \longrightarrow 3RX+P(OH)_3$$

醇与 PX_5 反应，也可以得到卤代烃，但是副产物磷酸酯较多，所以一般不用于制备卤代烃。

(3)与亚硫酰氯反应 醇与亚硫酰氯反应，并生成二氧化硫气体和氯化氢气体，脱离反应体系，促进了反应正向进行。且该反应速率快、条件温和、产率高。因此，常用于制备氯代烃。

3. 羟基的消除反应

$$ROH+SOCl_2 \longrightarrow RCl+SO_2\uparrow+HCl\uparrow$$

(1)分子内脱水 醇可在较高温度下(400～800 ℃)脱水生成烯烃，是一种典型的β-消除反应；如果有氧化铝或浓硫酸催化剂存在，反应则可在较低温度下进行。

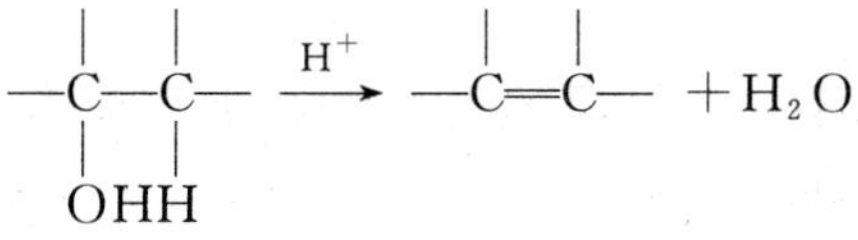

不同类型醇的脱水反应难易程度相差很大，其反应活性依次是：3°＞2°＞1°。仲醇、叔醇等脱水时，如有不同的β-H，则遵循扎伊采夫(Zaitsev)规则，即氢减氢少，生成双键上烃基较多的稳定烯烃。如：

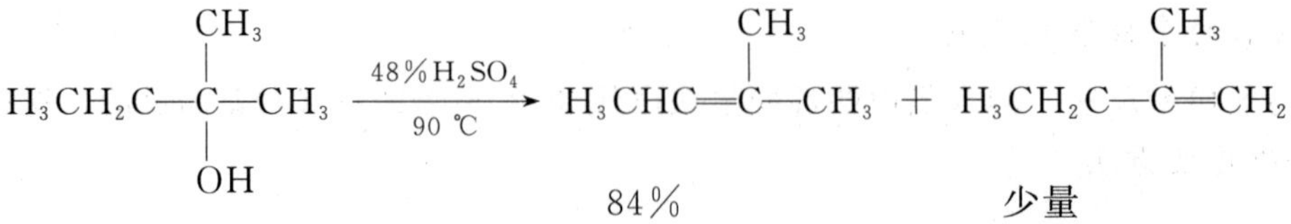

84%　　　　　少量

(2)分子间脱水　醇在分子间脱水则生成醚，与分子内脱水反应相比较，其反应温度要低一些。如：

$$CH_3CH_2O\,\boxed{H+HO}\,CH_2CH_3 \xrightarrow[140\ ^\circ C]{浓\ H_2SO_4} CH_3CH_2OCH_2CH_3 + H_2O$$

乙醚

4. 醇的氧化和脱氢反应

对于有机化学来讲，在有机物分子中加入氧或者脱去氢都属于氧化反应。目前已经知道，醇的氧化与羟基所连的碳原子上(即 α-C)有无氢原子有关。一级和二级醇可以被氧化成醛、酮或酸；三级醇由于没有 α-H，不易被氧化，在酸性条件下，易脱水生成烯烃，然后双键断裂，形成小分子化合物。常用的氧化剂有 $KMnO_4$、MnO_2、$K_2Cr_2O_7$-H_2SO_4、CrO_3、CrO_3-HOAc 等。

(1)氧化　伯醇在重铬酸钠(钾)的硫酸溶液中氧化先生成醛，醛再进一步被氧化成酸。

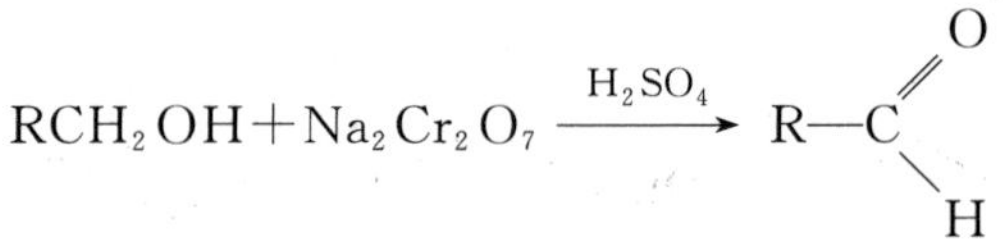

仲醇氧化生成酮，酮比较稳定，所以可用此法来合成酮。

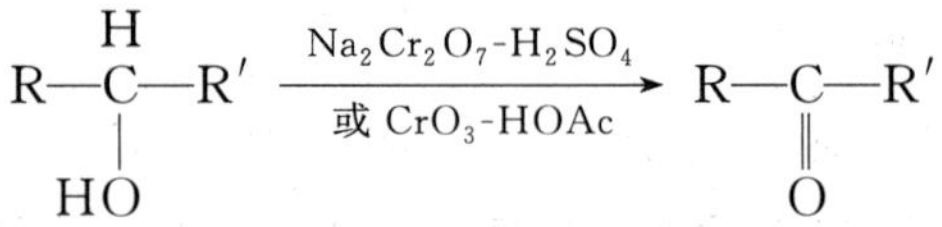

用铬酸的硫酸溶液可以鉴别醇。一级、二级醇可以使清澈的铬酸的硫酸水溶液由橙色变为不透明的蓝绿色，而三级醇不能。

$$CH_3CH_2OH + Na_2Cr_2O_7 + H_2SO_4 \longrightarrow CH_3COOH + Cr_2(SO_4)_3 + H_2O$$

橙色　　　　　蓝绿色

铬酐(CrO_3)与吡啶形成的铬酐-双吡啶配合物称为沙瑞特(Sarret)试剂，用$(C_5H_5N)_2CrO_3$表示，可以高产率地氧化一级醇为醛、二级醇为酮，且分子中的双键或三键不受影响。反应通常在室温和二氯甲烷溶剂中进行。

$$CH_3CH_2CH_2C\equiv CCH_2OH \xrightarrow[25\ ^\circ C,\ CH_2Cl_2]{(C_5H_5N)_2CrO_3} CH_3CH_2CH_2C\equiv CCHO$$

一级醇和二级醇不被稀、冷的中性高锰酸钾氧化，但在加热条件下可以被氧化。一级醇被氧化为羧酸，二级醇被氧化为酮。

$$CH_3CH_2OH \xrightarrow[HO^-]{KMnO_4/H_2O} CH_3COOK + MnO_2\downarrow$$

$$CH_3COOK \xrightarrow{H^+} CH_3COOH$$

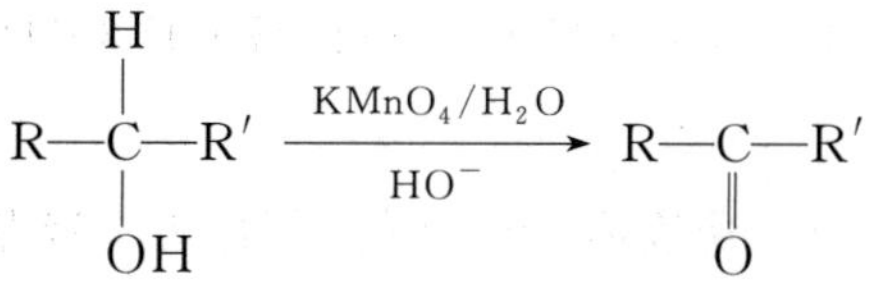

新制二氧化锰可以将 β-C 上有不饱和键的一级、二级醇氧化为相应的醛、酮，不饱和键不受影响。

$$H_2C{=}CHCH_2OH \xrightarrow[25\ ^\circ C]{MnO_2} H_2C{=}CHCHO$$

(2)脱氢　一级、二级醇的蒸气在高温下通过催化剂活性铜时发生脱氢反应，生成醛或酮。当有氧气存在时，氢气被氧化成水，反应可进行到底。

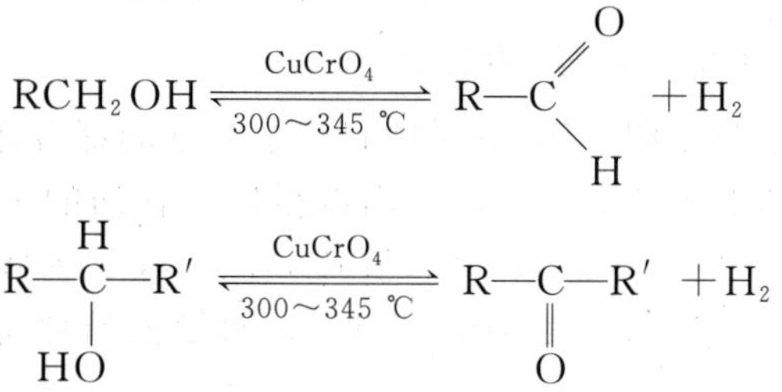

$$CH_3CH_2OH + H_2 \xrightarrow[550\ ^\circ C]{Cu\text{或}Ag} CH_3CHO + H_2O$$

三、重要的醇

1. 甲醇

甲醇有多种用途，在合成中，甲醇主要用于制备甲醛及作为甲基化试剂；甲醇可与有机溶剂完全互溶，是常用的有机溶剂；甲醇是可燃的无色液体，可混入汽油中或单独用作汽车或喷气式飞机的燃料。在工业上采用合成气(一氧化碳和氢气)催化转化生产法制备甲醇。即

$$CO + 2H_2 \xrightarrow[400\ ^\circ C,20\sim30\ MPa]{ZnO/Cr_2O_3} CH_3OH$$

2. 乙醇

乙醇为无色液体，具有特殊气味，易燃，火焰呈淡蓝色，乙醇在染料、香料、医药等工业中都很有用，是目前最重要的溶剂之一。工业上大量生产乙醇是用石油裂解气中的乙烯作原料。一种方法是用磷酸作催化剂，在 300 ℃和 7 MPa 压力下，把水蒸气通入乙烯中，反应如下：

$$CH_2{=}CH_2 + H_2O \xrightarrow{H_3PO_4} CH_3CH_2OH$$

另一种方法是把乙烯置于 100 ℃浓硫酸中，然后水解，反应如下：

$$CH_2{=}CH_2 + HOSO_3H \longrightarrow \underset{\text{磷酸氢乙酯}}{CH_3CH_2OSO_3H} \xrightarrow{CH_2{=}CH_2} \underset{\text{磷酸二乙酯}}{(CH_3CH_2O)_2SO_2}$$

$$CH_3CH_2OSO_3H + H_2O \longrightarrow CH_3CH_2OH + H_2SO_4$$

$$(CH_3CH_2O)_2SO_2 + H_2O \longrightarrow 2CH_3CH_2OH + H_2SO_4$$

3. 乙二醇

乙二醇是无色、具有甜味的黏稠液体，由于分子中有两个羟基的氢键缔合作用，其熔点与沸点比一般碳原子数相同的烃的高得多。乙二醇是合成树脂、合成纤维的重要原料。乙二醇能降低水的冰点，因此可用于制备抗冻剂。工业上采用环氧乙烷加压水合或酸催化下水合制备乙二醇：

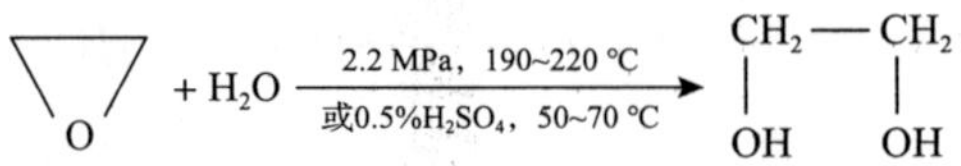

加压水合要求有加压设备及高温，但后处理方便，因此使用很广泛，而酸催化水合虽然不需要加压设备，反应温度也比较低，但从产品中除去硫酸是相当麻烦的。

4. 1,2,3-丙三醇(简称丙三醇，俗称甘油)

甘油是无色、具有甜味的黏稠液体，分子中有三个羟基的缔合作用，沸点为 290 ℃，能与水混溶，在纺织、医药、化妆品工业及日常生活中用途很广。甘油的工业生产方法是用丙烯在高温下氯化，得到 3-氯丙烯；然后与次氯酸反应，得到 1,3-二氯-2-丙醇及 2,3-二氯-1-丙醇的混合物；在碱性条件下，经环化得到 3-氯-1,2-环氧丙烷，再水解得到甘油。

任务二 酚

一、酚的分类及命名

(一)酚的分类

根据芳环上所连的羟基数目，可分为一元酚、二元酚和多元酚。

一元酚：

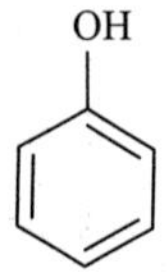

苯酚

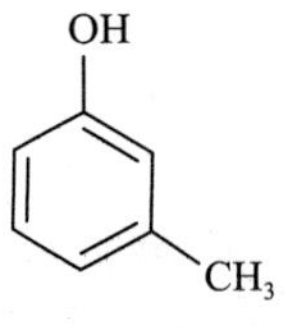

间甲苯酚

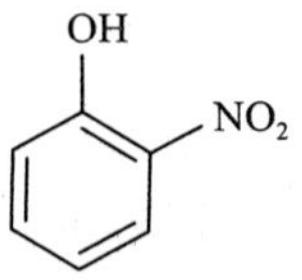

邻硝基苯酚

二元酚：

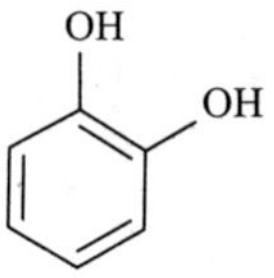

邻苯二酚

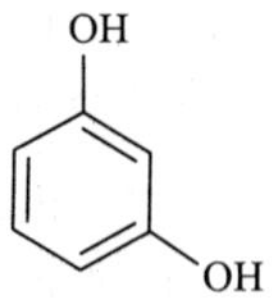

间苯二酚

对苯二酚

多元酚：

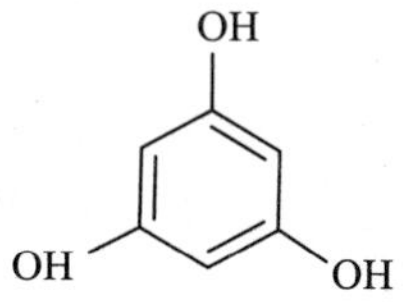

1,3,5-苯三酚

(二)酚的命名

酚的命名一般是在酚字前加上芳环的名称作为母体，然后再在前面加上其他取代基的名称和位次。

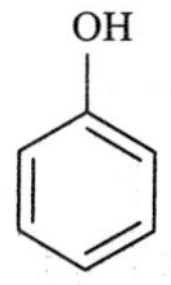

苯酚

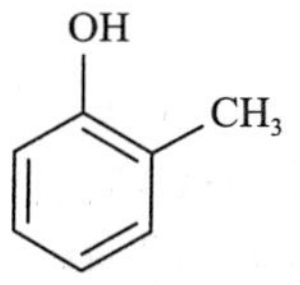

邻甲苯酚

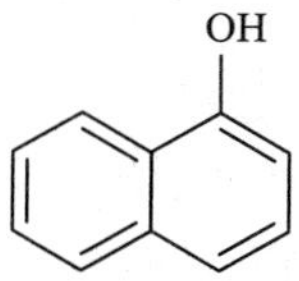

α-萘酚

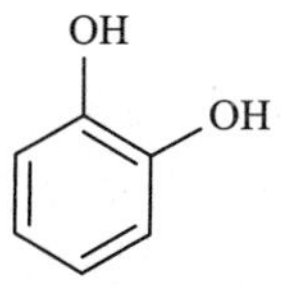

邻苯二酚(儿茶酚)

二、酚的结构和性质

(一)酚的结构

酚是具有 Ar—OH 通式的化合物，其羟基直接与芳环相连。苯酚是最简单的酚，由于 O 上有孤电子对，会与苯环形成 p-π 共轭，使得 O—H 键极性增强，易于断裂。因此，酚类具有酸性。

(二)酚的性质

1. 酚的物理性质

(1)熔沸点　酚一般多为固体，少数烷基酚为液体。因为分子间可形成氢键，酚的沸点都很高。

(2)溶解性　酚微溶于水，且随着温度升高其溶解度增大，溶解度也随着羟基数目的增加而增加。

(3)颜色　纯酚是无色的，但是酚极易被氧化，因而会带有红色至褐色。

(4)毒性　酚具有很大的毒性，口服致死量为 530 mg/kg(体重)。许多酚类化合物也具有杀菌作用，可用作消毒剂。如医院中常用作杀菌剂的来苏儿，就是甲酚(甲酚异构体混合物)与肥皂液的混合物。

2. 酚的化学性质

(1)酚的酸性　由于苯酚氧原子上的未共用电子对与苯环上的 π 电子形成 p-π 共轭，使得 O—H 键极性增强，降低了氧原子上的电子密度，使得 O—H 易于断裂，因此酚具有弱酸性。

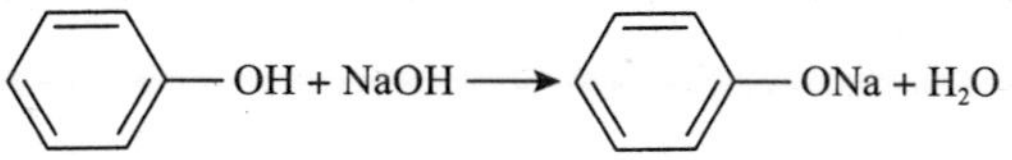

苯酚钠

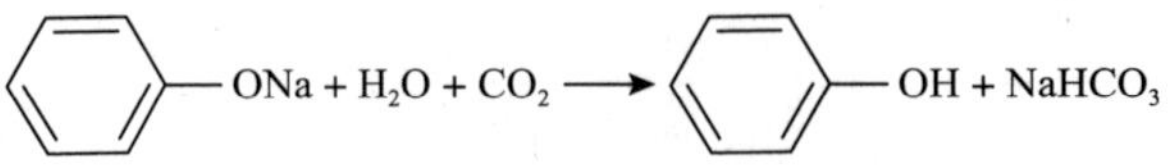

溶于水中　　　　不溶于水中

酚的 pK_a 约为 10，其酸性比醇强，可溶于氢氧化钠溶液；但比碳酸弱，将 CO_2 通入酚钠中可使酚重新游离出来。

若苯环上连有吸电子基，则苯环酸性增强；若连有给电子基，则酸性减弱。

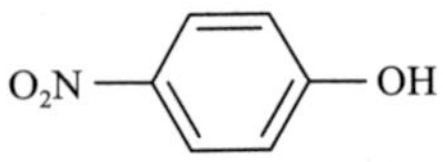

pK_a=7.15

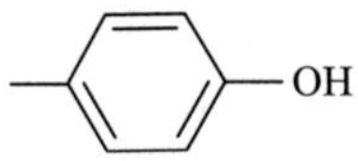

pK_a=10.36

(2)与三氯化铁的显色反应　大多数酚可与三氯化铁溶液发生显色反应。不同的酚所产生的颜色不同，有紫色、蓝色、绿色、棕色等，常用这个性质来鉴别酚。

与 $FeCl_3$ 的颜色反应并不局限于酚，具有烯醇式结构(C═C—OH)的脂肪族化合物也有这个反应。

$$6C_6H_5OH + FeCl_3 \longrightarrow \underset{\text{紫色}}{H_3[Fe(OC_6H_5)_6]} + HCl$$

(3)芳环上 H 的取代

①卤化反应　苯酚与过量溴水在常温下可立即反应生成 2,4,6-三溴苯酚白色沉淀。此反应很灵敏，可用于苯酚的鉴别和定量测定。

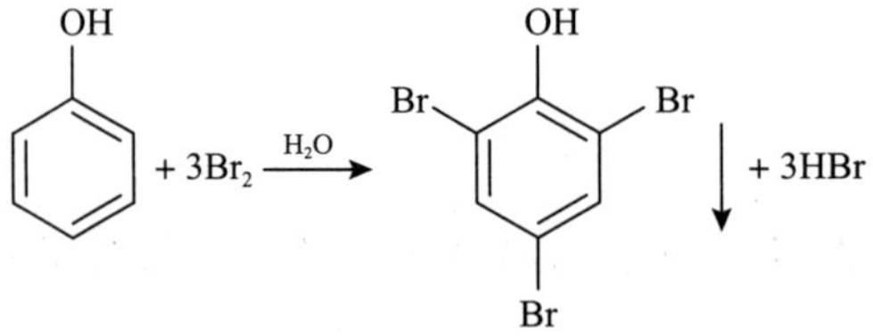

若要制备一取代产物，则需要在较低温度下且在 CS_2、CCl_4 等非极性溶剂中进行。

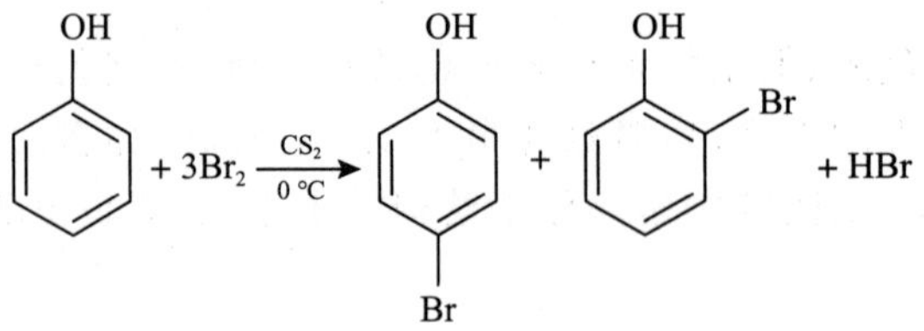

67%　　　33%

②磺化反应　苯酚与浓硫酸在较低的温度下(15～25 ℃)很容易进行磺化，主要得到邻羟基产物；若温度升高至 100 ℃，则生成较稳定的对羟基产物。若继续磺化，则可得到邻、对位均被取代的产物。

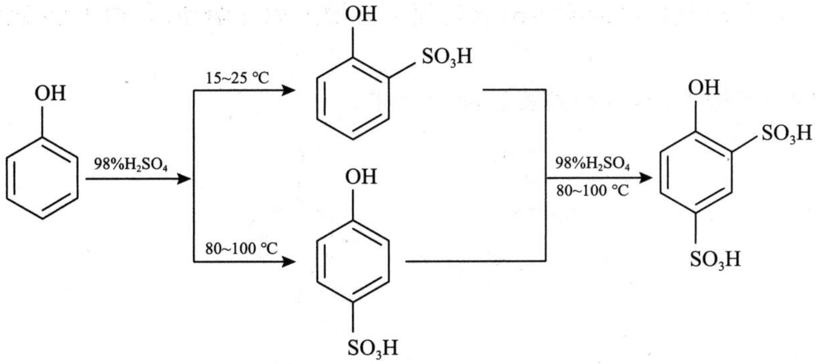

③Friedel-Crafts 反应　在有路易斯酸的存在催化下，可发生烷基化和酰基化，主要发生在对位，若对位被占据，则生成邻位产物。

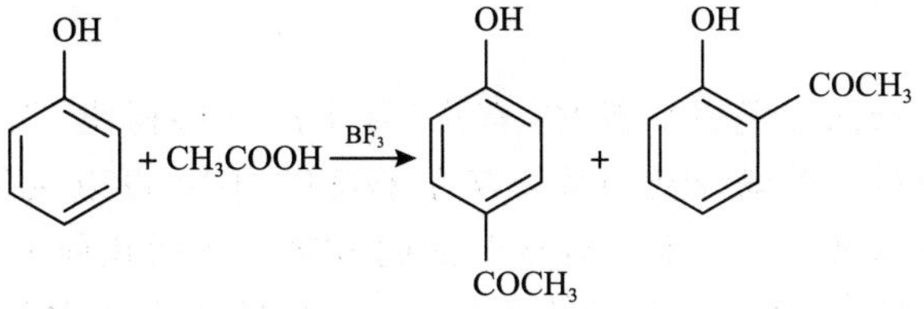

95%

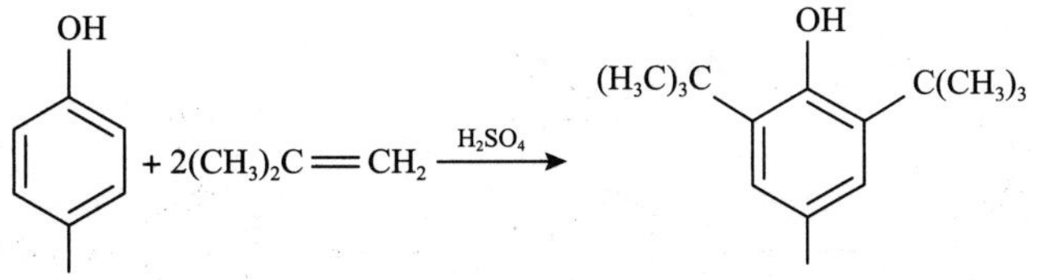

4-甲基-2,6-二叔丁基酚（BHT）

④亚硝化　苯酚与亚硝酸反应生成对位产物。

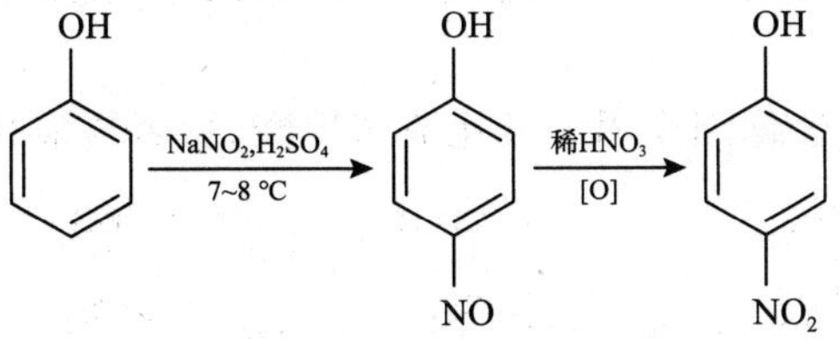

80%

⑤缩合反应　酚羟基邻、对位的氢还可以和羰基化合物发生缩合反应。如酚醛树脂的合成：

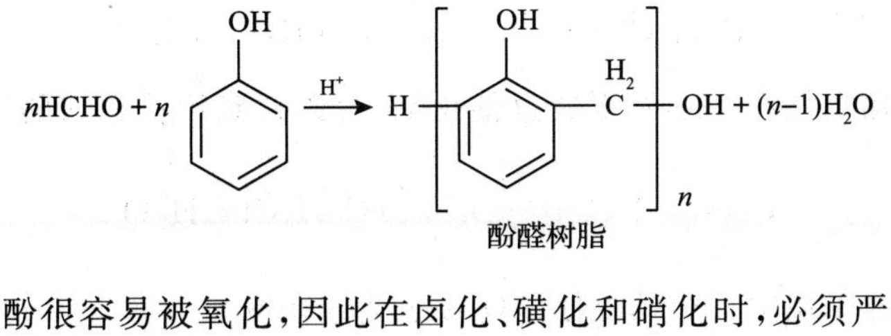

酚醛树脂

(4)氧化反应　酚很容易被氧化，因此在卤化、磺化和硝化时，必须严格控制反应条件，尽量避免酚被氧化。且酚氧化物的颜色随氧化程度的增大而逐渐加深，由无色变为粉红色、红色以至褐色。

用重铬酸钾与苯酚作用，可得到黄色的对苯醌。

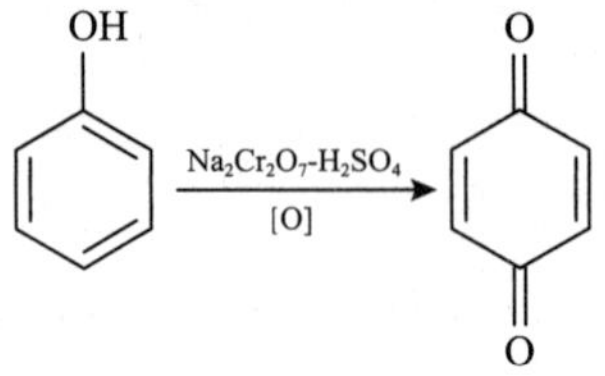

对苯醌

三、重要的酚

1. 苯酚

苯酚是具有特殊气味的无色针状晶体，有毒，是生产某些树脂、杀菌剂、防腐剂以及药物(如阿司匹林)的重要原料。苯酚及其同系物存在于煤焦油中，可以用氢氧化钠溶液从各个馏分(主要是中油)中提取出来。在工业上合成苯酚的方法有下列几种。

(1)异丙苯氧化　异丙苯用空气氧化生成过氧化物，过氧化物在稀硫酸作用下分解，生成苯酚和丙酮：

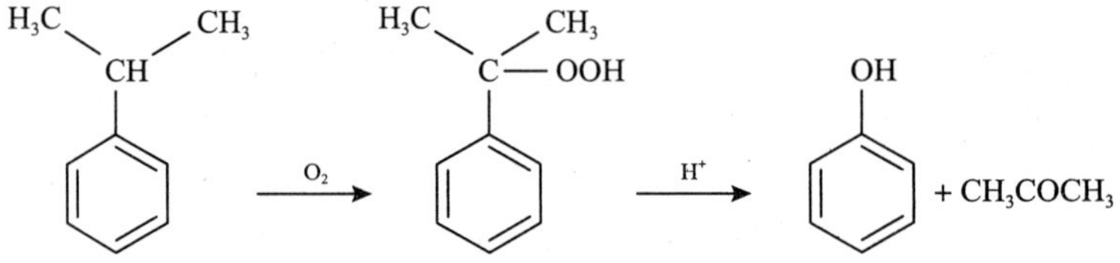

过氧化物　　苯酚　　丙酮

苯酚和丙酮都是重要的工业原料，因此，这个方法在经济上是比较适当的，但设备和技术要求较高。

(2)甲苯氧化　甲苯在催化剂作用下氧化成苯甲酸，后者再氧化成苯酚：

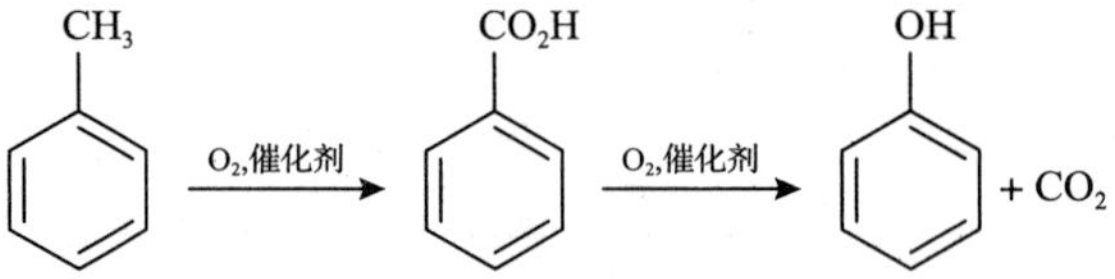

(3)氯苯水解　氯苯在高温(425 ℃)、一定压力和催化剂存在下用过热水蒸气水解，生产苯酚和氯化氢：

$$C_6H_5Cl + H_2O \longrightarrow C_6H_5OH + HCl$$

苯蒸气、氯化氢和空气在 230 ℃下通过催化剂，可以得到用作原料的氯苯：

$$C_6H_6 + HCl + \frac{1}{2}O_2 \longrightarrow C_6H_5Cl + H_2O$$

因此，这个方法等于用空气中的氯使苯间接氧化成苯酚。

2. 邻苯二酚

邻苯二酚为白色结晶性粉末，是重要的化工中间体，可用作橡胶硬化剂、电镀添加剂、皮肤防腐杀菌剂、染发剂、照相显影剂、彩照抗氧化剂等。工业上用邻氯苯酚水解生产邻苯二酚：

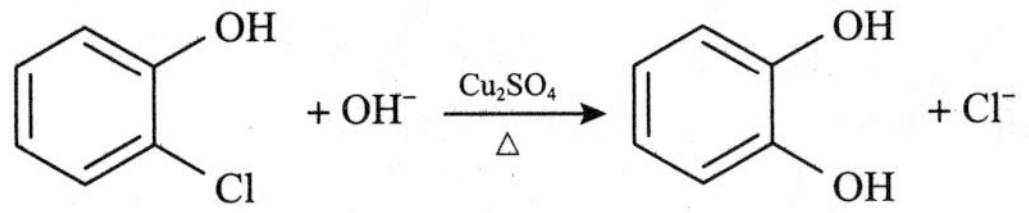

邻苯二酚为结晶固体，易溶于水，在乙醚溶液中用氧化银氧化，生成邻苯醌：

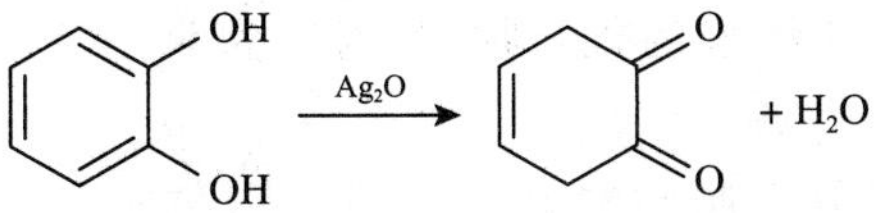

3. 间苯二酚

间苯二酚是一种白色结晶性粉末，主要用于橡胶黏合剂、合成树脂、染料、防腐剂、医药和分析试剂等。间苯二酚工业上由 1,3-苯二磺酸的碱熔得到：

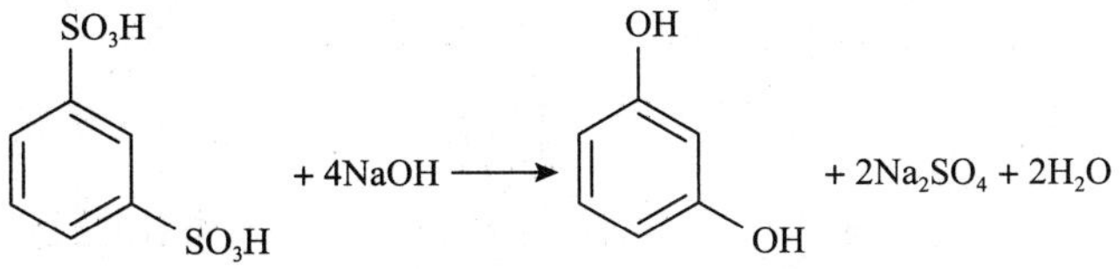

间苯二酚为结晶固体，催化加氢或还原时生成 1,3-环己二酮：

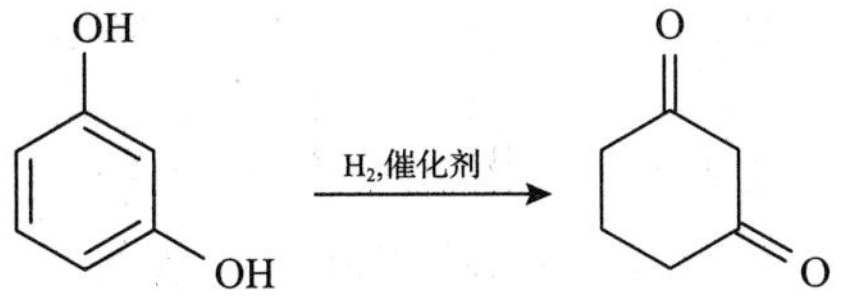

4. 对苯二酚

对苯二酚为白色结晶性粉末，主要用于制取黑白显影剂、蒽醌染料、偶氮染料、橡胶防老化剂、稳定剂和抗氧化剂。对苯二酚工业上由 1,4-二异丙苯的氧化生产：

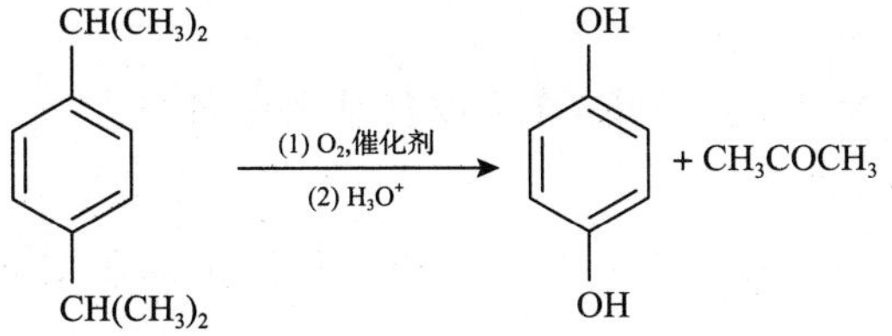

对苯二酚为结晶固体，容易氧化生成对苯醌：

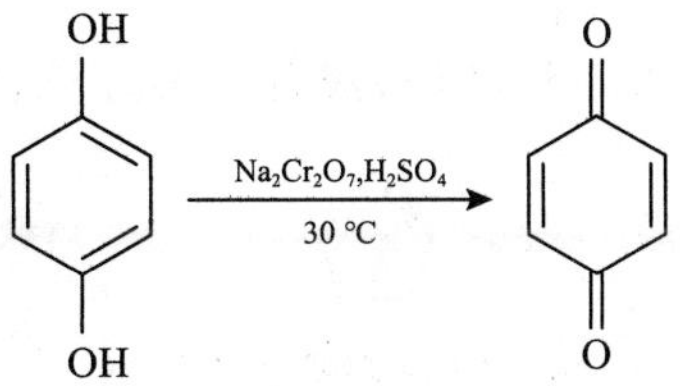

任务三　醚

一、醚的分类及命名

（一）醚的分类

醚是具有C—O—C官能团结构的化合物，其通式为R—C—R′。醚分子中的R和R′可以是饱和烃基、不饱和烃基以及芳基。

根据两个烃基的类别，可分为脂肪醚和芳香醚。脂肪醚又可细分为饱和醚和不饱和醚。烃基成环的称为环醚，环上有氧的称为内醚或环氧化合物。含有多个氧的大型环醚，因其形状像皇冠，将其称为冠醚。

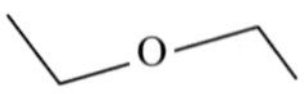
脂肪醚

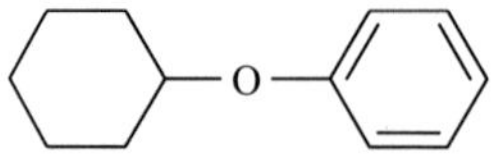
芳香醚

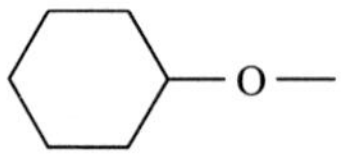
环醚

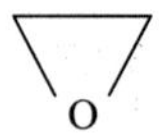
环氧化合物

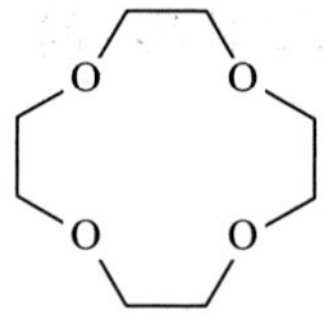
冠醚

（二）醚的命名

1. 普通命名法

结构简单的醚用此法，按烃基来命名。简单对称醚常将“二”字省略。混合醚则按次序规则，较优基团后列出。对于有芳基的混合醚，将芳基放在前面。

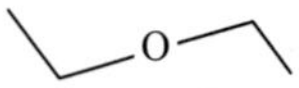
乙醚（二乙醚）

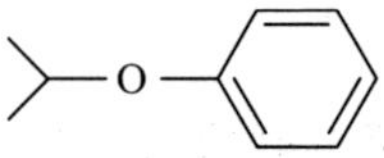
苯基异丙基醚

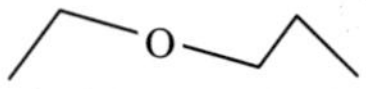
乙丙醚

2. 系统命名法

醚的系统命名法是将烃氧基(—OR)作为取代基来命名的。

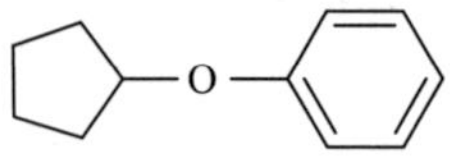
环戊氧基苯

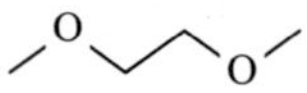
1,2-二甲氧基乙烷

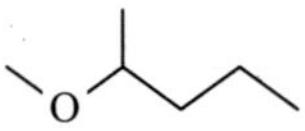
2-甲氧基戊烷

3. 环氧化合物的命名

环氧化合物(内醚)一般命名为环氧某烃，或者按杂环化合物命名。

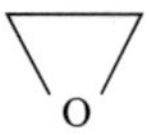
环氧乙烷

四氢呋喃

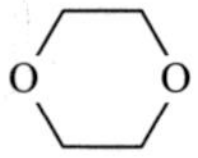
1,4-二氧六环

4. 冠醚的命名

系统命名法命名为 x-冠-y，其中 x 表示环上原子数，y 表示氧原子数。冠醚也可按照杂环化合物的命名法命名。

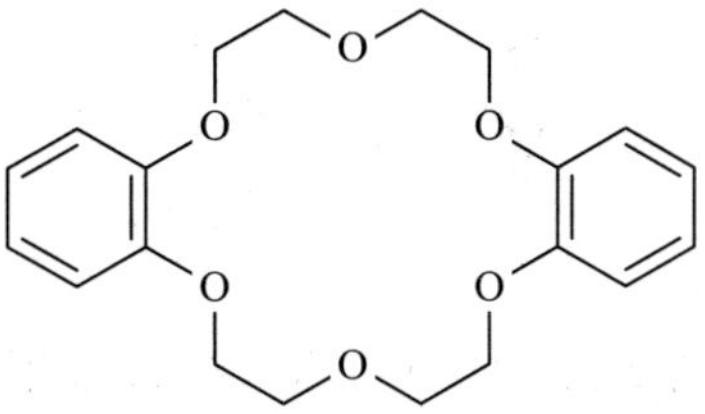

二苯基并-18-冠-6

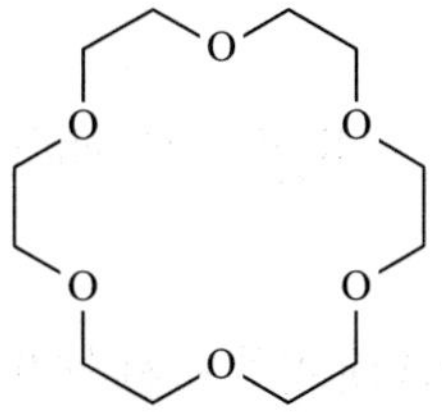

1,4,7,10,13,16-六氧杂环十八烷

二、醚的性质

(一)醚的物理性质

在常温下，除了甲醚和甲乙醚为气体外，大多数醚均为无色易燃的液体。因为醚分子间不能形成氢键，醚的沸点要比和其相对分子量相同的醇低得多。醚可与水形成氢键，因此醚在水中的溶解度与含碳原子数相当的醇相近，如甲醚可与水混溶。

许多有机化合物能溶于醚，且醚在许多反应中活性很低，因此，醚可作为良好的有机溶剂。

(二)醚的化学性质

醚是一类不活泼的化合物(环醚除外)，对于碱、稀酸、催化氢化、氧化剂、还原剂都十分稳定。醚在常温下不和金属钠发生应，可以用来干燥钠。也可以发生醚键的断裂，以及 α-H 的氧化。

1. 锑盐的形成

醚都能溶于强酸中，醚的氧具有孤电子对，是一种路易斯碱，因此可与酸的 H^+ 形成锑盐。如：

$$R\ddot{\underset{\cdot\cdot}{O}}R + HCl \longrightarrow R-\overset{+}{\underset{\substack{|\\H}}{O}}-R + Cl^-$$

$$R\ddot{\underset{\cdot\cdot}{O}}R + H_2SO_4 \longrightarrow R-\overset{+}{\underset{\substack{|\\H}}{O}}-R + HSO_4^-$$

锑盐属于弱碱强酸盐，只有在浓酸中才稳定，在水中分解，醚即重新分离出来。利用此性质，可将醚从烷烃或卤代烃中分离出来。

醚还可以与其他的非质子路易斯酸 BF_3、$AlCl_3$、RMgX 等生成络合物(或配合物)。

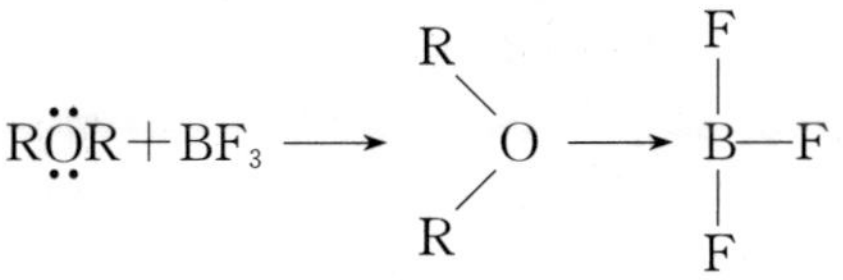

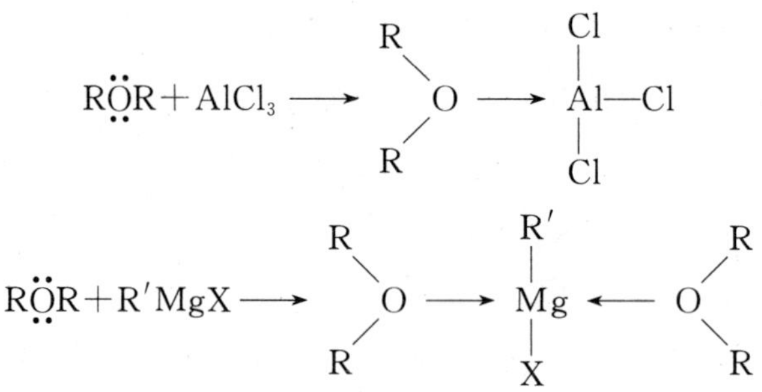

BF_3 是有机中常使用的一种催化剂，但是它的沸点为 −101 ℃，在常温下为气体，直接使用不方便，因此常将它配为乙醚溶液。

2. 醚键的断裂

𬭩盐或配合物的生成，使醚分子中 C—O 键变弱，因此在酸性条件下醚键会断裂。

在较高温度下，强酸能使醚键断裂，使醚键断裂的最有效的试剂是浓氢卤酸（一般为 HBr、HI），醚键断裂后生成醇和卤代烃，在过量氢卤酸的存在下，醇继续作用生成卤代烃。

这种 C—O 键的断裂是由酸与醚先生成𬭩盐，然后根据烷基结构的不同，发生不同类别的反应。如：

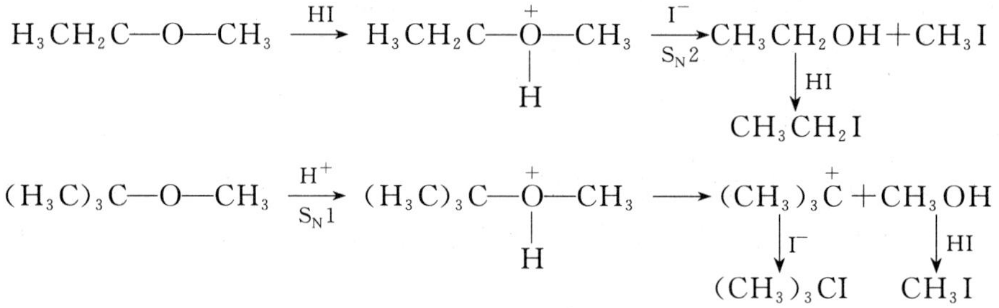

芳基烷基醚与氢卤酸作用时，总是烷氧键先断裂，生成酚和卤代烷。这是由于氧原子上的孤电子对与苯环上的 π 电子形成 p-π 共轭，使得 C—O 键增强而不易断裂。如：

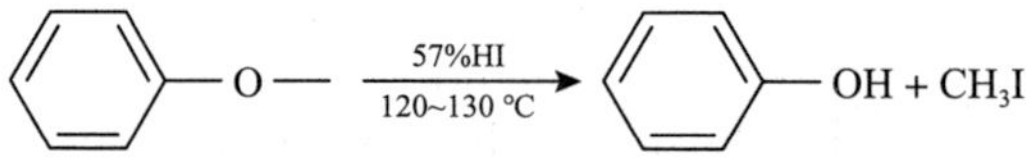

二芳基醚（如二苯醚）在氢碘酸作用下，醚键也不容易断裂。

3. α-H 的氧化

醚对于一般的氧化剂是稳定的，但低级醚在空气中放置太久会自动发生氧化，生成不易挥发的过氧化物。这种由空气中的氧气产生的氧化反应称为自动氧化。

过氧化物的生成反应如下：

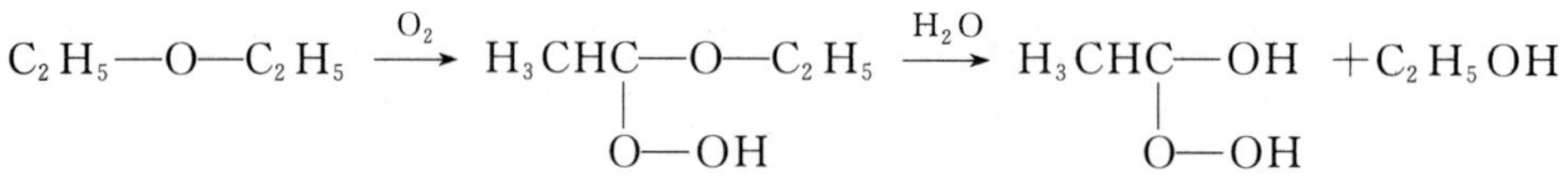

氢过氧化物

有机过氧化物是不稳定的，加热时容易分解并发生强烈的爆炸，因此醚类化合物应尽量避免暴露在空气中，一般放在深色玻璃瓶中，避光保存；在蒸馏醚类溶剂时（如乙醚、四氢呋喃等），不可把醚蒸得太干。还可以给醚中加入微量的对二苯酚等抗氧化剂阻碍过氧化物的生成。

对于久置的醚，在使用前，需要检验其中是否存在过氧化物。若含有过氧化物，则能使湿润的淀粉-KI 变蓝或使 $FeSO_4$-KSCN 混合液显红色。

常用 $FeSO_4$ 溶液将醚中混有的过氧化物除去：将新制的 $FeSO_4$ 溶液加入醚中，并剧烈振荡，就可以破坏过氧化物。

$$ROOR + KI + H_2O \longrightarrow ROH + KOH + I_2$$

$$I_2 \xrightarrow{\text{淀粉}} I_2\text{-淀粉配合物（蓝色）}$$

$$Fe^{2+} \xrightarrow{ROOR} Fe^{3+} \xrightarrow{SCN^-} \underset{\text{血红色}}{Fe(SCN)_6^{3-}}$$

三、重要的醚

1. 环氧乙烷

环氧乙烷为无色、有毒的气体，沸点 11 ℃；可与水混溶，可与空气形成爆炸混合物，爆炸范围在 3%～8%；它本身也可作杀虫剂。在工业上，它是用乙烯在银催化下用空气氧化得到的：

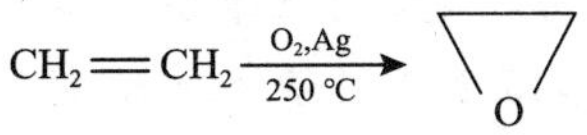

2. 环氧丙烷

环氧丙烷是无色、具有醚味的液体，沸点 34 ℃，在空气中的爆炸极限的体积分数为 2.1%～21.5%，在水中的溶解度为 40.5%（20 ℃）。环氧丙烷的生产方法主要是用丙烯与次氯酸按加成，再失 HCl 成环：

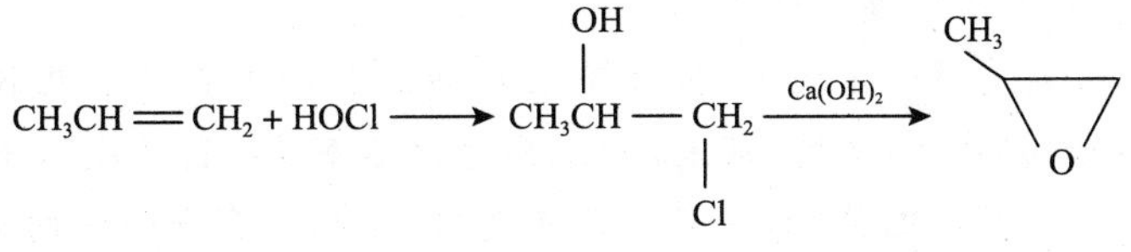

3. 环氧氯丙烷

3-氯-1，2 环氧丙烷也称为环氧氯丙烷，是无色液体，沸点 116.5 ℃，其合成方法同甘油的合成，3-氯-1，2 环氧丙烷用于制造环氧树脂。

4. 二甲醚

二甲醚在常压下为气体，沸点为 −23.65 ℃，加压后变为液体，性能与液化石油气相似。它是重要的清洁燃料，可供汽车使用，有很大的发展潜力。二甲醚的水溶液可以溶解许多本来不溶于水的油漆材料，可以代替氯氟烃用于气雾剂、喷漆的生产或作为环保型制冷剂；还可以作为化工原料，例如，羰基化后生成乙酸甲酯。二甲醚可以由甲醇在气相中脱水合成：

$$2CH_3OH \xrightarrow[300\sim400\ ℃,1.5\ MPa]{Al_2O_3} CH_3OCH_3 + H_2O$$

或由合成气直接合成：

$$H_2 + CO \xrightarrow{催化剂} CH_3OCH_3$$

5. 乙醚

乙醚是用途最广的醚，工业上生产的乙醚主要是由乙烯在气相中在磷酸作用下加水生产乙醇时产生的副产物得到的，改变工艺条件可以调节乙醚的产量，使其与需求相适应。也可以由乙醇在氧化铝催化下脱水得到，产率在95%以上。乙醇的挥发性强，燃点低，在操作中又容易产生静电，因此，燃烧和蒸气爆炸的危险性大，必须采取必要的安全措施。乙醚主要用作溶剂。

◎ 思政园地 ◎

麻醉剂——乙醚

乙醚作为一种非常重要的麻醉剂，对神经有兴奋作用，也具有麻醉止痛作用，至今仍是外科医生的好帮手。美国牙科医生维尔斯用笑气（一氧化二氮）作麻醉剂，成功地给不少患者做了拔牙手术。可是，1844年的一天，维尔斯在美国波士顿城做拔牙公开演示时，由于笑气用量不足，手术没有成功，病人痛得大声呼叫，人们把维尔斯当作骗子，将他赶出了医院。维尔斯有个学生叫莫顿。一个偶然的机会，莫顿听到教授杰克逊说，有一次在做化学实验时，他不慎吸入一大口氯气，为了解毒，他立即又吸入了一口乙醚。不料，开始他感到浑身轻松，可不一会便失去了知觉。听了杰克逊的诉说，勤于思考的莫顿很感兴趣。他大胆假设，能否用乙醚来作为一种理想的麻醉剂呢？于是，他便动手在动物身上试验，后来又在自己身上试验，结果证明乙醚确实是一种理想的麻醉剂。1846年10月的一天，世界上第一次使用乙醚进行麻醉外科手术的公开演示成功了。从此，还是医学院二年级学生的莫顿出名了。乙醚麻醉剂也逐渐成为全世界各家医院手术室里不可缺少的药品。

遗憾的是，这项伟大发明诞生之后，接踵而至的却是轰动世界的发明权之争，这是一场持续20多年，抛弃学者之誉、师生之情、朋友之谊、同事之敬的“名利之战”，美国国会通过决议，给予乙醚麻醉发明人10万美元奖励，但奖金还未发出，声称享有发明权的队伍也越来越大，多人自称几十年前就使用过乙醚麻醉。乙醚麻醉的发现为人类解除了痛苦，挽救了成千上万的生命，但却使发明者们陷入巨大的伤痛之中。

◎ 目标检测 ◎

一、选择题

1. 用下列哪种条件可由1-烯烃制得伯醇？（　　）

A. H_2O　　B. 浓 H_2SO_4，水解

C. ①B_2H_6；②H_2O_2，OH^-　　D. 冷、稀 $KMnO_4$

2. 下列化合物 HOH（Ⅰ），CH_3OH（Ⅱ），$(CH_3)_2CHOH$（Ⅲ），$(CH_3)_3COH$（Ⅳ）的酸性大小顺序是（　　）。

A. Ⅰ＞Ⅱ＞Ⅲ＞Ⅳ　　B. Ⅰ＞Ⅲ＞Ⅱ＞Ⅳ

C. Ⅰ＞Ⅱ＞Ⅳ＞Ⅲ　　D. Ⅰ＞Ⅳ＞Ⅱ＞Ⅲ

3. Williamson 合成法是合成哪一种化合物的主要方法？（　　）

A. 酮　　B. 卤代烃　　C. 混合醚　　D. 简单醚

4. 鉴别1-丁醇和2-丁醇，可用哪种试剂？（　　）

A. KI / I_2　　B. $NaOH / H_2O$

C. $ZnCl_2 / HCl$　　D. Br_2 / CCl_4

5. 丙炔与 H_2O 在硫酸汞催化作用下生成的主要产物是（　　）。

A. CH_3CH_2CHO　　B. CH_3COCH_3

C. $CH_3CH(OH)CH_2OH$　　D. $CH_3CH(OH)CHO$

6. 以苯为起始原料，通过两步反应（亲电取代）便可制得的是（　　）。

A. 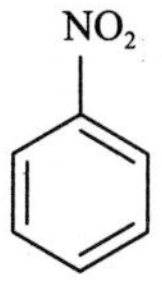

B. 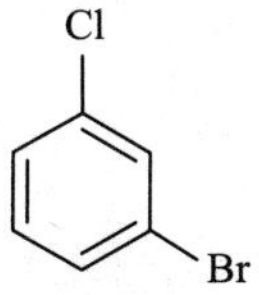

C. 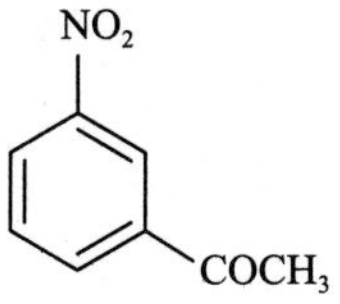

D. 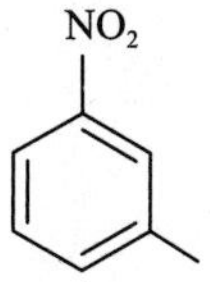

7. 反应 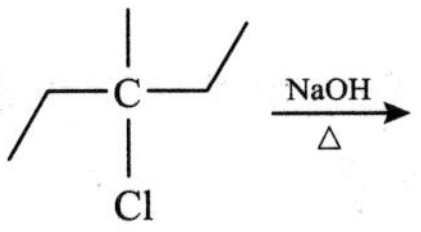 的产物是什么？（　　）

A. 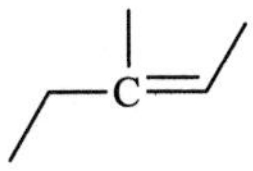

B. 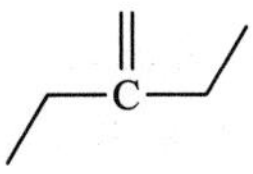

C. 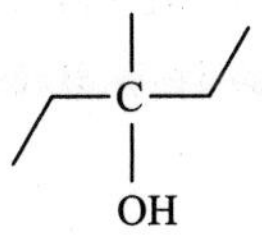

D. 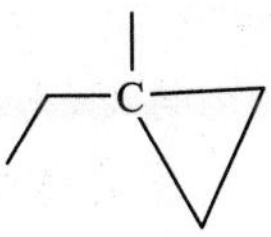

8. 在常温下，下列醚键断裂过程，哪个反应速率最快？（　　）

A. $CH_3CH_2OCH_3+HI$　　B. $CH_3CH_2OCH_3+HBr$

C. $CH_3CH_2OCH_3+HCl$　　D. $Ph—O—Ph\ +HI$

9. 下列哪种反应可以生成具有心血管扩张作用的药，并且产物还可作为炸药使用？（　　）

A. $\underset{OH}{\underset{|}{CH_2}}—\underset{OH}{\underset{|}{CH_2}}\ +HNO_3$　　B. $\underset{OH}{\underset{|}{CH_2}}—\underset{OH}{\underset{|}{CH}}—\underset{OH}{\underset{|}{CH_2}}\ +HNO_3$

C. $\underset{OH}{\underset{|}{CH_2}}—\underset{OH}{\underset{|}{CH_2}}\ +H_2SO_4$　　D. $\underset{OH}{\underset{|}{CH_2}}—\underset{OH}{\underset{|}{CH}}—\underset{OH}{\underset{|}{CH_2}}\ +H_2SO_4$

10. 下列哪种金属不能与乙醇在一定条件下反应置换出氢气？（　　）

A. 金属钠　　B. 金属镁　　C. 铝汞齐　　D. 金属铁

二、简答题

1. 写出戊醇的所有异构体的结构式，并用系统命名法命名。

2. 用系统命名法命名下列六种物质。

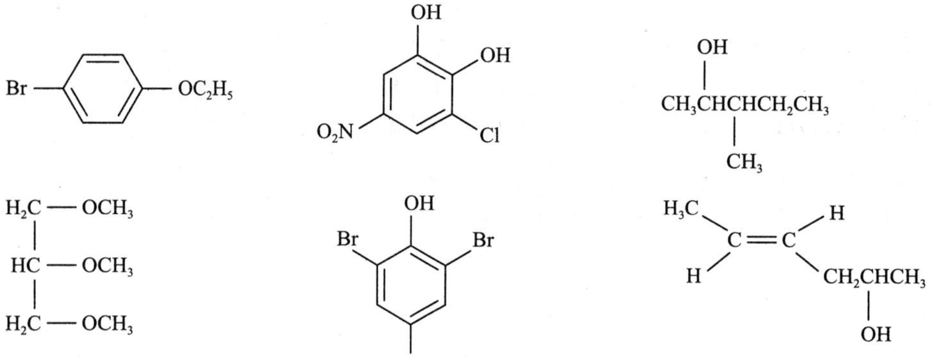

3. 写出异丙醇与下列试剂的反应方程式。

(1)金属 Al。

(2)$SOCl_2$。

(3)红磷＋碘。

(4)H_2SO_4，＞160 ℃。

(5)HI。

4. 化合物 A 为反-2-甲基环己醇，将 A 与对甲苯磺酰氯反应的产物以叔丁醇钠处理，所获得的唯一的烯烃是 3-甲基环己烯。请写出上述各步反应的化学方程式。

5. 用指定原料合成物质。(C_2 以下有机试剂及无机试剂任选)

(1)用正丁醇分别合成正丁酸、2-丁酮、1,2-二溴丁烷。

(2)用甲苯分别合成苯甲醇、苄醚、1-甲基环己烯。

6. 分子式为 $C_6H_{10}O$ 的化合物 A，能与卢卡斯试剂反应，也可被 $KMnO_4$ 氧化，并能吸收 1 mol Br_2，A 经催化加氢得 B，将 B 氧化得 C(与 A 分子式相同)，B 在加热条件下与浓硫酸作用的产物可还原为环己烷。试推测 A 可能的结构，并写出各步反应式。

项目七

醛、酮

一、醛、酮的分类和命名

(一)醛、酮的分类

根据醛、酮分子中烃基的类别,可分为脂肪族醛、酮和芳香族醛、酮,羰基嵌在环内的称为环内酮。

根据醛、酮分子中羰基的数目,又可分为一元醛、酮,二元醛、酮等。

根据烃基是否含有不饱和键,可分为饱和醛、酮和不饱和醛、酮。

在一元醛中,羰基与两个氢原子相连组成最简单的醛,即甲醛(HCHO)。在一元酮中,羰基连接的两个烃基相同的,称为单酮;不相同的,称为混酮。

(二)醛、酮的命名

1. 系统命名法

(1)选择含有羰基的最长碳链作为主链;醛从醛基碳原子开始编号;酮从靠近羰基的碳原子开始编号,使羰基的位次最小。

(2)命名时,把取代基的位次、名称写在主链名称之前。对于酮,必须将羰基的位次用阿拉伯数字标明,放在主链名称之前,中间用一条半字线连接。

(3)含两个羰基的化合物,可用二醛、二酮来表示。

(4)醛作为取代基时,可用词头“甲酰基”“氧代”表示;酮作为取代基时,用词头“氧代”来表示。

(5)碳原子的位置有时也用希腊字母来表示,在醛分子中从醛基相邻的碳原子开始,以希腊字母 α、β、γ 等依次标出;在酮分子中与羰基相邻的两个碳原子都是 α-碳原子,可分别以 α、α′ 表示,其他碳原子相应的位置也是以希腊字母 β、γ 等依次标明。例如:

$$H—C \equiv CCH_2CH_2\underset{\displaystyle CH_3}{\underset{|}{C}}HCH_2CHO$$

3-甲基-6-庚炔醛

$$CH_3CH_2\overset{\displaystyle O}{\overset{\|}{C}}CH_2\overset{\displaystyle O}{\overset{\|}{C}}H$$

3-氧化戊醛

2. 酮的普通命名法

把羰基所连的两个烃基中比较简单的烃基名称放在前面，较复杂的烃基名称放在后面，最后加一个“酮”字。例如：

$CH_3COC_2H_5$
甲基乙基酮

二、醛、酮的结构和性质

（一）醛、酮的结构

碳原子与氧原子以双键结合的基团称为羰基（ $>C=O$ ），含有羰基的化合物称为羰基化合物。

在醛、酮分子中，羰基碳原子采取 sp^2 杂化，碳原子的 3 个 sp^2 杂化轨道与相邻的原子形成三个 σ 键，其中一个 σ 键是碳原子与氧原子形成的；其余碳原子垂直于 sp^2 杂化平面的 2p 轨道，与氧原子的一个 2p 轨道侧面重叠形成 π 键。故羰基由一个 σ 键和一个 π 键组成。

因为羰基氧原子的电负性比碳原子大，π 键电子云不可能对称地分布在碳和氧之间，而是靠近氧的一端，故羰基是极化的，氧原子上带部分负电荷，碳原子上带部分正电荷。

醛：连接两个氢原子或连接一个氢原子、一个烃基的化合物称为醛，醛基（—CHO）是醛的官能团。

酮：凡羰基碳原子上连接两个烃基的化合物称为酮。

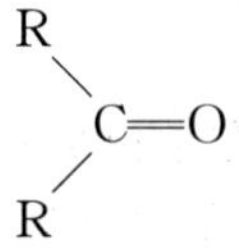

（二）醛、酮的物理性质

1. 物质状态

低级醛具有强烈的刺激性气味，中级醛具有果香味；低级酮是液体，具有令人愉快的气味，高级酮是固体。

2. 沸点

由于羰基的极化程度相当大，所以，醛、酮的沸点比相应的烷烃和醚都高。但因为醛、酮分子间不能形成氢键，故其沸点低于相应的醇。

3. 溶解性

羰基氧原子能和水分子形成氢键，故低级醛、酮溶于水。

三、醛、酮的化学性质

1. 羰基的亲核加成反应

(1)与氢氰酸的加成反应　醛和脂肪族甲基酮都可以发生此反应。由于 HCN 是弱酸，解离生成 CN^- 较少，反应速率慢，加入碱可以加速 HCN 的解离，提高 CN^- 的浓度，从而提高反应速率，反应结束后再加酸，即得 α-羟基腈。

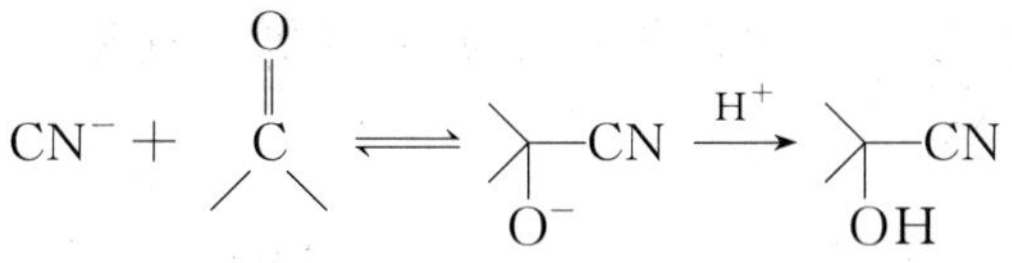

α-羟基腈是很有用的中间体，它可以转变为多种化合物。例如：

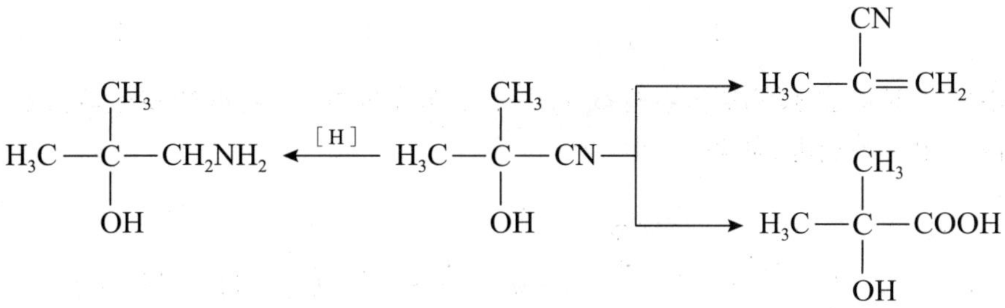

醛、酮和 HCN 加成生成 α-羟基腈，再水解即可合成 α-羟基酸。例如：

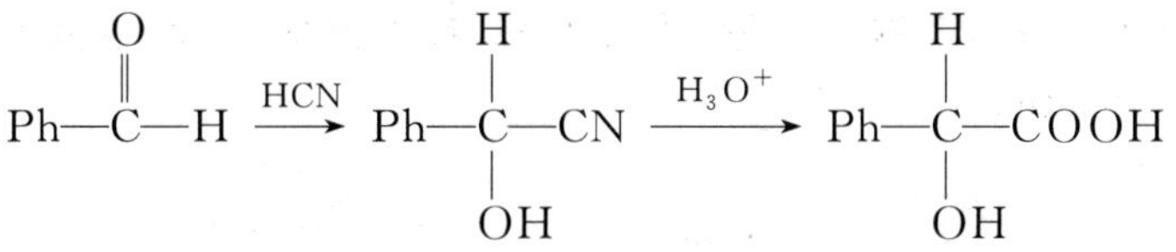

对于 α-氨基酸的合成，可采用类似的 Strecker 反应：

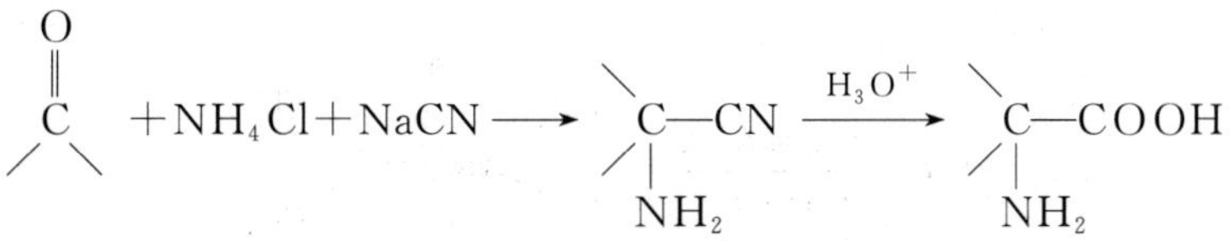

α-氨基腈　　α-氨基酸

(2)与亚硫酸氢钠的加成反应　醛、甲基酮和环酮(一般是七元环以下的环酮)与亚硫酸氢钠的饱和溶液反应生成 α-羟基磺酸钠。

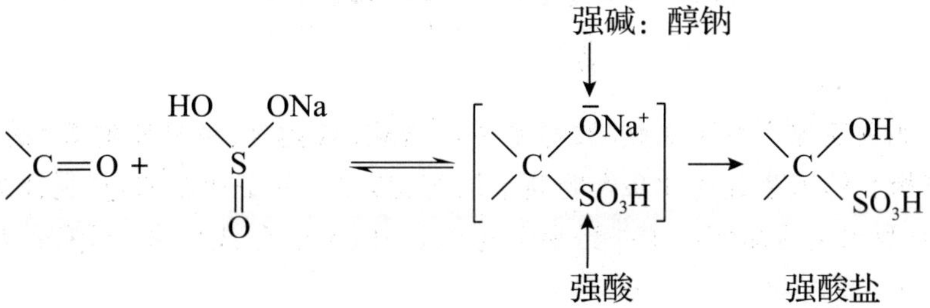

上述反应产物为白色晶体，不溶于饱和的亚硫酸氢钠溶液，容易分离出来；与酸或碱共热，又可得到原来的醛、酮。故此反应可以提纯醛、酮。

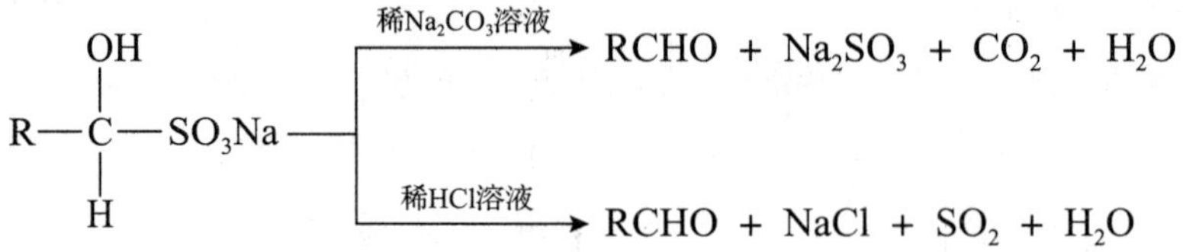

另外，此反应加成产物与氰化钠作用可生成羟基腈。这避免了使用挥发性的剧毒物HCN，是合成羟基腈的好方法。

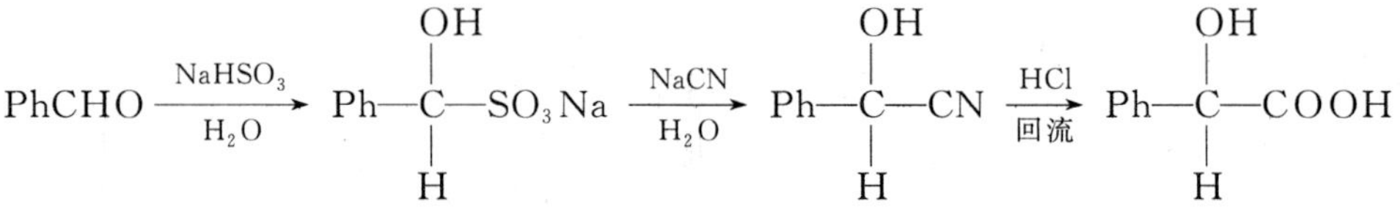

(3)与格氏试剂的加成反应　格氏试剂中R带部分负电荷，具有亲核性，可以和羰基发生加成反应，得到相应的伯醇、仲醇、叔醇。

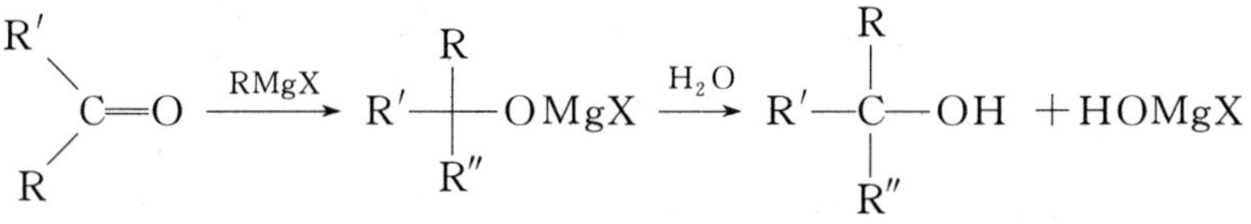

对于甲醛($R'=R''=H$)，产物为伯醇RCH_2OH；对于其他醛，产物为仲醇。对于酮，产物为叔醇$RR'R''COH$。例如：

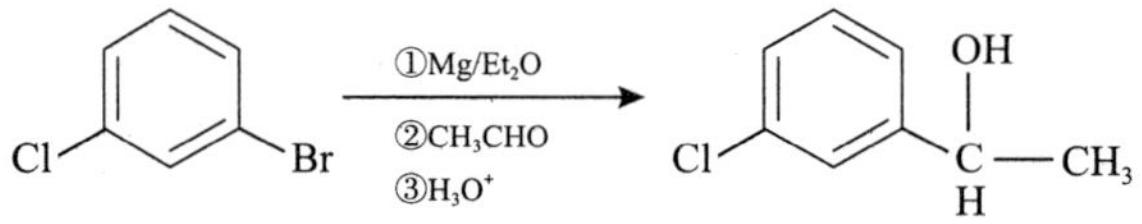

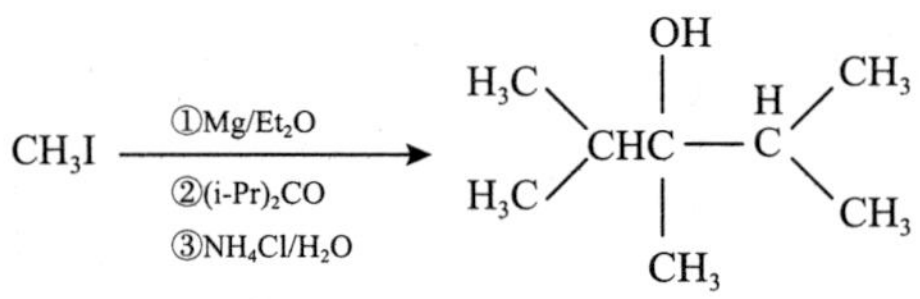

这类加成反应还可以在分子内进行。例如：

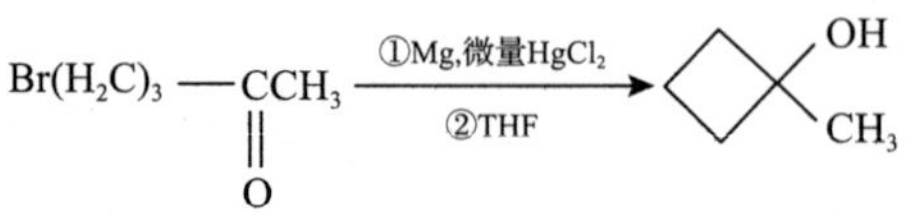

(4)与醇的加成反应　在无水酸(如对甲基苯磺酸、氯化氢、路易斯酸等)的催化下。等物质的量的醇、醛相互作用生成的加成产物叫半缩醛，其中羟基是活泼的，在同样的条件下，过量的醇与之反应并脱水生成缩醛。半缩醛很不稳定，一般不能分离出来，而缩醛则较稳定，可以分离出来。

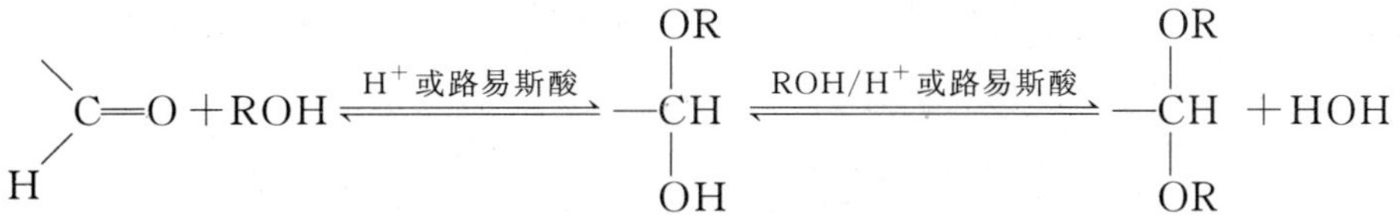

半缩醛(碳原子上连接一个 OH 基和一个 OR 基)　　缩醛(碳原子上连接两个 OR 基)

酮在同样的条件下，也会生成半缩酮、缩酮(也通称为缩醛)。对于难于直接生成缩醛的醛、酮，可用原甲酸三乙酯与之反应生成缩醛。

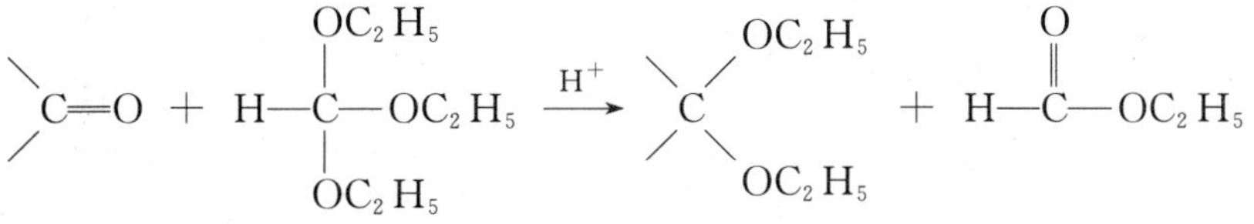

缩醛是稳定的，许多能与醛、酮反应的试剂如格氏试剂、金属氢化物等不与之反应；其对碱也较稳定，但在温热稀酸中，会水解为原来的醛、酮。

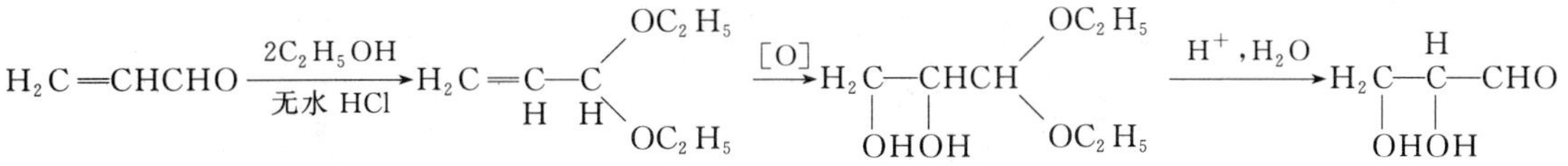

在合成中，常用 1,2-二醇或 1,3-二醇与醛、酮反应生成环状缩醛来保护羰基，因为环状缩醛一般比开链缩醛更稳定。

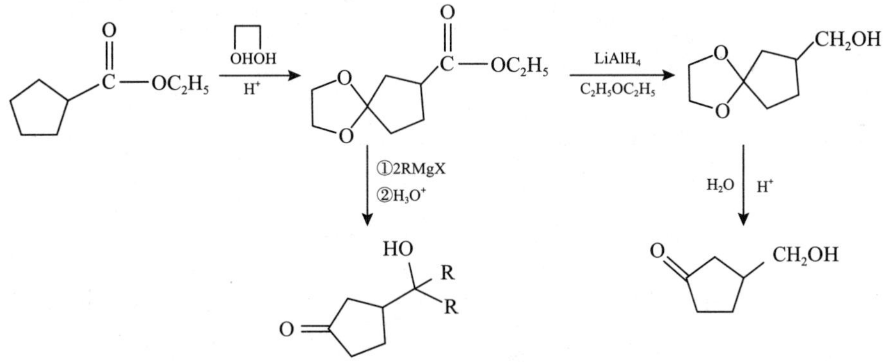

(5)与含氮亲核试剂的加成

①氨与醛、酮反应　第一步得到羟胺，但很不稳定，易脱水，得到亚胺。亚胺类化合物也不稳定，通常进一步生成复杂产物。

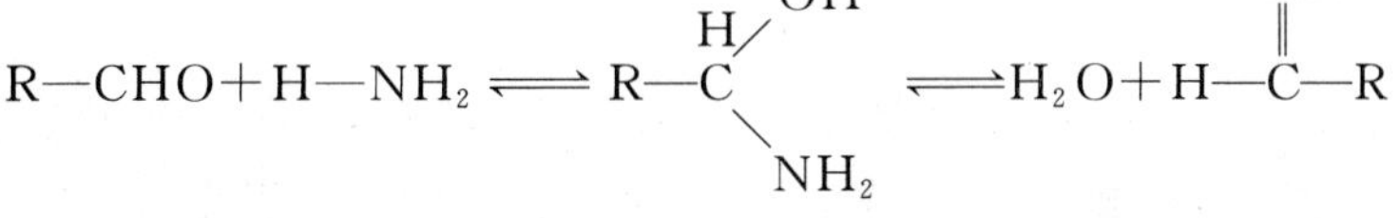

②与胺反应　一级胺(RNH_2)与醛、酮反应生成的羟胺，因氨基上还有 H 而不稳定，马上会失去水生成亚胺，也叫席夫碱。脂肪族亚胺一般不稳定，芳香族亚胺由于共轭效应而较稳

定。例如：

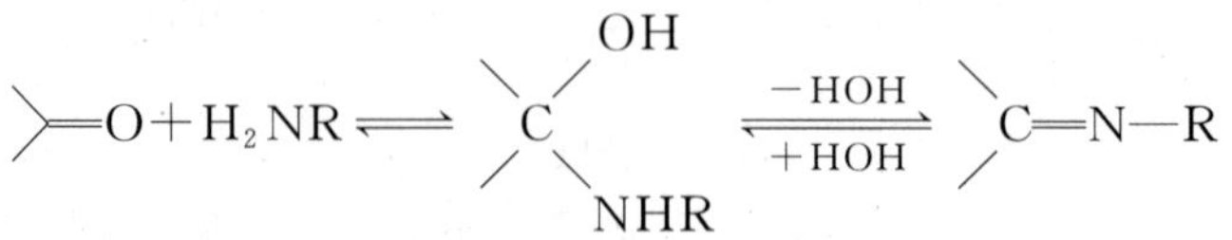

如果是二级胺(R_2NH)，则其初始产物不能以上述方式脱水，有可能被分离出来。但在反应条件下，通常还会进一步变化。若有 α-H 存在，则失水成为烯胺。

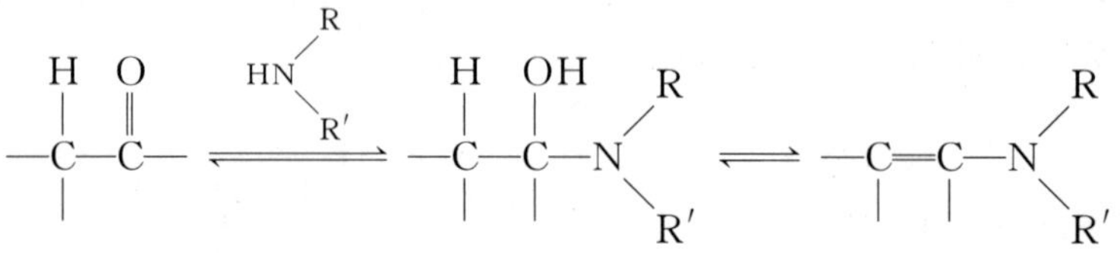

三级胺与醛、酮不反应。

③羟氨、肼、苯肼和氨基脲都是氨的衍生物，也可以和醛、酮发生加成反应。

羟氨的氮原子具有未共用的电子对，是亲核试剂，与醛和酮反应失水生成肟。

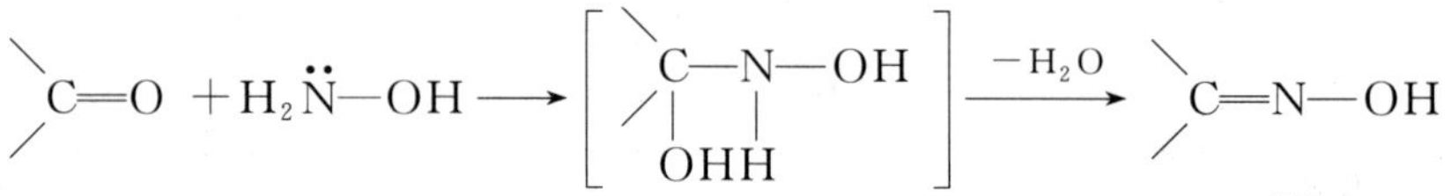

肟

肟、苯腙及缩氨脲绝大多数都是白色固体，具有固定的结晶形状和熔点。测定其熔点就可以知道它是由哪一种醛或酮所生成的，因而常用来鉴别醛、酮。

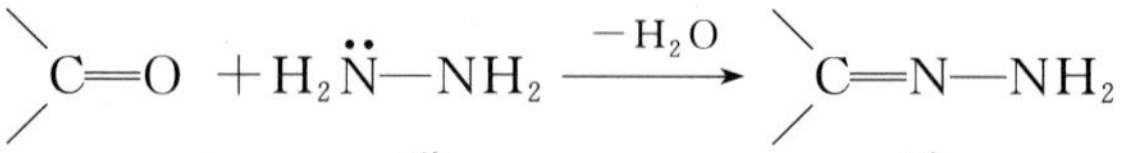

肼　　　　腙

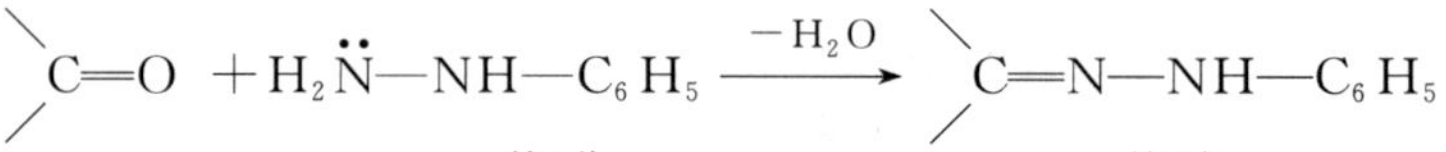

苯肼　　　　苯腙

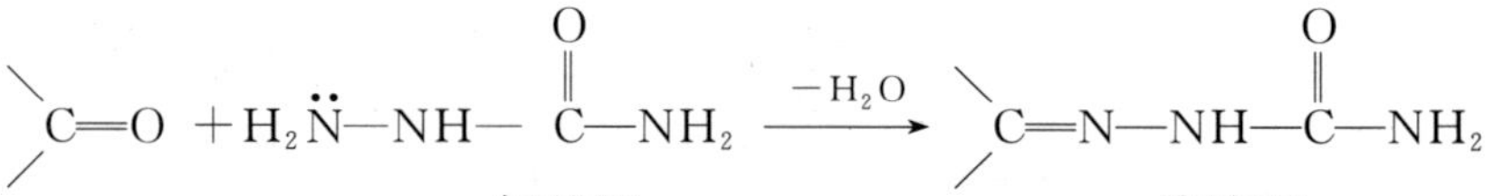

氨基脲　　　　缩胺脲

肟、腙、苯腙及缩氨脲在稀酸的作用下，能够水解为原来的醛和酮。

(6)羟醛缩合反应

由于 α-H 的酸性，在碱的作用下形成 α-碳负离子，α-碳负离子进攻另一分子醛(酮)缺电子的羰基碳原子，从而生成 β-羟基醛、酮的反应，称羟醛缩合反应或醇醛缩合反应。

反应通式为：

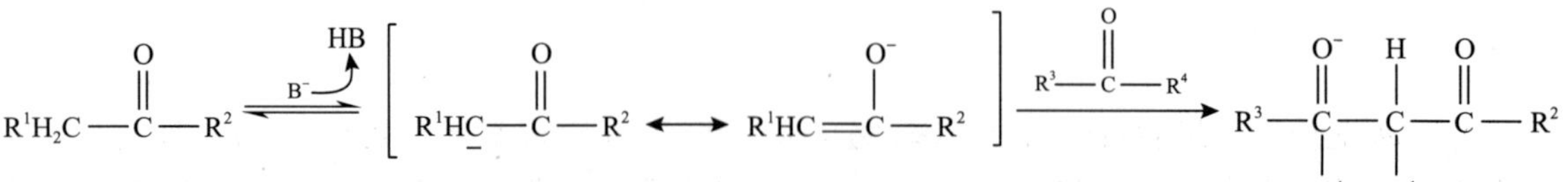

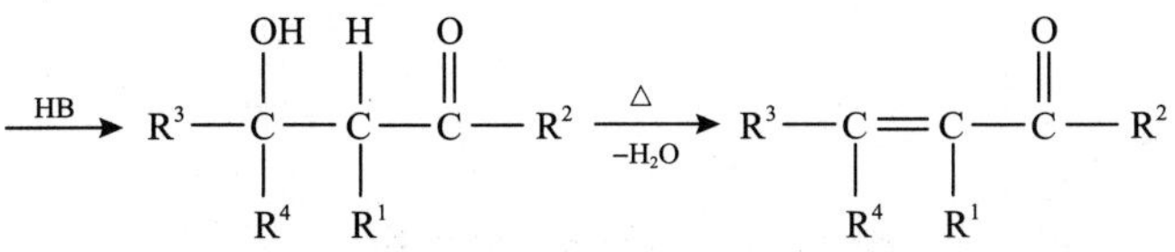

如果使用两种不同的带 α-H 的醛进行羟醛缩合，则反应复杂化，至少生成四种产物。例如：

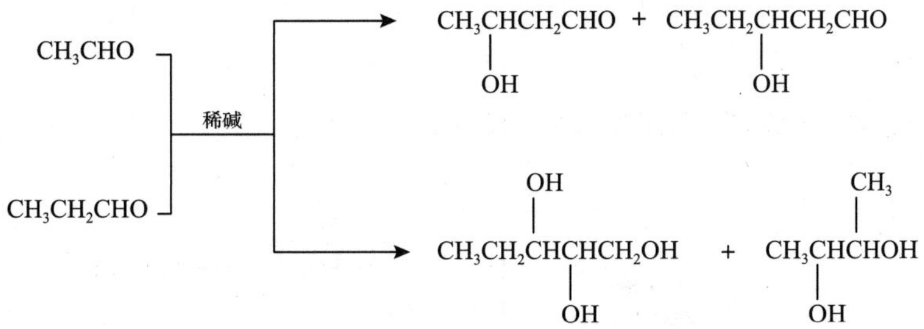

选用一种无 α-H 的醛和另一种有 α-H 的醛进行“交错”缩合，尤其是在碱催化下将具有 α-H 的醛缓慢滴加到无 α-H 的醛中，例如：

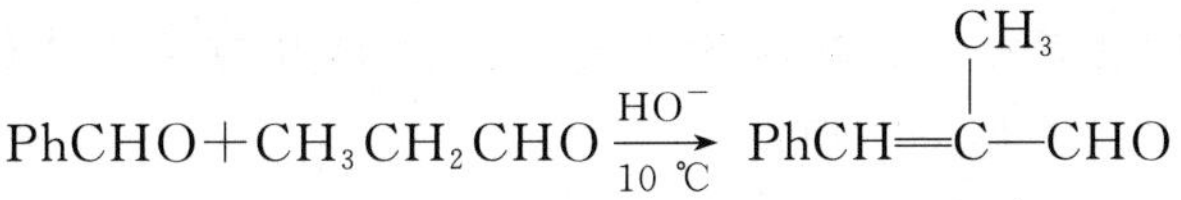

68%

含有 α-H 的酮也可以发生类似的缩合反应，但通常较难，正因为酮自身缩合较慢，可以利用酮作为“交错”缩合的一种组成进行合成。例如：

$$C_6H_5CHO + CH_3COCH_3 \xrightarrow[100\ ℃]{HO^-} C_6H_5CH{=}CHCOCH_3$$

4-苯基-3-丁烯-2-酮

70%

二酮化合物分子内可以发生羟醛缩合反应。

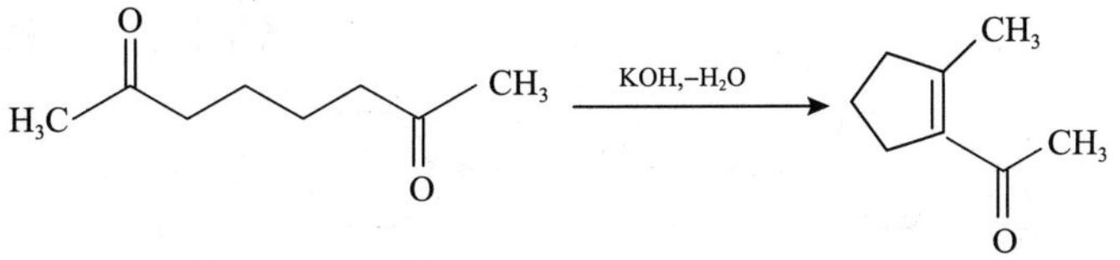

羟醛缩合反应除了在碱催化的条件下进行，还可以在酸催化的条件下进行，但酸催化下的羟醛缩合反应与碱催化的机理不同。

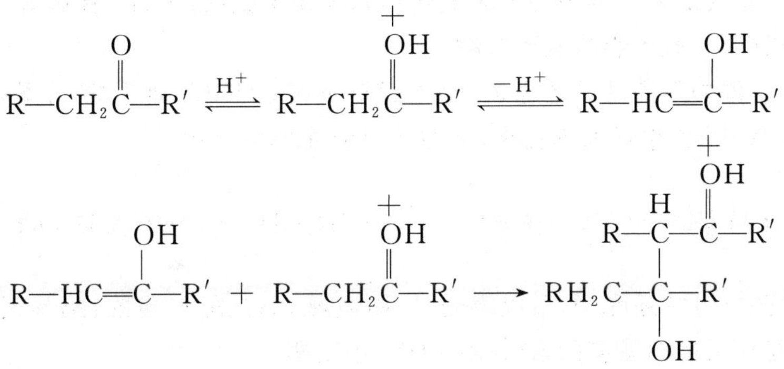

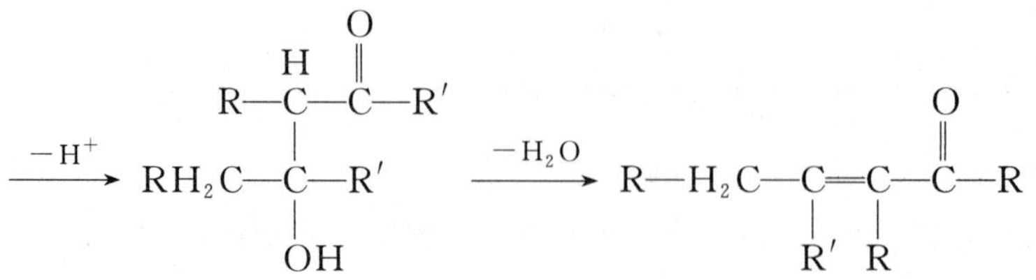

2. 还原反应

利用不同的条件，可将醛、酮还原成醇、烃或胺。例如：

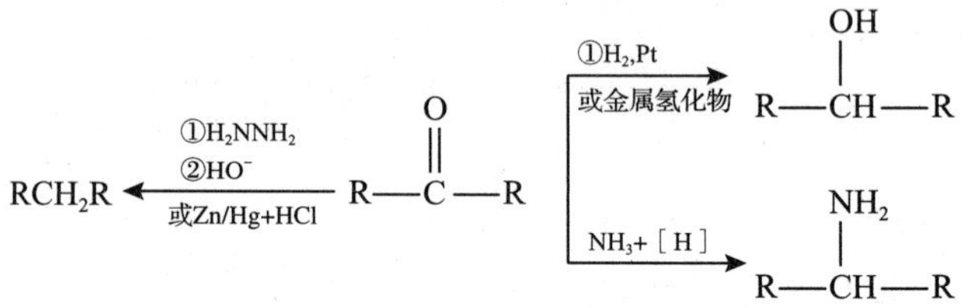

(1)催化加氢　烯烃加氢可以在低压和室温下进行，羰基加氢则往往需要加压和加热，醛还原为一级醇，酮还原为二级醇。例如：

$$CH_3CHO \xrightarrow[\text{加热，加压}]{H_2,Ni} CH_3CH_2OH$$

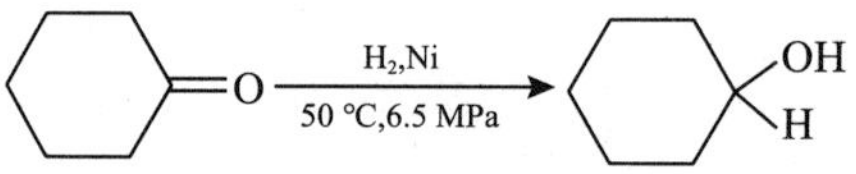

若分子中同时存在碳碳双键和碳氧双键，则要选用不同的还原剂进行选择加氢。例如：

$$CH_3CH{=}CHCH_2CHO + 2H_2 \xrightarrow[\text{250 ℃，加压}]{Ni} CH_3CH_2CH_2CH_2CH_2OH$$

C=C，C=O 均被还原

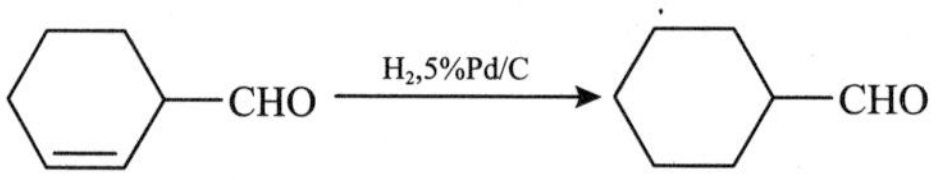

羰基未被还原

如果要只还原羰基而保留碳碳双键，则应选用金属氢化物为还原剂。

(2)用金属氢化物加氢　常用的金属氢化物如氢化锂铝($LiAlH_4$)和硼氢化钠($NaBH_4$)均能使醛、酮还原成醇，一般不影响碳碳双键。

硼氢化钠是一种中等强度的还原剂，通常只能使醛、酮和酰氯还原，不影响共存的 NO_2、Cl、CO_2R 和 CN 等基团，它对水不敏感，可在水溶液或醇中使用。

$$CH_3CH{=}CHCH_2CHO \xrightarrow[H_3O^+]{NaBH_4} CH_3CH{=}CHCH_2CH_2OH$$

氢化锂铝是强有力的还原剂，不仅能使醛、酮还原，而且能使羧酸、酯等还原，遇水和醇剧烈反应，通常只能在无水乙醚或四氢呋喃(THF)中使用。

$$4R-\overset{\overset{\displaystyle O}{\|}}{C}-H + LiAlH_4 \longrightarrow (RCH_2O)_4AlLi \xrightarrow{H_2O} 4RCH_2OH + LiOH + Al(OH)_3$$

(3)用硼烷类化合物还原　酮可被硼烷还原，例如：

$$3R-\overset{\overset{\displaystyle O}{\|}}{C}-R' + H-BH_2 \longrightarrow (RR'CHO)_3B \xrightarrow{H_2O} 3RR'CHOH + H_3BO_3$$

不饱和键也被还原，例如：

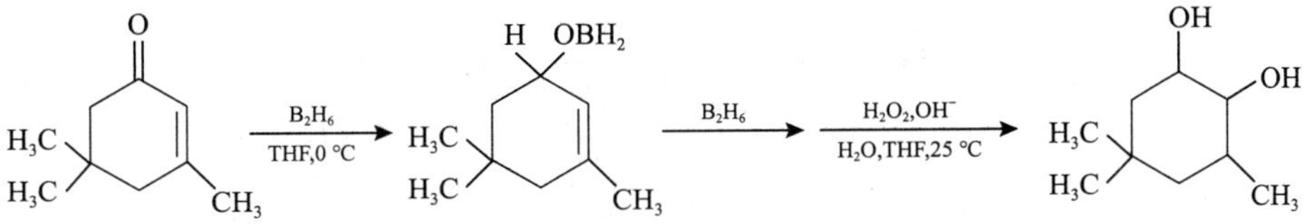

(4)麦尔威因-庞多夫-维尔莱还原　例如，在异丙醇铝和异丙醇存在下，使醛或酮还原为醇：

$$CH_3CH(OH)CH_3 + RCOR' \xrightleftharpoons{(i\text{-}PrO)_3Al} RCH(OH)R' + CH_3COCH_3$$

这是一个可逆反应，反应的专一性很高，一般只使羰基与醇烃基互变而不影响其他基团。

(5)直接还原为烃

①凯西纳-沃尔夫-黄鸣龙还原法　使 $>C=O$ 变为 $>CH_2$ 的方法叫作凯西纳-沃尔夫-黄鸣龙还原法，该反应适用于对碱不敏感的醛、酮。

$$C_6H_5COC_2H_5 \xrightarrow[\text{二缩乙二醇醚}]{H_2NNH_2,NaOH} C_6H_5CH_2C_2H_5$$

②克莱门森还原法　醛或酮和锌汞齐、浓盐酸一起加热，羰基即被还原为亚甲基，称为克莱门森还原法。此法对芳香酮较好，对酸敏感的底物不能使用。若要还原对酸敏感的醛、酮，可用凯西纳-沃尔夫-黄鸣龙还原法。两种方法互为补充。

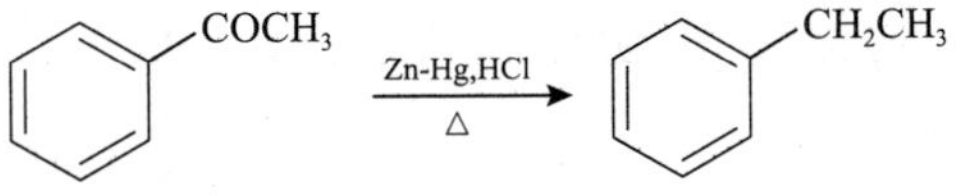

80%

③用乙硫醇还原　对酸、碱均敏感的醛、酮，可让其与乙硫醇反应形成缩硫醛(酮)，再发生氢解，这样相应的羰基也可被还原为亚甲基。

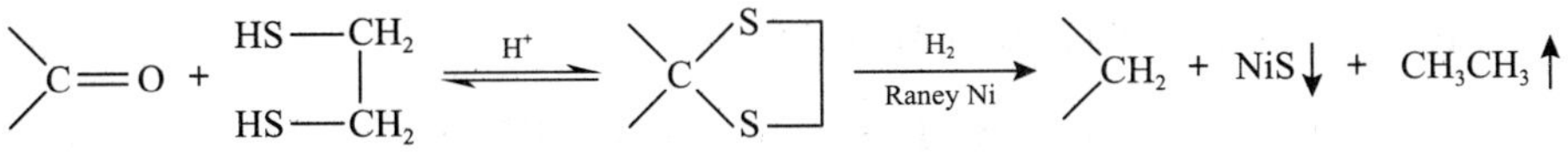

3．氧化反应

(1)醛的氧化　醛分子中有一个氢原子直接连在羰基上，所以醛很容易被氧化，即使是托伦试剂$[Ag(NH_3)_2]^+$或费林试剂(碱性铜配离子)这些温和的氧化剂也能将它氧化成相同碳原子数的羧酸，可用这两种方法鉴别醛、酮。

$$RCHO+2[Ag(NH_3)_2]+2OH^- \longrightarrow 2Ag\downarrow+RCOONH_4^++3NH_3+H_2O$$

$$RCHO+2Cu^{2+}+4OH^- \longrightarrow Cu_2O\downarrow+RCOOH+2H_2O$$

醛易被空气中的氧气氧化，苯甲醛试剂瓶瓶口的白色固体就是其被空气自动氧化成苯甲酸的结果。

强氧化剂如铬酸、高锰酸钾很容易将醛氧化为羧酸。例如：

$$n\text{C}_6\text{H}_{13}\text{—}\overset{\overset{\displaystyle O}{\|}}{C}\text{—H} \xrightarrow[H_2SO_4]{KMnO_4} n\text{C}_6\text{H}_{13}\text{COOH}$$

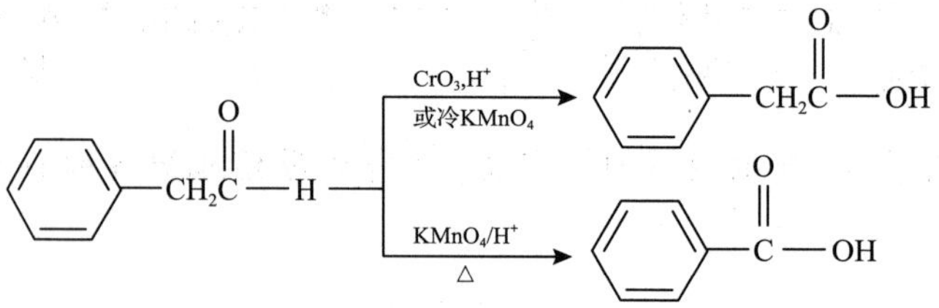

(2)酮的氧化　酮在激烈的条件下可被氧化，但伴随有碳链的断裂，产物很复杂。

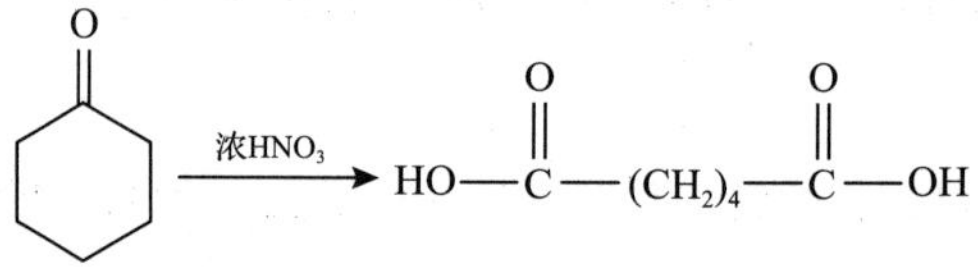

酮可被过氧酸氧化成酯，其碳骨架不受影响，这个反应称为贝耶尔-维林格反应。

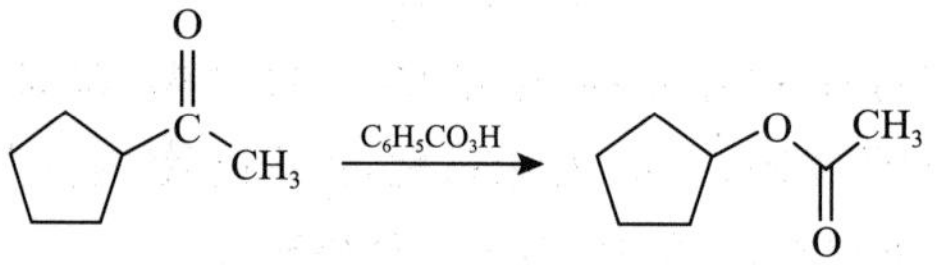

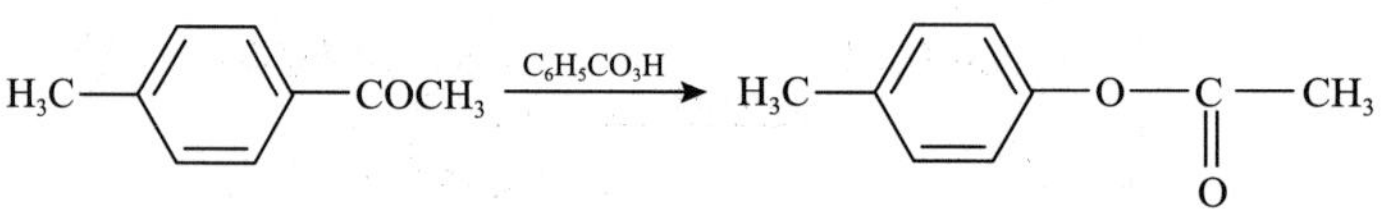

4. α-H 的活泼性

(1)互变异构　在溶液中，有 α-H 的醛、酮是以酮式和烯醇式平衡而存在的。简单的脂肪醛在平衡体系中烯醇式的含量极少，但对于酮或二酮，烯醇式双键能与其他不饱和基团共轭而稳定化，在平衡体系中，烯醇式的含量会增多，例如：

$$\underset{\text{酮式}}{CH_3COCH_3} \rightleftharpoons \underset{\text{烯醇式}}{H_2C{=}\underset{\displaystyle OH}{\underset{|}{C}}{-}CH_3}$$

(2)卤化反应　醛、酮的 α-H 易被卤素(常用溴、碘)取代，特别在碱性溶液中，反应进行得很顺利。其反应机理是碱先夺取 α-H，生成烯醇负离子，卤素再对碳碳双键加成而生成 α-卤代醛、酮。

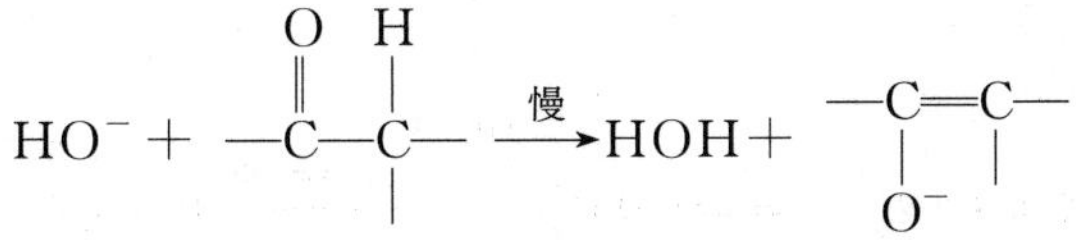

烯醇负离子

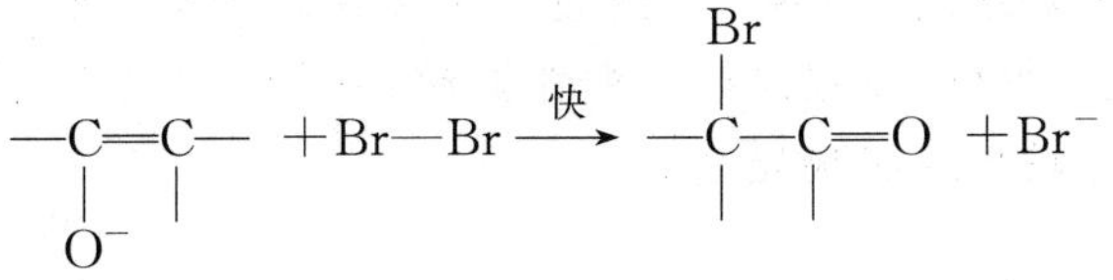

(3)卤仿反应和碘仿反应

若醛或酮分子中有多个 α-H，则这些 α-H 都可以被卤素取代，生成各种多卤化物。如果 α-碳上连有三个氢，则可卤化生成三卤衍生物：

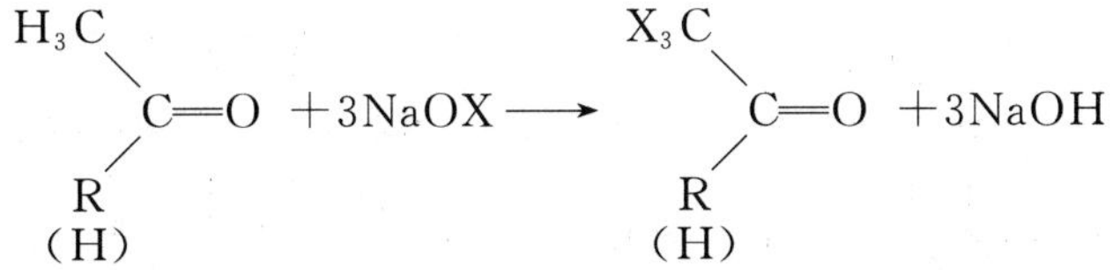

所生成的三卤代物在碱性溶液中易分解为三卤甲烷(俗称卤仿)，这就是卤仿反应，若使用的卤素是碘，则称为碘仿反应。

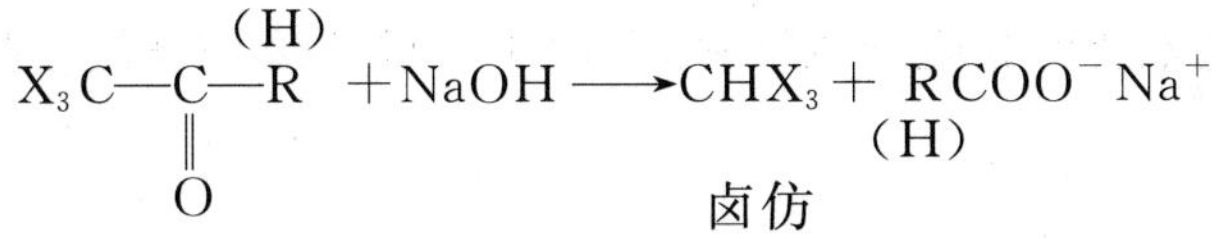

卤仿

含有 $H_3C-\overset{\overset{O}{\|}}{C}-$ 结构的醛(酮)及含有 $H_3C-\overset{\overset{OH}{|}}{CH}-$ 结构的醇可以发生卤仿反应。碘仿是黄色晶体，水溶性小，易于析出且有特殊气味，反应现象很明显，故常用碘仿反应来鉴别单官能团是否含有 $H_3C-\overset{\overset{O}{\|}}{C}-$ 或 $H_3C-\overset{\overset{OH}{|}}{CH}-$ 结构。

四、重要的醛和酮

1. 甲醛

(1)物理性质　甲醛的沸点是－21 ℃，是具有难闻的刺激性气味的气体，易溶于水。40％的甲醛水溶液叫福尔马林，在医药上和农业上广泛用作消毒剂。

(2)化学性质

①甲醛非常容易聚合，在不同的条件下生成不同的聚合物。例如，蒸发甲醛水溶液时，就在甲醛水合物分子间失去水分子而互相连接起来，生成多聚甲醛。

$HOH_2C—OH+2H—OCH_2—OH+H—OCH_2OH \longrightarrow HOCH_2(OCH_2)_nOCH_2OH+(n+1)H_2O$

②甲醛与氨作用生成一种环状化合物，叫环六亚甲基四胺，因具有金刚烷的结构，又叫作四氮金刚烷。

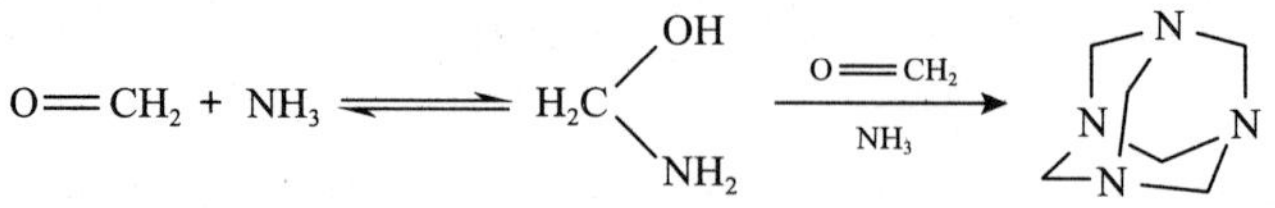

(3)用途　甲醛是重要的化工原料，广泛应用于合成高分子工业中。如合成酚醛树脂和脲醛树脂需要大量的甲醛。另外，用极纯的甲醛作原料，在催化剂作用下，得到线性的多聚甲醛，它是一种新型塑料，具有较高的机械强度。

2. 乙醛

(1)物理性质　乙醛的沸点为 20.8 ℃，具刺激性臭味，能溶于水、乙醇和乙醚。

(2)化学性质　乙醛很易聚合，生成三聚乙醛或四聚乙醛。

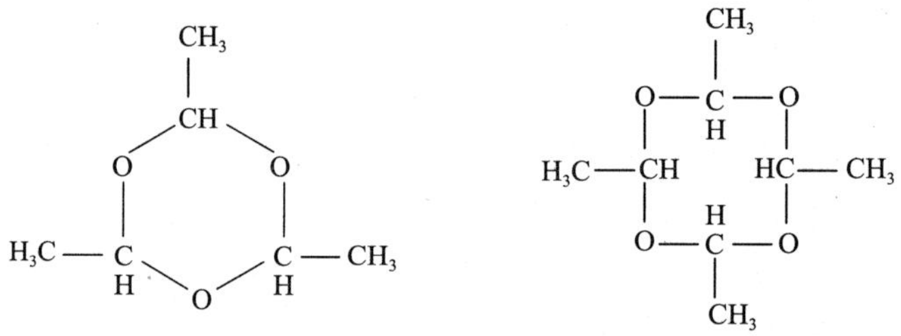

三聚乙醛　　　　四聚乙醛

(3)用途　乙醛是重要的有机合成原料，可用于合成乙酸、乙酐、乙醇、季戊四醇和三氯乙醛等。

3. 丙酮

(1)物理性质　丙酮是一种无色液体，沸点 56.2 ℃，相对密度 0.789 9，可与水、乙醇、乙醚等混溶。

(2)用途　丙酮是一种优良的试剂，广泛用于无烟火药、人造纤维、油漆等工业中。丙酮是重要的化工原料，可用于合成有机玻璃、农药、抗生素、卤仿和乙烯酮。

4. 苯甲醛

(1)物理性质　苯甲醛是无色液体，沸点 179 ℃，有苦杏仁味，俗称苦杏仁油。

(2)化学性质

①苯甲醛可通过甲苯控制氧化，先卤化再水解制得，也可由苯直接羰基化制得。

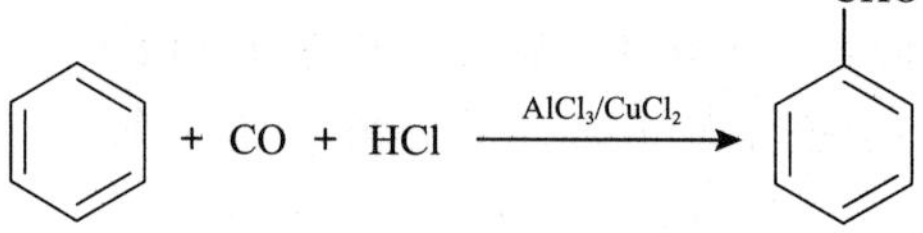

②氧化反应　苯甲醛在空气中能自动氧化成苯甲酸，因此利用苯甲醛作合成原料时，一定要用新蒸馏的苯甲醛；储存苯甲醛时，常加入很少量的对苯二酚或对叔丁基酚等抗氧化剂以防

止苯甲醛的自动氧化。

③歧化反应 苯甲醛没有α-氢原子，在浓碱作用下发生分子间的氧化还原反应，生成苯甲醇和苯甲酸钠。

(3)用途 工业上用作制造染料及香料的原料。

5. 环己酮

(1)物理性质 环己酮沸点为156 ℃，相对密度为0.942。

(1)化学性质 环己酮催化加氢得到环己醇，氧化生成己二酸。

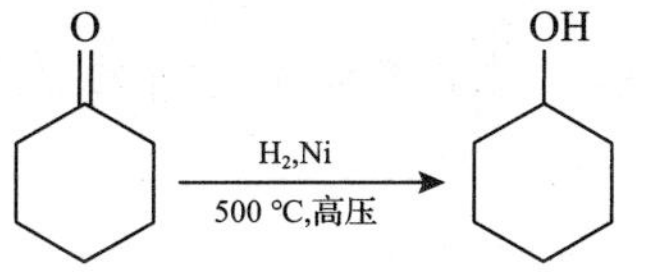

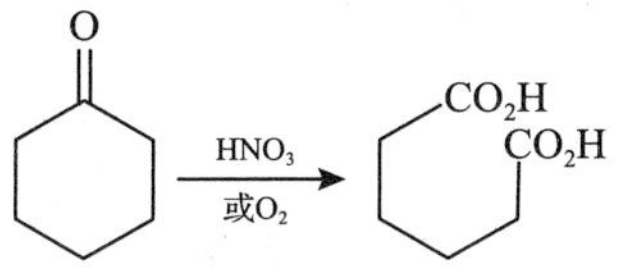

(3)用途 除工业上用于制备己二酸和己内酰胺外，环己酮还可用作溶剂。

◎思政园地◎

黄鸣龙还原法

“黄鸣龙还原法”指的是黄鸣龙先生改良的Kishner-Wolff还原法，是首个以中国科学家名字命名的重要的有机化学反应，写入了多国教科书中，并于2002年入选《美国化学会杂志》创刊125周年被引用最多的125篇论文之一。

黄鸣龙院士三次出国，足迹遍及欧美，在新中国成立之际，他突破美国政府的重重阻挠，绕道欧洲辗转回国。1952年，甾体激素药物在世界上兴起，而我国在这个方向上仍是空白，黄鸣龙院士回国后的工作目标，就是发展有疗效的甾体化合物的工业生产。在黄鸣龙的带领下，团队于1958年成功合成出“可的松”，后续又继续奋战，并成功合成出“黄体酮”等多种甾体激素。当“可的松”投产成功，人们向黄鸣龙祝贺时，他满怀欢欣而又异常谦虚地说：“我看到我们国家做出了‘可的松’，非常地高兴，我这颗‘螺丝钉’终于发挥作用了。”

黄鸣龙积极配合国家需要开展研究。1964年，国家为防止人口过快增长，提出计划生育，他立刻联想到国外有关甾体激素可作避孕药的报道，决心响应号召，为人民继续发挥“螺丝钉”的作用。同年，黄鸣龙带领团队研制的口服避孕药甲地孕酮获得成功，受到全世界关注。不到一年时间，几种主要的甾体避孕药物很快投入了生产，接着在全国推广使用。

短短十余年，我国的甾体药物从一片空白到可以生产几乎所有种类的甾体药物，甚至还可以大量出口。黄鸣龙也因此获得了“我国甾体激素药物工业的奠基人”的美誉。与此同时，黄鸣龙还亲自开课，系统讲授甾体化学，为祖国培养出一批甾体化学的专门人才。作为一名爱国科学家，黄鸣龙始终为祖国忘我地战斗在科研、教学第一线，这种精神值得我们永远怀念和敬仰。

◎目标检测◎

一、选择题

1. 反应 $(H_3C)_3C—\overset{\overset{\displaystyle O}{\|}}{C}C(CH_3)_3 + (CH_3)_3CMgBr \xrightarrow[\text{②}H_3O^+]{\text{①}Et_2O}$，实际上得不到加成产物，欲制备加成产物$[(CH_3)_3C]_3C—OH$，需对试剂或条件做的更改是(　　)。

A. 第一步反应需加热

B. 换$(CH_3)_3CMgBr$为$(CH_3)_3CLi$

C. 换$(CH_3)_3CMgBr$为$[(CH_3)_3C]_2CuLi$

D. 换溶剂Et_2O为DMSO

2. 下列物质不能发生碘仿反应的是(　　)。

A. 乙醇　　B. 乙醛　　C. 异丙醇　　D. 丙醇

3. 有下列化合物：①HCHO②CH_3CHO③$CH_3COCH_3$④$C_6H_5COC_6H_5$，它们的相对稳定性次序为(　　)。

A. ①>②>③>④　　B. ①>③>④>②

C. ④>③>②>①　　D. ④>①>②>③

4. 下列哪一种化合物不能用来制取醛酮的衍生物？(　　)

A. 羟胺盐酸盐　　B. 2,4-二硝基苯

C. 氨基脲　　D. 苯肼

5. 下列反应能增长碳链的是(　　)。

A. 碘仿反应　　B. 羟醛缩合反应

C. 康尼查罗反应　　D. 银镜反应

6. 下列化合物中，能与溴进行亲电加成反应的是(　　)。

A. 苯　　B. 苯甲醛　　C. 苯乙烯　　D. 苯乙酮

7. 保护醛基常用的反应是(　　)。

A. 氧化反应　　B. 羟醛缩合　　C. 缩醛的生成　　D. 还原反应

8. 有下列化合物：①$NCCH_2CHO$②CH_3OCH_2CHO③CH_3SCH_2CHO④$HSCH_2CH_2CHO$，它们的亲核加成反应的活性大小次序是(　　)。

A. ①>②>③>④　　B. ②>④>③>①

C. ①>④>②>③　　D. ①>③>④>②

9. 下列羰基化合物对HCN加成反应速度最快的是(　　)。

A. 苯乙酮　　B. 苯甲醛　　C. 2-氯乙醛　　D. 乙醛

10. 下列羰基化合物对 $NaHSO_3$ 加成速度最慢的是(　　)。

A. 苯乙酮　　B. 苯甲醛　　C. 2-氯乙醛　　D. 乙醛

二、简答题

1. 用系统命名法命名下列醛、酮。

(1) $CH_3CH_2\overset{\overset{O}{\|}}{C}-CH(CH_3)_2$

(2) $CH_3CH_2\overset{\overset{CH_3}{|}}{C}HCH_2\overset{\overset{C_2H_5}{|}}{C}H-CHO$

(3) 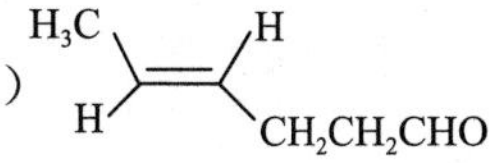

(4) 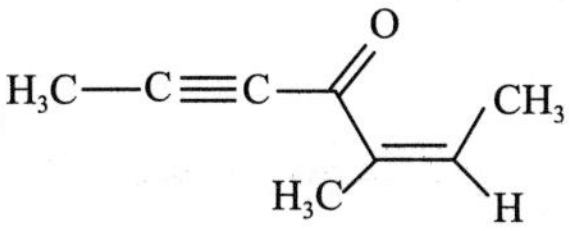

(5) 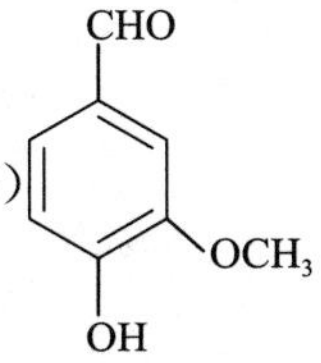

(6) 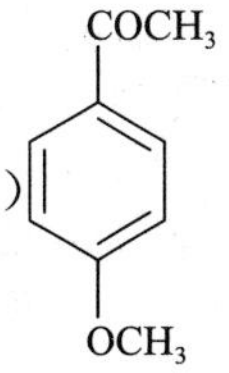

(7) 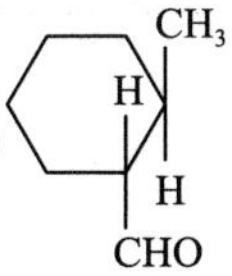

(8) 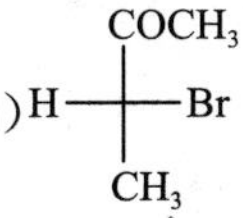

(9) $OHCCH_2\underset{\underset{CHO}{|}}{C}HCH_2CHO$

(10) 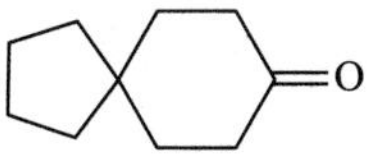

2. 将下列各组化合物按羰基活性排序。

(1)① CH_3CH_2CHO　　② PhCHO　　③ Cl_3CCHO

(2)① 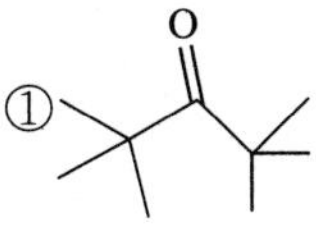　② 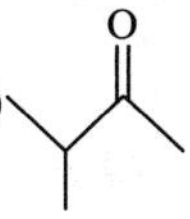　③ 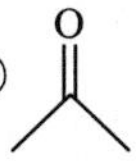　④ 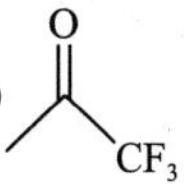

(3)① 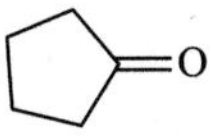　② 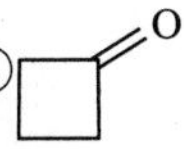　③ 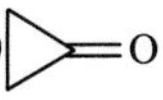

3. 完成下列反应式(对于有两种产物的,请标明主、次产物)。

(1) 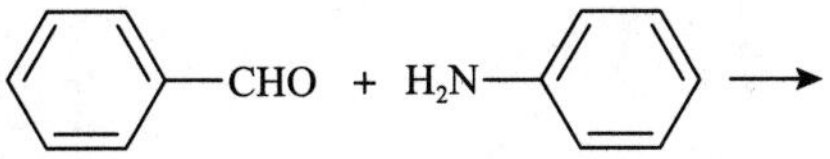

(2) $HC\equiv CH + 2CH_2O \longrightarrow$

(3) 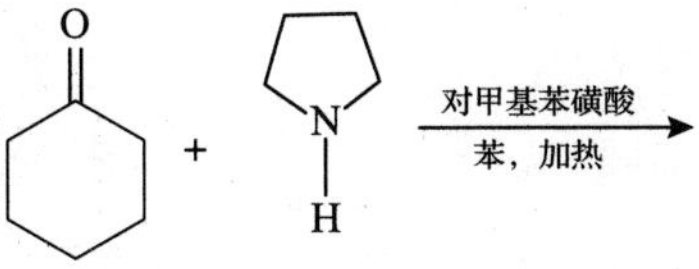

(4) 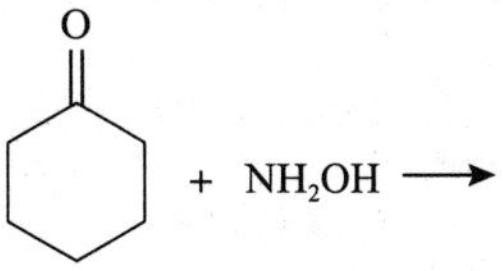

(5) 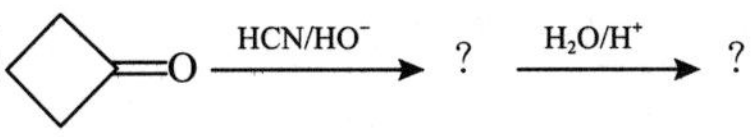

(6) 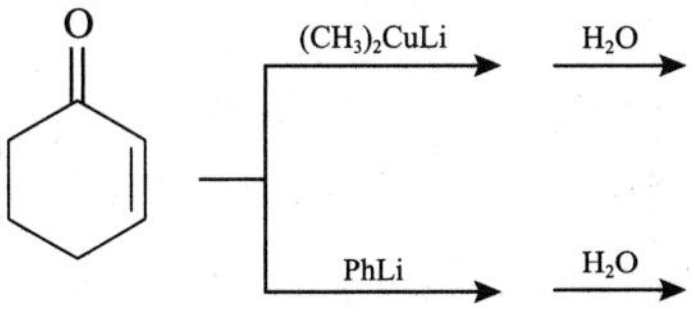

(7) 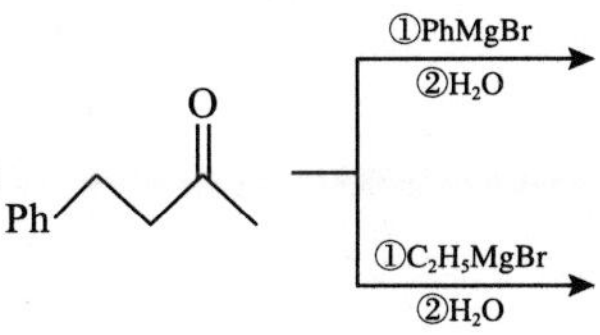

(8) 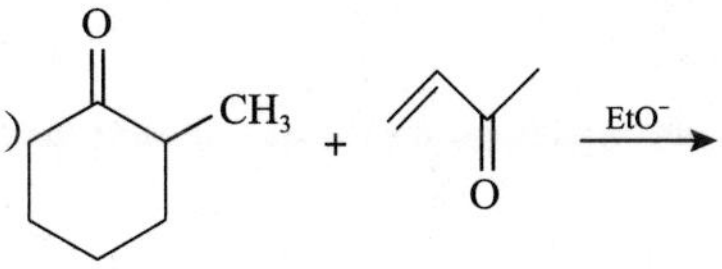

(9) 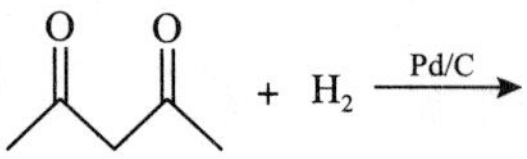

(10) $CH_3\overset{O}{\overset{\|}{C}}CH_2Br \xrightarrow[HCl(干)]{HOCH_2CH_2OH}$

(11) 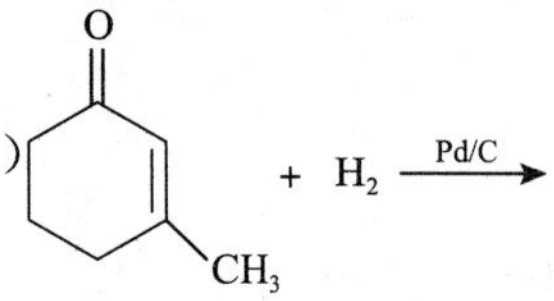

(12) 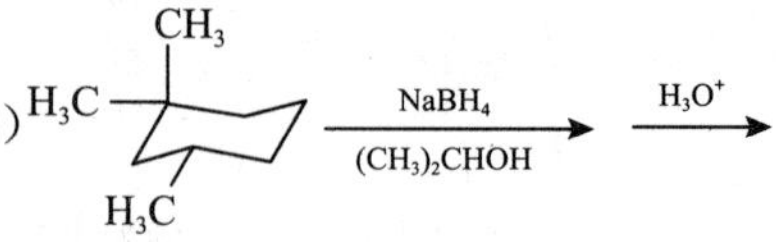

(13) 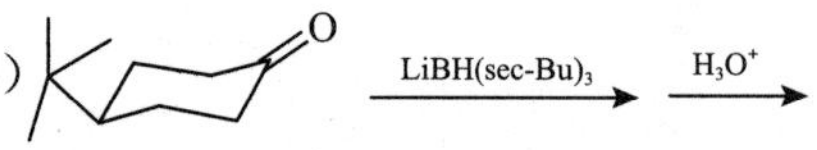

(14) 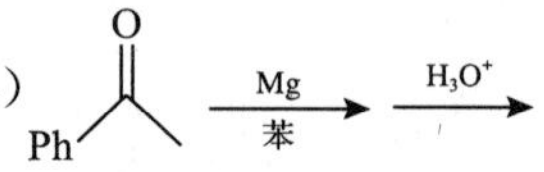

(15) 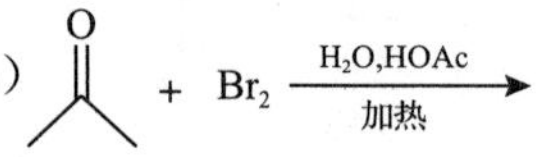

(16) 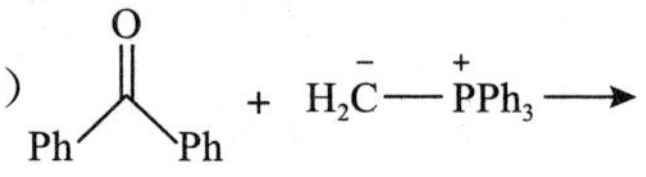

(17) $PhCHO + HCHO \xrightarrow{HO^-}$

(18) 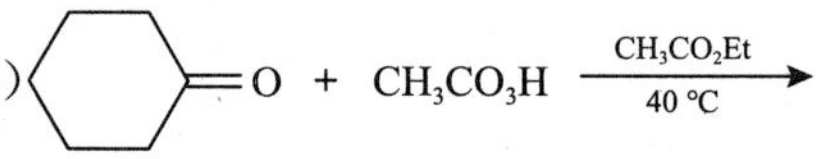

4. 鉴别下列化合物。

(1) $CH_3CH_2COCH_2CH_3$ 与 $CH_3COCH_2CH_3$

(2) $PhCH_2CHO$ 与 $PhCOCH_3$

(3) ① CH_3CH_2CHO　② $H_3C-\overset{O}{\overset{\|}{C}}-CH_3$　③ $H_3C-\overset{O}{\overset{\|}{C}H}-CH_3$　④ CH_3CH_2Cl

5. 请解释苯甲醛和 2-丁酮在酸和碱催化下生成不同产物的机理。

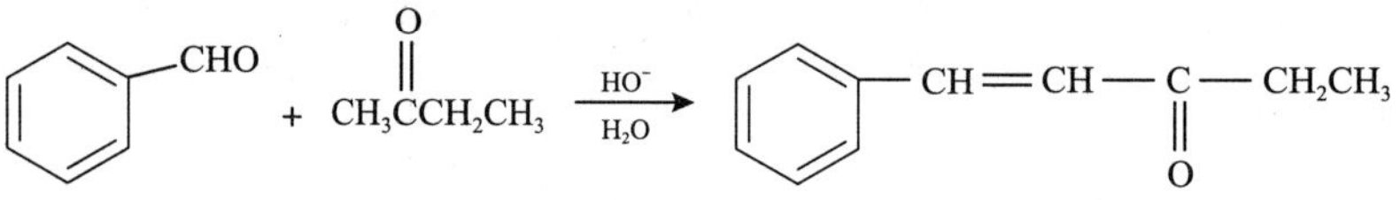

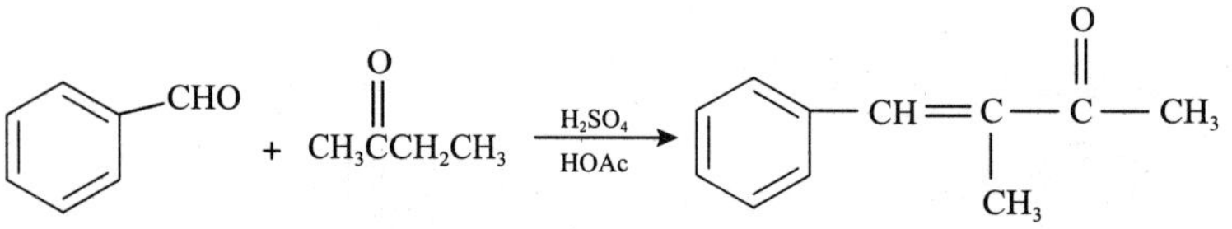

6. 如何实现下列转变？请写出主要反应过程。

(1) 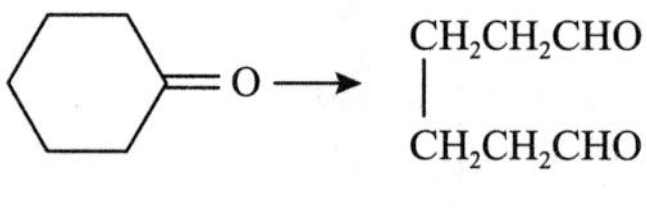

(2) 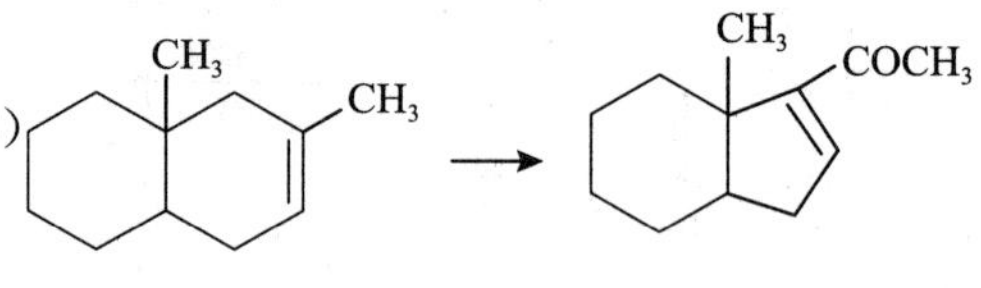

(3) 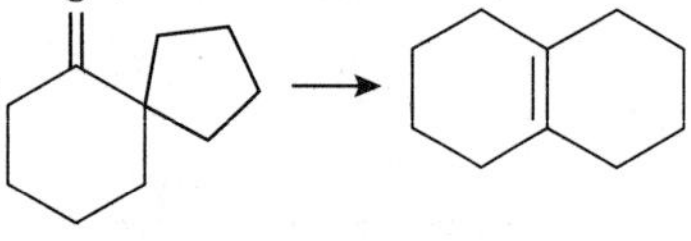

项目八

羧酸及其衍生物

任务一　羧酸

一、羧酸的分类和命名

（一）分类

根据羧基所连接的羟基，分为脂肪族酸、脂环族酸及芳香族酸：

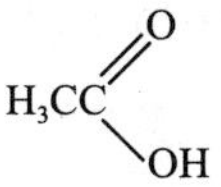

乙酸（脂肪族酸）

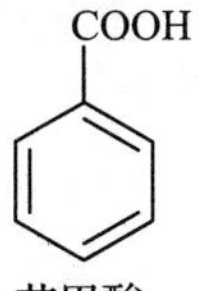

苯甲酸（芳香族酸）

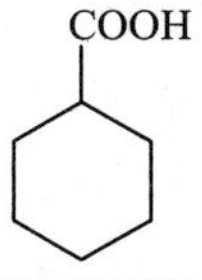

环己基甲酸（脂环族酸）

根据分子中所含羧基的数目，可分为一元酸、二元酸和多元酸：

HOOC—COOH

草酸（乙二酸）

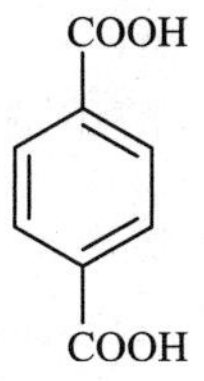

1,4-苯二甲酸

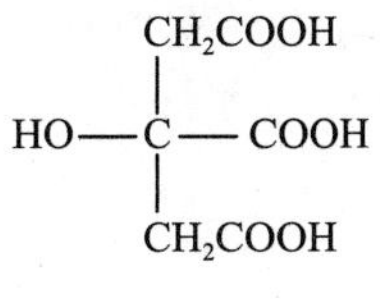

柠檬酸

（二）命名

1. *羧酸的俗名*

通常根据天然来源命名。例如，甲酸（HCOOH）又叫蚁酸，是因为其最初由蒸馏蚂蚁而得。乙酸又叫醋酸，因为它是食醋的主要成分。乙二酸又叫草酸，因为在大部分植物和草中都含有草酸盐。

2. IUPAC 命名法

脂肪酸在系统命名时选择分子中含有羧基的最长碳链为主链，根据主链的碳原子数目称为某酸，表示侧链与不饱和键的方法与羟基相同，编号则从羧基开始。例如：

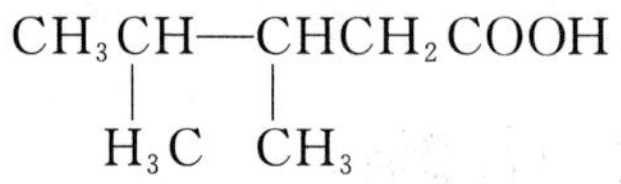
3,4-二甲基戊酸

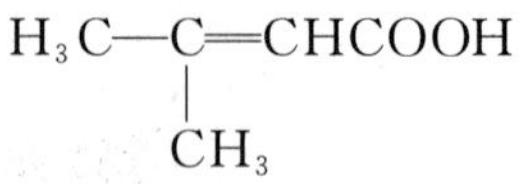
3-甲基-2-丁烯酸

芳香族羧酸可作为脂肪酸的芳基取代物来命名。例如：

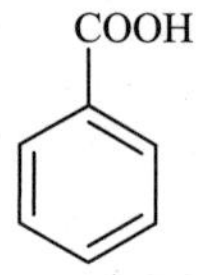
苯甲酸

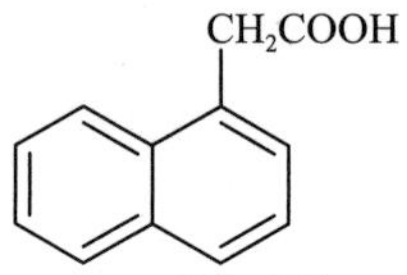
α-萘乙酸

羧酸常用希腊字母来标明位次，即与羧基直接相连的碳原子记为 α，其余依次为 β、γ，距羧基最远的为 ω。

二、羧酸的结构和性质

（一）结构

羧基中的碳原子和醛、酮一样，也是 sp^2 杂化的，它的三个 sp^2 杂化轨道形成的三个 σ 键在同一平面上，键角大约为 120°。碳原子还余下一个 p 轨道和羧基氧的一个 p 轨道相互交盖形成 π 键。同时，羧基的 π 键和羟基氧原子上的未共用电子对形成 p-π 共轭体系：

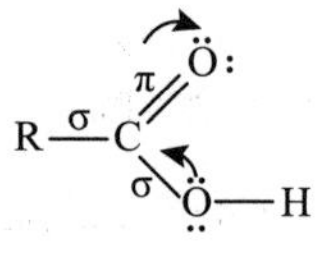

其结果是键长部分平均化。据测定，羰基中 C═O 键键长为 123 pm，较正常 C═O 键键长（120 pm）略长，C—O 键键长为 136 pm，较醇中的 C—O 键键长 143 pm 短些。

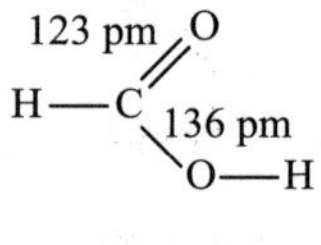

当羧基解离为负离子后，负电荷就完全均等地分布在 O—C—O 链上，即两个 C—O 键键长完全平均化，用 X 射线衍射测定甲酸根负离子的两个 C—O 键键长都是 127 pm，可表示如下：

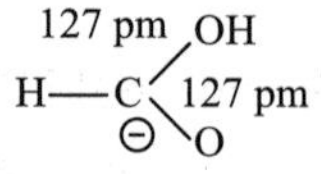

(二)物理性质

1. 饱和一元羧酸

(1)物质状态　饱和一元羧酸中,甲酸、乙酸、丙酸具有强烈酸味和刺激性。含有4～9个碳原子的羧酸具有腐败恶臭,是油状液体。含10个以上碳原子的羧酸为石蜡状固体,挥发性很低,没有气味。

(2)沸点　饱和一元羧酸的沸点比相对分子质量相近的醇的沸点高。

(3)熔点　直链饱和一元羧酸的熔点随着分子中碳原子数目的增加而呈锯齿状变化,含偶数碳原子的羧酸的熔点比相邻两个奇数碳原子羧酸高。

(4)溶解性　低级羧酸(甲酸、乙酸、丙酸)能与水混溶。随着相对分子质量的增加,羧酸在水中的溶解度迅速减小,最后与烷烃的溶解度相近。高级脂肪酸都不溶于水,而溶于有机溶剂。

2. 二元羧酸

(1)物质状态　二元羧酸是固态晶体。

(2)熔点　熔点比相对分子质量相近的一元羧酸高得多。

(3)溶解性　二元羧酸由于分子的极性增强,在水中的溶解度增加,使它们易溶于水及酒精,而难溶于有机溶剂。

三、化学性质

1. 酸性

羧酸分子中由于羧基中羟基氧上的未共用电子对与羰基的 π 电子共轭,增加了羰基负离子的稳定性,羰基中的氢可以解离为氢离子,而显示酸性,表示如下:

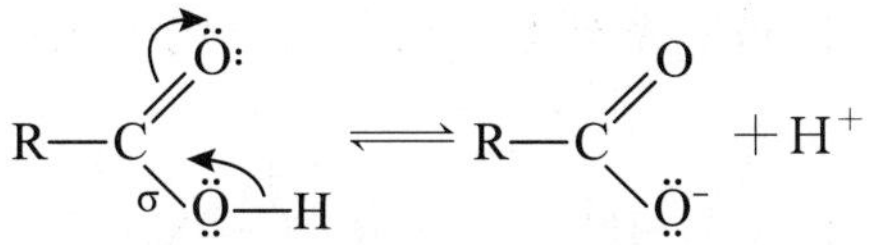

利用这一性质可用溶解度试验将不溶于水的羧酸、酚类和醇类区别开来:羧酸既溶于氢氧化钠又溶于碳酸氢钠溶液,酚则能溶于氢氧化钠溶液而不溶于碳酸氢钠溶液;醇则在氢氧化钠和碳酸钠溶液中都不溶解。

羧酸是弱酸,除甲酸的 pK_a 为 3.75 外,其他饱和一元羧酸的 pK_a 均在 4.76～5,比碳酸的酸性($pK_a=7$)和苯酚的酸性($pK_a=10$)强些。

电子效应对羧酸的酸性影响非常明显。

(1)诱导效应的影响　具有吸电子诱导效应(−I)的原子或基团使羧酸根负离子的负电荷分散而稳定,氢离子易解离,相应羧酸的酸性增强。吸电子基越多,距离羧基位置越近,相应羧酸的酸性越强。具有给电子诱导效应(+I)的原子或基团则使相应羧酸的酸性减弱。

(2)场效应的影响　场效应是空间静电作用,即取代基在空间产生一个电场,对另一个反应中心有影响。通常诱导效应与场效应难以区别,因为它们往往同时存在并且方向一致。但在下面的例子中,场效应与诱导效应方向相反,显示出场效应的作用。例如,邻位和对位氯代苯基丙炔酸，按理其酸性应是邻位大于对位，但实际上是对位大于邻位。

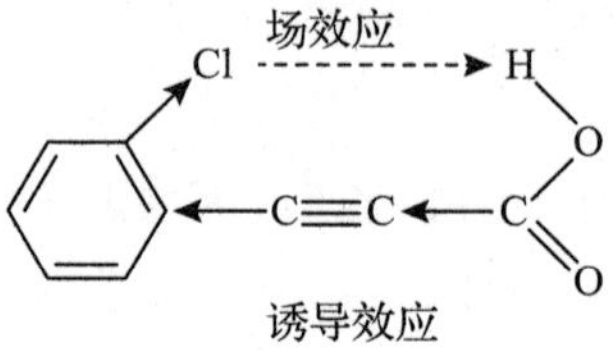

(3)共轭效应的影响　苯甲酸比一般脂肪酸（甲酸除外）酸性强，原因是羧基负离子可与苯环共轭，使负离子的电荷得到充分分散而稳定，氢离子更易解离。

当苯甲酸的对位取代基为—OH、—OCH_3、—NH_2 时，就静态诱导效应来说，是－I 效应，可使羧基的酸性增强；从静态共轭效应（p-π 共轭）来说，是＋C 效应，可使羧基酸性减弱，但＋C 效应大于－I 效应，两种效应的综合结果是苯甲酸的酸性减弱。对—Cl、—Br、—I 来说是静态－I 效应大于静态＋C 效应，结果使羧基酸性增强。对—NO_2、—CN 来说，两种效应都是吸电子的，－I 效应和－C 效应一致，所以使酸性增强。

如果在间位，诱导效应起主导作用，共轭效应受到阻碍，作用较小，例如：

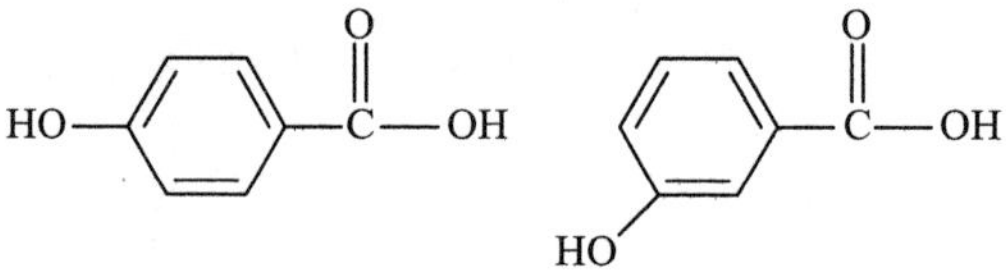

pK_a=4.57　　　　pK_a=4.08

对邻位取代基来说，共轭效应和诱导效应都发挥作用，同时由于取代基之间距离很近，还要考虑空间立体效应，情况要复杂些。

2. *羧基中羟基被取代的反应*

羧基上的—OH 原子团可以被一系列原子或基团取代生成羧酸的衍生物，例如：

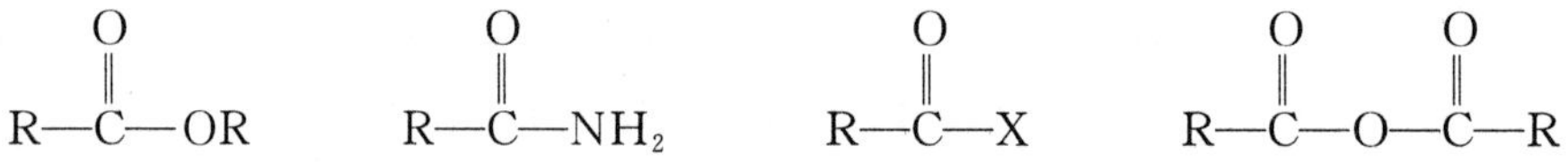

酯　　　　酰胺　　　　酰卤　　　　酸酐

羧酸分子中羧基上消去羟基后的剩余部分称为酰基（$R-\overset{O}{\overset{\|}{C}}-$）。

(1)成酯反应　羧酸与醇反应生成酯，称为酯化反应。酯化反应可用以下两种形式表示：

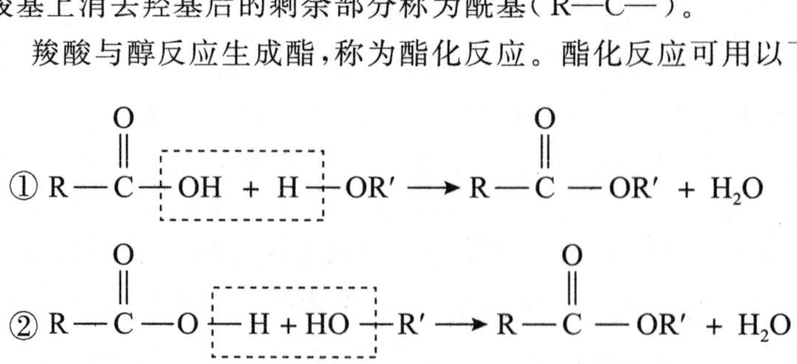

大多数情况下反应时按式①进行，酸的催化作用在于氢离子先和羧酸中的羰基形成鎓盐，

这样就使羧基的碳原子带有更高的正电性，有利于亲核试剂醇(ROH)的进攻，然后失去一分子水，再失去氢离子，即成酯。

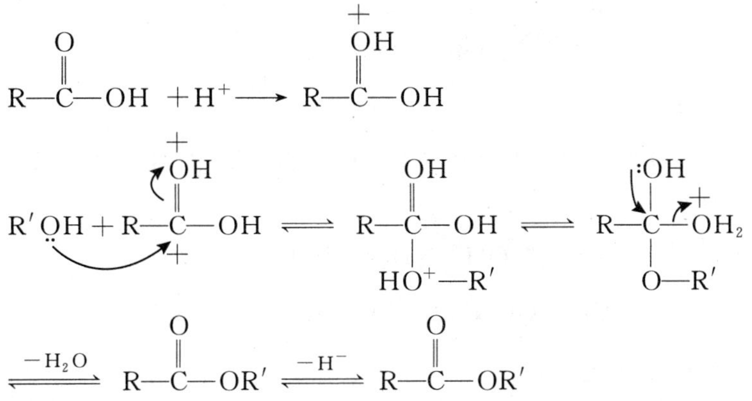

但在少数情况下，酯化反应也有按式②进行的。例如，叔醇酯化时，在酸催化下叔醇容易产生碳正离子：

$$R_3COH + H^+ \rightleftharpoons R_3C^+ + H_2O$$

碳正离子与羧酸生成𬭩盐，再脱去质子生成酯：

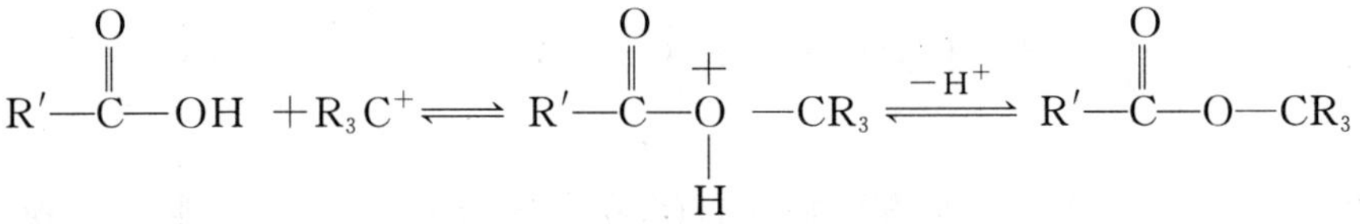

(2)成酰卤反应　羧酸中的羟基可被卤素取代而生成酰卤，所用的试剂为 PX_3、PX_5、$SOCl_2$。与醇不同，HX 不能使酸变成酰卤。例如：

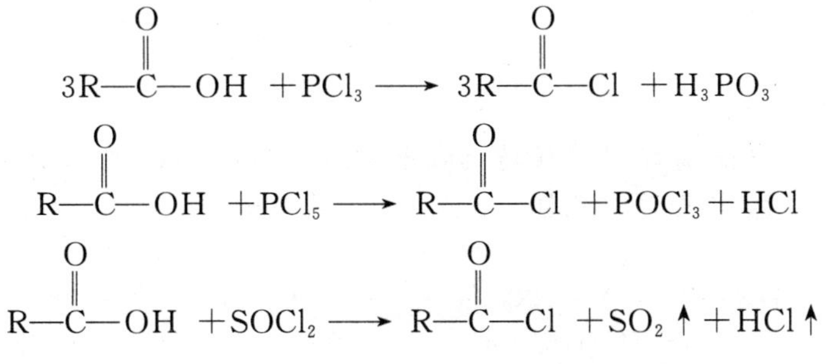

(3)成酸酐反应　羧酸在脱水剂(如五氧化二磷)作用下或加热失水而生成酸酐。

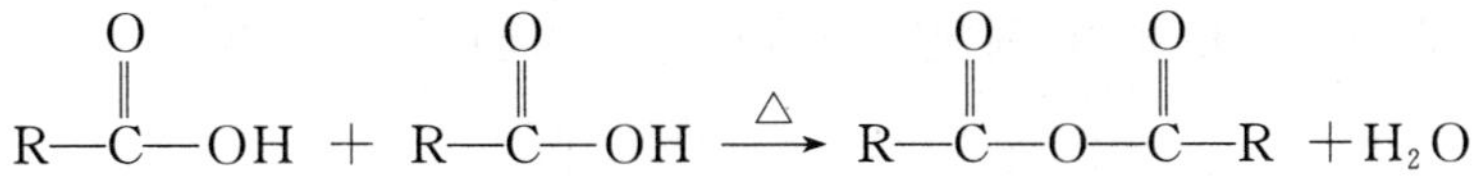

羧酸与乙酸酐共热，生成较高级的酸酐。

$$2RCOOH + (CH_3CO)_2O \rightleftharpoons (RCO)_2O + 2CH_3COOH$$

具有五元环或六元环的酸酐，可由二元羧酸加热分子内失水而得。例如，邻苯二甲酸酐可由邻苯二甲酸加热失水而得。

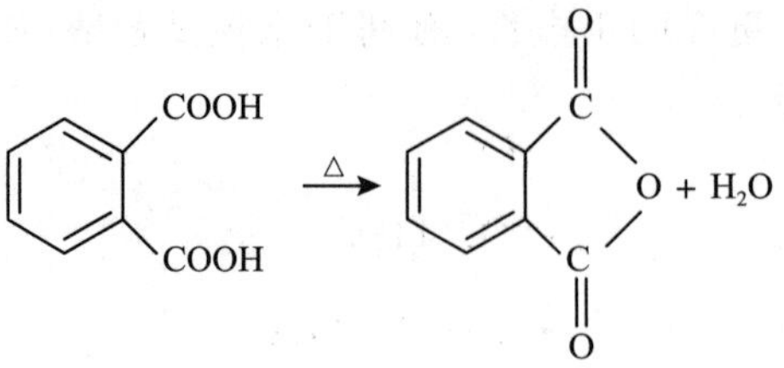

(4)成酰胺反应　在羧酸中通入氨气或加入碳酸铵,可以得到羧酸的铵盐,铵盐热解失水而变成酰胺。例如:

$$CH_3COOH + NH_3 \longrightarrow CH_3COONH_4$$

$$CH_3COONH_4 \xrightarrow{\triangle} CH_3CONH_2 + H_2O$$

3. 与有机金属化合物反应

羧酸与格氏试剂生成不溶性的盐 RCOOMgX,故格氏试剂不能同羧酸盐继续反应。而有机锂试剂可以与溶解性好的羧酸锂盐发生加成,水解后得到酮。所以有机锂试剂是能直接转化羧酸为酮的一种试剂:

$$(CH_3)_3CLi + PhCOOH \longrightarrow PhCO_2Li^+ + (CH_3)_3CH$$

$$PhCO_2Li^+ + (CH_3)_3CLi \longrightarrow Ph\text{—}\underset{OLi}{\overset{OLi}{\underset{|}{\overset{|}{C}}}}\text{—}C(CH_3)_3 \xrightarrow{H_2O} Ph\text{—}COC(CH_3)_3$$

羧酸可以与有机锂试剂合成酮,主要原因是羧酸与有机锂试剂能形成稳定的中间物 $R\text{—}\underset{OLi}{\overset{OLi}{\underset{|}{\overset{|}{C}}}}\text{—}R$,其再水解才得到酮。

4. 羰基的还原反应

还原羧酸至相应的醛,通常把羧酸转化成更易为亲核试剂进攻的衍生物如酰氯、酯及某些酰胺等,而且还原剂的活性要低。例如:

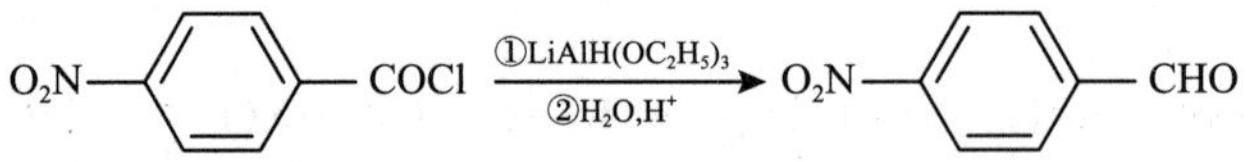

$$CH_3(CH_2)_7CH{=}CH(CH_2)_7COOC_2H_5 \xrightarrow{Na/C_2H_5OH} CH_3(CH_2)_7CH{=}CH(CH_2)_7CH_2OH$$

如使用强还原剂如氢化锂铝,则羧酸直接还原成伯醇,得不到醛,但是分子中的双键可以保留。

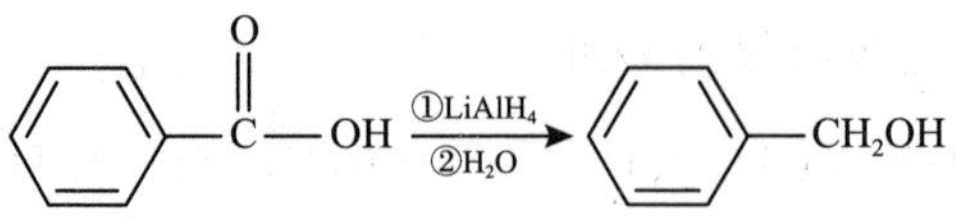

$$H_2C{=}CHCH_2COOH \xrightarrow[②H_2O]{①LiAlH_4} H_2C{=}CHCH_2CH_2OH$$

例外的是用锂-甲胺还原羧酸，这是因为生成的醛被溶剂截获而成亚胺的缘故，亚胺水解即得醛。

$$RCOOH \xrightarrow[CH_3NH_2]{Li} RCH{=}NCH_3 \xrightarrow[H_2O]{H^+} RCHO$$

用硼烷也可以还原羧酸为伯醇。而且硼烷的还原反应选择性好。

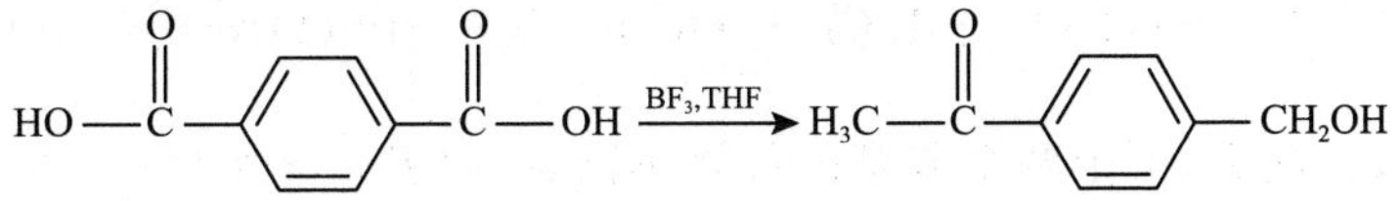

5. α-氢原子的取代反应

羧基和羰基一样，能使 α-H 活化，但羧基的致活作用比羰基小得多，α-H 的卤化要在光照、碘、硫或红磷等催化剂存在下逐步地发生取代。例如：

$$CH_3COOH \xrightarrow[-HBr]{Br_2,P} CH_2BrCOOH \xrightarrow[-HBr]{Br_2,P} CHBr_2COOH \xrightarrow[-HBr]{Br_2,P} CBr_3COOH$$

羧酸衍生物的 α-H 能被强碱如二异丙基氨基锂(LDA)夺去而生成碳负离子。溴或碘与酯的负离子反应生成 α-溴代或碘代酯。

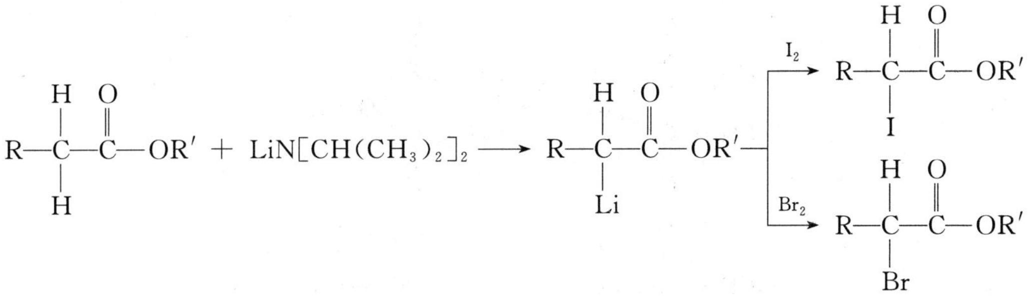

6. 羧基的脱羧反应

羧酸中羧基和烃基之间的 C—C 键比醛、酮中羰基和烃基之间的 C—C 键弱，比较容易断裂。因此，在一定条件下羧酸失去 CO_2 的反应叫脱羧反应。例如，羧酸钠与碱石灰共热，则分解出 CO_2 而生成烃：

$$CH_3COONa + NaOH(CaO) \xrightarrow{\triangle} CH_4 + Na_2CO_3$$

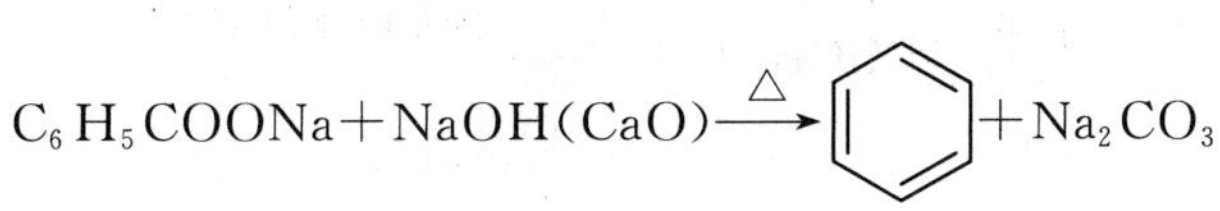

若用羧酸直接气相催化脱羧，则生成酮：

$$2RCOOH \xrightarrow[400\sim500\ ℃]{TbO_2 或 MnO} R{-}\underset{\underset{O}{\|}}{C}{-}R + CO_2 + H_2O$$

一个在合成上非常有用的脱羧反应称为汉斯狄克反应。它是用羧酸的银盐在无水的惰性

试剂中与一分子 Br_2 回流，失去 CO_2 而形成比羧酸少一个碳原子的溴代烷，这一反应广泛地用于制备脂肪族卤代烷。例如：

$$RCOOAg \xrightarrow[CCl_4,\triangle]{Br_2} RBr + CO_2$$

柯齐反应是用四乙酸铅、氯化锂和羧酸反应，脱羧生成氯代烃：

$$RCO_2H + Pb(OAc)_4 + LiCl \xrightarrow[\triangle]{\text{苯}} RCl + CO_2 + Pb(OAc)_2 + HOAc$$

各种二元羧酸受热后，由于两个羧基的位置不同，有时发生失水反应，有时发生脱羧反应。草酸与丙二酸受热后很容易脱羧：

$$\begin{array}{l}COOH\\ |\\ COOH\end{array} \xrightarrow{\triangle} HCOOH + CO_2$$

$$\begin{array}{l}COOH\\ |\\ CH_2\\ |\\ COOH\end{array} \xrightarrow{\triangle} CH_3COOH + CO_2$$

丁二酸、戊二酸受热后不发生脱羧作用，而发生失水，形成稳定的五元环酐或六元环酐：

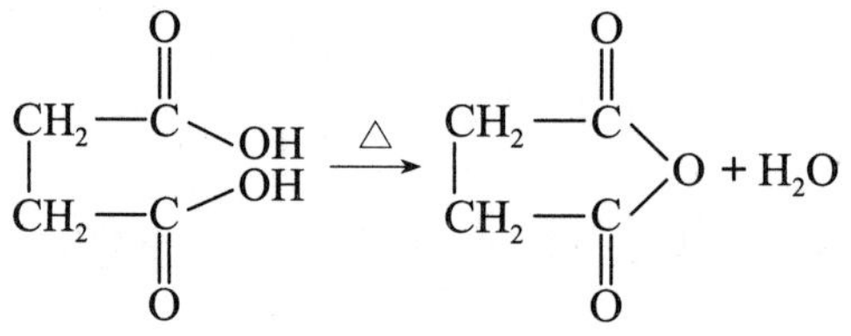

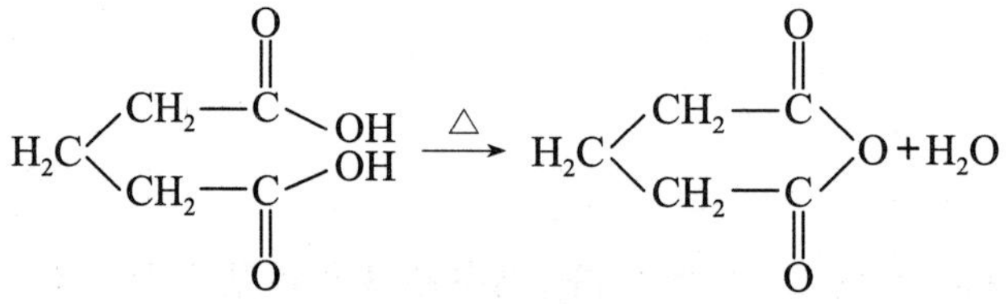

己二酸和庚二酸受热后则同时发生失水和脱羧，生成较稳定的五元环酮和六元环酮：

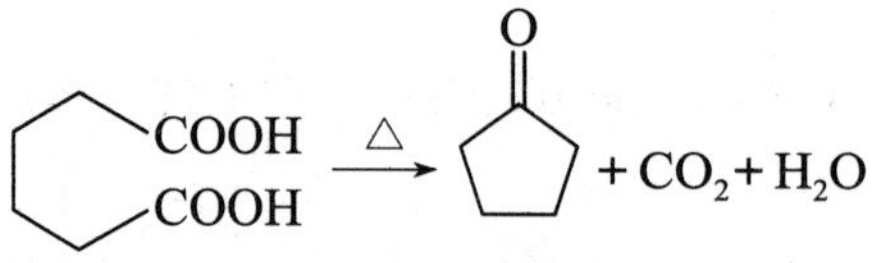

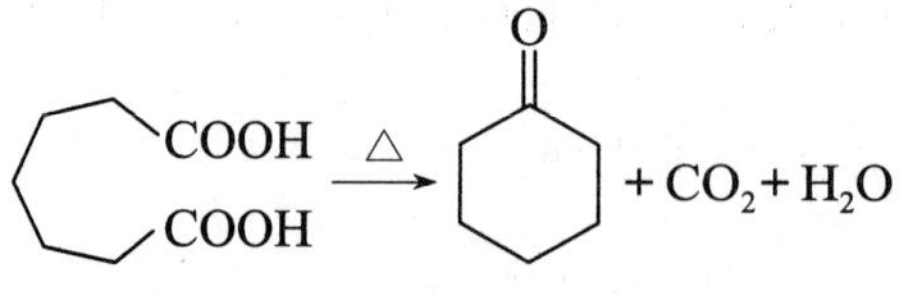

二元羧酸和二元醇发生反应时可以生成环酯，也可生成聚酯。环酯的生成也只限于五元环或六元环：

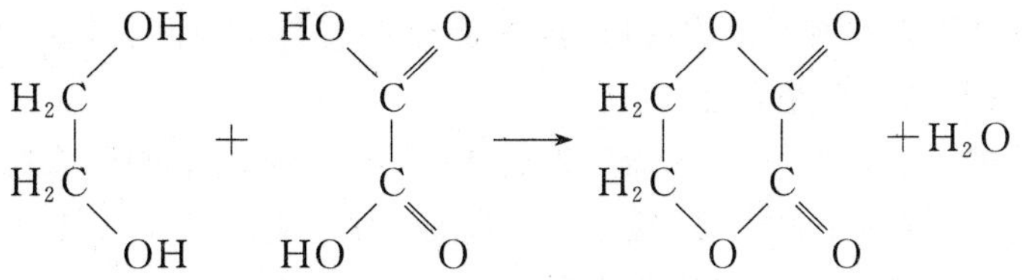

$$n\,HO—CH_2—CH_2—OH + n\,HO—\overset{\overset{\displaystyle O}{\|}}{C}—CH_2—CH_2—\overset{\overset{\displaystyle O}{\|}}{C}—OH \longrightarrow$$

$$H\!\left[O—CH_2—CH_2—O—\overset{\overset{\displaystyle O}{\|}}{C}—CH_2—CH_2—\overset{\overset{\displaystyle O}{\|}}{C}\right]_n\!OH + (2n-1)H_2O$$

四、重要的羧酸

1. 甲酸

(1)物理性质　甲酸俗称蚁酸，甲酸是无色、有刺激性气味的液体，沸点 100.7 ℃，它的腐蚀性很强，使用时要避免与皮肤接触。

(2)化学性质　甲酸分子中有醛基，故有还原性。甲酸能发生银镜反应，也能使高锰酸钾溶液褪色，这些反应常用于甲酸的定性鉴定。

甲酸与浓硫酸等脱水剂共热分解生成一氧化碳和水。这是实验室中制备一氧化碳的方法：

$$HCOOH \xrightarrow[60\sim80\ ℃]{浓\ H_2SO_4} CO + H_2O$$

(3)用途　甲酸在工业上用作还原剂和橡胶的凝聚剂，也用来合成酯和某些燃料。

2. 乙酸

(1)物理性质　乙酸俗称醋酸，乙酸为无色、有刺激性的液体，熔点 16.8 ℃，易冻结成冰状固体，故也称为冰醋酸。乙酸能与水按任何比例混溶，也溶于其他溶剂。

(2)用途　乙酸是重要的化工原料，可以合成许多有机化合物。例如，乙酸纤维、乙酐、乙酸酯是染料工业、香料工业、制药工业和塑料工业等不可缺少的原料。

目前工业上大规模生产乙酸可用乙烯或乙炔作原料制取：

$$CaC_2 \xrightarrow{H_2O} HC\equiv CH \xrightarrow{H_2O,Hg^{2+},H_2SO_4} CH_3CHO$$

$$\xrightarrow[50\sim80\ ℃,0.2\sim0.3\ MPa]{O_2,MnO_2} CH_3COOH$$

3. 丙酸和丁酸

丙酸钙被用来防止面包发霉或发黏。丙酸和丁酸也可用来合成丙酸纤维素和丁酸纤维素，用它制造的纤维是不透水的，故可用来制造雨衣和其他防水的衣服。

4. 天然脂肪酸

天然脂肪酸是由动、植物油脂水解得到的，绝大多数为偶数碳直链的羧酸。碳链中不含双键的称为饱和脂肪酸，含有双键的则称为不饱和脂肪酸。天然的不饱和脂肪酸大部分为顺式结构。

(1)饱和脂肪酸　油脂中常见的饱和脂肪酸是十六酸与十八酸，其次为十二酸、十四酸和二十酸。它们的钠(钾)盐是肥皂的主要成分。

(2)不饱和脂肪酸　天然存在的一烯酸以含 18 个碳原子的油酸分布最广，几乎存在于所有的动、植物油脂中；二烯酸中最主要、最常见的是亚油酸，它是保持人体健康不可缺少的脂肪酸；α-亚麻油酸和 γ-亚麻油酸是天然油脂中最主要的三烯酸。

5. 苯甲酸

苯甲酸又称安息香酸。由于苯甲酸与苄醇以酯的形式存在于安息香胶及其他一些树脂中。工业上苯甲酸是由甲苯催化氧化得到的：

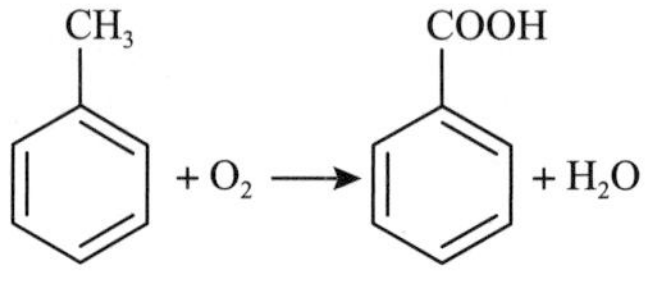

苯甲酸是白色晶体，熔点为 121 ℃。它是有机合成的原料，可以合成染料、香料、药物等。苯甲酸具有抑菌防腐的能力，同时还具有有香味、毒性低的优点，故广泛用于食品、药品和日用品中作为防腐剂。

6. 乙二酸(草酸)

(1)化学性质　草酸很容易被氧化成二氧化碳和水。在定量分析中常用草酸滴定高锰酸钾。

$$5(COOH)_2+2KMnO_4+3H_2SO_4 \longrightarrow K_2SO_4+2MnSO_4+10CO_2+8H_2O$$

草酸可以与许多金属离子生成配离子。例如，草酸钾和草酸铁生成如下的配合物：

$$Fe(C_2O_4)_3+3K_2C_2O_4+6H_2O \longrightarrow 2K_3[Fe(C_2O_4)_3]\cdot 6H_2O$$

这种配合物是易溶于水的，因此草酸可用来除去铁锈或蓝墨水的痕迹。

(2)用途　草酸以盐的形式存在于多种植物的细胞中，最常见的是钙盐和钾盐，在人的尿中也存在少量的草酸钙。

7. 己二酸

己二酸是合成尼龙的原料，工业上它可由苯酚或环己烷合成：

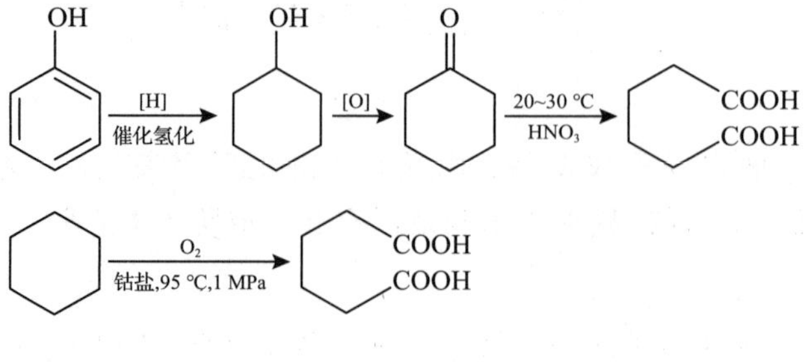

8. 丁烯二酸

丁烯二酸具有顺反异构体：

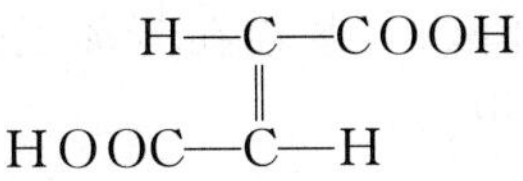

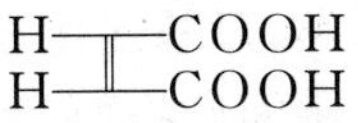

反丁烯二酸(俗称富马酸)　　　顺丁烯二酸(俗称马来酸)

顺丁烯二酸与反丁烯二酸具有不同的物理性质,但它们的化学性质基本上相同,只在与分子空间排列有关的反应中才显出差异。例如,顺丁烯二酸容易生成酐,而反丁烯二酸在较激烈的条件下转变为顺式后才成酐。

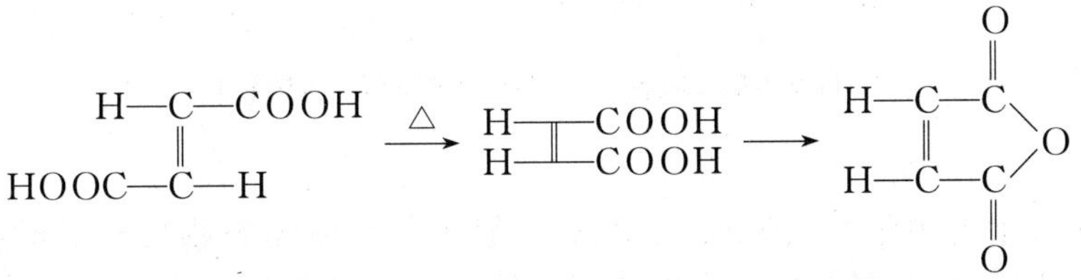

反式　　　顺式　　　顺丁烯二酸酐

这两种顺反异构体在一定的条件下可以相互转化,特别是有酸或碱存在时,顺式容易变成反式,反式则不容易变成顺式,在紫外线的照射下生成两种异构体的混合物。

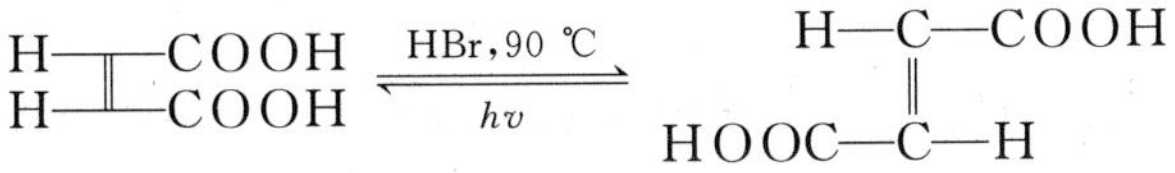

顺丁烯二酸酐是合成增强塑料及涂料的重要原料,它在工业上是由苯催化氧化或石油裂解气中 C_4 馏分氧化而制得。

9. 苯二甲酸

苯二甲酸有邻位、间位和对位三种异构体,其中以邻位和对位的在工业上最为重要。

(1)邻苯二甲酸

①物理性质　邻苯二甲酸是白色晶体,不溶于水,在高温下失水变成酸酐。

②用途　邻苯二甲酸及其酸酐是制造染料、合成树脂和增塑剂的重要原料。

(2)对苯二甲酸

①物理性质　对苯二甲酸为白色晶体,微溶于水。

②用途　它是聚酯树脂(涤纶)的主要原料。

任务二　取代酸

一、羟基酸

(一)羟基酸的分类、命名和来源

1. 分类

分子中同时含有羟基和羧基的化合物叫作羟基酸。

羟基酸可分为两类，羟基连接在碳链上的叫作醇酸；羟基连在芳环上的叫作酚酸。它们都作为生物化学过程的中间产物而广泛存在于自然界中。

2. 命名

羟基酸常根据它的来源命名，也可以把它们看成是羧酸的羟基取代物来命名。

2-羟基丙酸（乳酸）　2-羟基苯甲酸（水杨酸）

3. 来源

羧基酸有的可用生物化学法制取，如乳酸一般用乳酪或糖类物质经乳酸杆菌发酵制得。若以化学方法合成，可向含羟基的化合物中引入羧基或向含羧基的化合物中引入羟基，或同时引入羟基和羧基，例如：

卤代酸水解：$ClCH_2COOH \xrightarrow{H_2O} HOCH_2COOH$

α-羟基酸

氰醇水解：$OCH_2CH_2Cl \xrightarrow{NaCN} HOCH_2CH_2CN \longrightarrow HOCH_2CH_2COOH$

氰醇　β-羟基酸

（二）羟基酸的性质

羟基酸分子中含有羟基和羧基，两者都能和水形成氢键，所以羟基酸比相应的酸易溶于水。羟基酸具有醇与酸的典型反应性能，并且由于羟基和羧基的相互影响，又表现出一些羟基酸所特有的性质。这些特性又和羟基和羧基的相对位置有关。

1. 酸性

由于羟基的－I效应，醇酸的酸性比相应的羧酸强。增强的程度与羟基在烃基上的位置有关。例如：

$$CH_3CH_2COOH < CH_2CH(OH)COOH < CH_3CH(OH)COOH$$

	丙酸	β-羟基丙酸	α-羟基丙酸
pK_a	4.38	4.51	3.86

可见，醇酸的羟基距离羧基越远，则对于酸性的影响越小。酚酸羟基苯甲酸的三个异构体的酸性大小如下：

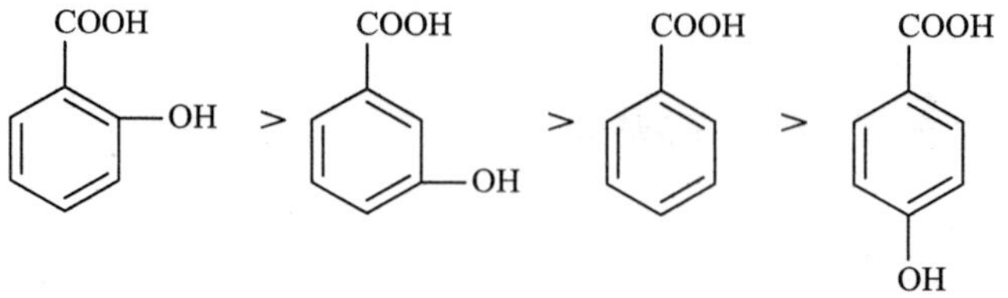

pK_a	3.00	4.12	4.17	4.54

对羟基苯甲酸的酸性最弱，这是因为羟基的共轭效应（－C效应）对羧基显示给电子效应，故使其酸性降低，其酸性比苯甲酸小。间位的羟基对羧基的影响主要是通过诱导效应起作用的，这种作用较小，故酸性增强不大。邻位的羟基对羧基的影响比较复杂，主要原因可能是羟基处于邻位，彼此之间能形成氢键。

2. 脱水

醇酸加热即容易脱水，脱水产物因羟基与羧基的相对位置不同而异。

α-醇酸加热脱水时，两分子相互酯化，生成六元环的交酯。例如：

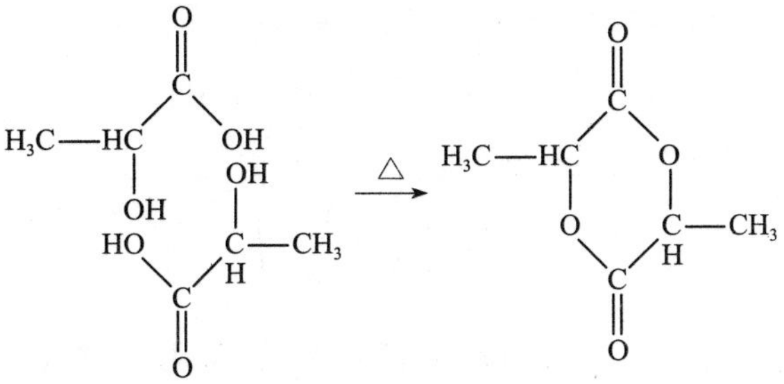

β-醇酸加热时则失水生成α,β-不饱和酸。例如：

$$HOCH_2CH_2COOH \xrightarrow{\triangle} H_2C{=}CHCOOH + H_2O$$

γ-醇酸在室温下就能自动进行分子内酯化，生成五元环的γ-内酯。例如：

δ-醇酸也生成六元环的δ-内酯，但不如γ-醇酸那样容易：

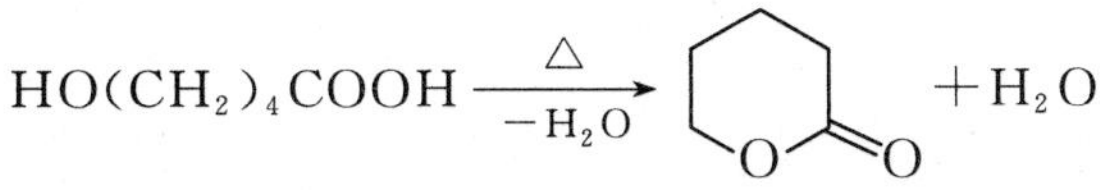

3. 氧化

醇酸中羟基比醇中的羟基易被氧化，生成醛酸或酮酸。α-及β-酮酸不稳定，容易脱羧变成醛、酮：

$$R-\underset{\underset{OH}{|}}{CH}-COOH \xrightarrow[\text{托伦试剂}]{[O]} R-\underset{\underset{O}{\|}}{C}-COOH \xrightarrow{-CO_2} R-\underset{\underset{O}{\|}}{C}-H$$

4. 脱羧

α-羟基酸与稀硫酸共热，羧基和α-碳之间的键断裂，生成一分子醛（酮）和一分子甲酸。这是α-羟基酸的特有反应：

$$R-\underset{\underset{OH}{|}}{CH}-COOH \xrightarrow[\triangle]{\text{稀 } H_2SO_4} R-CHO+HCOOH$$

这个反应可以用来从高级羧酸经过 α-溴代酸制备少一个碳原子的高级醛，例如：

$$\mathrm{R{-}CH_2COOH \xrightarrow[P]{Br_2} R{-}\underset{\displaystyle Br}{\underset{|}{C}}HCOOH \xrightarrow[OH^-]{H_2O} R{-}\underset{\displaystyle OH}{\underset{|}{C}}HCOOH \xrightarrow[\triangle]{稀\ H_2SO_4} R{-}CHO + HCOOH}$$

用稀高锰酸钾或浓硫酸氧化 α-羟基酸时，也发生类似的分解反应，失去二氧化碳，生成酸或酮：

$$\mathrm{R{-}\underset{\displaystyle OH}{\underset{|}{C}}H{-}COOH \xrightarrow{KMnO_4} R{-}CHO + CO_2 + H_2O}$$

$$\mathrm{R{-}CHO \xrightarrow{[O]} RCOOH}$$

(三)重要的羟基酸

1. 乳酸

乳酸又叫 α-羟基丙酸。乳酸具有消毒防腐的作用，常用于空气消毒和做食品添加剂，在医药上乳酸钙是补充体内钙质的药物，用于治疗佝偻病等一般钙缺乏病。

2. 酒石酸

酒石酸又叫 2,3-二羟基丁二酸，较广布于植物中，尤以葡萄中含量最多，常以酒石酸氢钾的形式存在。酒石酸钾钠可作泻药和配制费林试剂。

3. 水杨酸

水杨酸又叫邻羟基苯甲酸，为白色针状晶体，微溶于水。它本身具有消毒、防腐、解热、镇痛和抗风湿的作用。医药上外用为防腐剂和杀菌剂。

二、羰基酸

(一)羰基酸的分类、命名

羰基酸分子中同时含有羰基和羧基。可以分为醛酸(羰基在碳链的一端)和酮酸(羰基在碳链的当中)两类。根据羰基和羧基的相对位置不同，又可以把它们分为 α、β、γ-醛酸或酮酸等。

羰基酸的命名和羟基酸相似，把羧酸看作母体，羰基看作取代基。羰基的位置可用希腊字母或阿拉伯数字表示。例如：

$$\mathrm{H{-}\overset{\displaystyle O}{\overset{\|}{C}}{-}COOH} \qquad\qquad \mathrm{H{-}\overset{\displaystyle O}{\overset{\|}{C}}{-}CH_2COOH}$$

乙醛酸　　　　β-丙醛酸(3-丙醛酸)

(二)重要的羰基酸

1. 乙酰乙酸乙酯

(1)酮式分解　在稀碱的作用下使酯水解为 β-羰基酸，受热后脱羧生成甲基酮。例如：

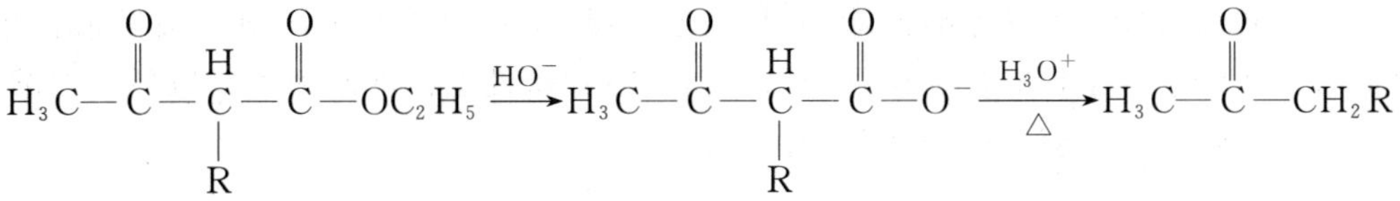

(2)酸式分解　当用浓碱时，OH^- 浓度高，除了和酯作用外，还可以使乙酰乙酸乙酯自酮基处断裂生成两分子羧酸盐。例如：

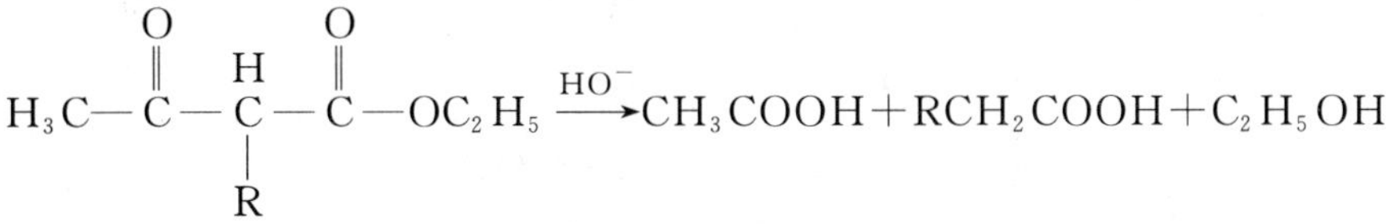

乙酰乙酸乙酯在有机合成中首先与金属钠或乙醇钠反应，亚甲基上的氢被钠取代生成钠盐，此盐可以与卤代烷或酰卤发生亲核取代和亲核加成-消除反应，卤代烷主要用伯卤代烷，仲卤代烷往往伴随发生消除反应，叔卤代烷在此强碱性条件下全部转变为烯烃，乙烯式卤代烃和芳香卤代烃不活泼，不发生此反应。烷基或酰基引进乙酰乙酸乙酯的亚甲基上，由于引入的基团可以是各式各样的，再经过酮式分解或酸式分解，就可以得到不同结构的羧酸或酮。

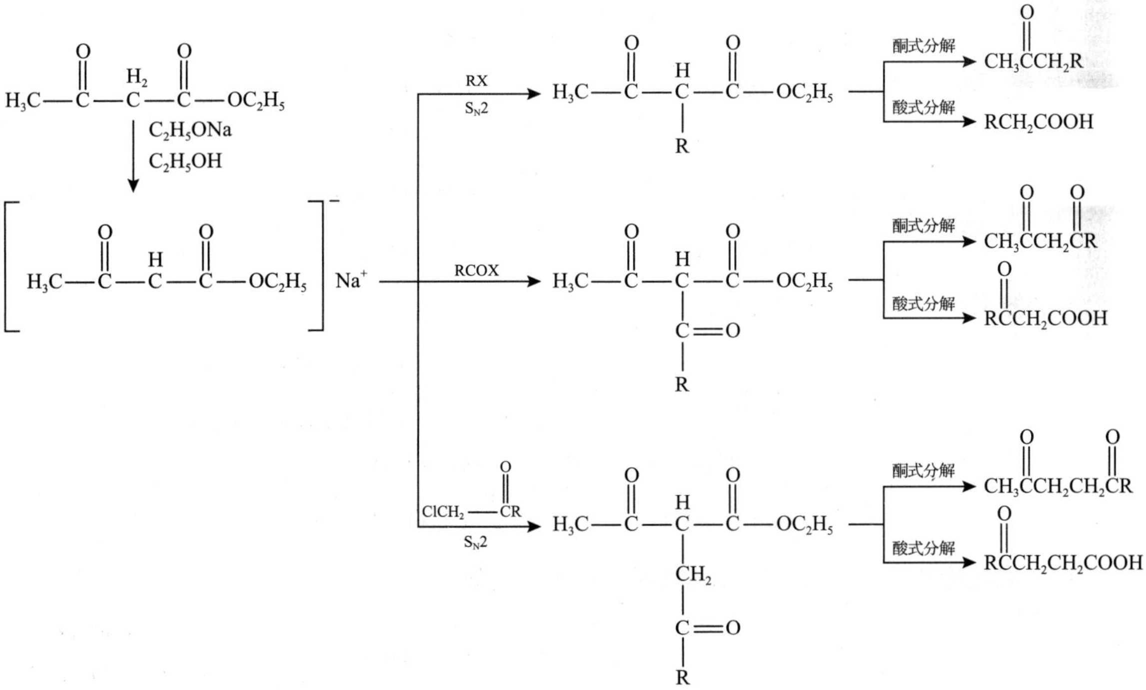

2. 丙二酸二乙酯

(1)制法　丙二酸二乙酯可由一氯代乙酸来合成。合成的反应式如下：

(2)丙二酸二乙酯与乙酰乙酸乙酯类似，与乙醇钠反应，亚甲基上的氢可被钠取代生成钠盐，此盐与卤代烃发生亲核取代反应，增长碳链，然后在碱性条件下水解生成取代丙二酸，该二元酸不稳定，加热易于脱羧生成一元酸。例如：

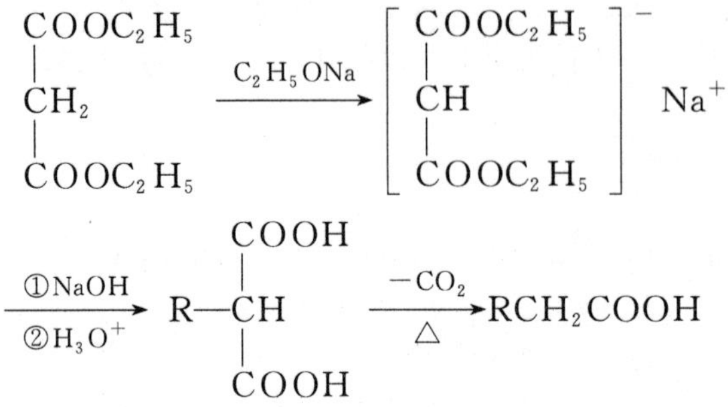

亚甲基上的氢还可以逐步被取代，生成 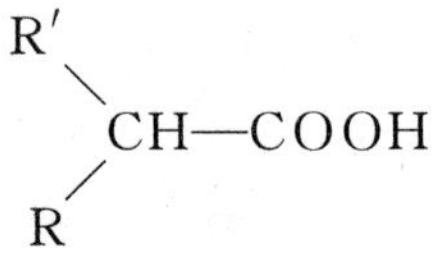 类型的酸。例如：

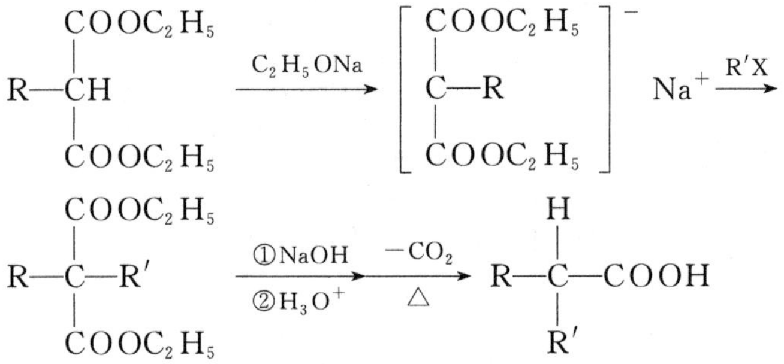

用卤代酸酯反应则生成二元羧酸，例如：

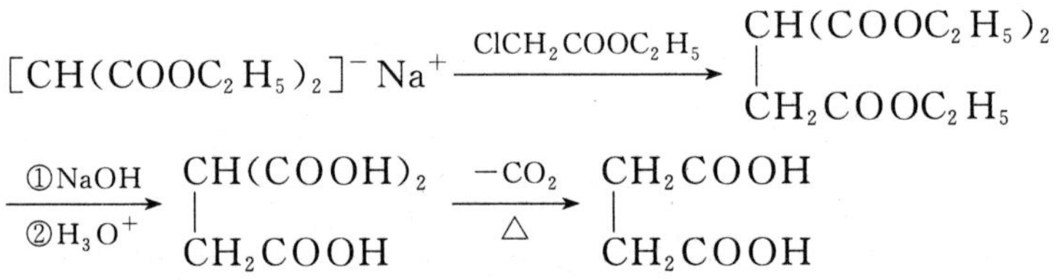

用二卤化物和丙二酸酯可以合成脂环化合物。例如：

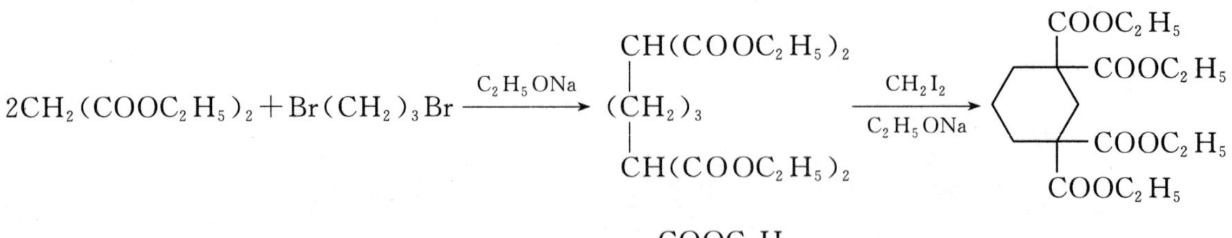

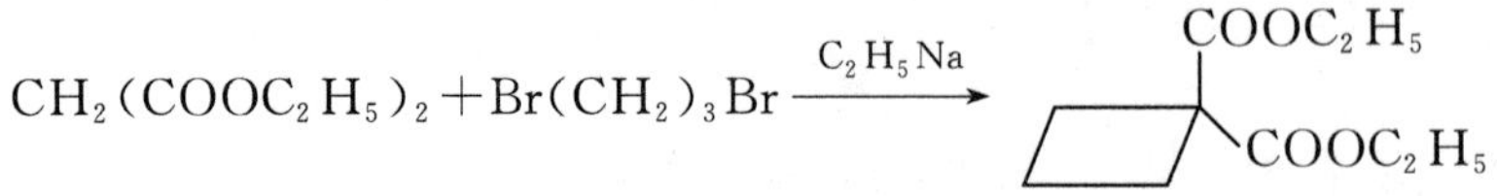

(3)丙二酸二乙酯和乙酰乙酸乙酯还可以作为亲核试剂和羰基发生一系列亲核加成反应。

例如，克诺文盖尔反应，就是在弱碱（如六氢吡啶、二乙胺等）催化下，含有活性亚甲基的化合物与醛、酮发生的类似羟醛缩合的反应，其机理如下：

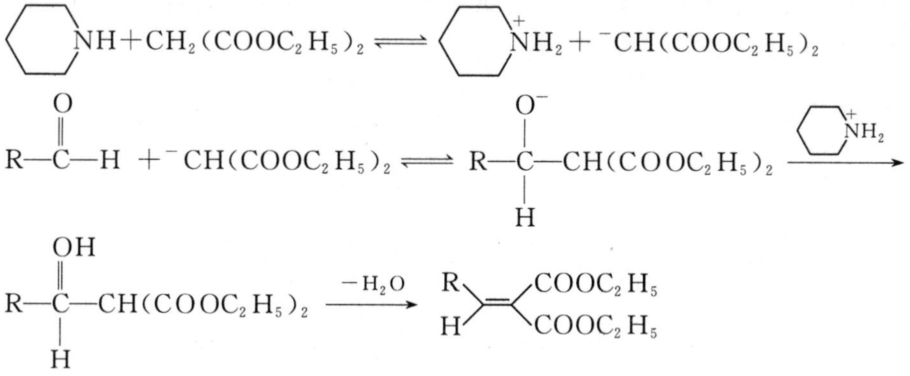

在醇钠作用下含有活性亚甲基的化合物可与 α，β-不饱和酮或酯进行共轭加成，发生迈克尔加成反应。例如：

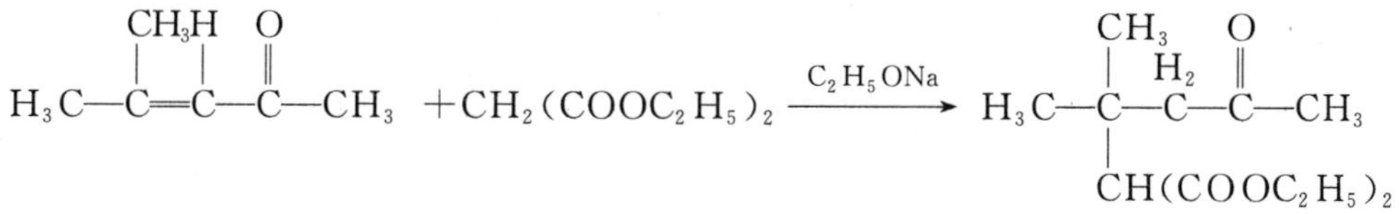

反应的机理如下：

$$CH_2(COOC_2H_5)_2 + C_2H_5ONa \longrightarrow {}^{-}CH(COOC_2H_5)_2$$

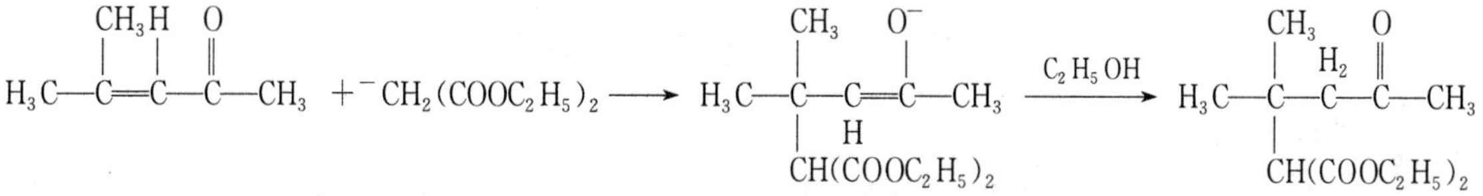

任务三　羧酸衍生物

一、酰卤

（一）结构、命名

酰卤是羧酸分子中的羟基被卤原子取代后的生成物。结构为 $R-\overset{\overset{\displaystyle O}{\|}}{C}-X$ 。

酰卤的命名常将相应的酰基的名称放在前面，卤素的名称放在后面再合起来。例如：

$$H_3C-\overset{\overset{\displaystyle O}{\|}}{C}-Cl \qquad\qquad H_2C=CH-\overset{\overset{\displaystyle O}{\|}}{C}-Br$$

乙酰氯　　　　丙烯酰溴

(二)物理性质

甲酰氯是气体，其他酰氯为无色液体或低熔点固体，具有强烈的刺激性，低级酰氯遇水剧烈水解。酰氯的沸点较相应的羧酸低。

(三)化学性质

1. 水解

反应通式如下：

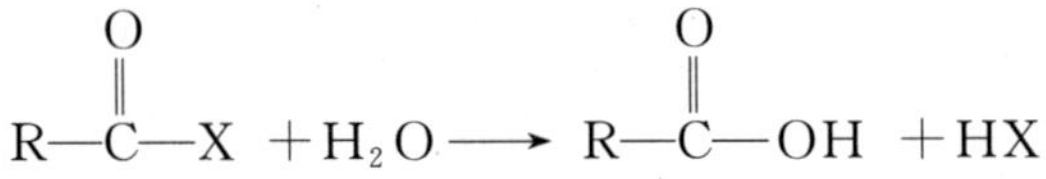

2. 醇解

反应通式如下：

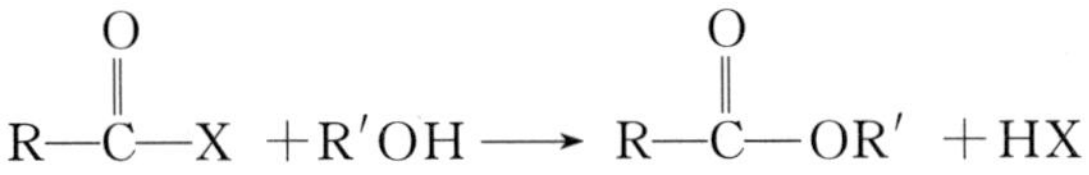

3. 氨解

反应通式如下：

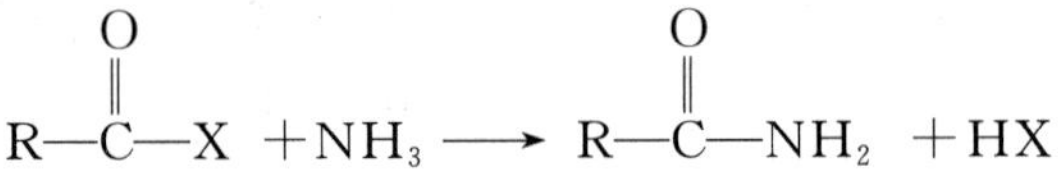

4. 与格氏试剂反应

酰氯与格氏试剂作用可以得到酮或叔醇。由于酰氯与格氏试剂的作用较酮与格氏试剂的作用要快些，因此用 1 mol 格氏试剂，慢慢滴入含有 1 mol 酰氯的溶液中，可使反应留在生成酮的一步，但产率不高。

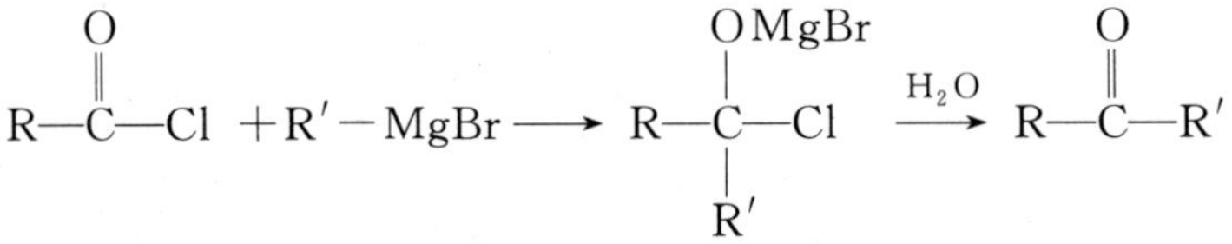

二、酰胺

(一)结构、命名

酰胺是羧酸分子中的羟基被氨基($—NH_2$)或烃氨基($—NHR$、$—NR_2$)取代后的生成物。

结构为 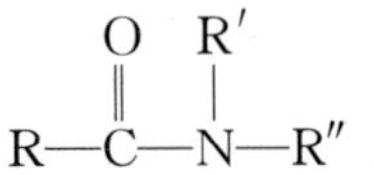 。

酰胺的命名法和酰卤类似。例如：

乙酰胺　　　　N,N-二甲基甲酰胺

(二)物理性质

除甲酰胺外,酰胺大部分是白色晶体。低级的酰胺能溶于水,随着相对分子质量的增大而溶解度逐渐减小。酰胺的沸点比相应的羧酸高,氨基上的氢被烃基取代时,由于缔合程度减小,因而沸点降低。

(三)化学性质

1. 酰胺的酸碱性

酰胺是氨(或胺)的酰基衍生物,氨是碱性物质,酰胺由于氮原子上未共用电子对与碳碳双键形成 p-π 共轭,而使氮原子上电子密度有所降低,因而减弱了它接受质子的能力,同时与氮连接的氢原子也变得更为活泼。

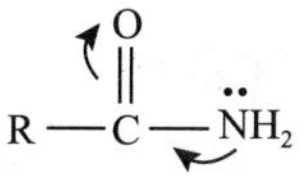

酰胺的碱性很弱,与酸不能形成稳定的盐,只能与强酸生成盐如$(RCONH_3)^+NO_3^-$,遇水即分解。

如果氨的第二个氢原子再被酰基取代,则生成亚氨基化合物,具有弱酸性,能与强碱的水溶液生成盐。例如:

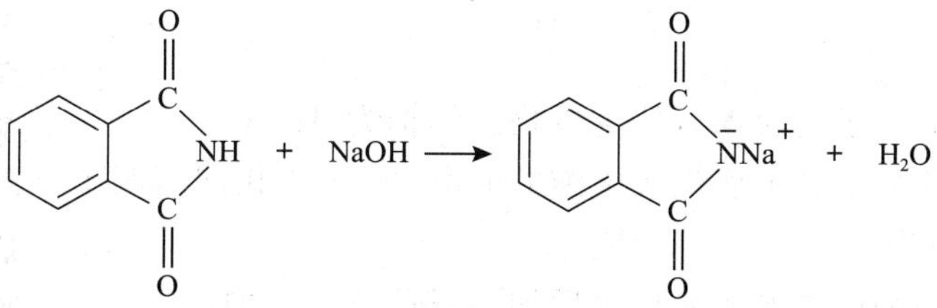

因此,当氨分子中的氢被酰基取代后,其酸碱性变化如下:

$$\xrightarrow{\text{酸性加强、碱性减弱}}$$
$$NH_3 \longrightarrow NH_2COR \longrightarrow NH(COR)_2$$

2. 水解

酰胺与酯一样在酸、碱催化下水解,生成羧酸。

$$RCONH_2 + H_2O \xrightarrow{NaOH} RCOONa + NH_3$$

$$2RCONH_2 + 2H_2O \xrightarrow{H_2SO_4} 2RCOOH + (NH_4)_2SO_4$$

由于 π 电子沿 O—C—N 键离域,羰基的亲电性明显地减弱,所以酰胺的羰基被亲核试剂进攻比酯要难。

3. 脱水反应

酰胺与强的脱水剂或遇强热则生成腈，常用的脱水剂是五氧化二磷或亚硫酰氯。

$$RCONH_2 + P_2O_5 \longrightarrow RCN + 2HPO_3$$

酰胺与铵盐和腈的关系如下：

$$RCOOH \underset{HCl}{\overset{NH_3}{\rightleftharpoons}} RCOONH_4 \underset{+H_2O}{\overset{-H_2O}{\rightleftharpoons}} RCONH_2 \underset{+H_2O}{\overset{-H_2O}{\rightleftharpoons}} RCN$$

4. 还原

酰胺不容易被还原，在高温高压下催化加氢才还原为胺。强还原剂如氢化铝锂也可以将酰胺还原为胺。例如：

$$C_6H_5CON(CH_3)_2 \xrightarrow{LiAlH_4} C_6H_5CH_2N(CH_3)_2$$

5. 酰胺的霍夫曼降解反应

酰胺与次氯酸钠或次溴酸钠的碱溶液作用时，脱去羧基生成胺，这是化学家霍夫曼所发现的制胺的一种方法。在反应中碳链减少了一个碳原子，所以称为霍夫曼降解反应。利用这个反应，以羧酸为原料可以制备少一个碳原子的胺。

$$RCONH_2 + NaOX + 2NaOH \longrightarrow RNH_2 + Na_2CO_3 + NaX + H_2O$$

三、酸酐

(一)结构、命名

酸酐是两个羧酸分子间脱水后的生成物。结构为 $R—\overset{\overset{O}{\|}}{C}—O—\overset{\overset{O}{\|}}{C}—R'$ 。

两个相同的羧酸分子脱水后生成单纯的酸酐(R 与 R′相同)，两个不同的羧酸分子脱水后生成混酐(R 与 R′不同)。

酸酐命名时常在相应羧酸的名称之后加一“酐”字。例如：

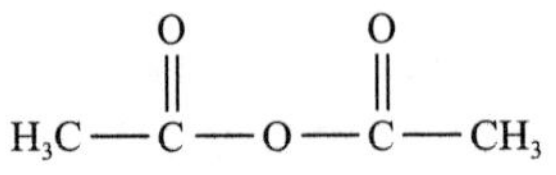

乙酸酐（醋酐）

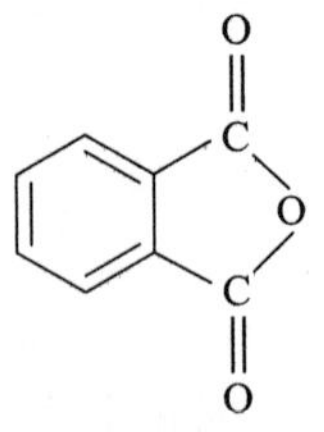

邻苯二甲酸酐（苯酐）

(二)物理性质

低级酸酐为无色液体，具有令人不愉快的气味；高级酸酐为固体，没有气味，其沸点常较相应的羧酸高。

(三)化学性质

1. 水解

反应通式如下：

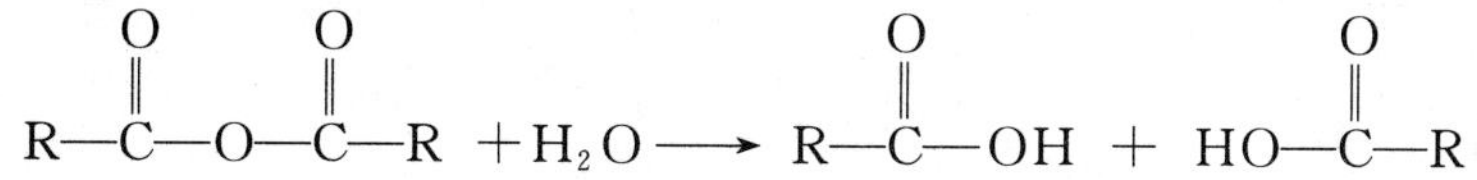

2. 醇解

反应通式如下：

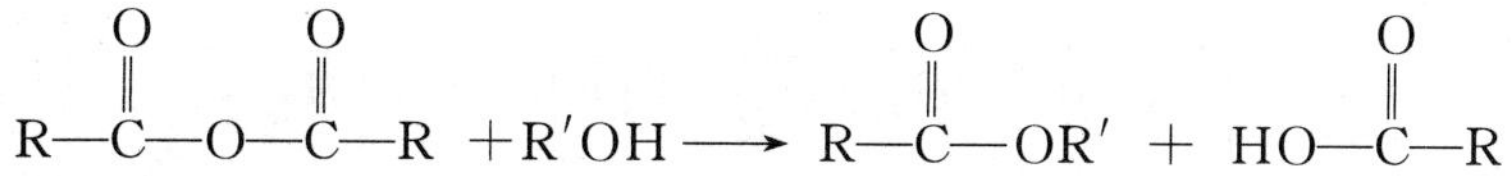

3. 氨解

反应通式如下：

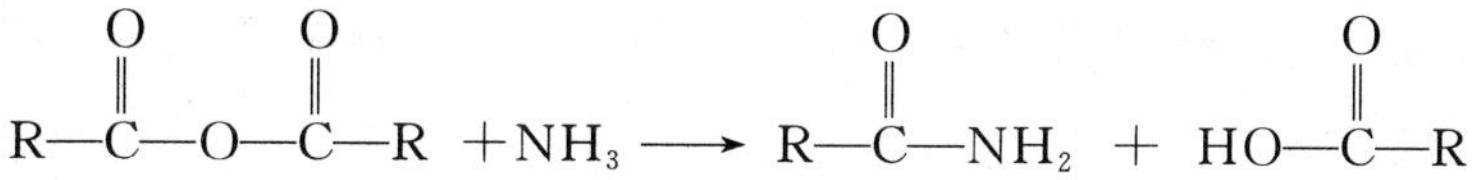

4. 与格氏试剂

酸酐与格氏试剂在室温下反应可以得到酮。

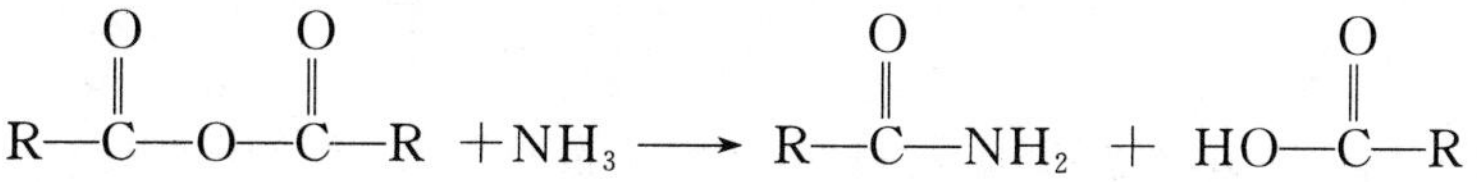

四、酯

(一)结构、命名

酯有无机酸酯和有机酸酯两种，前者如硫酸氢乙酯、硝化甘油等。它们都可以看作是无机酸和醇之间脱水后的生成物。有机酸酯中的羧酸酯(简称酯)是羧酸和醇的脱水产物。结构为 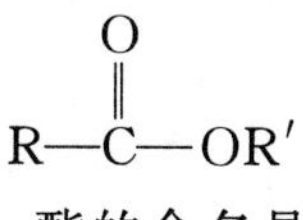 。

酯的命名是把羧酸的名称放在前面，烃氧基中烃基的名称放在后面，再加一“酯”字。例如：

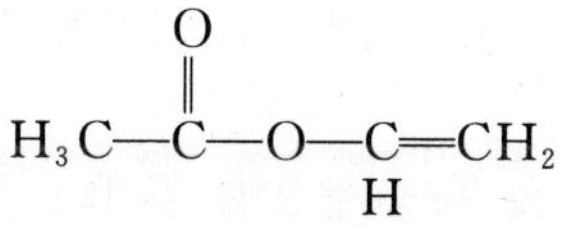

乙酸乙烯酯

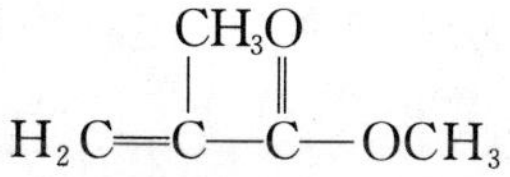

α-甲基丙烯酸甲酯

(二)物理性质

挥发的酯具有芳香气味。羧酸酯的沸点比相应的羧酸和醇都要低，而与含相同碳原子数的醛、酮差不多。酯在水中的溶解度较小，但能溶于一般的有机溶剂。

(三)化学性质

1. 酯的水解、醇解

(1)酯的水解　酯的水解是酯化的逆反应，酸或碱可以加速水解反应的进行，但是在碱存在下，水解反应变成不可逆的，这是由于水解产物与碱作用生成羧酸盐，可使反应进行到底。酯的碱性水解反应称为皂化反应。

$$RCOOR' + H_2O \underset{\text{酯化}}{\overset{\text{水解}}{\rightleftharpoons}} RCOOH + R'OH$$
$$RCOOH \xrightarrow{NaOH} RCOONa$$

①酯的碱性水解　酯的水解与醛、酮的亲核加成类似，首先是亲核试剂加在羰基碳原子上，形成中间体，由于酯的羰基碳原子上还有一个容易变成负离子离去的原子团，中间体容易失去 RO^- 变成羧酸。所以酯的水解反应，表面上是一个羰基碳原子上的亲核取代反应，实际上是一个加成-消除过程。

酯的碱性水解机理为 $B_{AC}2$(碱催化，酰氧键断裂，双分子机理)，可表示如下：

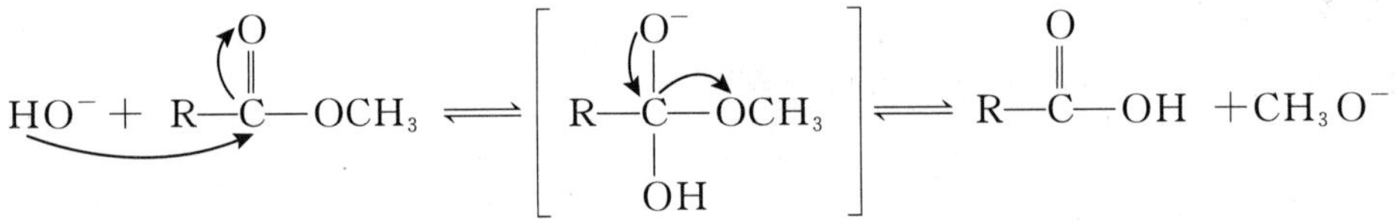

②酯的酸性水解　酯的水解反应就是酯化反应的逆反应，酯的酸性水解绝大多数是双分子反应，并且是酰氧键断裂。这样的机理称为 $A_{AC}2$(酸催化，酰氧键断裂，双分子机理)。

但是遇到特殊结构的酯，酰氧键断裂也可以按单分子反应机理进行。例如：

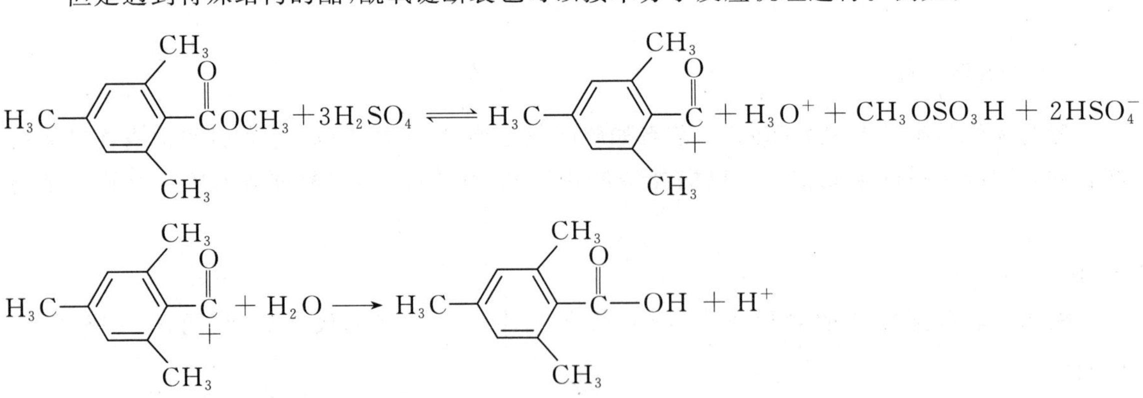

上述反应属于酰氧键断裂，在断裂过程中生成酰基正离子，所以属于单分子机理，称为 $A_{AC}1$(酸催化，酰氧键断裂，单分子机理)。

一些特殊结构的酯水解时也可以发生烷氧键断裂，按烷氧键断裂单分子机理进行的，称为 $A_{AL}1$(酸催化，烷氧键断裂，单分子机理)。

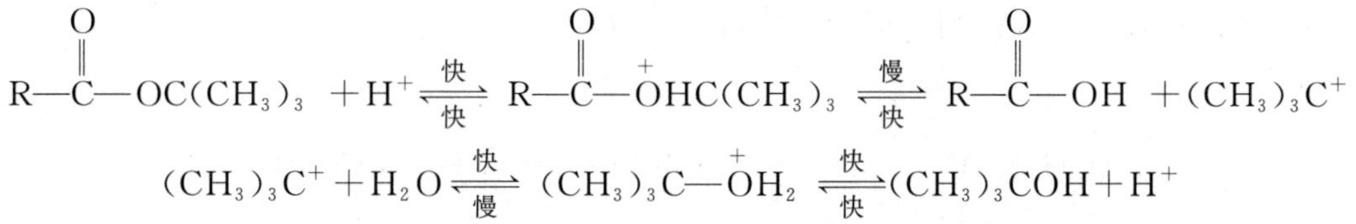

(2)酯的醇解　在酸或醇钠催化下，酯与醇作用生成另一种酯和醇，这种反应称为酯交换反应。酯交换反应也是可逆的。

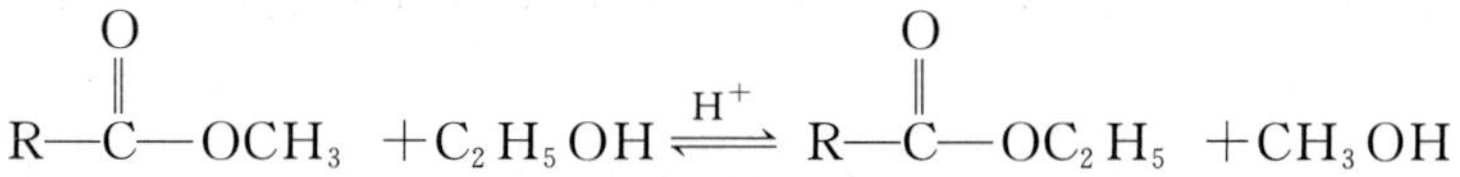

用过量的乙醇可使反应大部分向正反应方向进行，相反地若用乙酯和过量的甲醇作用，则可使反应平衡向逆反应方向进行。在有机合成中，可用低级醇的酯通过酯交换反应，使低级醇蒸出来，生成不易挥发醇的酯。

酯的碱性水解是通过加成-消除机理完成的，实际上许多羰基碳原子上的取代反应，如酰氯、酸酐、酯、酰胺的水解、氨解、醇解等都属于这种机理。从反应的结果来看，羰基碳原子相连接的基团被取代，其反应时符合加成-消除机理，可用通式表示如下：

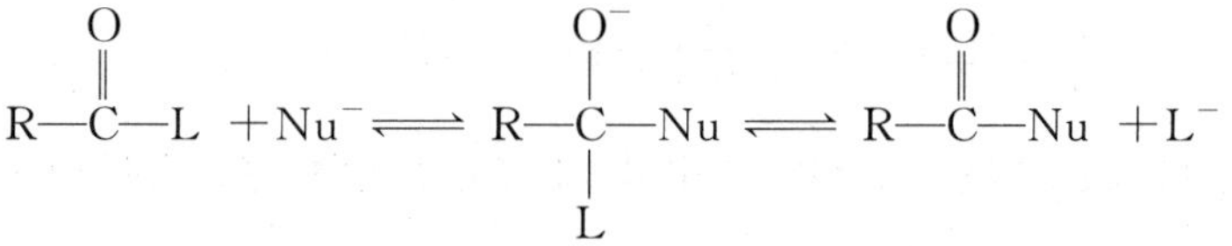

L＝—X，—OCOR，—OR，—NH_2 等离去基团

Nu^-＝HO^-，H_2O，NH_3，ROH 等亲核试剂

(3)酯的氨解　反应通式如下：

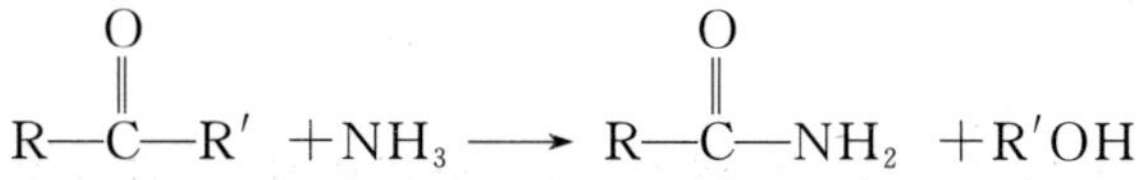

肼和羟氨也能与酯发生反应。例如：

$$RCOOC_2H_5 + NH_2NH_2 \longrightarrow RCONHNH_2 + C_2H_5OH$$

酰肼

$$RCOOC_2H_5 + H_2NOH \cdot HCl \longrightarrow RCONHOH + C_2H_5OH$$

N-羟基酰胺

2. 与格氏试剂反应

格氏试剂是一种亲核试剂，其与酯反应生成酮。由于格氏试剂与酮反应比酯还快，反应很难停留在酮阶段，产物是叔醇。

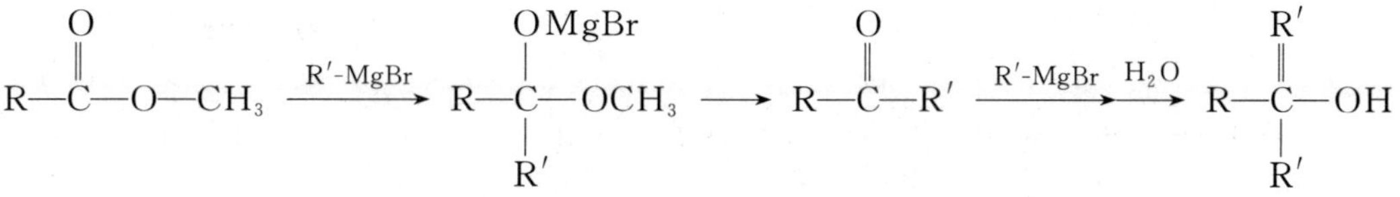

具有位阻的酯与格氏试剂反应可以停留在酮阶段。

$$(CH_3)_3CCOOCH_3+C_3H_7MgBr\longrightarrow (CH_3)_3C\overset{\overset{\displaystyle O}{\|}}{C}C_3H_7$$

3. 还原

酯比羧酸容易还原。酯的还原主要有下列三种方法：

(1)催化加氢　酯在 250 ℃和 20～30 MPa 下，用氧化铜和氧化铬为催化剂加氢，能达到很高的转化率。

$$RCOOR'+2H_2\xrightarrow{CuO\text{-}Cr_2O_3}RCH_2OH+R'OH$$

(2)用氢化锂铝还原　酯在非水溶剂如乙醚、四氢呋喃等中与氢化锂铝反应得到伯醇，反应条件温和，产率较高。氢化锂铝对 C═C 键无影响，可还原 α,β-不饱和酯。例如：

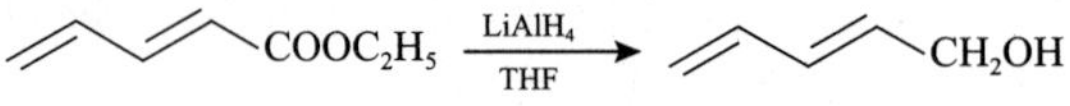

(3)用金属钠还原　酯与金属钠可在质子溶剂如乙醇中反应生成醇。

$$RCOOR'\xrightarrow[C_2H_5OH]{Na}RCH_2OH+R'OH$$

酯与金属钠也可以在非质子溶剂如二甲苯、甲苯中发生酮醇缩合反应生成酮醇。

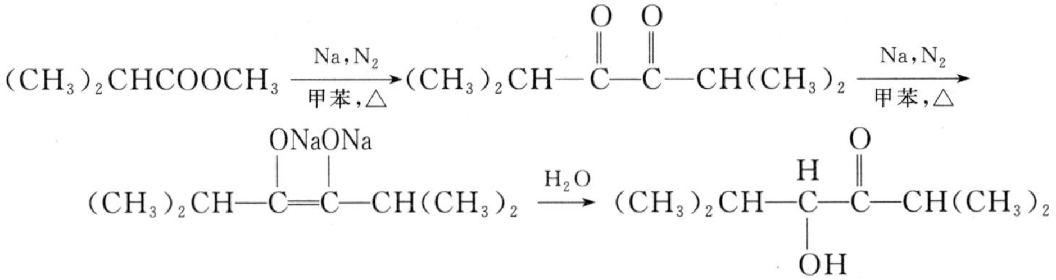

二元酯在此条件下发生分子内酮醇缩合反应，合成中环、大环化合物。

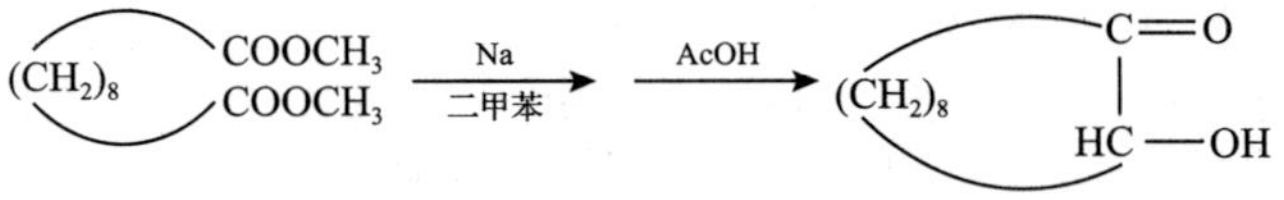

这两种反应均首先生成带有负电荷的离子基。反应机理如下：

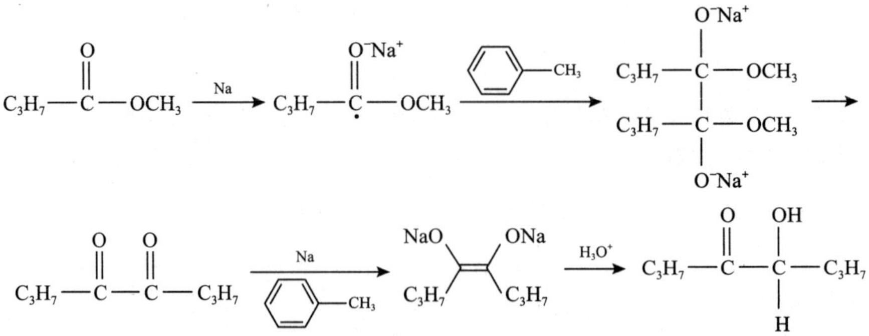

4. 酯缩合反应

酯分子中的 α-碳原子上的氢与醛、酮类似为酯基所活化。在某些碱性试剂存在下，与另一分子酯失去一分子醇得到 β-酮基醇，称为酯缩合反应。

(1)克莱森酯缩合反应　乙酸乙酯在乙醇钠或金属钠的作用下，发生酯缩合反应，生成乙酰乙酸乙酯。

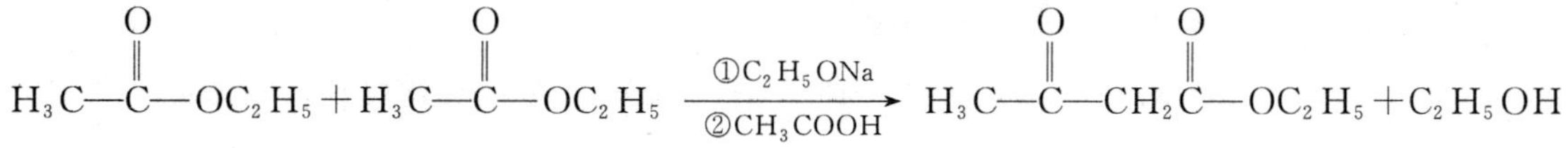

反应机理如下：

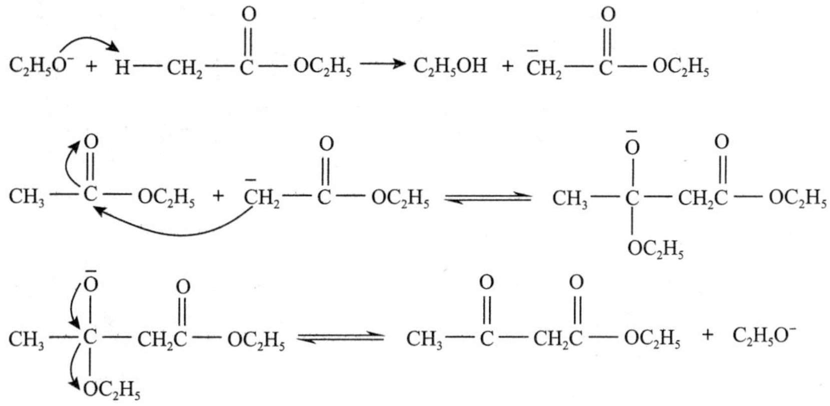

如果 α-碳原子上只有一个氢原子，由于烃基的诱导效应，酸性减弱，形成碳负离子就比较难，需要用比 $NaOC_2H_5$ 更强的碱，如三苯甲基钠[$(C_6H_5)_3CNa$]。

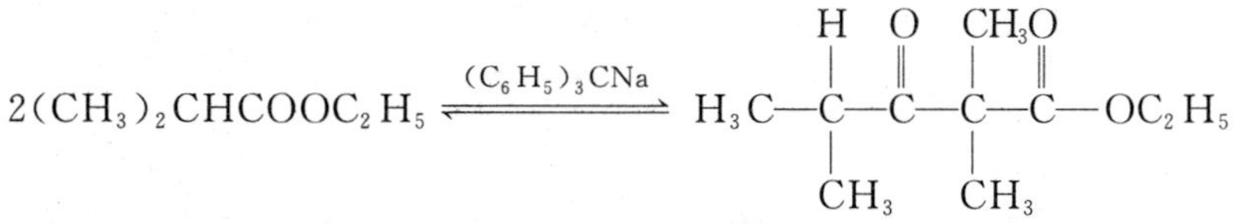

(2)混合酯缩合反应　一般克莱森酯缩合反应是在两个相同的酯间进行的。若用两个不同的酯可以发生混合酯缩合反应，理论上可以得到四种产物，在制备上没有很大价值。但如果两个酯只有一个酯有 α-氢原子，互相缩合就能得到一个主产物。常用的不含有 α-氢原子的酯有苯甲酸酯、甲酸酯和草酸酯。它们分别可以向酯的 α-位引入苯甲酰基、酯基和醛基。苯甲酸酯的羰基一般不够活泼，缩合时需用较强的碱。例如：

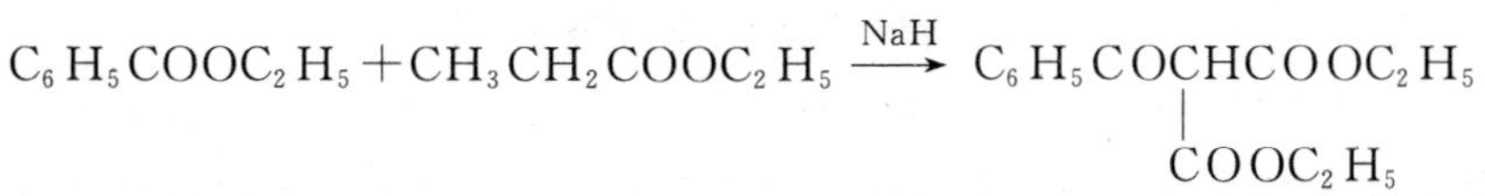

草酸酯由于一个酯基的诱导作用，增加了另一个羰基的亲电作用，所以比较容易和其他酯发生酯合作用。例如：

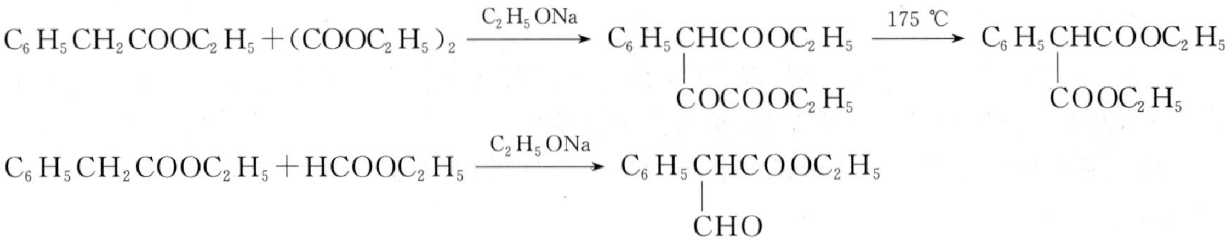

这是在酯的 α-位引入酯基或醛基的重要方法。

酮的 α-氢原子比酯的 α-氢原子活泼，因此当酮与酯进行缩合时就得到 β-羰基酮。例如：

$$CH_3COOC_2H_5 + CH_3COCH_3 \xrightarrow{C_2H_5ONa} CH_3COCH_2COCH_3 + C_2H_5OH$$

（3）狄克曼缩合反应　酯缩合反应也可以在分子内进行，形成环酯，这种环化酯缩合反应又称为狄克曼缩合反应。它是合成五元、六元碳环的一种方法。例如：

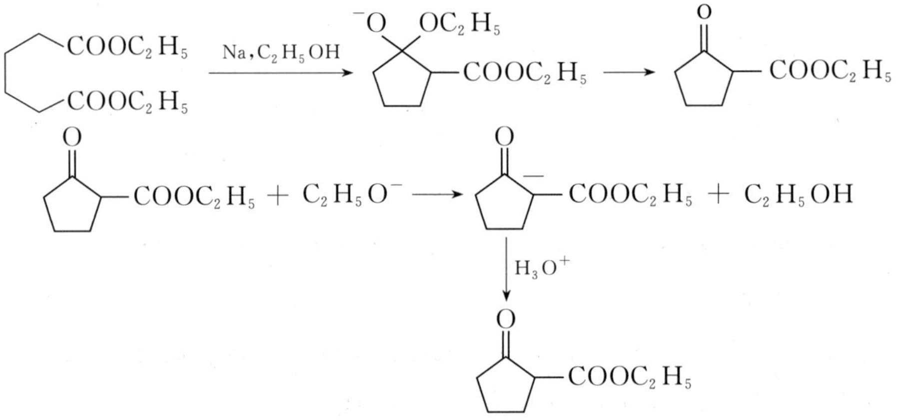

并不是所有的二元酸酯都能发生环缩合，一般局限于生成稳定的五元碳环和六元碳环，所以，狄克曼缩合反应是合成五元碳环和六元碳环的重要方法。

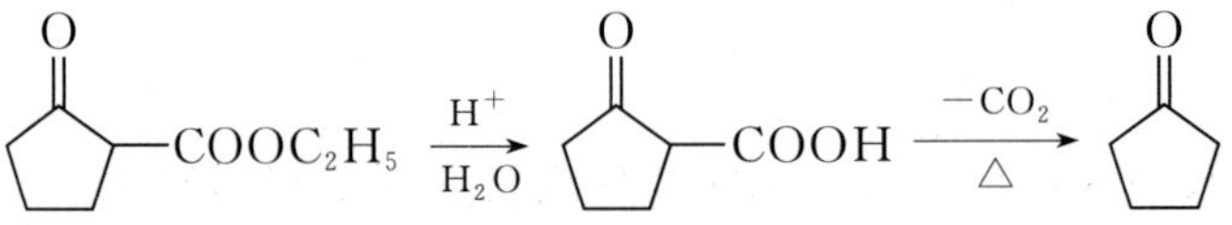

◎ 思 政 园 地 ◎

为什么酒越陈越香

白酒是没有保质期限制的产品，只要度数足够高，细菌、微生物难以存活，所以白酒不会过期，这也是白酒能久存的前提条件，因而不管什么香型的白酒，但凡品质过得去、密封没问题，都可以长期存放。《食品安全国家标准　预包装食品标签通则》规定，酒精度≥10%的饮料酒，可以免除标示保质期。在过去，人们往往会将酒存放于地窖中或者直接在房前屋后找一个地方做好标记，深挖掩埋来储存白酒，久而久之就有了窖藏陈酒口感上佳的说法，导致人们互相模仿，流传开来。

白酒的成分非常复杂，专家们经过多年研究已经知道白酒中散发香味的物质主要是乙酸乙酯。但是，新酒中乙酸乙酯的含量非常少，相反，一些醛、酸类物质很多，这些物质不仅没有香味，还会刺激喉咙，所以新酿的酒口感并不好。经过存放后，酒里的醛、酸等物质不断地氧化和挥发，而且逐渐生成具有芳香气味的乙酸乙酯，使酒质醇厚，产生酒香，所以有人也会说酒是有生命的，每天都在变化。但酒变化的速度慢，有的名酒往往需要存放几十年的时间，才能使口感达到最佳。比如说我们熟知的茅台酒从酿造到出厂就需要五年时间。

白酒在老熟过程中的变化，大体分为物理变化和化学变化两个方面。物理变化主要是乙醇分子重新排列和挥发的过程。白酒中自由度大的乙醇分子越多，刺激性越大。随着贮存时间的延长，乙醇与水分子间逐渐构成大的分子缔合群，乙醇分子受到束缚，活性减少，在味觉上就给人们以柔和的感觉。并且在贮存过程中，一些低沸点的不溶性的气体或液体，如硫化氧、丙烯醛及其他低沸点的醛类、酯类能够自然挥发。经过贮存，使杂味物质自然逸出，老熟的酒就可以大大减轻刺鼻、辣眼感并增加香味。

化学变化主要是氧化、还原、酯化等综合变化。白酒中所含的酯类物质是酒中主要的香味成分之一。酯主要是在发酵过程中微生物的作用下产生的，在贮存过程中也通过缓慢的酯化反应而形成。贮存过程中，一部分乙醇被氧化而成为乙醛，乙醛进一步氧化生成乙酸，乙酸进一步与乙醇作用生成乙酸乙酯和高级酯。一部分醛与乙醇作用生成缩醛类，从而使酒体减少辛辣味，增加香味，赋予酒体芳香、柔和、软绵和协调之感。

◎ 目标检测 ◎

一、选择题

1. 三氯乙酸的酸性大于乙酸，这主要是由于氯的(　　)影响。

A. 共轭效应　　B. 吸电子诱导效应

C. 给电子诱导效应　　D. 空间效应

2. 下列化合物中，酸性最强的是(　　)。

A. 甲酸　　B. 乙酸　　C. 乙酸甲酯　　D. 乙酸乙酯

3. RMgX 与下列哪个化合物用来制备 RCOOH？(　　)

A. CH_2O　　B. CH_3OH　　C. CO_2　　D. HCOOH

4. ①叔戊醇②仲丁醇③正丙醇④甲醇分别与苯甲酸发生酯化反应，按活性顺序排列应是(　　)。

A. ③>④>①>②　　B. ④>③>②>①

C. ④>②>③>①　　D. ①>②>③>④

5. 下列羧酸中能经加热脱羧生成 HCOOH 的是(　　)。

A. 丙酸　　B. 乙酸　　C. 草酸　　D. 琥珀酸

6. 下列物质中不属于羧酸衍生物的是(　　)。

A. $CH_3CH(NH_2)CO_2H$　　B. $CH_3C(=O)N(CH_3)_2$

C. 油脂　　　　　　　　　　　　D. CH_3COCl

7. 乙酰乙酸乙酯与40%氢氧化钠溶液共热，生成的产物是(　　)。

A. CH_3COCH_2COONa 和 CH_3CH_2OH

B. CH_3COONa 和 CH_3CH_2OH

C. CH_3COONa 和 $CH_3COOC_2H_5$

D. CH_3COCH_3 和 CH_3CH_2OH 和 CO_2

8. 下列物质中，既能使高锰酸钾溶液褪色，又能使溴水褪色，还能与 NaOH 发生中和反应的物质是(　　)。

A. $H_2C{=}CHCOOH$　　　　　　B. $C_6H_5CH_3$

C. C_6H_5COOH　　　　　　　D. CH_3COOH

9. $LiAlH_4$ 可使 $H_2C{=}CHCH_2COOH$ 还原为(　　)。

A. $CH_3CH_2CH_2COOH$　　　　B. $CH_3CH_2CH_2CH_2OH$

C. $H_2C{=}CHCH_2CH_2OH$　　　D. $H_2C{=}CHCH_2CH_3$

10. 对于苯甲酸的描述，下面哪一项是不正确的？(　　)

A. 白色的固体，可作食品防腐剂

B. 它的酸性弱于甲酸又强于其他饱和一元酸

C. 它的钠盐较其本身容易脱羧

D. —COOH 是一个第二类定位基，它使间位的电子云密度升高，故发生亲电取代时，使第二个取代基进入间位

二、简答题

1. 命名下列化合物或写出结构式。

(1)$CH_3\underset{|\\CH_3}{C}HCH_2COOH$

(2)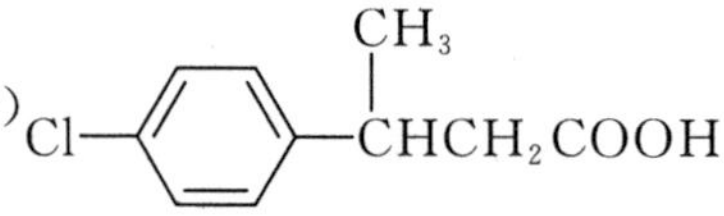

(3)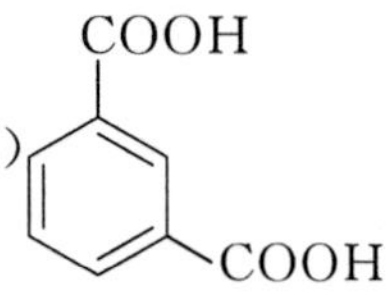

(4)$CH_3(CH_2)_4CH{=}CHCH_2CH{=}CH(CH_2)_7COOH$

2. 试以方程式表示乙酸与下列试剂的反应。

(1)乙醇　(2)三氯化磷　(3)五氯化磷　(4)氨　(5)碱石灰热熔

3. 区别下列各组化合物。

(1)甲酸、乙酸和乙醛　　　　(2)乙醇、乙醚和乙酸

(3)乙酸、草酸和丙二酸　　　(4)丙二酸、丁二酸和己二酸

4. 完成下列转变。

(1)$H_2C{=}CH_2 \longrightarrow CH_3CH_2COOH$　(2)正丙醇$\longrightarrow$2-甲基丙酸

(3)丙酸$\longrightarrow$乳酸　　　　(4)丙酸$\longrightarrow$丙酐

(5)溴苯$\longrightarrow$苯甲酸乙酯

5. 怎样由丁酸制备下列化合物？

(1)$CH_3CH_2CH_2CH_2OH$　(2)$CH_3CH_2CH_2CHO$　(3)$CH_3CH_2CH_2CH_2Br$

(4)$CH_3CH_2CH_2CH_2CN$　(5)$CH_3CH_2CH=CH_2$　(6)$CH_3CH_2CH_2CH_2NH_2$

6.(1)按照酸性降低的次序排列下列化合物,并说明理由。

①乙炔、氨、水　②乙醇、乙酸、环戊二烯、乙炔

(2)按照碱性降低的次序排列下列离子,并说明理由。

①CH_3^-、CH_3O^-、$HC\equiv C^-$　②CH_3O^-、$(CH_3)_3CO^-$、$(CH_3)_2CHO^-$

模块四

实操训练

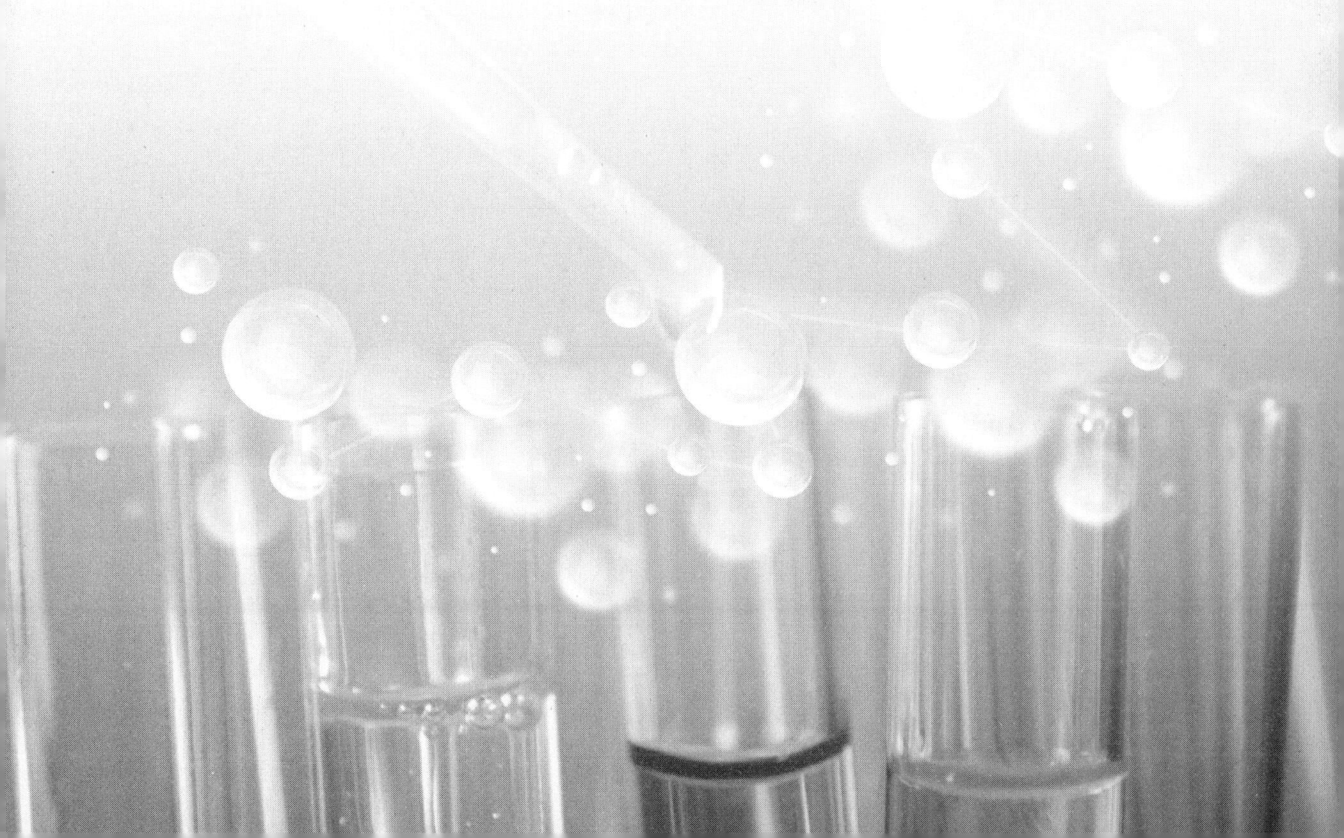

项目一

化学实验的一般知识

任务一　化学实验的基本要求

一、实验要求

化学是一门实践性很强的学科，要求学生通过实验养成良好的实验习惯、严谨细致的科学态度和实事求是的科学作风。因此，在实验过程中，需做到以下三点：

(1)养成严肃认真、刻苦钻研的学习态度，准确、细致、整洁等良好的科学习惯，理论联系实际和实事求是的科学作风。

(2)能比较熟练地掌握分析化学实验的基本操作技能，并逐步提高创造性思维能力，培养综合分析、独立操作的工作能力。

(3)养成仔细观察实验过程中所发生的实验现象和实验结果并准确记录数据的好习惯。

二、实验程序

化学实验同其他科学实验一样，需要遵循一定的实验程序。学习期间，化学实验一般程序为：预习→教师指导→检查→进行实验→完成实验报告。按照该程序，化学实验才能顺利进行，取得预期的学习效果。

三、实验室安全

化学实验室中有许多易燃、易爆、具有腐蚀性和毒性的药品，在实验过程中会出现液体飞溅、玻璃仪器易碎等诸多不安全的因素。因此，学生要遵守实验室安全操作规则，尽可能避免危险情况发生。

若有固体颗粒或碎玻璃片进入眼睛内，切记不可用手揉眼睛，应立即去有关医院进行诊治。在配制具有腐蚀性、毒性的药品时，需戴上防护目镜。

(一)预防火灾

金属钠和非金属磷都需要保存在煤油中，一旦暴露在空气中会自燃引发火灾。在实验过程中不慎打翻酒精灯等突发事件都可能引起火灾，火灾带来的危害极大，要预防和杜绝火灾事故发生。

（1）实验室或实验大楼内禁止吸烟。

（2）实验过程中，周围有人使用易燃、易爆溶剂时，应禁用明火。

（3）剩余的易燃易爆品要注意回收，切勿乱丢，以免引起火灾。

火灾一旦发生，须迅速切断电源，熄灭火源并移开易燃物品，就近寻找灭火器材，扑灭着火。如果容器中少量溶剂起火，可用石棉网、湿抹布或玻璃仪器盖住容器口。其他类型着火需采用灭火器进行扑灭并立即报告有关部门或打119火警电话报警。衣服着火时就近找到灭火喷淋器或自来水龙头，用水冲淋使火熄灭。

（二）割伤、烫伤、灼伤及其他事故的处理

1. 割伤

遇到割伤时，应先用水充分清洗伤口，并取出伤口中的碎玻璃或残留固体，用无菌的绷带或创可贴进行包扎和保护。大伤口应注意压紧伤口或主血管进行止血并立即送医疗部门进行处理。

2. 烫伤

轻度、小范围的烫伤和烧伤可立即将受伤部位浸入冷水或冰水中约5 min以减轻疼痛，重度、大范围的烫伤或烧伤应立即送医疗部门进行救治。

3. 化学试剂灼伤

（1）酸烧伤　除去浓硫酸不可直接用大量水冲洗外，其他浓酸导致的灼伤需先用大量水冲洗，再用3%～5%碳酸氢钠淋洗，最后水洗10～15 min。严重者将灼烧部位拭干包扎好，去医院治疗。如果溅入眼睛，先用大量水冲洗，再用饱和碳酸钠溶液冲洗，最后用蒸馏水冲洗。

浓硫酸导致的烧伤如果现场处理不及时，一般会造成深度烧伤，现场处理要快且争分夺秒。先在第一时间用衣服或纸巾等抹去皮肤上大部分硫酸，之后尽快用清水冲洗皮肤上黏附的少量硫酸，再用苏打水清洗，并用浸过苏打水的纱布贴在患处。严重者经上述处理后立即送医院治疗。

（2）碱烧伤　先用大量水冲洗，再用柠檬酸或2%乙酸溶液或3%硼酸溶液淋洗，最后水洗10～15 min，严重者将灼烧部位拭干包扎好，到医院治疗。

（3）溴烧伤　用乙醇或10%硫代硫酸钠溶液洗涤伤口，也可以用湿的硫代硫酸钠纱布覆盖灼伤处至少3 h，再用水冲洗干净，并涂覆甘油。

（4）磷烧伤　用5%硫酸铜溶液或高锰酸钾溶液洗涤伤口，并用浸过硫酸铜溶液的绷带包扎。

（5）有机物灼伤　先用酒精擦洗除去大部分有机物，再用肥皂水和温水洗涤即可。若灼伤严重，需将灼伤处浸在水中3 h，然后请医生处理。

4. 触电

遇到触电，第一时间立即切断电源，必要时做人工呼吸。

5. 吸入刺激性气体

不小心吸入刺激性气体时，可给当事人吸入少量乙醇和乙醚的混合气体，然后到室外呼吸

新鲜空气，必要时做人工呼吸。

6. 毒物进入口内

若有毒物质溅入口内或误服，尚未咽下者应立即吐出并用大量水冲洗口腔。已经吞下的应根据毒性物质给予解毒剂并立即送往医院。对于腐蚀性物质，若为强酸（硫酸除外），先饮用大量水，然后服用氢氧化铝膏或鸡蛋清；若为强碱，先饮用大量水，然后服用醋、酸果汁、鸡蛋白，再给予牛奶灌注（不要吃呕吐剂）；对于重金属等其他有毒物质，先喝下牛奶或鸡蛋白使之立即冲淡并缓和，或将 5～10 mL 的 1%～10%稀硫酸铜溶液加到一杯温水中，搅匀一起喝下，然后用手指伸入喉部，促使呕吐后立即送医院。

7. 汞洒落

若不小心将金属汞散落在实验室里（如打碎温度计、压力计等），必须立即用滴管、毛笔或用在硝酸汞的酸性溶液中浸过的薄铜片收集起来，用水覆盖。散落过汞的地面应撒上硫黄粉或喷上 20%三氯化铁水溶液，待干后再清扫干净。如果室内的汞蒸气浓度超过 0.01 mg/m^3，可用碘净化，即将碘加热或自然升华，碘蒸气与空气中的汞，以及吸附在墙上、地面上和器物上的汞作用，生成不易挥发的碘化汞，然后彻底清扫干净。

四、实验室环保

实验过程中产生的废品不能随处乱放，以免影响周围环境。应做以下处理：

(1)碎玻璃和其他尖锐的废物不要丢入废纸篓或类似的盛器中，应该使用专门的废物箱。

(2)不要将任何用剩下的试剂倒回原试剂瓶中，这不仅会对试剂造成污染，影响其他人的实验结果，而且会由于操作疏忽导致错误引入异物，有时会发生剧烈的化学反应，甚至引起爆炸。

(3)危险的废品如会放出毒气或能够自燃的废品（活性镍、磷、活泼的碱金属等），决不能丢弃在废物箱或水槽中。不稳定的化学药品和不溶于水或同水不混溶的溶液也禁止倒入下水道，应将它们分类后集中处理。对倒掉后能与水混溶或能遇水分解或有腐蚀性的液体，必须用大量的水冲洗。

(4)金属钾或钠的残渣应分批小量地加入大量的醇中予以分解，操作时须戴上防护目镜。

五、实验用水

化学实验中，洗涤仪器、配制溶液等都需要大量的水。不同的实验对水的纯度要求也不同。水的纯度直接影响实验结果的准确性，应根据实验内容的需要，正确选用不同纯度的水。

1. 自来水

自来水是指一般的城市生活用水，由于自来水中的杂质较多，其在实验室的主要用途有初步洗涤容器，某些无机物、有机物制备实验的起始阶段（因所用的原料不纯，所以不必用更纯的水），制备蒸馏水等更纯的水（如实验中水浴加热用水、冷却用水等）。

2. 蒸馏水

将自来水在蒸馏装置中加热汽化，然后将蒸汽冷凝就可得到蒸馏水。由于杂质离子不挥发，所以，蒸馏水中所含杂质比自来水少得多，较纯净，但其中仍含有少量杂质。具体原因有 CO_2 溶于蒸馏水中生成碳酸，使蒸馏水显酸性；冷凝管、接收容器本身的材料（一般是不锈钢、纯铝、玻璃等）可能或多或少进入蒸馏水；蒸馏时少量液体呈雾状逸出，又重新进入蒸馏水。

尽管如此，蒸馏水仍然是实验室最常用的较纯净的溶剂或洗涤剂，常用它来清洗仪器、配制溶液、进行化学分析实验。如果要用蒸馏法制备更纯的水，可在蒸馏水中加适量的 $KMnO_4$ 固体（目的是除去有机物），再进行蒸馏或用石英蒸馏器进行蒸馏，所得水为重蒸水（即纯度更高的水）。

3. 去离子水

去离子水是去除了离子的水。水是一种万能的溶剂，在自然界的水中会溶解很多种类的盐，而这些盐在水中均有一定程度的电离从而产生很多种类的阴、阳离子。

去离子水最简单的实验室制备方法是蒸馏法。一次蒸馏达不到实验所需要求，可进行二次蒸馏。因蒸馏耗能过大，目前工业制备去离子水的方法主要有反渗透法、电渗法和离子交换树脂法。

实验室常用离子交换树脂法（即将自来水通过离子交换柱）制取去离子水，该方法能去除水中的阴、阳离子而得到纯度更高的水。

六、实验仪器洗涤方法

（一）仪器的洗涤

应根据实验要求、污物的性质及仪器的形状等，有针对性地选择不同的洗涤方法。

1. 用水刷洗

对于附着在容器壁上的可溶性污物和浮尘可用水直接刷洗，刷洗时水量不宜太多（取所洗容器容积的 2/3 为宜），用毛刷轻轻刷洗，再用自来水冲洗几次即可。

2. 用洗涤剂刷洗

如果附着在容器壁上的污物是油污或有机物，可用毛刷蘸取少量洗涤剂进行刷洗，再用水冲洗干净，最后用蒸馏水淋洗即可。

3. 用碱液洗涤

如果附着在容器壁上的污物是酸性物质，可倒入少量碳酸钠等碱性物质洗涤并与之反应，再用水冲洗干净，最后用蒸馏水洗涤 2～3 次即可。

4. 用浓盐酸洗涤

如果附着在容器壁上的污物是碱性物质或氧化性物质（如 MnO_2）等污染物，可以用盐酸等酸性物质洗涤并与之反应，再用水冲洗干净，最后用蒸馏水洗涤 2～3 次即可。

5. 用铬酸洗液洗涤

在进行精确的定量测定实验时，对仪器的洁净度要求很高。由于使用的仪器口径小、管身长、形状特殊（如移液管、吸量管、滴定管等），如果器壁上沾有特殊的污物，不能用刷子机械刷洗，而需用铬酸洗液清洗后，再用水冲洗，最后用蒸馏水淋洗 2～3 次即可。

铬酸洗液是将 8 g 重铬酸钾用少量蒸馏水润湿，慢慢加入 180 mL 浓硫酸中，用玻璃棒搅拌让其加速溶解混合配制而成，待其冷却后贮存于磨口瓶中待用。该洗液具有很强的酸性、氧化性和腐蚀性，对有机物和油污的去除能力特别强。使用洗液时，应先用水刷洗仪器，尽量除去其中污物，倒掉仪器中残留的水分，以免稀释洗液，降低洗液洗涤能力。洗液用完后可倒回原来瓶内重复使用。

洗液具有很强的腐蚀性，会灼伤皮肤，损坏衣服、桌面、橡皮等。如果不慎将洗液洒在皮肤、衣服和实验台上，应立即用水冲洗，擦净。当洗液变成绿色时，说明洗液已经失去氧化作用了，需重新配制。

(二)仪器洗涤干净的标准

仪器经过刷洗或浸泡后，用少量水淋洗一下，然后将水倒出并将仪器倒立。如果器壁均匀、透明且不挂水珠，则表示仪器已经洗涤干净，否则需重新洗涤。

七、实验仪器干燥方法

分析实验中常需将仪器干燥后才能使用。对仪器的干燥可根据不同的情况采用不同的方法，常用的方法有以下几种：

(1)自然晾干　将仪器洗净后，倒置在干净的仪器柜内或搪瓷盘中晾干即可。对倒置不稳的仪器可倒插在实验室的干燥板上晾干。

(2)加热烤干　烧杯和试管等耐高温的仪器可用直接加热法(烤干法)使水分快速蒸发。注意加热前仪器外壁要干燥，加热过程中要不断地转动仪器使其受热均匀。加热试管时，试管口要向下倾斜，防止冷凝水倒流使试管炸裂。

(3)在烘箱中烘干　将洗净的仪器用烘箱烘干。注意仪器放入烘箱前要将仪器内水分沥干，然后倒置在烘箱的隔板上。

(4)气流烘干器烘干　将洗净的仪器如锥形瓶、烧杯、试管等沥干水后，用气流烘干器快速烘干。

注意不要用布或滤纸擦干仪器，这样会污染仪器。对不宜受热的仪器可让其自然晾干，不能放在烘箱内烘干。用于定量分析的仪器和带有刻度的器皿不能用加热的方法进行干燥，以免影响仪器的精度，可用自然晾干法进行干燥。

任务二　玻璃量器的使用和正确操作

化学分析操作中常用到的玻璃仪器有滴定管、容量瓶、移液管、吸量管、烧杯、锥形瓶、玻璃棒等，以下就主要玻璃量器的使用和正确操作进行说明。

一、滴定管

滴定管是滴定时用来准确测定放出的滴定溶液体积的量器(图 4-1-1)。常用的滴定管为 25 mL 和 50 mL 的常量滴定管，最小刻度为 0.10 mL，读数可读至 0.01 mL。此外，还有 10 mL、5 mL、2 mL、1 mL 的半微量或微量滴定管，最小刻度为 0.05 mL。滴定管一般分为两种：一种是下端带有玻璃活塞的酸式滴定管，用于盛放酸性、中性或氧化性溶液，但不能盛放碱性溶液。另一种是下端用橡皮管连接一尖嘴玻璃管，橡皮管内放一玻璃珠的碱式滴定管，用于盛放碱性溶液，但不能盛放酸性或氧化性溶液。

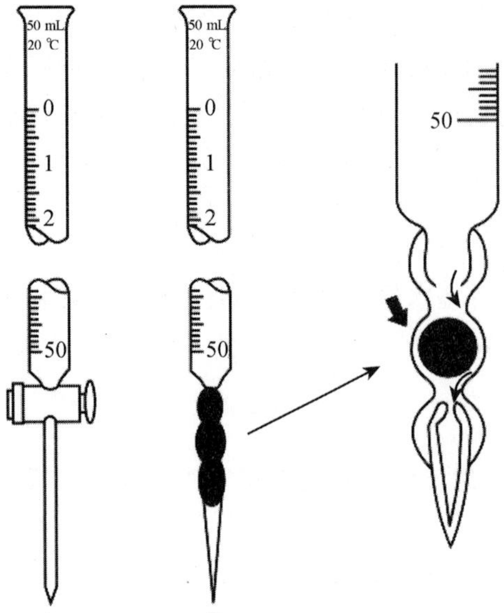

A. 酸式滴定管　B. 碱式滴定管

图 4-1-1　滴定管

1. 滴定管的洗涤

滴定管的外壁可用洗洁精或肥皂水刷洗，管内无明显油污的滴定管可直接用自来水冲洗，或用洗涤剂（铬酸洗液）泡洗，但不可刷洗，以免划伤内壁，影响准确测量。若有少量的污垢可装入约 10 mL 洗液，先从下端放出少许，然后用双手平托滴定管的两端，不断转动滴定管，使洗液润洗滴定管内壁，操作时管口对准洗液瓶口，以防洗液洒出。洗完后将洗液从上口倒入洗液回收瓶中。如果滴定管太脏，可将洗液装满整根滴定管并浸泡一段时间。将洗液从滴定管中彻底放出后，用自来水冲洗，再用蒸馏水洗净。洗净后的滴定管内壁应被水均匀湿润而不挂水珠，否则需重新洗涤。

2. 滴定管的试漏

酸式滴定管试漏的方法是将滴定管用水充满至“0.00”刻度线附近，然后夹在滴定管夹上，用滤纸将滴定管外壁擦干，静置 1～2 min，检查管尖及活塞周围有无水渗出，然后将活塞转动 180 ℃。按上述方法重复检查三次。试漏碱式滴定管时，将滴定管用水充满至“0.00”刻线附近，直立 2 min，用滤纸擦拭管尖一下，如果漏水则需更换直径合适的乳胶管和大小适中的玻璃珠。同样，按上述方法重复检查三次。

酸式滴定管如果漏水则需涂上凡士林。方法是将酸式滴定管平放在实验台上，抽取活塞，卷上一小片滤纸，再插入活塞套内，用滤纸仔细将活塞及活塞套内的水擦干。用手指蘸上少许凡士林，均匀地涂在活塞孔的两端，将活塞插入套内，压紧并沿着同一方向旋转活塞几次，使凡士林分布均匀且呈透明状态，用橡皮圈套住活塞，以防活塞脱落。

3. 滴定管的润洗

滴定管装入标准滴定溶液前应先用标准滴定溶液润洗三次。润洗的方法是先将试剂瓶中的溶液摇匀，再向滴定管中加入 10～15 mL 标准滴定溶液，先从滴定管下端放出少许，然后双手平托滴定管的两端，边转动滴定管，边使溶液润洗滴定管整个内壁，最后将溶液全部放出，重复上述操作三次。

4. 滴定管的校正

滴定管在使用之前需采用绝对校正方法进行体积校正。校正滴定管的校正步骤如下：

(1)清洗　将 25 mL 的滴定管、具塞锥形瓶用铬酸洗液清洗至不挂水珠，再将具塞锥形瓶晾干或烘干备用。将滴定管、具塞锥形瓶、蒸馏水置于实验室内，使其与室温一致。

(2)称重　将已洗净且外表干燥的具塞锥形瓶放在分析天平上称重，记录空瓶的质量。

(3)测量水温　将蒸馏水注入滴定管内最高标线处（该滴定管的量程为 25 mL），排气泡，调至“0.00”刻度，记下读数。按滴定时常用的速度（3～4 滴/s），从滴定管依次放出一定体积的水 5 mL 滴入已经称量好的锥形瓶中，注意勿将水沾在瓶口上，盖紧盖子，在分析天平上称出“瓶＋水”的质量，两次质量之差即为放出水的质量。测定当时水的温度，查表 4-1-1，可知该温度下 1.00 mL 纯水中用黄铜砝码称得的质量(m),计算出此段水的真实体积。

表 4-1-1 不同温度下 1.00 mL 纯水用黄铜砝码称得的质量

温度/℃	质量/g	温度/℃	质量/g	温度/℃	质量/g
10	0.998 39	19	0.997 34	28	0.995 44
11	0.998 33	20	0.997 18	29	0.995 18
12	0.998 24	21	0.997 00	30	0.994 91
13	0.998 15	22	0.996 80	31	0.994 64
14	0.998 04	23	0.996 60	32	0.994 34
15	0.997 92	24	0.996 38	33	0.994 06
16	0.997 78	25	0.996 17	34	0.993 75
17	0.997 64	26	0.995 93	35	0.993 45
18	0.997 51	27	0.995 69	36	0.993 12

(4)多次校准,取平均值 滴定管重新装水至“0.00”刻度,用相同的方法称量滴定管依次从 0.00 到 10.00 mL,0.00 到 15.00 mL,0.00 到 20.00 mL,0.00 到 25.00 mL 等刻度间的水的质量,用实验时水温所对应的水的密度来计算滴定管各部分的实际容量。多次校准,取平均值(表 4-1-2)。

$$V=\frac{m}{m_0}$$

式中,V——20 ℃时玻璃容器容量的实际容积,mL;

m——t ℃时空气中称得的水的质量,g;

m_0——t ℃时空气中放出 1 mL 的水用黄铜砝码称取的质量(即水的密度),g。

【例 1】 21 ℃时,从滴定管中放出体积读数为 10.03 mL 的水,其质量为 10.04 g,计算滴定管在 20 ℃时的实际容积(21 ℃时 1 mL 水的质量为 0.997 00 g)。

解:

$$V=\frac{m}{m_0}=\frac{10.04\ \text{g}}{0.997\ 00\ \text{g}}$$
$$\approx 10.07\ \text{mL}$$

标示值与此滴定管容积的校正值=10.07 mL−10.03 mL=0.04 mL

因此,使用时应将目视的容积(即读数)10.03 mL 加上校正值(0.04 mL)才等于真实容积 10.07 mL。

表 4-1-2 50 mL 滴定管校准实例

水温	25 ℃		校正值	0.996 12 g/mL		
滴定管体积读数/mL	放出体积读数/mL	瓶+水的质量/g	水的质量/g	实际容积/mL	校正值/mL	总校正值/mL
0.00		129.20				
10.10	10.10	139.28	10.08	10.12	+0.02	+0.02

续表 4-1-2

水温	25 ℃		校正值	0.996 12 g/mL		
滴定管体积读数/mL	放出体积读数/mL	瓶+水的质量/g	水的质量/g	实际容积/mL	校正值/mL	总校正值/mL
20.07	9.97	149.19	9.91	9.93	−0.02	0
30.14	10.07	159.27	10.08	10.12	+0.05	+0.05
40.17	10.03	169.24	9.97	10.01	−0.02	0.03
49.96	9.79	179.07	9.83	9.87	+0.08	+0.11

(5)重复校正一次　将滴定管按上述步骤重新校准一次，两次相应的校正差不应大于0.01 mL。

5. 滴定管的使用

(1)滴定管尖气泡的检查及排出　滴定管装满标准滴定溶液后，应检查滴定管下端尖嘴部分是否充满溶液，若有气泡，必须排出。对于酸式滴定管，采取的方法是迅速转动活塞，使溶液急速流出，将气泡冲下；对于碱式滴定管，采取的方法是将管身旋转 30 ℃，用左手两指将橡皮管向上弯曲，轻轻挤捏玻璃珠中上部的乳胶管，使溶液从尖嘴喷出，将气泡冲下(图 4-1-2)。然后重新装满标准滴定溶液，调至液面和“0.00”刻度线相切。

(2)滴定前零点的调试　在用酸式(或碱式)滴定管进行滴定之前，需将标准滴定溶液的液面调至和“0.00”刻度线相切，且需复核一次。

(3)滴定速度的把控和终点的控制　右手持锥形瓶瓶颈，左手控制住活塞，滴定管尖嘴伸入锥形瓶 1～2 cm 处，摇动锥形瓶，使溶液沿着一个方向旋转，边摇边滴，使滴下去的溶液尽快混匀。滴定时要掌握“左手滴、右手摇、眼把瓶中颜色瞧”的原则，重点观察滴落点周围颜色的变化，不要去看刻度的变化(图 4-1-3)。

滴定开始时，速度可稍快(某些物质除外，如 $KMnO_4$)，控制在每秒 3～4 滴。接近终点时，应改为逐滴加入，最后每次加半滴，直至溶液颜色发生明显的变化为止。

半滴溶液的加入方法：使溶液在滴定管尖悬而未滴，再用锥形瓶内壁靠在滴定管的管尖处，然后将锥形瓶倾斜，用洗瓶中的溶液将附于壁上的半滴溶液冲刷下去。

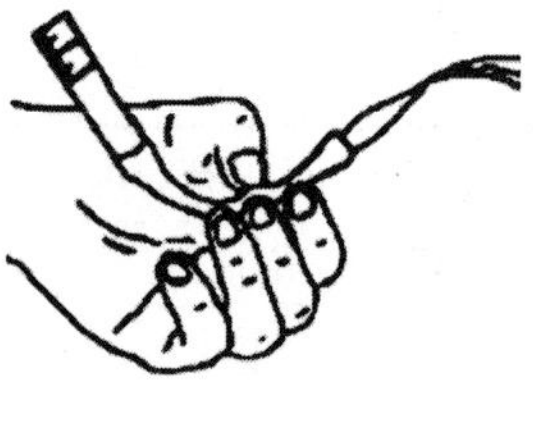

图 4-1-2　碱式滴定管气泡排出方法

A. 酸式滴定管的操作

B. 碱式滴定管的操作

图 4-1-3　滴定管的操作

(4)正确读取滴定管读数　每次读数最好从“0.00”开始，这样可减少滴定误差。读取滴定管读数时一般遵循以下原则：

①读数时应将滴定管从滴定管架上取下，用右手拿住滴定管上部无刻度处，使滴定管自然垂直，然后读数。

②对于无色或浅色溶液，读数时视线与弯月面下缘最低点相切，即视线应和弯月面下缘实线的最低点在同一水平面上，如图 4-1-4 所示，对于深色的溶液(如 $KMnO_4$ 等)，其弯月面不够清晰，读数时，视线应与液面两侧的最高点相切。

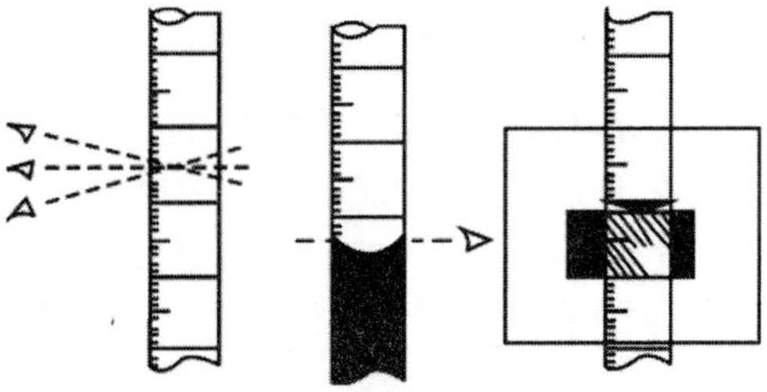

图 4-1-4　滴定管读数方法

③为便于读数准确，在滴定管装入或放出溶液后，必须等 1～2 min，使附着在内壁的溶液流下来后，再进行读数。如果放出溶液的速度较慢(如接近化学计量点时)，那么可等 0.5～1 min，即可读数。每次读数前都要检查一下管内壁是否挂水珠，滴定管的出口尖嘴处是否有液滴、是否有气泡。

④读数必须读至小数点后第二位，即要求估读到 0.01 mL。

(5)滴定终点的正确判断　根据操作方案，溶液颜色出现明显的变化视为滴定终点，熟悉终点颜色的突变，既不要滴不到，也不要滴过量。

二、容量瓶

容量瓶的主要用途是将精准称量的物质配成一定浓度的标准溶液或将浓溶液准确地稀释成一定体积的稀溶液。容量瓶是一种量入式容量仪器，为细颈梨形的平底瓶，其磨口带有玻璃塞或橡皮塞，瓶颈上刻有标线，在指定温度下，当溶液弯月面与标线相切时，所容纳的溶液体积等于瓶上标示的体积。

1. 容量瓶的试漏

向容量瓶中加水至刻度标线附近，盖好瓶塞后用滤纸擦干瓶口。然后，左手食指按住塞子，其余手指拿住瓶颈标线以上部分，右手用 3 个指尖托住瓶底边缘，将瓶倒立 2 min，不应有水渗出(可用滤纸片检查)。如不漏水，将瓶直立，转动瓶塞 180 ℃后，再倒立 2 min 检查，不漏水，方可使用。容量瓶的瓶塞不能混用，要用橡皮圈套住瓶塞，系在容量瓶的瓶颈上。

2. 容量瓶的洗涤

向容量瓶中注入约 1/3 的洗液，塞紧瓶塞，摇动片刻，隔一段时间再摇动几次，然后将洗液倒回原装瓶内备用。再用水冲洗容量瓶，最后用蒸馏水冲洗三次，洗净后的容量瓶要求倒出水后内壁不挂水珠。为了防止瓶塞与瓶口粘连，常在塞子与瓶口之间夹一滤纸条。

容量瓶在使用过程中需注意：不能在容量瓶内进行溶质的溶解，不能加热容量瓶，不能长期用容量瓶贮存溶液。

3. 容量瓶的校正

将清洁干燥的容量瓶放在天平上准确称重去皮(用分度值为 0.001 g 的天平)，向容量瓶中注入蒸馏水至标线，记录水温，用滤纸吸干瓶颈内壁和瓶外的水滴，盖上瓶塞称重，得纯水的质量(m)。测量水温,查出该温度下 1 mL 纯水中用黄铜砝码称得的质量(m_0),计算出实际容量(V)以及体积的校准值(ΔV)。

$$V=\frac{m}{m_0}$$

$$\Delta V=V-V_0$$

也可对容量瓶做相对体积校正,方法是用 25 mL 移液管吸取去离子水注入洁净且干燥的 250 mL 容量瓶中(操作时切勿让水碰到容量瓶的瓶口)。重复 10 次,然后观察溶液弯月面下缘是否与刻度线相切,若不相切,另做新标记。

4. 规范定量转移溶液

将所配制的溶液定量转移到容量瓶中。定量转移溶液时,右手将玻璃棒悬空伸入瓶口 1～2 cm 处,玻璃棒的下端应靠在瓶颈内壁上(离瓶口 1 cm 左右),但不能碰到容量瓶瓶口,使溶液沿着玻璃棒和内壁流入容量瓶中,如图 4-1-5 所示。烧杯中溶液流完后,将烧杯沿着玻璃棒稍微向上提取,同时使烧杯直立,待竖直后离开。将玻璃棒放回烧杯中,不可放于烧杯尖嘴处,也不能让玻璃棒在烧杯内滚动,可用左手食指直接将其按住。然后,用洗瓶吹洗玻璃棒和烧杯内壁,再将溶液定量转入容量中。如此吹洗并定量转移溶液操作,一般应重复 5 次以上,以保证定量转移。

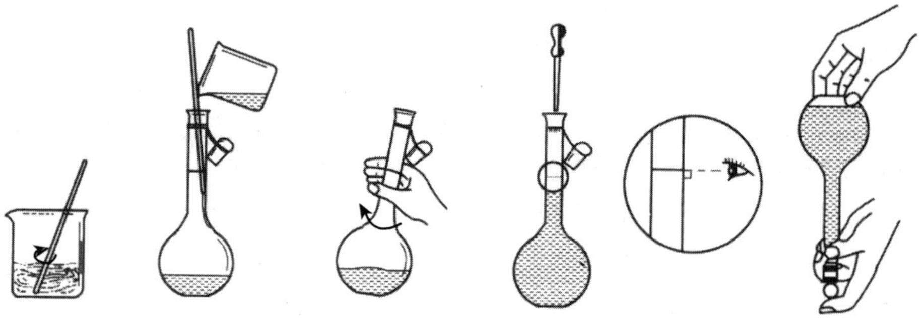

图 4-1-5 容量瓶的使用

5. 准确定容

加入水至容量瓶的容积$\frac{2}{3}$或$\frac{3}{4}$时,用右手食指和中指夹住瓶塞的扁头,将容量瓶拿起,先平摇,使溶液初步混匀。继续加水至距离标度刻线约 1 cm 处,等待 1～2 min,使附在瓶颈内壁的溶液流下,再用胶头滴管垂直悬空加水至弯月面下缘与标线相切。无论溶液有无颜色,其加水位置均以使水至弯月面下缘与标度刻线相切为标准。

6. 混匀并贴上标签

当加水至容量瓶的刻度标线时,塞上瓶塞,用左手食指按住塞子,其余手指拿住瓶颈标线以上部分,用右手三个指尖托住瓶底边缘,如图 4-5 所示;然后将容量瓶倒转,使气泡上升到顶,旋摇容量瓶混匀溶液;再将容量瓶直立起来,随后又将容量瓶倒转,使气泡上升到顶,旋摇容量瓶混匀溶液。如此反复 10～15 次,使瓶内溶液充分混匀。最后将溶液转移到试剂瓶中,在标签上写好溶液的名称、浓度以及配制日期,将标签贴在试剂瓶的外壁上。

三、移液管和吸量管

移液管和吸量管都是用来准确移取一定体积溶液的量器。移液管是中间膨大、两端细长的玻璃管，在管的上端有一环形刻线，膨大部分标有它的容积和标定时的温度，下端有一尖嘴管，以控制液体流出的速度。常用的移液管有 5 mL、10 mL、20 mL、25 mL、50 mL 等规格。吸量管是刻有分刻度的玻璃管，管身直径均匀，刻有体积读数，可用于吸取不同体积的液体。常用的吸量管有 1 mL、2 mL、5 mL、10 mL 等规格。

1. 移液管（或吸量管）的正确润洗

移液管（或吸量管）的洗涤方法和滴定管相同，先用洗液洗涤，再用自来水和蒸馏水洗净。

润洗时，先用滤纸将管尖端外的水吸尽，然后用待移取溶液润洗 3 次，以免转移的溶液被稀释。方法是先从试剂瓶中倒出溶液至一干燥的小烧杯中，然后左手持洗耳球，将食指或拇指放在洗耳球的上方，其余手指自然把握住洗耳球。用右手的拇指和中指拿住移液管标线以上的部分，无名指和小指辅助拿住移液管（图 4-1-6），将管尖深入小烧杯的溶液中进行吸取。待吸取的液体离移液管标线$\frac{1}{4}$或$\frac{1}{3}$处时（注意：勿使溶液回流，即溶液只能上升不能下降，以免稀释溶液），立即用右手食指按住管口并移出。将移液管横过来，用两手的拇指和食指分别拿住移液管的两端，边转动边使移液管中的溶液浸润内壁，当溶液流至标线刻度以上且距上口 2～3 cm 时，将移液管直立，使溶液由尖嘴放出并弃去，如此反复润洗 3 次。

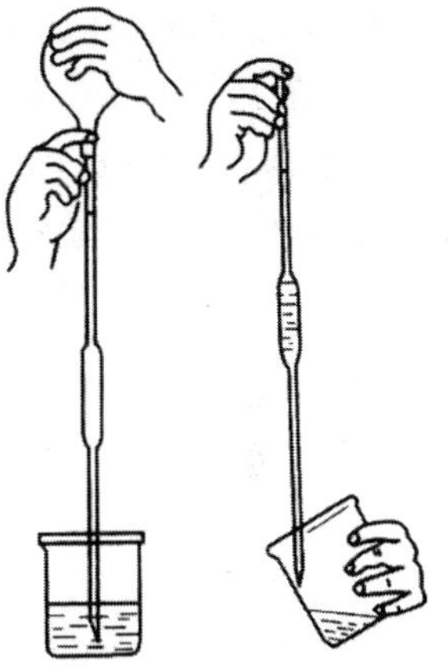

图 4-1-6　移液管的使用

2. 吸取溶液

用移液管（或吸量管）吸取溶液要做到不吸空和不重吸。移液管经润洗后移取溶液时，将移液管直接插入待吸液面下 1～2 cm 处。需注意的是管尖不可以紧靠烧杯底部，不可伸入太浅，也不可伸入太深以免移液管外部附有过多的溶液。靠近底部不易吸取到溶液，伸入太浅会因液面下降后吸空，极易吸出气泡且气泡会冲入洗耳球，致使液体飞溅而引发安全事故。吸液时，应注意容器中液面和管尖的位置，应使液面随液面的下降而下降。当洗耳球慢慢放松时，管中的液面徐徐上升，当液面上升至标线以上 5 mm（不可过高或过低）时，迅速移去洗耳球。

3. 调液面至“0.00”刻度

调液面至“0.00”刻度之前需擦干外壁，做到调节液面操作娴熟。具体操作是用右手食指堵住管口，并将移液管（或吸量管）往上提起，使之离开小烧杯，用滤纸擦拭管的下端伸入溶液的部分，以除去管壁上的溶液。左手改拿一干净的小烧杯，然后使烧杯倾斜成 30°，其内壁与移液管尖紧贴，停留 30 s 后右手食指微微松动，使液面缓慢下降，直到视线平视时弯月面与标线相切，这时立即将食指按紧管口。

4. 移液

将吸取好的溶液放入到另一只烧杯中，要做到移液管（或吸量管）竖直、移液管尖靠壁、放出液体后需停留 15 s 这三点。具体操作是移开小烧杯，左手改拿接收溶液的容器，并将接收容器倾斜，使溶液自然地顺壁流下。待液面下降到管尖后，等 15 s 左右，然后将移液管放在移液管架上。这时，尚可见管尖部位仍留有少量溶液，对此，除特别注明“吹”字的以外，一般此管尖部留存的溶液不能吹入接收容器中，因为在工厂生产检定移液管时，没有将这部分体积算进去。

5. 移液管(或吸量管)的绝对校正

将移液管(或吸量管)洗净至内壁不挂水珠，取具塞锥形瓶，擦干外壁、瓶口及瓶塞，称量。按移液管(或吸量管)的使用方法量取已测温的蒸馏水，放入已称重的锥形瓶中，在分析天平上称量盛水的锥形瓶，计算在该温度下的真实体积。

【例 2】 20 ℃时，称得具塞锥形瓶的质量为 56.144 6 g(m_1)，用 10 mL 的移液管(或吸量管)量取蒸馏水，放入已称重的锥形瓶中，在分析天平上称量盛水的锥形瓶的质量为 66.117 1 g (m_2)，计算用 10 mL 移液管(或吸量管)的体积(20 ℃时水的密度 ρ 为 0.997 18 g/mL)。

解：

$$V=\frac{m_2-m_1}{\rho}=\frac{66.1171-56.1446}{0.99718}=10.0007\ \text{mL}\approx 10.00\ \text{mL}$$

6. 容量瓶和吸量管的相对校正

用洗净的 10 mL 吸量管吸取蒸馏水，放入洗净沥干的 100 mL 的容量瓶中，平行移取 10 次，观察容量瓶中水的弯月面下缘是否与刻度标线相切。若相切，说明吸量管与容量瓶体积的比例为 1∶10；若不相切，表示有误差。记下弯月面下缘的位置，待容量瓶沥干后再校准一次。连续两次测定结果相符后，用一平直的窄纸条贴在与弯月面相切之处，并在纸条上刷蜡或贴一块透明胶布来保护此标记。以后该容量瓶与吸量管即可按所贴标记配套使用。

任务三　试样的正确称量

在进行试样的称量时常用到托盘天平、分析天平和电子天平，目前运用最广泛的是电子天平。

电子天平是根据电磁原理设计的，它利用电子装置完成电磁力补偿的调节，使物体在重力场中实现力的平衡。电子天平是精密仪器，通过电子天平获得的数据是定量分析的基础。电子天平可准确称至 0.1 mg，即 0.000 1 g。其称量的绝对误差为±0.01%，可满足定量分析时“数据必须保留 4 位有效数字”的要求。

一、电子天平的使用

使用万分之一电子天平(即能准确称至 0.000 1 g)称量试样之前，应首先观察水平仪中的小气泡是否在中心红圆圈内，若不在中心红圆圈内，表明电子天平未处于水平状态。需调节天平底部的三个螺栓，使小气泡处在中心红圆圈内，此时，天平处在水平状态。只有处于水平状态的天平才能用于称量试样。

按说明书提示预热足够时间后，先打开显示开关(ON/OFF)，此时电子天平自动进行灵敏度及零点的调节。若显示数不为 0.000 0 g，则按下清零键(TARE)，此时应显示 0.000 0 g。再将洁净的称量瓶或称量纸放在天平中间的圆形称盘的中心处，关闭天平各门，显示屏上显示的数字是洁净的称量瓶或称量纸的质量。轻轻按下去皮键，显示屏上显示的数字为“0”。向称量瓶或称量纸中添加试剂，显示屏上再度显示的数字就是添加试剂的实际质量。

二、不同物质的称量方法

在分析过程中，根据不同的称量对象，采用不同的称量方法，一般有直接称量法、差减称量法和固定质量称量法。

1. 直接称量法

直接称量法适用于称量没有吸湿性、没有腐蚀性且在空气中性质比较稳定的固体样品，如干燥的器皿、棒状或块状金属等。称量时不可用手直接触碰需称量的物质，需采用戴细纱手套、垫纸条、用镊子或钳子夹取等方法称取试样。

称量方法：按电子天平的使用程序操作，将洁净的称量瓶或称量纸放在天平中间的圆形秤盘的中心处，关闭天平各门，轻轻按下去皮键，显示屏上显示的数字为“0”。然后向称量瓶或称量纸中添加待称物质，直到显示屏上显示的数字是所需质量为止。

2. 差减称量法

差减称量法适用于性质不稳定，可能吸收空气中水蒸气的固体样品试样。称量时不可用手直接触碰需称量的物质，也不可将样品直接放在天平盘上。需在天平秤盘上垫上滤纸，将样品放入称量瓶中进行称量。

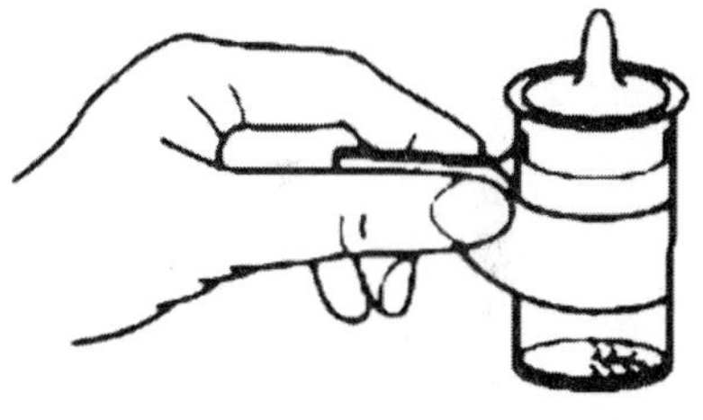

图 4-1-7　称量瓶的拿法

称量方法：先将固体样品置于带盖的称量瓶中并置于干燥器内。当天平零点调好后，用干净且干燥的纸条环夹着装有试样的称量瓶放在天平盘上，如图 4-1-7 所示，手不要与称量瓶直接接触这样可以避免手汗和体温的影响，准确读取称量瓶和试样的总质量。然后，向接收容器中(如烧杯或锥形瓶)倒出所需量的试样，再准确称量剩余试样和称量瓶的质量，两次称量的质量差即为倒入接收容器中的试样质量。如此重复操作，可连续称取若干份样品。

差减称量法的操作比较复杂，要求比较高。其整个操作过程细节如下：在干燥器内取一个洁净、干燥的称量瓶，用洁净的药匙将试样装入称量瓶中，所装的量比所需的量略多(可以先在台秤上粗称空瓶重及加入的试样重)。将称量瓶放在天平中间圆形称量盘的中心处，关闭天平各门，显示屏上显示的数字是试样和称量瓶加在一起的总质量，记录数据(m_1)。然后左手从天平左门用纸条环夹持称量瓶，取出。右手用一小纸片环夹称量瓶盖上的小柄，将称量瓶瓶口尽量靠近要放入被称物质的接收容器(如烧杯或锥形瓶)，但一定不能接触该器皿。注意不要使试样细粒撒落在接收容器外或吹散。当倾出的试样已接近所需量时(可从体积上估计)，再用瓶盖一边敲击瓶口上部，一边将瓶竖起，使粘在瓶口的试样落入接收容器或落回称量瓶中

图 4-1-8 倾倒药品的操作

(图 4-1-8)。称出倾出的试样后，剩余试样和称量瓶加在一起的总质量，记录数据(m_2)。两次质量之差即为倾出的试样质量 $m=m_1-m_2$。如果一次倾出的量不到所需量，可再次倾倒样品，直到移出的样品质量满足要求为止。

3. 固定质量称量法

固定质量称量法适用于在空气中不易吸湿的颗粒状或粉末状样品的称量。为了配制准确浓度的标准溶液或为了计算方便，对于在空气中没有吸湿性的样品，可以在表面皿、小烧杯等敞口容器中进行称量，通过调整药品的量，称出指定的准确质量。然后转移到准备好的接收容器中。

称量方法：先在天平上准确称出洗净干燥的小表面皿或小烧杯等容器的质量，然后轻轻按下去皮键，显示屏上显示的数字为“0”。在天平门半开的状态下小心、缓慢地用小药匙或窄纸条将试样加到容器中，在接近所需量时，应用食指轻弹小勺，使试样一点点地落入容器中，直至显示屏上显示的数字为所指定的质量为止。如果要将称取的试样转放到其他容器中，则需注意要全部转移。

项目二

基础化学实验操作

实验一　电子天平的称量练习

一、实验目的

1. 学会电子天平的使用方法。
2. 学会称量瓶的正确使用，掌握用直接称量法和差减称量法称量固体试样。
3. 学会准确记录实验数据。

二、实验原理

1. 直接称量法

对某些在空气中没有吸湿性的试样，可以用直接称量法称量。即用药匙取试样放在已知质量的清洁而干燥的表面皿或称量纸上，一次称取一定量的试样，然后将试样全部转移到接收容器中。

2. 差减称量法

差减称量法是最常用的称量方法。即称取试样的质量由两次称量之差求得。这种方法称出试样的质量不要求固定的数值，只需在要求的称量范围之内即可，这种称量方法适用于一般的颗粒状、粉状和液体样品。由于称量瓶和滴瓶（用于称取液体）都有磨口瓶塞，对于称量较易吸湿、氧化、挥发的试样非常有利。

三、实验仪器和试剂

1. 仪器

电子天平（精确到 0.000 1 g）、表面皿、称量瓶、药匙、锥形瓶（或小烧杯）。

2. 试剂

NaCl 固体或葡萄糖固体。

四、实验步骤

1. 直接称量法

按电子天平称量操作程序，准确称出表面皿的质量。

2. 差减法称量

在上述称量瓶中装入 NaCl 至称量瓶容积的$\frac{1}{3}$～$\frac{1}{2}$，在电子天平上准确称其质量，记为 m_1。然后按差减法操作，移取试样 0.2～0.3 g 于锥形瓶中，并准确称出称量瓶和剩余试样的质量，记为 m_2，计算出锥形瓶中试样质量。

以同样的方法连续称出三份试样，每份试样称准至 0.1 mg。

五、数据结果记录与分析

用列表的方式记录实验结果并完成计算。

六、问题与讨论

1. 直接称量法和差减称量法分别适用于称量哪些种类的药品？
2. 称量时，为什么不能用手直接拿取称量瓶？叙述正确的操作方式。

实验二　100 mL 0.9%生理盐水的配制

一、实验目的

1. 熟悉电子天平的使用。
2. 学会称量瓶的正确使用，掌握差减称量法的操作技能。
3. 学会准确记录原始数据。
4. 熟练掌握用固体配制溶液的操作技能。

二、实验仪器和药品

1. 仪器

电子天平(精确到 0.000 1 g)、称量瓶、量筒、玻璃棒、烧杯。

2. 药品

NaCl、蒸馏水。

三、实验步骤

在电子天平上用差减称量法称取 0.900 0 g NaCl 固体并倒入烧杯中，再用量筒量取 99.10 mL 水倒入其中，用洁净的玻璃棒搅拌至 NaCl 固体完全溶解。移入试剂瓶并贴上注明试剂浓度、试剂名称和配制日期的标签。

四、数据结果记录与分析

用列表的方式记录实验结果并完成计算。

五、问题与讨论

1. 用万分之一的电子天平称取 2 g NaCl 固体，记录数据时能否写成 m(NaCl)＝2 g？简述理由。

2. 溶解 NaCl 固体的烧杯没洗干净是否会影响配制结果？若洗干净的烧杯内壁挂有水珠，对配制结果是否有影响？

实验三　100 mL 2%稀盐酸溶液的配制

一、实验目的

1. 学会量筒的正确使用和准确记录实验数据。
2. 掌握用浓溶液配制稀溶液的操作技能。

二、实验仪器和药品

1. 仪器

移液管、量筒、玻璃棒、烧杯。

2. 药品

蒸馏水、37%的浓盐酸溶液(密度为 1.19 g/cm^3)。

三、实验步骤

用移液管量取浓盐酸溶液 4.54 mL 倒入烧杯中，再用量筒量取 94.60 mL 蒸馏水倒入其中，用洁净的玻璃棒搅拌直至完全混合。在烧杯外壁贴上注明试剂浓度、试剂名称和配制日期的标签。

四、数据结果记录与分析

用列表的方式记录实验结果并完成计算。

五、问题与讨论

1. 如何正确使用移液管量取浓盐酸溶液？在操作上需注意什么？
2. 在实验操作中，如果有同学将移液管伸到液体表面移取溶液，会出现何种危险的后果？

实验四 酸碱标准溶液的配制

一、实验目的

1. 掌握用差减称量法称取试样。
2. 掌握移液管的基本操作。
3. 掌握标准溶液的配制方法。

二、实验仪器和药品

1. 仪器

电子天平(精确到 0.000 1 g)、移液管(1 mL)、玻璃棒、烧杯、容量瓶(50 mL)等。

2. 药品

蒸馏水、37%的浓盐酸溶液(密度为 1.19 g/cm^3)、氢氧化钠固体。

三、实验原理

标准溶液是具有准确浓度且常用于滴定的溶液,配制过程中需使用容量瓶。常用配制方法有直接法和间接法两种。浓盐酸具有挥发性,氢氧化钠易潮解,两者性质都不稳定,属于非基准物质,只能用间接法来配制。

四、实验步骤

1. 配制 0.100 0 mol/L HCl 溶液 50.00 mL

用移液管量取 0.41 mL 的浓盐酸倒入烧杯中,用量筒量取 15 mL 水倒入其中,用洁净的玻璃棒搅拌至完全混匀,再将液体沿着玻璃棒慢慢转入到体积为 50 mL 的容量瓶中。重复上述操作两次。最后用胶头滴管吸水滴至液面同容量瓶的刻度线相切,摇匀并贴上注明试剂浓度、试剂名称和配制日期的标签。

2. 配制 0.100 0 mol/L NaOH 溶液 50.00 mL

在电子天平上用差减法迅速称取约 0.200 0 g NaOH 固体并倒入烧杯中,再用量筒量取 15 mL 水倒入其中,用洁净的玻璃棒搅拌至 NaOH 固体完全溶解。再将溶解后的液体沿着玻璃棒慢慢转入到体积为 50 mL 的容量瓶中。重复上述操作两次。最后用胶头滴管吸水滴至液面同容量瓶的刻度线相切,摇匀并贴上注明试剂浓度、试剂名称和配制日期的标签。

五、数据结果记录与分析

用列表的方式记录实验结果并完成计算。

六、问题与讨论

1. 配制盐酸标准溶液时,可以用量筒量取浓盐酸吗?

2. 称取氢氧化钠固体为何用差减称量法而不用直接称量法？为何可以不用万分之一的电子天平来称取？

实验五 缓冲溶液的配制

一、实验目的

1. 学会标准缓冲溶液的配制方法。
2. 熟练使用 pH 试纸测定溶液的 pH。

二、实验原理

酸碱缓冲溶液不仅具有抵抗外加少量强酸强碱的作用，还具有抗稀释的作用。pH＝8 的缓冲溶液显碱性，其 pH 可采用如下公式进行计算：

$$pOH = pK_b + \lg \frac{c(\text{弱碱盐})}{c(\text{弱碱})}$$

操作过程中可通过调节弱碱和强酸弱碱盐的比例来配制一定 pH 的溶液。一般先配制出大致所需 pH 的溶液，然后通过 pH 试纸来测定其 pH，再通过加少量的弱酸或弱碱盐使其 pH 达到目标值。

三、实验仪器和药品

1. 仪器

电子天平（精确到 0.000 1 g）、移液管、烧杯、50 mL 容量瓶等。

2. 药品

28％的氨水溶液（密度为 0.88 g/cm^3）、氯化铵固体、pH 试纸。

四、实验步骤

1. 缓冲溶液的初步配制

称取 2.664 3 g NH_4Cl 固体配制成 1 mol/L 的 NH_4Cl 溶液 50 mL，用移液管量取 0.19 mL 28％的氨水溶液倒入烧杯中，再向其中加入已配好的 1 mol/L 的 NH_4Cl 溶液 49.81 mL，用洁净的玻璃棒搅拌至完全混匀，pH＝8 的缓冲溶液初步配制完毕。

2. 缓冲溶液的检测和处理

用洁净的玻棒蘸取少许初步配制完成的缓冲溶液到 pH 试纸上，对照比色卡测出溶液的 pH。若测得结果稍偏低，则用数滴 28％的氨水溶液调节至 pH＝8。若测得结果稍偏高，则用数滴 1 mol/L 的 NH_4Cl 溶液调节至 pH＝8。最后贴上注明试剂浓度、试剂名称和配制日期的标签，备用。

五、数据结果记录与分析

用列表的方式记录实验结果并完成计算。

六、问题与讨论

1. 配制 pH=6 的缓冲溶液 100 mL，应选择什么物质来配制？若选择 HAc 和 NaAc 来配制，需量取 2 mol/L 的 NaAc 多少毫升？需量取 18%的乙酸溶液（密度为 1.088 g/cm^3）多少毫升？在配制过程中需要选择多大容积的容量瓶？

2. 0.02 mol/L HAc 溶液与 0.2 mol/L NaAc 溶液的等体积混合液的 pH 为多少？实验时用 pH 试纸测得的检测值与理论值相比较，相对误差为多少？

实验六　微量或痕量组分溶液的配制

一、实验目的

1. 学会极稀溶液的配制方法。
2. 掌握准确配制标准色阶的操作技能。

二、实验原理

极稀溶液指浓度非常低的溶液，其浓度一般用质量分数来表示，常用于样品中微量或痕量物质的检测。极稀溶液的配制方法是先配制较浓的样品溶液，再经过多次稀释得到所需的低浓度的溶液。

三、实验仪器和药品

1. 仪器

电子天平（精确到 0.000 1 g）、吸量管、烧杯、容量瓶（100 mL）、具塞式比色管等。

2. 药品

蒸馏水、苯甲酸。

四、实验步骤

用苯甲酸配制浓度为 0.00 μg/mL、1.00 μg/mL、2.00 μg/mL、4.00 μg/mL、6.00 μg/mL、8.00 μg/mL、10.00 μg/mL 的系列标准溶液。

1. 配制 1.00 mg/mL 的苯甲酸溶液

称取 0.100 0 g 苯甲酸溶于水中，通过玻璃棒转移到 100 mL 的容量瓶中，用蒸馏水稀释到刻度线，得到 1.00 mg/mL 苯甲酸标准储备溶液。

2. 配制 100 μg/mL 的苯甲酸溶液

用 10 mL 的吸量管取 10.00 mL 苯甲酸标准储备溶液溶于水中，通过玻璃棒转移到 100 mL

的容量瓶中，用蒸馏水稀释到刻度线，得到 100 μg/mL 苯甲酸标准使用溶液。

3. 配制浓度极稀的苯甲酸系列标准溶液

用 10 mL 的吸量管分别吸取浓度为 100 μg/mL 的苯甲酸标准使用溶液 0.00 mL、1.00 mL、2.00 mL、4.00 mL、6.00 mL、8.00 mL、10.00 mL 于 7 个容积为 100 mL 的容量瓶中，用蒸馏水稀释至刻度线，摇匀，得到浓度分别为 0.00 μg/mL、1.00 μg/mL、2.00 μg/mL、4.00 μg/mL、6.00 μg/mL、8.00 μg/mL、10.00 μg/mL 的系列标准溶液。

五、数据结果记录与分析

用列表的方式记录实验结果并完成计算。

六、问题与讨论

1. 如何配制浓度为 200 μg/mL 的水杨酸溶液和浓度为 40 μg/mL 的 1,10-菲罗啉溶液？欲将它们配成 0.00 μg/mL、1.00 μg/mL、2.00 μg/mL、3.00 μg/mL、4.00 μg/mL、5.00 μg/mL、6.00 μg/mL 的标准色阶，应如何配制？

2. 白蛋白是一种血液中的正常蛋白质，生理条件下尿液中就含有极少量的白蛋白。一旦病理性增加，患者就有可能患有糖尿病或高血压。查询资料，找出尿微量白蛋白的正常值，并了解其检测原理和方法。

实验七 滴定分析基本操作练习

一、实验目的

1. 学会滴定分析仪器的洗涤和使用方法。
2. 学会合理选择指示剂来判断滴定终点。

二、实验仪器和试剂

1. 仪器

滴定管、容量瓶、移液管、锥形瓶、烧杯、洗耳球。

2. 试剂

0.010 0 mol/L HCl 溶液、0.010 0 mol/L NaOH 溶液、甲基橙、酚酞、20%的食盐溶液。

三、实验步骤

1. 玻璃仪器的洗涤与准备

进行分析工作前，将仪器按正确洗涤方法洗涤干净，使之达到壁内外不挂水珠。洗涤时注意保护好滴定管旋塞、管尖和移液管管尖，防止损坏。按要求进行涂油、装水、试漏等操作。

2. 仪器的使用和操作

洗净酸式滴定管，检查不漏水后，用配制好的 HCl 溶液润洗 2～3 次，每次用量 5～

10 mL。然后将酸液装入滴定管中至“0.00”刻度，排出管尖的气泡，调整液面至“0.00”刻度。静置 1 min，精确读取滴定管内液面位置并记录在实验报告册上。

洗净碱式滴定管，检查不漏水后，用配制好的 NaOH 溶液润洗 2～3 次，每次用量 5～10 mL。然后将碱液装入滴定管中至“0.00”刻度，排出管尖的气泡，调整液面至“0.00”刻度。静置 1 min，精确读取滴定管内液面位置并记录在实验报告册上。

由碱式滴定管中放出 NaOH 溶液 20～25 mL 到锥形瓶中，加入 1～2 滴甲基橙指示剂，用 HCl 溶液滴定至 NaOH 溶液由黄色变为橙色。如此反复练习滴定操作和观察终点，读准最后 HCl 和 NaOH 溶液的体积。平行滴定三次，计算平均偏差和相对平均偏差，要求相对平均偏差不大于 0.2%。

用移液管吸取 25.00 mL HCl 溶液于 250 mL 锥形瓶中，加 1～2 滴酚酞指示剂，用 NaOH 溶液滴定至微红色且 30 s 内不褪色即为终点。读取所用 NaOH 溶液的体积。如此平行滴定三次，要求所用 NaOH 溶液的体积的差值不超过±0.04 mL。

容量瓶使用练习，将 10.00 mL 20% 的食盐溶液倒入干燥的烧杯中，用洁净的移液管取 2.00 mL 该食盐溶液转入容积为 100 mL 的容量瓶中，用蒸馏水稀释至 250 mL。

四、数据记录结果与分析

用列表的方式记录实验结果并完成计算。

五、问题与讨论

1. 如果移液管移液前未用待装液润洗，会造成什么后果？
2. 移液管移液完毕，残留在下端尖嘴部的少量溶液应如何处理？

实验八　盐酸标准溶液的标定

一、实验目的

1. 掌握用差减称量法称取试样的方法。
2. 掌握盐酸标准溶液标定的基本原理和方法以及滴定操作的基本技能。

二、实验原理

标定盐酸标准溶液的准确浓度常用硼砂（$Na_2B_4O_7 \cdot 10H_2O$）作为基准物质，化学计量点时生成的硼酸是弱酸，溶液的 pH 为 5.27，可选用甲基红为指示剂。硼砂与盐酸的反应为：

$$Na_2B_4O_7 \cdot 10H_2O + 2HCl \longrightarrow 2NaCl + 4H_3BO_3 + 5H_2O$$

三、实验仪器和药品

1. 仪器

50 mL 酸式滴定管、250 mL 锥形瓶、烧杯、电子天平（精确到 0.000 1 g）、称量瓶等。

2. 试剂

硼砂固体(AR)、0.100 0 mol/L 的 HCl 溶液，甲基红指示剂(0.1%的 60%乙醇溶液)。

四、实验步骤

在电子天平上用差减称量法准确称取 0.3～0.4 g 硼砂固体试样三份，分别加入三个已编号的 250 mL 锥形瓶中，加 20 mL 蒸馏水使之溶解(若不溶可稍加热加速其溶解，待完全溶解并冷却后，再加入指示剂)。滴入 1～2 滴甲基红指示剂，用待标定的 HCl 溶液滴定至终点(由黄色变为橙色)，30 s 不褪色即为终点，记录所消耗的 HCl 的体积。平行测定三次，求出三次平行测定消耗 HCl 体积的平均值 V_s。根据 V_s 求出 HCl 溶液的准确浓度。

$$c(\mathrm{HCl})=\frac{2\,000\times m}{V_s\times M}$$

式中，m——硼砂的质量，g；

M——硼砂的摩尔质量，g/mol；

V_s——三次平行测定消耗 HCl 标准溶液体积的平均值，mL；

$c(\mathrm{HCl})$——HCl 标准溶液的浓度，mol/L。

五、数据结果记录与分析

用列表的方式记录实验结果并完成计算。

六、问题与讨论

1. 倾倒硼砂的锥形瓶内壁附有蒸馏水是否需要干燥？
2. 某同学记录盐酸标准溶液用量读数为 19.5 mL，是否正确？为什么？

实验九　氢氧化钠标准溶液的标定

一、实验目的

1. 掌握差减称量法称取试样的方法和滴定操作的基本技能。
2. 掌握用基准物质邻苯二甲酸氢钾标定氢氧化钠溶液的方法。

二、实验原理

NaOH 溶液不可避免地会吸收空气中的二氧化碳，为了得到更准确的数据，必须用基准物质邻苯二甲酸氢钾($KHC_8H_4O_4$)来标定 NaOH 溶液。在邻苯二甲酸氢钾的结构中只有一个可电离的 H^+ 离子，其与 NaOH 反应的化学计量比为 1∶1。标定时的反应为：

$$KHC_8H_4O_4+NaOH = KNaC_8H_4O_4+H_2O$$

三、实验仪器和药品

1. 仪器

50 mL 碱式滴定管、250 mL 锥形瓶、烧杯、电子天平(精确到 0.000 1 g)、称量瓶。

2. 试剂

0.100 0 mol/L NaOH、酚酞指示剂(0.2%乙醇溶液)、邻苯二甲酸氢钾固体(在 100～125 ℃下干燥 1 h 后,置于干燥箱中备用)。

四、实验步骤

用差减称量法准确称取约 0.600 0 g 已烘干的邻苯二甲酸氢钾三份,分别加入三个已编号的 250 mL 锥形瓶中,加 50 mL 水溶解(若不溶可稍加热加速其溶解,待完全溶解并冷却后,再加入指示剂)。加入 1～2 滴酚酞指示剂,用 0.1 mol/L NaOH 溶液滴定至呈微红色,半分钟不褪色即为终点,记录所消耗的 NaOH 的体积。平行测定三次,求出三次消耗的 NaOH 体积的平均值 V_s。根据 V_s 计算 NaOH 标准溶液的浓度。

$$c(\mathrm{NaOH})=\frac{1000\times m}{V_s\times M}$$

式中,m——邻苯二甲酸氢钾的质量,g;

M——邻苯二甲酸氢钾的摩尔质量,g;

V_s——三次平行测定消耗 NaOH 标准溶液体积的平均值,mL;

$c(\mathrm{NaOH})$——NaOH 标准溶液的量浓度,mol/L。

五、数据结果记录与计算

用列表的方式记录实验结果并完成计算。

六、问题与讨论

1. 用邻苯二甲酸氢钾标定氢氧化钠溶液的浓度时,为何选酚酞作指示剂而不用甲基橙或甲基红?

2. 某同学用邻苯二甲酸氢钾标定氢氧化钠溶液浓度时,终点颜色由无色变为深红色,对测定结果有何影响?

实验十　食醋中乙酸含量的测定

一、实验目的

1. 掌握用移液管准确量取液体体积的操作技术。

2. 学会用酸碱滴定法测定食醋中乙酸的含量。

二、实验原理

食醋中乙酸(HAc)含量在 30～50 mg/mL，乙酸为有机弱酸($K_a=1.8\times10^{-5}$)，与 NaOH 反应的产物为强碱弱酸盐，滴定突跃在碱性范围内，可选用酚酞作指示剂。其反应式如下：

$$HAc+NaOH = NaAc+H_2O$$

三、实验仪器和药品

1. 仪器

50 mL 酸式滴定管、50 mL 碱式滴定管、250 mL 锥形瓶、滴定台、蝴蝶夹、10 mL 玻璃量筒、烧杯、移液管、滴瓶、试剂瓶(带橡胶塞)。

2. 试剂

0.100 0 mol/L NaOH 溶液、酚酞指示剂(0.2%乙醇溶液)、乙酸、邻苯二甲酸氢钾固体(在 100～125 ℃下干燥 1 h 后，置于干燥箱中备用)。

四、实验步骤

1. NaOH 标准溶液的标定

用差减称量法准确称取约 0.600 0 g 已烘干的邻苯二甲酸氢钾三份，分别加入三个已编号的 250 mL 锥形瓶中，加 50 mL 水溶解(若不溶可稍加热加速其溶解，待完全溶解并冷却后，再加入指示剂)，加入 1～2 滴酚酞指示剂，用 0.1 mol/L NaOH 溶液滴定至呈微红色，30 s 不褪色即为终点，记录所消耗的 NaOH 的体积。平行测定三次，求出三次消耗 NaOH 体积的平均值 V_s。根据 V_s 计算 NaOH 标准溶液的浓度。

2. 食醋中乙酸含量的测定

用移液管吸取食醋试液 1.00 mL 置于 50 mL 容量瓶中，用水稀释至刻度，摇匀。用移液管吸取 10.00 mL 稀释后的试液置于 250 mL 锥形瓶中，加入 0.2%酚酞指示剂 1～2 滴，用 NaOH 标准溶液滴定。直到加入半滴 NaOH 标准溶液后，试液呈现微红色并保持 30 s 不褪色即为终点，记下所消耗的 NaOH 标准溶液的体积。平行测定三次(测定结果的相对平均偏差应小于 0.2%)，求出三次平行测定消耗 NaOH 体积的平均值 V_s。根据 V_s 计算食醋中 HAc 的含量(g/mL)。

五、数据结果记录与分析

用列表的方式记录实验结果并完成计算。

$$\text{食醋中 HAc 的含量(g/mL)}=\frac{c(NaOH)\times V_s\times M(HAc)}{1\,000\times V(\text{试样})\times(10\ mL/50\ mL)}$$

式中，$c(NaOH)$——所用 NaOH 标准溶液的准确浓度，mol/L；

V_s——三次平行测定消耗 NaOH 标准溶液体积的平均值，mL；

$M(HAc)$——乙酸的摩尔质量，g/mol；

V(试样)——样品食醋的体积,mL。

六、问题与讨论

1. 测定时为什么选用酚酞作指示剂？能否选用甲基橙或甲基红作指示剂？
2. 表示标准溶液的浓度需保留几位有效数字？
3. 酚酞指示剂变红后,在空气中放置一段时间后又变为无色,解释其原因。

实验十一 铵盐中氮含量的测定(甲醛法)

一、实验目的

1. 了解铵盐滴定前进行预处理的方法和原理。
2. 熟练掌握甲醛法测定铵盐中氮含量的操作技术。

二、实验原理

甲醛法简便快捷,在生产和实验中应用广泛。其原理是利用甲醛和铵盐中的 NH_4^+ 反应,生成六亚甲基四胺和等物质的量的酸(H^+)。其反应如下：

$$4NH_4^+ + 6HCHO = (CH_2)_6N_4 + 4H^+ + 6H_2O$$

反应生成的酸可以用 NaOH 标准溶液滴定。由于在化学计量点时,溶液的组分 $(CH_2)_6N_4$ 是一种很弱的碱,溶液的 pH 约为 8.7。因此选用酚酞作指示剂,滴定至溶液近粉红色且 30 s 不褪色视为终点。

三、实验仪器和药品

1. 仪器

碱式滴定管、100 mL 容量瓶、移液管、洗耳球、电子天平(精确到 0.000 1 g)。

2. 试剂

0.100 0 mol/L 氢氧化钠标准溶液、邻苯二甲酸氢钾固体(在 100～125 ℃下干燥 1 h 后,置于干燥箱中备用)。酚酞指示剂(0.1%的 60%乙醇溶液)、固体 $(NH_4)_2SO_4$ 试样、40%中性甲醛溶液(以酚酞为指示剂,用 0.100 0 mol/L 氢氧化钠溶液中和至粉红色后使用)。

四、实验步骤

1. NaOH 标准溶液的标定

用差减称量法准确称取约 0.600 0 g 已烘干的邻苯二甲酸氢钾三份,分别加入三个已编号的 250 mL 锥形瓶中,加 50 mL 水溶解(若不溶可稍加热加速其溶解,待完全溶解并冷却后,再加入指示剂),加入 1～2 滴酚酞指示剂,用 0.1 mol/L NaOH 溶液滴定至呈微红色,30 s 不褪色即为终点,记录所消耗的 NaOH 的体积。平行测定三次,求出三次消耗 NaOH 体积的平均

值 V_s。根据 V_s，计算 NaOH 标准溶液的准确浓度。

2. 铵盐中氮含量的测定

用差减法准确称取 0.120 0～0.150 0 g 的硫酸铵试样 3 份，分别置于 250 mL 锥形瓶中，各加入 40 mL 蒸馏水使其溶解。再分别加 40 mL 40%中性甲醛水溶液，滴加 1～2 滴酚酞指示剂，充分摇匀后静置 1 min，使反应完全。最后用氢氧化钠标准溶液滴定至粉红色，记下所耗氢氧化钠标准溶液的体积。平行测定三次，求出三次平行测定消耗 NaOH 体积的平均值 V_s。根据平均值 V_s 计算铵盐中氮的含量。

五、数据结果记录与分析

用列表的方式记录实验结果并完成计算。

$(NH_4)_2SO_4$ 试样中氮的含量可按下式计算：

$$w(\mathrm{N})=\frac{c(\mathrm{NaOH})\times V_s\times M(\mathrm{N})}{1\,000\times m(\text{试样})}\times 100\%$$

式中，$w(\mathrm{N})$——硫酸铵中氮的质量分数，%；

$c(\mathrm{NaOH})$——所用 NaOH 标准溶液的浓度，mol/L；

V_s——三次平行测定消耗 NaOH 标准溶液体积的平均值，mL；

$M(\mathrm{N})$——氮原子的摩尔质量，g/mol；

$m(\text{试样})$——硫酸铵样品的质量，g。

六、问题与讨论

1. 为什么不用 NaOH 标准溶液直接滴定 NH_4^+？

2. NH_4NO_3 和 $(NH_4)_2CO_3$ 的含氮量能否也用此法滴定？为什么？

3. 尿素 $CO(NH_2)_2$ 中含氮量的测定，可先加 H_2SO_4 加热消化，氮全部变为 $(NH_4)_2SO_4$ 后，按甲醛法测定，试写出尿素中含氮量的计算式。

实验十二　阿司匹林药片中乙酰水杨酸含量的测定

一、实验目的

1. 掌握返滴定法的反应原理与操作技能。

2. 学会用酸碱滴定法测定阿司匹林药片中乙酰水杨酸的含量。

二、实验原理

阿司匹林主要成分是乙酰水杨酸，摩尔质量为 180.16 g/mol，微溶于水，易溶于乙醇。乙酰水杨酸是有机弱酸（$K_a=2.6\times10^{-4}$），在强碱性溶液中溶解并水解为水杨酸和乙酸盐。反应式为：

$$C_9H_8O_4 + 2NaOH = C_7H_5O_3Na + CH_3COONa + H_2O$$

由于药片中一般添加了一定量的赋形剂，如硬脂酸镁、淀粉等不溶于水的物质，不宜直接滴定，可采用返滴定法进行滴定。其方法是将药片碾磨成粉状后加入过量的氢氧化钠溶液，加热一段时间使之完全溶解。再加入酚酞作指示剂，用盐酸标准溶液滴定过量的氢氧化钠至溶液由红色变为接近无色，30 s 不褪色即为滴定终点。在这一反应过程中，1 mol 乙酰水杨酸消耗 2 mol NaOH。

若乙酰水杨酸是纯品，可以用氢氧化钠溶液直接滴定。以酚酞作为指示剂，滴定在 10 ℃以下的中性乙醇介质中进行，以防止生成的乙酰水杨酸钠发生水解。在这一反应过程中，1 mol 乙酰水杨酸消耗 1 mol NaOH，其反应式为：

$$C_9H_8O_4 + NaOH = C_9H_7O_4Na + H_2O$$

三、实验仪器和药品

1. 仪器

酸式滴定管、碱式滴定管、100 mL 容量瓶、量筒、20 mL 移液管、锥形瓶、烧杯 3 个、表面皿、研钵、电子天平(精确到 0.000 1 g)、电炉等。

2. 试剂

1.000 0 mol/L 氢氧化钠标准溶液(100 mL)、0.100 0 mol/L 盐酸标准溶液(100 mL)、甲基红指示剂、酚酞指示剂(0.1%的 60%乙醇溶液)、邻苯二甲酸氢钾、硼砂、阿司匹林药片、乙醇(95%)。

四、实验步骤

1. 盐酸标准溶液的标定

称取 0.400 0～0.600 0 g 硼砂置于锥形瓶中并加 50 mL 的水使之完全溶解，向其中加入 2 滴甲基红指示剂，用 0.100 0 mol/L 盐酸标准溶液滴定至溶液由黄色变为浅红色，即为滴定终点。平行滴定三次，计算盐酸溶液的准确浓度。

2. 氢氧化钠标准溶液的标定

称取 4.000～6.000 g 邻苯二甲酸氢钾固体置于锥形瓶中并加 50 mL 的水使之完全溶解，再加 2 滴酚酞指示剂，用 1.000 0 mol/L 氢氧化钠标准溶液滴定至溶液由无色变为浅红色，即为滴定终点。平行滴定三次，计算氢氧化钠溶液的准确浓度。

3. 阿司匹林药片的预处理

将阿司匹林药片研成粉末后，准确称取 0.600 0 g 药粉于干燥的烧杯(体积为 100 mL)中。向其中加入 25.00 mL 的 1.000 0 mol/L 氢氧化钠标准溶液(用移液管准确量取)，再加入 30 mL 的蒸馏水(用量筒量取)，盖上表面皿，轻摇几下后置沸水浴中加热 15 min，然后迅速用流水冷却。将烧杯中的溶液定量转移至 100 mL 的容量瓶中，用蒸馏水稀释至刻度线，摇匀。

4. 乙酰水杨酸含量的测定

用移液管准确从上述容量瓶中吸取试液 10.00 mL 于 250 mL 锥形瓶中，向其中加入 20～

30 mL蒸馏水，滴入2～3滴酚酞指示剂，用0.100 0 mol/L盐酸标准溶液滴定至红色褪去，记录消耗盐酸的体积。平行滴定三次，计算三次消耗盐酸溶液的平均值V_s，根据V_s来计算药片中乙酰水杨酸中的含量。

五、数据结果记录与分析

用列表的方式记录实验结果并完成计算。

阿司匹林中乙酰水杨酸的含量：

$$w(C_9H_8O_4)=\frac{c(NaOH)\times[25-V_s(100\ mL/10\ mL)]\times10^{-3}\times M(C_9H_8O_4)}{2\times0.600\ 0\ g}\times100\%$$

式中，$w(C_9H_8O_4)$——阿司匹林中乙酰水杨酸的含量，%；

$c(NaOH)$——所用NaOH标准溶液的浓度，mol/L；

V_s——三次平行测定消耗HCl标准溶液体积的平均值，mL；

$M(C_9H_8O_4)$——阿司匹林的摩尔质量，g/mol。

六、问题与讨论

1. 在测定药片的实验中为什么1 mol乙酰水杨酸消耗2 mol NaOH而不是1 mol NaOH？返滴定后的溶液中水解产物的存在形式是什么？

2. 如果乙酰水杨酸是纯试剂，如何计算阿司匹林药片中乙酰水杨酸的含量？

实验十三　蛋壳中碳酸钙含量的测定（返滴定法）

一、实验目的

1. 熟悉并巩固酸碱滴定的操作技能。
2. 学会用酸碱滴定法测定蛋壳中碳酸钙含量。

二、实验原理

蛋壳中的主要成分碳酸钙能与盐酸定量完全反应，但由于蛋壳为固体，反应速率较慢，所以需用返滴定法进行测定。将蛋壳烘干并研碎，向其中加入过量的盐酸标准溶液，其反应式如下：

$$CaCO_3+2HCl=\!=\!=CaCl_2+CO_2\uparrow+H_2O$$

过量的盐酸溶液用NaOH标准溶液返滴定，最后根据蛋壳消耗盐酸的实际体积求出蛋壳中碳酸钙含量。

三、实验仪器和药品

1. 仪器

电热恒温鼓风干燥箱、电子天平(精确到0.000 1 g)、标准筛(80～100目)、碱式滴定管、酸式滴定管、研钵等。

2. 试剂

0.100 0 mol/L 氢氧化钠标准溶液 100 mL、0.100 0 mol/L 盐酸标准溶液 100 mL、甲基红指示剂、酚酞指示剂(0.1%的 60%乙醇溶液)、邻苯二甲酸氢钾固体、硼砂固体。

四、实验步骤

1. 0.100 0 mol/L 标准盐酸溶液的标定

称取 0.400 0～0.600 0 g 硼砂置于锥形瓶中，并加 50 mL 的水使之完全溶解。再向其中加 2 滴甲基红指示剂，用 0.100 0 mol/L 标准盐酸溶液滴定至溶液由黄色变为浅红色，即为滴定终点。平行滴定三次，根据三次滴定结果的平均值，计算盐酸溶液的准确浓度。

2. 0.100 0 mol/L 标准氢氧化钠溶液的标定

称取 0.400 0～0.600 0 g 邻苯二甲酸氢钾固体置于锥形瓶中并加 50 mL 水使之完全溶解，再加 2 滴酚酞，用 0.100 0 mol/L 标准氢氧化钠溶液滴定至溶液由无色变为浅红色，即为滴定终点。平行滴定三次，根据三次滴定结果的平均值，计算氢氧化钠溶液的准确浓度。

3. 蛋壳的预处理

将蛋壳去除内膜并洗净，于干燥箱中烘干后研碎，用 80～100 目的标准筛过筛保存备用。

4. 测定蛋壳中碳酸钙含量

称取 0.100 0 g 上述粉末置于锥形瓶中，再用滴定管逐滴滴入 0.100 0 mol/L 标准盐酸溶液 40.00 mL，并放置 30 min 直至蛋壳粉末完全溶解。向其中加入 2～3 滴甲基红指示剂，用 0.100 0 mol/L 标准氢氧化钠溶液滴定至溶液由黄色变为红色，且 30 s 不褪色即为终点，记录消耗氢氧化钠溶液的体积。平行测定三次，根据三次消耗氢氧化钠溶液实际体积的平均值 V_s 求出蛋壳中碳酸钙含量。

五、数据结果记录与分析

用列表的方式记录实验结果并完成计算。

$$w(\mathrm{CaCO_3})=\frac{[c(\mathrm{HCl})\times(40.00\ \mathrm{mL}-V_s)\times M(\mathrm{CaCO_3})]}{2\,000\times 0.100\,0\ \mathrm{g}}\times 100\%$$

式中，$w(\mathrm{CaCO_3})$——蛋质中碳酸钙的含量，%；

$c(\mathrm{HCl})$——HCl 标准溶液的准确浓度，mol/L；

$M(\mathrm{CaCO_3})$——碳酸钙的摩尔质量，g/mol；

V_s——三次平行测定所耗 NaOH 标准溶液体积数的平均值，mL。

六、问题与讨论

1. 加入盐酸溶液后，为何要放置 30 min 后再用氢氧化钠返滴定？该实验能否改用酚酞作指示剂？

2. 研碎后的蛋壳试样为什么需通过 80～100 目的标准筛？

实验十四 高锰酸钾标准溶液的配制和标定

一、实验目的

1. 进一步熟练掌握滴定的操作技能。
2. 了解高锰酸钾滴定草酸钠过程中条件控制的基本方法。
3. 掌握高锰酸钾自身指示剂滴定终点的确定。

二、实验原理

高锰酸钾法是以氧化剂高锰酸钾作为标准溶液的一种氧化还原滴定法。广泛用于许多还原性物质的测定，因其强氧化性，所以应用范围比重铬酸钾法广泛。

由于高锰酸钾性质不稳定、易分解、不易得到很纯的试剂，所以高锰酸钾的标准溶液须用间接法配制。标定高锰酸钾溶液最常用的基准物质是 $Na_2C_2O_4$，本实验采用 $Na_2C_2O_4$ 标定预先配好的浓度约 0.020 0 mol/L 的高锰酸钾溶液，反应式如下：

$$2KMnO_4+5Na_2C_2O_4+8H_2SO_4 \xlongequal{} 2MnSO_4+K_2SO_4+5Na_2SO_4+10CO_2\uparrow+8H_2O$$

三、实验仪器与药品

1. 仪器

电子天平(精确到 0.000 1 g)、称量瓶、酸式滴定管、锥形瓶、量筒、移液管或吸液管、电炉、表面皿、微孔玻璃漏斗。

2. 试剂

高锰酸钾固体、草酸钠(分析纯)、3 mol/L H_2SO_4 等。

四、实验步骤

1. 配制 0.020 0 mol/L 的高锰酸钾溶液

准确称取 0.320 0 g 高锰酸钾固体溶于 100 mL 水中，盖上表面皿，加热至沸并微沸 1 h。冷却并静置 2～3 d，用微孔玻璃漏斗过滤后，置于棕色试剂瓶中。

2. 0.020 0 mol/L 高锰酸钾溶液的标定

准确称取 0.130 0～0.150 0 g 预先已干燥的草酸钠 3 份(分析纯)分别置于锥形瓶中，各加入约 40 mL 蒸馏水和浓度为 3 mol/L 的 H_2SO_4 10 mL，使草酸钠完全溶解。在水浴锅中缓慢加热至锥形瓶口有蒸汽冒出(75～85 ℃)，趁热用待标定的高锰酸钾溶液滴定。开始时滴加速度要慢，滴入第一滴溶液后，待溶液充分混合、反应、紫色褪去后再滴第二滴。随着溶液中 Mn^{2+} 的生成，反应速度会加快，滴加速度也需随之加快，接近终点时应减慢滴加速度，并充分摇匀，防止滴过终点。最后滴定至紫红色在 30 s 不褪色为终点，记录消耗高锰酸钾溶液的体积。平行测定 3 次，根据三次消耗高锰酸钾实际体积的平均值 V_s，计算出高锰酸钾溶液的准确浓度。

五、数据结果记录与分析

用列表的方式记录实验结果并完成计算。

$$c(KMnO_4)=\frac{2\,000\times m(Na_2C_2O_4)}{5V_s\times M(Na_2C_2O_4)}$$

式中，$c(KMnO_4)$——$KMnO_4$ 溶液的准确浓度，mol/L；

$m(Na_2C_2O_4)$——称取固体草酸钠的质量，g；

$M(Na_2C_2O_4)$——草酸钠的摩尔质量，g/mol；

V_s——三次平行测定消耗高锰酸钾溶液体积的平均值，mL。

六、问题与讨论

1. 用草酸钠标定高锰酸钾溶液时为何需在硫酸介质中进行？酸度过高或过低对实验结果有何影响？

2. 滴定前为何要对高锰酸钾溶液进行加热？溶液温度过高或过低对实验结果会产生何种影响？

实验十五　高锰酸钾法测定双氧水中 H_2O_2 的含量

一、实验目的

1. 掌握高锰酸钾自身作指示剂时滴定终点的确定。
2. 学会运用高锰酸钾法测定双氧水中 H_2O_2 的含量。

二、实验原理

双氧水的主要成分是过氧化氢（H_2O_2），在工业、生物、医学方面均有广泛的应用，因此常需要测定其含量。市售双氧水含过氧化氢约为 30%，浓度过大极不稳定，测定时需将其稀释才能使用。

高锰酸钾法测定过氧化氢含量时可用直接测定的方式进行。由于 H_2O_2 受热易分解，滴定操作常在室温下进行。滴定反应方程式如下：

$$2KMnO_4+5H_2O_2+3H_2SO_4 \xlongequal{} 2MnSO_4+K_2SO_4+5O_2\uparrow+8H_2O$$

三、实验仪器与药品

1. 仪器

电子天平（精确到 0.000 1 g）、称量瓶、酸式滴定管、100 mL 容量瓶、移液管或吸量管、水浴锅、表面皿、微孔玻璃漏斗。

2. 试剂

双氧水、浓度约为 0.020 0 mol/L 的高锰酸钾溶液、草酸钠(分析纯)、3 mol/L H_2SO_4 等。

四、实验步骤

1. 0.020 0 mol/L 高锰酸钾溶液的标定

准确称取 0.130 0～0.150 0 g 预先已干燥的分析纯草酸钠 3 份分别置于锥形瓶中,各加入约 40 mL 蒸馏水和 3 mol/L 的 H_2SO_4 10 mL,搅拌使草酸钠完全溶解。在水浴锅中缓慢加热至锥形瓶瓶口有蒸汽冒出(75～85 ℃),趁热用待标定的高锰酸钾溶液滴定(注意高锰酸钾溶液滴定速度的控制),滴定溶液的颜色至浅粉红色且 30 s 不褪色为终点,记录消耗高锰酸钾溶液的体积。平行测定三次,求出三次测定消耗高锰酸钾溶液体积的平均值 V_s,根据 V_s 计算出高锰酸钾溶液的准确浓度。

2. 双氧水中 H_2O_2 含量的测定

用移液管移取 1 mL 双氧水,在容量瓶中稀释成 100 mL,再用移液管移取 20 mL 稀释后的液体放入锥形瓶中。向其中加入 3 mol/L 的 H_2SO_4 溶液 10 mL,用高锰酸钾标准溶液滴定至浅粉红色且 30 s 不褪色为终点,记录消耗高锰酸钾溶液的体积。平行测定三次,求出三次所耗高锰酸钾溶液体积的平均值 V_s,根据 V_s 计算出双氧水中 H_2O_2 的含量。

五、数据结果记录与分析

用列表的方式记录实验结果并完成计算。

$$2KMnO_4+5H_2O_2+3H_2SO_4 \xlongequal{} K_2SO_4+2MnSO_4+5O_2\uparrow+8H_2O$$

$$双氧水中\ H_2O_2\ 的含量(g/mL)=\frac{5c(KMnO_4)\times V_s\times 10^{-3}\times M(H_2O_2)}{2\times 1\ mL\times(20\ mL/100\ mL)}$$

式中,$c(KMnO_4)$——$KMnO_4$ 溶液的准确浓度,mol/L;

$M(H_2O_2)$——H_2O_2 的摩尔质量,g/mol;

V_s——三次平行测定消耗高锰酸钾溶液体积的平均值,mL。

六、问题与讨论

1. 高锰酸钾溶液能否用滤纸过滤?为什么?用草酸钠标定高锰酸钾时应注意那些反应条件?

2. 用高锰酸钾法测定双氧水中 H_2O_2 的含量时,能否用硝酸、盐酸、乙酸来调节溶液酸度,为什么?

实验十六 重铬酸钾法测定亚铁盐中Fe^{2+}的含量

一、实验目的

1. 掌握直接法配制重铬酸钾标准溶液的操作技能。
2. 进一步巩固滴定操作技术。
3. 了解并掌握重铬酸钾法的实际应用。

二、实验原理

重铬酸钾法是用重铬酸钾作为氧化剂且将其配成标准溶液来测定还原性物质的一种氧化还原滴定方法。亚铁盐(如硫酸亚铁样品)如硫酸亚铁样品具有较强的还原性,可用重铬酸钾在酸性溶液中滴定亚铁。滴定反应式如下:

$$K_2Cr_2O_7+6FeSO_4+7H_2SO_4 = K_2SO_4+3Fe_2(SO_4)_3+Cr_2(SO_4)_3+7H_2O$$

三、实验仪器和药品

1. 仪器

酸式滴定管、称量瓶、100 mL 容量瓶、移液管、电炉、电子天平(精确到 0.000 1 g)。

2. 试剂

亚铁盐样品(硫酸亚铁)、重铬酸钾(分析纯)、6 mol/L H_2SO_4、85% H_3PO_4、邻二氮菲(又称邻菲啰啉指示剂,0.025 00 mol/L 水溶液)等。

四、实验步骤

1. 配制 0.250 0 mol/L 重铬酸钾标准溶液

准确称取重铬酸钾 0.520 0～0.550 0 g(保留四位有效数字)置于容积为 100 mL 的烧杯中,加少量蒸馏水溶解后定量转移至容积为 100 mL 的容量瓶中,用蒸馏水定容,充分摇匀,备用。

2. 亚铁盐试样溶液的制备

在分析天平上,用差减法准确称取硫酸亚铁样品 2.700～2.800 g(保留四位有效数字)置于 100 mL 小烧杯中,加 6 mol/L H_2SO_4 3 mL(防止水解)及少量蒸馏水,稍加热使之完全溶解。冷却后定量转移至容积为 100 mL 的容量瓶中,用蒸馏水定容,充分摇匀,备用。

3. 亚铁盐含铁量的测定

用 20.00 mL 移液管准确移取硫酸亚铁试样溶液三份分别注入 3 只锥形瓶中,再分别加 6 mol/L H_2SO_4 溶液 10 mL,邻菲啰啉指示剂 2～4 滴,用重铬酸钾标准溶液滴定至溶液由橙色经绿色变为紫红色，停止滴定，记录三次消耗重铬酸钾标准溶液体积。求出三次消耗重铬酸钾标准溶液体积的平均值 V_s，根据 V_s 计算亚铁盐含铁量。

五、数据结果记录与分析

用列表的方式记录实验结果并完成计算。

$$K_2Cr_2O_7 + 6FeSO_4 + 7H_2SO_4 = K_2SO_4 + 3Fe_2(SO_4)_3 + Cr_2(SO_4)_3 + 7H_2O$$

$$w(Fe^{2+}) = \frac{6c(K_2Cr_2O_7) \times V_s \times 10^{-3} \times M(Fe)}{m(\text{试样}) \times (20\ mL/100\ mL)}$$

式中，$w(Fe^{2+})$——硫酸亚铁中含 Fe^{2+} 的质量分数，%；

$c(K_2Cr_2O_7)$——重铬酸钾标准溶液的浓度，mol/L；

V_s——三次平行测定消耗重铬酸钾溶液体积的平均值，mol；

$M(Fe)$——铁的摩尔质量，g/mol；

m(试样)——称取亚铁盐试样的质量，g。

六、问题与讨论

1. 配制硫酸亚铁试样溶液时，加硫酸的目的是什么？
2. 比较重铬酸钾与高锰酸钾作为氧化剂时各自的优缺点。
3. 试分析测定铁矿石中的含铁量需增加哪些实验步骤。

实验十七 药品中维生素 C 含量的测定（直接碘量法）

一、实验目的

1. 掌握配制和标定 I_2 标准溶液的操作技能。
2. 学会用碘量法测定药品中维生素 C 含量。

二、实验原理

维生素 C 又叫抗坏血酸，分子式为 $C_6H_8O_6$，在医学和化学上应用非常广泛。维生素 C 分子中的烯二醇具有还原性，在空气中极易被氧化，能被 I_2 定量氧化成二酮基，测定时需加入乙酸使溶液呈弱酸性以减少维生素 C 的副反应。滴定反应式如下：

$$C_6H_8O_6 + I_2 = C_6H_6O_6 + 2HI$$

三、实验仪器和药品

1. 仪器

称量瓶、100 mL 棕色容量瓶、电子天平（精确到 0.000 1 g）、移液管或吸量管、酸式滴定管、电炉、研钵。

2. 试剂

I_2 固体(分析纯)、$Na_2S_2O_3 \cdot 5H_2O$ 固体(分析纯)、Na_2CO_3 固体(分析纯)、$K_2Cr_2O_7$ 基准物质(分析纯)、0.5%淀粉溶液、2 mol/L HAc 溶液、6 mol/L NaOH 溶液、$NaHCO_3$、KI 固体(分析纯)、20%的稀硫酸、维生素 C 药片等。

四、实验步骤

1. 配制 0.050 0 mol/L I_2 标准溶液

准确称取 I_2 约 1.269 0 g 和 5 g KI 置于研钵中(在通风橱中操作),加少量蒸馏水研磨,待 I_2 全部溶解后定量转移至 100 mL 棕色的容量瓶中,用蒸馏水定容,充分摇匀,放暗处备用。

2. 配制 0.050 0 mol/L 硫代硫酸钠标准溶液

准确称取 1.240 9 g $Na_2S_2O_3 \cdot 5H_2O$ 固体(分析纯)置于 100 mL 小烧杯中,加入约 0.100 0 g Na_2CO_3 固体(分析纯),然后用新煮沸并冷却的蒸馏水使之溶解,冷却后定量转移至 100 mL 棕色的容量瓶中,用蒸馏水定容,充分摇匀,避光保存 3～5 d 后再进行标定。

3. 用重铬酸钾标定硫代硫酸钠标准溶液

准确称取 0.250 0～0.260 0 g 重铬酸钾($K_2Cr_2O_7$)基准物质放入锥形瓶中,并加入 6.00 mL 20%的硫酸溶液和 6 g KI。水封瓶口后放在暗处静置 5 min,加水稀释至 100 mL,用待标定的硫代硫酸钠($Na_2S_2O_3$)溶液滴定,使溶液由红棕色变为草黄色。向其中加入 2 mL 0.5%水溶性淀粉作指示剂,继续滴定至蓝色刚好消失,溶液变成绿色即为终点,记下硫代硫酸钠溶液的体积。平行测定三次,计算三次测定耗用硫代硫酸钠溶液体积的平均值 V_s,根据 V_s 求出 $Na_2S_2O_3$ 标准溶液的准确浓度。

4. 用 $Na_2S_2O_3$ 的标准溶液标定 I_2 标准溶液

准确吸取 10.00 mL $Na_2S_2O_3$ 的标准溶液放入锥形瓶中,向其中加入蒸馏水 20 mL 和 0.5%水溶性淀粉溶液 2 mL,用 I_2 标准溶液滴定至溶液呈稳定的蓝色且 30 s 内不褪色即为终点,记下 I_2 的标准溶液的体积。平行测定三次,求其平均值 V_s。根据 V_s 计算 I_2 标准溶液的准确浓度 $c(I_2)$。

5. 用 I_2 的标准溶液测定维生素 C 的含量

准确称取 0.200 0 g 维生素药片,加入新煮沸的冷蒸馏水 100 mL 和 2 mol/L 的 HAc 溶液 10 mL 以及淀粉溶液 2 mL。立即用 I_2 标准溶液滴定至溶液呈现稳定的蓝色,记下 I_2 的标准溶液的体积。平行测定三次,求其平均值 $V(I_2)$,根据 $V(I_2)$计算药片中维生素 C 的含量。

五、数据结果记录与分析

用列表的方式记录实验结果并完成计算。

$$C_6H_8O_6 + I_2 = C_6H_6O_6 + 2HI$$

$$药片中维生素C的含量 = \frac{c(I_2)V(I_2)M(C_6H_8O_6)}{m(药片) \times 1\,000} \times 100\%$$

式中，$c(I_2)$——I_2 的标准溶液的准确浓度，mol/L；

$V(I_2)$——三次平行测定消耗 I_2 的标准溶液体积数的平均值，mL；

$M(C_6H_8O_6)$——维生素 C 的摩尔质量，g/mol；

m(药片)——维生素 C 药片的质量，g。

六、问题与讨论

1. 维生素药片溶解时为何要加入新煮沸的冷蒸馏水？如何配制和标定 I_2 溶液？
2. 测定药片中维生素 C 的含量为什么要在乙酸介质中进行？

实验十八　氯化物中氯含量的测定(莫尔法)

一、实验目的

1. 了解莫尔法用铬酸钾作指示剂的必备条件。
2. 掌握用莫尔法测定氯离子含量的方法和原理。

二、实验原理

某些可溶性氯化物中 Cl^- 含量的测定常采用莫尔法。此方法是在中性或弱碱性溶液中，以铬酸钾(K_2CrO_4)为指示剂，硝酸银($AgNO_3$)为标准溶液进行滴定的沉淀滴定法。反应式为：

$$Ag^+ + Cl^- = AgCl\downarrow\text{(白色)} \qquad K_{sp}=1.56\times10^{-10}$$

$$2Ag^+ + CrO_4^{2-} = Ag_2CrO_4\downarrow\text{(砖红色)} \qquad K_{sp}=1.1\times10^{-12}$$

三、实验仪器和药品

1. 仪器

50 mL 酸式滴定管、100 mL 容量瓶、25 mL 移液管、电子天平(精确到 0.000 1 g)。

2. 药品

$AgNO_3$(使用前烘干 1～2 h)、5% K_2CrO_4 指示剂、NaCl 固体。

四、实验步骤

1. 0.100 0 mol/L $AgNO_3$ 标准溶液的配制

准确称取 1.680 0～1.690 0 g(准确至 0.000 1 g)经预处理的 $AgNO_3$ 固体置于 100 mL 小烧杯中，用蒸馏水溶解后，定量转入 100 mL 容量瓶中。

2. $AgNO_3$ 标准溶液的标定

准确称取 0.130 0～0.160 0 g 基准物质 NaCl 试样置于烧杯中，加 25 mL 蒸馏水使之完全溶解，再转至锥形瓶中，向其中加入 1.00 mL 5% K_2CrO_4 指示剂。在不断摇动下，用刚配制好的待标定的 0.100 0 mol/L $AgNO_3$ 溶液滴定至溶液呈现砖红色沉淀即为终点，记录消耗 $AgNO_3$ 溶液的体积。平行测定三次，求出其消耗 $AgNO_3$ 溶液体积的平均值 V_s，根据 V_s 计算 $AgNO_3$ 标准溶液的浓度。

3. 氯化物试样中氯含量的测定

准确称取氯化物试样 0.760 0～0.770 0 g 置于烧杯中并加蒸馏水溶解，定量转移至 100 mL 容量瓶中，摇匀并定容。

用移液管准确吸取 25.00 mL 氯化物试液于 250 mL 锥形瓶中，加 25 mL 蒸馏水和 1.00 mL 5%的 K_2CrO_4 指示剂，在不断摇动下，用 $AgNO_3$ 标准溶液滴定至溶液呈现砖红色沉淀即为终点，记录消耗 $AgNO_3$ 溶液的体积。平行测定三次，求出三次平行测定消耗 $AgNO_3$ 溶液体积数的平均值 V_s，根据 V_s 计算试样中 Cl^- 的含量。

五、数据结果记录与分析

用列表的方式记录实验结果并完成计算。

样品中 Cl^- 的含量可按下式计算：

$$w(Cl^-)=\frac{c(AgNO_3)\times V_s\times 10^{-3}\times M(Cl)}{m(\text{试样})\times(25\ \text{mL}/100\ \text{mL})}\times 100\%$$

式中，$w(Cl^-)$——氯化物试样中 Cl^- 的含量，%；

$c(AgNO_3)$——$AgNO_3$ 溶液的准确浓度，mol/L；

V_s——三次平行测定所用 $AgNO_3$ 溶液体积的平均值，mL；

$M(Cl)$——Cl 的摩尔质量，g/mol；

m(试样)——氯化物试样的质量，g。

六、问题与讨论

1. 滴定中为何要控制 K_2CrO_4 指示剂的用量？
2. 在滴定过程中为什么要充分摇动锥形瓶？

实验十九　味精中氯化钠含量的测定（福尔哈德法）

一、实验目的

1. 学习 NH_4SCN 标准溶液的配制和标定。
2. 掌握福尔哈德法在沉淀滴定法中的实际应用。

二、实验原理

在含有可溶性氯化钠的酸性样品中加入一定量且过量的 $AgNO_3$ 标准溶液，定量生成 AgCl 沉淀后，反应后剩余的 $AgNO_3$ 以铁铵矾作指示剂，用 NH_4SCN 作为标准溶液进行返滴定，生成 $Fe(SCN)^{2+}$ 配离子而呈现红色来指示滴定终点。发生的反应如下：

$$Ag^{+}+Cl^{-}=\!=\!=AgCl\downarrow（白色）$$
$$Ag^{+}+SCN^{-}=\!=\!=AgSCN\downarrow（白色）$$
$$Fe^{3+}+SCN^{-}=\!=\!=Fe(SCN)^{2+}（红色）$$

三、实验仪器和药品

1. 仪器

50 mL 酸式滴定管、100 mL 容量瓶、25 mL 移液管、电子天平（精确到 0.000 1 g）。

2. 药品

$AgNO_3$（用前在烘箱中烘 1～2 h）、固体 NH_4SCN、铁铵矾指示剂（400 g/L）、味精固体试样、硝基苯、8 mol/L 的硝酸溶液（若含有氮的氧化物而呈现黄色时，通过煮沸去除）。

四、实验步骤

1. 0.100 0 mol/L $AgNO_3$ 标准溶液的配制

称取 1.680 0～1.690 0 g（准确至 0.000 1 g）经预处理过的 $AgNO_3$ 试剂置于 100 mL 小烧杯中，用蒸馏水溶解后定量转入 100 mL 容量瓶中。

2. 0.100 0 mol/L NH_4SCN 标准溶液的配制

准确称取 0.760 0～0.770 0 gNH_4SCN 固体用少量水溶解，定量转入 100 mL 的容量瓶中。

3. 0.100 0 mol/L $AgNO_3$ 标准溶液的标定

确称取 0.130 0～0.160 0 g 基准物质 NaCl 试样置于烧杯中，加 25 mL 蒸馏水使之完全溶解并转至锥形瓶中，向其中加入 1.00 mL 5% K_2CrO_4 指示剂。在不断摇动下，用待标定的 0.100 0 mol/L $AgNO_3$ 溶液滴定至溶液呈现砖红色沉淀即为终点，记下消耗 $AgNO_3$ 溶液的体积。平行测定三次，求出三次平行测定消耗 $AgNO_3$ 溶液体积的平均值 V_s，根据 V_s 计算 $AgNO_3$ 标准溶液的准确浓度。

4. 0.100 0 mol/L NH_4SCN 标准溶液

用移液管移取 0.100 0 mol/L $AgNO_3$ 标准溶液 20.00 mL 置于锥形瓶中，加入 8 mol/L 的硝酸溶液 5 mL，再加入 2 mL 铁铵矾指示剂，然后用待标定的 NH_4SCN 溶液滴定。滴定时剧烈振荡溶液，当滴定至溶液颜色为稳定的深红色即为终点，记下所耗 NH_4SCN 溶液的体积。平行测定三次，求出三次平行测定消耗 NH_4SCN 溶液体积的平均值 V_s，根据 V_s 计算 $AgNO_3$ 标准溶液的准确浓度。

5. 味精试样中 NaCl 含量的测定

准确称取 0.760 0～0.770 0 g（准确至 0.000 1 g）味精试样置于烧杯中，加蒸馏水溶解，定量转移至 100 mL 容量瓶中，摇匀并定容。

准确吸取 25.00 mL 味精试液放入 250 mL 锥形瓶中，加 25 mL 蒸馏水和 8 mol/L HNO_3 溶液 5 mL，再用滴定管加入 0.100 0 mol/$AgNO_3$ 标准溶液（V_1）至过量 10 mL。判断过量的

方法是加入 0.100 0 mol/$AgNO_3$ 标准溶液时生成白色 AgCl 沉淀，接近反应终点时 AgCl 开始凝聚，振荡溶液后让其静置片刻使沉淀沉降，然后加入几滴 $AgNO_3$ 到清液层。如不生成沉淀说明 $AgNO_3$ 已经过量，这时再向其中加入 10.00 mL $AgNO_3$ 标准溶液。然后加入 2 mL 硝基苯，用橡胶瓶塞塞住瓶口剧烈振荡 30 s，使 AgCl 沉淀进入硝基苯层面。再向其中加入 1.00 mL 铁铵矾指示剂，用 NH_4SCN 标准溶液滴定。当溶液呈现淡红色且稳定不变时即为终点，记下所耗 NH_4SCN 溶液的体积。平行测定三次，求出三次平行测定消耗 NH_4SCN 溶液体积的平均值 $V(NH_4SCN)$。根据 $V(NH_4SCN)$，计算味精试样中 NaCl 的含量。

五、数据结果记录与分析

用列表的方式记录实验结果并完成计算。

$$w(\text{NaCl})=\frac{\{c(\text{AgNO}_3)[V_1+10\ \text{mL}-c(\text{NH}_4\text{SCN})V(\text{NH}_4\text{SCN})]\div c(\text{AgNO}_3)\}\times 10^{-3}\times M(\text{NaCl})}{m(\text{试样})\times(25\ \text{mL}/100\ \text{mL})}\times 100\%$$

式中，$w(NaCl)$——味精试样中 NaCl 的含量；

$M(NaCl)$——NaCl 的摩尔质量，g/mol；

m(试样)——味精样品的质量，g；

$c(AgNO_3)$——$AgNO_3$ 标准溶液的准确浓度，mol/L；

$c(NH_4SCN)$——NH_4SCN 标准溶液的准确浓度，mol/L；

V_1——测定味精时加入的 $AgNO_3$ 标准溶液的体积，mL；

$V(NH_4SCN)$——三次平行测定所用 NH_4SCN 标准溶液体积的平均值，mL。

六、问题与讨论

1. 福尔哈德法测定 NaCl 时为何要加入石油醚或硝基苯，测定 NaBr 和 NaI 时是否需加入石油醚或硝基苯？

2. 试讨论酸度对福尔哈德法测定卤素离子含量产生的影响。

实验二十　氯化物中氯含量的测定（法扬斯法）

一、实验目的

1. 掌握不同指示剂的变色条件和判断滴定终点的方法。

2. 学会用法扬斯法测定氯化物中氯的含量。

二、实验原理

法扬斯法也称吸附指示剂法。该方法是用二氯荧光黄（以 HIn 表示）为指示剂，用 $AgNO_3$ 标准溶液作滴定剂来测定氯化物中氯的含量。终点时，若 Ag^+ 稍过量，AgCl 沉淀的表面吸附

过量的 Ag^{+} 而带正电荷，此时，二氯荧光黄的黄绿色阴离子（In^{-}）被吸附到沉淀表面，则使沉淀呈现粉红色而指示滴定终点。终点前后沉淀结构的变化可由下式表示：

$$Ag^{+}+Cl^{-}=\!=\!=AgCl\downarrow（白色）$$

$$Ag^{+}（过量）+AgCl\longrightarrow AgCl\cdot Ag^{+}$$

$$AgCl\cdot Ag^{+}+In^{-}（黄绿色）\longrightarrow AgCl\cdot Ag^{+}\cdot In^{-}（粉红色）$$

三、实验仪器和药品

1. 仪器

50 mL 酸式滴定管、100 mL 容量瓶、25 mL 移液管、电子天平(精确到 0.000 1 g)。

2. 药品

0.100 0 mol/L $AgNO_3$ 溶液、NaCl 基准物质、含 NaCl 的样品、二氯荧光黄指示剂(0.1%的 70%乙醇溶液)、1%糊精水溶液(1 g 糊精用少量蒸馏水调成糊状，加入刚煮沸的蒸馏水 100 mL，搅匀)。

四、实验步骤

1. 0.100 0 mol/L $AgNO_3$ 标准溶液的标定

称取基准物质 NaCl 试样 0.065 0～0.080 0 g 于烧杯中，加 25 mL 蒸馏水使之完全溶解后转入锥形瓶。加入二氯荧光黄指示剂 5～10 滴后再加入 1.00 mL 糊精，在不断摇动下，用待标定的 0.100 0 mol/L $AgNO_3$ 溶液滴定至溶液呈现粉红色，即为终点，记下所耗 $AgNO_3$ 溶液的体积。平行测定三次，求出三次平行测定消耗 $AgNO_3$ 溶液体积的平均值 V_s。根据 V_s 计算 $AgNO_3$ 标准溶液的准确浓度。

2. 试样中 Cl^{-} 的测定

准确称取 0.800 0 g(准确至 0.000 1 g)左右的含 NaCl 试样置于烧杯中，加蒸馏水至完全溶解后定量转移至容量瓶中。摇匀，定容。

用移液管准确吸取 25.00 mL 上述试液于 250 mL 锥形瓶中，向其中加入二氯荧光黄指示剂 5～10 滴，再加入 1.00 mL 糊精，在不断摇动下，用待标定的 0.100 0 mol/L $AgNO_3$ 溶液滴定至溶液呈现粉红色即为终点，记下所耗 $AgNO_3$ 溶液的体积。平行测定三次，求出三次平行测定消耗 $AgNO_3$ 溶液体积的平均值 V_s，根据 V_s 计算试样中 Cl^{-} 的含量。

五、数据结果记录与分析

用列表的方式记录实验结果并完成计算。

$$w(Cl^{-})=\frac{c(AgNO_3)\times V_s\times 10^{-3}\times M(Cl)}{m(试样)\times(25\ mL/100\ mL)}\times 100\%$$

式中，$w(Cl^{-})$——试样中 Cl^{-} 的含量，%；

$c(AgNO_3)$——$AgNO_3$ 标准溶液的准确浓度，mol/L；

V_s——三次平行测定消耗 $AgNO_3$ 标准溶液体积数的平均值，mL；

M(Cl)——Cl 的摩尔质量,g/mol;
m(试样)——含 NaCl 试样的质量,g。

六、问题与讨论

1. 试比较莫尔法和法扬斯法测定 Cl^- 含量时的异同点。
2. 试探讨吸附指示剂在滴定计量点前、计量点和计量点后被 AgCl 沉淀吸附发生的变化。

实验二十一 EDTA 标准溶液的配制和标定

一、实验目的

1. 学会配制和标定 EDTA 标准溶液。
2. 了解金属指示剂的变色原理。

二、实验原理

EDTA 在水中的溶解度很小,通常用其二钠盐($Na_2H_2Y \cdot 2H_2O$)配制溶液。市售 EDTA 容易吸附 0.3%的水分且含有少量杂质,不是基准物质,需采用间接法配制。即先配制成近似所需浓度,再用金属 Zn 进行标定。滴定反应为:

滴定前: $\underset{\text{纯蓝色}}{HIn^{2-}} + Zn^{2+} = \underset{\text{紫红色}}{ZnIn^-} + H^+$

滴定中: $\underset{\text{无色}}{H_2Y^{2-}} + Zn^{2+} = \underset{\text{纯蓝色}}{ZnY^{2-}} + 2H^+$

终点时: $\underset{\text{紫红色}}{ZnIn^-} + H_2Y^{2-} = ZnY^{2-} + \underset{\text{纯蓝色}}{HIn^{2-}} + H^+$

三、实验仪器和药品

1. 仪器

酸式滴定管、移液管、250 mL 容量瓶、试剂瓶、表面皿和电子天平(精确到 0.000 1 g)等。

2. 药品

金属锌:先用 1∶1 的 HCl 溶液处理数分钟以除去表面的氧化物。再用水冲洗数次除去 HCl 溶液,最后用丙酮漂洗一次,置于空气中干燥约 1 h,备用。

EDTA 二钠盐:$Na_2H_2Y \cdot 2H_2O$。

10%的氨水溶液:市售氨水(密度为 0.90 g/cm^3,体积分数为 28%)。

1∶1 的 HCl 溶液:取 100 mL 的浓盐酸通过玻璃棒沿着烧杯壁慢慢地倒入盛有 100 mL 蒸馏水的烧杯中。

铬黑 T 指示剂:1 g 铬黑 T 与 100 g 分析纯 NaCl 混合、磨细,装瓶备用。

$NH_3 \cdot H_2O$-NH_4Cl 缓冲溶液(pH＝10)：称取 NH_4Cl 154 g，加少量蒸馏水溶解。再倒入密度为 0.9 g/cm^3 的浓氨水 380 mL，最后用蒸馏水稀释至 1 L。

四、实验步骤

1. 0.100 0 mol/L EDTA 标准溶液的配制

称取分析纯 EDTA 二钠盐 0.950 0 g 溶于 150～200 mL 温水中，如果溶液混浊应过滤，待冷却后用蒸馏水稀释至 250 mL。摇匀并移入细口试剂瓶中，贴上标签，待标定，避免溶液与橡皮塞和橡皮管接触。

2. 0.100 0 mol/L EDTA 标准溶液的标定

准确称取 0.150 0～0.200 0 g 金属 Zn 置于 250 mL 烧杯中。加 HCl 溶液 5.00 mL，盖上表面皿，必要时微微加热，使锌完全溶解。用水冲洗表面皿及烧杯内壁，然后将溶液移入 250 mL 容量瓶中，再加水至刻度线，摇匀。用移液管吸取 25.00 mL 上述锌溶液置于 250 mL 锥形瓶中，用 10%的氨水溶液调节溶液 pH 至 7～8。再加 pH＝10 的 $NH_3 \cdot H_2O$—NH_4Cl 缓冲溶液 10.00 mL，加水稀释至约 100 mL，加少许(约 0.1 g)铬黑 T 指示剂，用待标定的 EDTA 溶液滴至溶液由紫红色变为纯蓝色，记录所消耗的 EDTA 溶液体积。平行测定三次，求出三次平行测定消耗 EDTA 溶液体积的平均值 V_s，根据 V_s 计算 EDTA 标准溶液的准确浓度。

五、数据结果记录与分析

用列表的方式记录实验结果并完成计算。

$$c(\mathrm{EDTA})=\frac{1\,000\times m(\mathrm{Zn})\times(25.00\ \mathrm{mL}/250.00\ \mathrm{mL})}{M(\mathrm{Zn})\times V_s}$$

式中，c(EDTA)——EDTA 标准溶液的浓度，mol/L；

m(Zn)——称取分析纯 Zn 的质量，g；

M(Zn)——Zn 的摩尔质量，g/mol；

V_s——三次平行测定所用 EDTA 标准溶液体积的平均值，mL。

六、问题与思考

1. 为什么不用乙二胺四乙酸而用其二钠盐配制 EDTA 标准溶液？

2. 为什么标定 EDTA 溶液时需调节溶液 pH＝7～8 再加入缓冲溶液？加缓冲溶液的作用是什么？

实验二十二　水中 Ca^{2+}、Mg^{2+} 含量及水的总硬度的测定

一、实验目的

1. 了解水的硬度常用的表示方法。

2. 掌握配位滴定法测定水中 Ca^{2+}、Mg^{2+} 含量的原理和方法。

3. 掌握铬黑 T 指示剂和钙指示剂的使用条件。

二、实验原理

水的硬度原指水中除碱金属之外其他金属离子的浓度，由于其中 Ca^{2+}、Mg^{2+} 远比其他金属离子含量高，通常以水中 Ca^{2+}、Mg^{2+} 总量表示水的总硬度。

我国通常将水中 Ca^{2+}、Mg^{2+} 的总量折合成 CaO 或 $CaCO_3$ 来表示水的硬度，每升水含 10 mg CaO 称为一个德国度(1°)。水的硬度用德国度作为标准来划分时，一般把小于 8°的水叫软水，大于 8°的水叫硬水。

用 EDTA 进行水的总硬度及 Ca^{2+}、Mg^{2+} 含量的测定时，可先测定 Ca^{2+}、Mg^{2+} 的总量，再测定 Ca^{2+} 含量。由总量与 Ca^{2+} 含量之差求得 Mg^{2+} 的含量，并用 Ca^{2+}、Mg^{2+} 总量求水的总硬度。滴定反应为：

$$Ca^{2+} + EDTA \longrightarrow Ca\text{-}EDTA$$
$$Mg^{2+} + EDTA \longrightarrow Mg\text{-}EDTA$$

1. Ca^{2+}、Mg^{2+} 总量的测定原理

用 NH_3-NH_4Cl 缓冲溶液调节溶液的 pH＝10，在此条件下，Ca^{2+}、Mg^{2+} 均可被 EDTA 标准溶液准确滴定。滴定时，加入铬黑 T 指示剂，用 EDTA 标准溶液进行滴定至溶液的颜色由紫红色变为蓝色，指示到达终点。根据此时所消耗 EDTA 的体积可计算出 Ca^{2+} 和 Mg^{2+} 的总量。

2. Ca^{2+} 含量的测定原理

用 NaOH 溶液调节待测水样的 pH＝12，将 Mg^{2+} 转化为 $Mg(OH)_2$ 沉淀，使其不干扰 Ca^{2+} 的测定。滴加少量的钙指示剂，溶液中部分 Ca^{2+} 立即与之反应生成红色配合物，使溶液呈红色。用 EDTA 标准溶液进行滴定至溶液的颜色由红色变为蓝色即为终点。根据所消耗 EDTA 的体积计算 Ca^{2+} 的含量。

3. Mg^{2+} 含量的测定原理

Mg^{2+} 含量可用 Ca^{2+} 和 Mg^{2+} 的总量减去 Ca^{2+} 的含量进行计算。

三、实验仪器与药品

1. 仪器

酸式滴定管、50 mL 移液管、250 mL 锥形瓶、10 mL 量筒等。

2. 药品

0. 100 0 mol/L EDTA 标准溶液。

$NH_3 \cdot H_2O$—NH_4Cl 缓冲溶液(pH＝10)：称取 NH_4Cl 154 g，加蒸馏水溶解，加密度为 0. 9 g/cm^3 的浓氨水 380 mL，再用蒸馏水稀释至 1 L。

10％的 NaOH 溶液。

铬黑 T 指示剂：将 1 g 铬黑 T 指示剂与 100 g 分析纯 NaCl 混合、磨细，装瓶备用。

钙指示剂：1 g 钙指示剂与 100 g NaCl 固体(分析纯)混合、磨细，装瓶备用。

四、实验步骤

1. 钙、镁离子总量的测定

吸取水样 50.00 mL 于 250 mL 锥形瓶中，加 pH＝10 的 $NH_3 \cdot H_2O—NH_4Cl$ 缓冲溶液 5 mL，再加少许(约 0.1 g)铬黑 T 指示剂，用 EDTA 标准溶液滴定至溶液由紫红色变为纯蓝色，记录所消耗的 EDTA 溶液的体积。平行滴定三次，求出三次平行测滴定消耗 EDTA 溶液体积的平均值 V(总)。

2. 钙离子含量测定

另取 50.00 mL 水样于 250 mL 锥形瓶中，加 10％ NaOH 溶液 5.00 mL 摇匀，加少许(约 0.1 g)钙指示剂，用 EDTA 标准溶液滴定至溶液由酒红色变为纯蓝色，记录所消耗 EDTA 溶液的体积。平行滴定三次，求出三次平行测滴定消耗 EDTA 溶液体积的平均值 $V(Ca)$。用 $V(Mg)=V(\text{总})-V(Ca)$，即可求得 Mg^{2+} 消耗 EDTA 溶液的体积。

五、数据结果记录与分析

用列表的方式记录实验结果并完成计算。

$$\text{总硬度}(\,^\circ)=\frac{100\,0\times c(\text{EDTA})\times V(\text{总})\times M(\text{CaO})}{50.00\ \text{mL}\times 10}$$

$$\rho(\text{Ca})=\frac{1\,000\times c(\text{EDTA})\times V(\text{Ca})\times M(\text{Ca})}{50.00\ \text{mL}}$$

$$\rho(\text{Mg})=\frac{1\,000\times c(\text{EDTA})\times [V(\text{总})-V(\text{Ca})]\times M(\text{Mg})}{50.00\ \text{mL}}$$

式中，$\rho(Ca)$——水样中钙离子的浓度，mg/L；

$\rho(Mg)$——水样中镁离子的浓度，mg/L；

$c(EDTA)$——EDTA 标准溶液的准确浓度，mol/L；

V(总)——用铬黑 T 作指示剂时终点 EDTA 的用量，mL；

$V(Ca)$——用钙指示剂作指示剂时终点 EDTA 的用量，mL；

$M(Ca)$——Ca 的摩尔质量，g/mol；

$M(Mg)$——Mg 的摩尔质量，g/mol；

$M(CaO)$——CaO 的摩尔质量，g/mol。

六、问题与讨论

1. 为什么滴定 Ca^{2+}、Mg^{2+} 总量要控制溶液的 pH＝10？测定钙离子时加入氢氧化钠的作用是什么？

2. 如果水样中有 Fe^{3+}、Al^{3+} 等杂质会对测定有影响吗？如果有影响，应如何消除？

实验二十三 蛋壳中钙含量的测定（EDTA 法）

一、实验目的

1. 掌握配位滴定法在生态环境监测中的应用。
2. 学会用 EDTA 法测定蛋壳中钙含量的操作技能和方法。

二、实验原理

一只鸡蛋的蛋清与蛋黄中共含 25～30 mg 钙，可直接用 EDTA 溶液滴定鸡蛋壳样品来测定它的钙含量。滴定反应为：

$$Ca^{2+} + EDTA \longrightarrow Ca\text{-}EDTA$$

三、实验仪器和药品

1. 仪器

酸式滴定管、移液管、250 mL 容量瓶、表面皿、酒精灯、研钵、电子天平(精确到 0.000 1 g)。

2. 药品

金属锌：先用 1∶1 的 HCl 溶液处理数分钟以除去表面的氧化物，再用水冲洗数次除去 HCl，最后用丙酮漂洗一次，置于空气中干燥约 1h，备用。

EDTA 二钠盐：$Na_2H_2Y \cdot 2H_2O$。

1∶1 的 HCl 溶液。

1∶1 的 HNO_3 溶液。

蛋壳。

10%的氨水溶液。

铬黑 T 指示剂：将 1 g 铬黑 T 指示剂与 100 g 分析纯 NaCl 混合、磨细，装瓶备用。

$NH_3 \cdot H_2O$—NH_4Cl 缓冲溶液(pH＝10)：称取 NH_4Cl 15.4 g，加蒸馏水溶解，加密度为 0.9 g/cm^3 的浓氨水 38 mL，再用蒸馏水稀释至 100 mL。

四、实验步骤

1. 0.020 0 mol/L EDTA 标准溶液的配制

称取分析纯 EDTA 二钠盐 0.760 0 g 放入烧杯中，溶于 10.00 mL 温水中，如溶液混浊，应过滤。冷却后，转入容量瓶中并用蒸馏水稀释至 100 mL，摇匀，贴上标签，待标定(避免溶液与橡皮塞、橡皮管接触)。

2. 0.020 0 mol/L EDTA 标准溶液的标定

称取 0.030 0～0.040 0 g 金属 Zn 置于 250 mL 烧杯中，加 1∶1 的 HCl 溶液 5.00 mL，盖

好表面皿，必要时微微加热，使锌完全溶解。用水冲洗表面皿及烧杯内壁，然后将溶液移入250 mL容量瓶中，再加水至刻度，摇匀。

用移液管吸取25.00 mL上述锌溶液置于250 mL锥形瓶中，再用10%的氨水溶液调节溶液的酸度，使溶液的pH=7~8(用pH试纸检验)。再加pH=10的$NH_3 \cdot H_2O—NH_4Cl$缓冲溶液10.00 mL，加水稀释至约100 mL。加少许(约0.1 g)铬黑T指示剂，用待标定的EDTA溶液滴定至溶液由紫红色变纯蓝色，记录所消耗的EDTA溶液体积。平行标定三次，求出三次平行测标定消耗EDTA溶液体积的平均值V_s。

3. 蛋壳的细加工

准确称取烘干并研磨后的蛋壳粉0.120 0~0.130 0 g置于小烧杯中，加少量水湿润，再向其中加入0.40 mL HNO_3溶液(1∶1)、4.00 mL HCl溶液(1∶1)，微热溶解后，定量转入100 mL容量瓶中，稀释至刻度并摇匀。

4. 测定蛋壳中的含钙量

移取上述试液25.00 mL置于锥形瓶中，加入10.00 mL $NH_3 \cdot H_2O\text{-}NH_4Cl$缓冲溶液(pH=10)，加少许(约0.1 g)铬黑T指示剂，用待标定的EDTA溶液滴定至溶液由紫红色变为纯蓝色，记录所消耗的EDTA溶液体积。平行测定三次，求出三次平行测定消耗EDTA溶液体积的平均值$V(Ca)$。

五、数据结果记录与分析

用列表的方式记录实验结果并完成计算。

$$w(Ca)=\frac{c(EDTA)\times V(Ca)\times 10^{-3}\times M(CaO)}{m(试样)\times(25.00\ mL/100\ mL)}\times 100\%$$

式中，$w(Ca)$——试样中钙含量，%；

$c(EDTA)$——EDTA标准溶液的浓度，mol/L；

$m(试样)$——称取蛋壳粉的质量，g；

$M(Ca)$——钙的摩尔质量，g/mol；

$V(Ca)$——三次平行测定消耗EDTA溶液体积数的平均值，mL。

六、问题与思考

1. 已知EDTA标准溶液中不慎混入少量$MgCl_2$，需用金属Zn在pH=5时标定此溶液。如果用该标定后的EDTA标准溶液在pH=10时测定试样中锌的含量，会产生何种影响？为什么？

2. 查阅资料，阐述鸡蛋壳有哪些妙用。

实验二十四 磷的定量测定(钼蓝比色法)

一、实验目的

1. 掌握钼蓝法测定磷含量的原理和方法。

2. 熟悉722型分光光度计的结构及操作。

二、实验原理

微量磷的测定常采用分光光度法。测定时，在强酸条件下先将水样中所有的磷转化成PO_4^{3-}形式，PO_4^{3-}与钼酸铵在酸性条件下生成黄色磷钼杂多酸，该黄色化合物用$SnCl_2$还原生成淡蓝色磷钼蓝，磷钼蓝的最大吸收波长为690 nm，可在此波长下测定溶液的吸光度。反应式如下：

$$H_3PO_4 + 12H_2MoO_4 = H_3[P(Mo_3O_{10})_4] + 12H_2O$$

磷钼杂多酸

$$H_3[P(Mo_3O_{10})_4] + SnCl_2 + 2HCl = H_3PO_4 \cdot 10MoO_3 \cdot Mo_2O_5 + SnCl_4 + H_2O$$

磷钼蓝

三、实验仪器与药品

1. 仪器

722型分光光度计、50 mL和100 mL容量瓶、1 000 mL容量瓶、5 mL和10 mL刻度吸量管。

2. 药品

钼酸铵-硫酸混合液：称取2.5 g分析纯钼酸铵溶于17.5 mL的纯水中，另将28 mL分析纯浓硫酸慢慢地加入40 mL的纯水中。再将配好的钼酸铵溶液倒入硫酸溶液中，稀释至100 mL。

$SnCl_2$-甘油溶液(2.5%)：称取2.5 g $SnCl_2 \cdot 2H_2O$溶于100 mL甘油中，温热搅拌使其溶解，贮于棕色试剂瓶中，此溶液可保存数周。

磷标准储备溶液：将分析纯KH_2PO_4在115 ℃烘箱中烘干1h，然后置于干燥器中冷却。准确称取冷却后的KH_2PO_4 0.879 0 g溶解于约400 mL水中，转移至1 000 mL容量瓶中加水定容并混匀。再向其中加入2 mL氯仿，混匀后避光保存，此标准储备溶液浓度为0.2 mg/mL。将此溶液准确稀释10倍，配成含磷5 μg/mL的标准溶液。

磷标准使用溶液：移取磷标准储备溶液2.0 mL于100 mL容量瓶中，用蒸馏水稀释至刻度线。定容后混匀，配成含磷4 μg/mL的标准使用溶液。

四、实验步骤

1. 水样的预处理

取一个贴有7号标签的50 mL容量瓶中加满澄清水样，若不澄清，用离心机离心后取上层澄清液。向该水样中加入2.50 mL钼酸铵-硫酸混合液，混匀后加入$SnCl_2$-甘油溶液4滴，摇匀。充分摇匀后静置10～12 min。

2. 配制标准系列溶液(即标准色阶)

取50 mL容量瓶6个并洗净编号，1～6号用10 mL吸量管分别加入4 μg/mL的磷标准使用溶液0.00 mL、2.00 mL、4.00 mL、6.00 mL、8.00 mL、10.00 mL，分别加25.00 mL水进

行稀释。各加入 2.50 mL 钼酸铵-硫酸混合液，混匀后加入 $SnCl_2$-甘油溶液 4 滴，摇匀，加水稀释至刻度线。充分摇匀后静置 10～12 min。

3. 测定吸光度

在 690 nm 波长下，用 1 cm 比色皿盛装溶液，用 1 号溶液（试剂空白）作为参比液，分别测定并记录 2～7 号溶液的吸光度。

4. 绘制标准工作曲线

在电脑上以标准系列的吸光度为纵坐标，标准使用溶液为横坐标绘制标准工作曲线。

5. 求出试样溶液中磷的含量

根据 7 号溶液的吸光度，通过标准工作曲线，查出溶液磷的含量（μg/mL），再计算出原始试样溶液中磷的含量。

五、数据结果记录与分析

用列表的方式记录实验结果并完成计算。

绘制标准工作曲线：

水样中磷的含量（μg/mL）＝标准工作曲线上求得的浓度（μg/mL）×试液稀释倍数

六、问题与思考

1. 水样中加入 $SnCl_2$ 的作用是什么？配制钼酸铵溶液时为什么要加硫酸？
2. 本实验的参比溶液是什么？参比溶液起什么作用？

实验二十五　醇的性质与鉴定

一、实验目的

1. 进一步理解掌握醇的化学性质。
2. 掌握醇的化学鉴定方法。

二、实验原理

1. 卢卡斯试验

卢卡斯试剂是将无水氯化锌溶于高浓度盐酸配制而成的，又称盐酸-氯化锌试剂，适用于伯醇、仲醇、叔醇的特征鉴别。具体反应式如下：

$$RCH_2OH + HCl \xrightarrow[20\ ℃]{ZnCl_2} \text{不起作用}$$

$$R_2CHOH + HCl \xrightarrow[20\ ℃]{ZnCl_2} R_2CHCl + H_2O \quad \text{慢}$$

$$R_3COH + HCl \xrightarrow[20\ ℃]{ZnCl_2} R_3CCl_3 + H_2O \quad \text{快}$$

2. 醇钠的生成与水解

醇与水相似，能与活泼金属钠、钾、镁等反应产生氢气，具体反应方程式如下：

$$CH_3CH_2OH + Na \longrightarrow CH_3CH_2ONa + H_2\uparrow$$

3. 醇的氧化

伯醇和仲醇中，与羟基直接相连的碳原子上的氢原子，因受羟基的影响，比较活泼，能被多种氧化剂所氧化。

$$\text{反应式：}RCH_2OH \xrightarrow{K_2Cr_2O_7} RCHO \xrightarrow{K_2Cr_2O_7} RCOOH$$

$$R-\underset{\underset{OH}{|}}{CH}-R' \xrightarrow{K_2Cr_2O_7} R-\overset{\overset{O}{\|}}{C}-R'$$

三、仪器与试剂

1. 仪器

试管、试管架、胶头滴管、镊子、恒温水浴锅。

2. 药品

卢卡斯试剂、正丁醇、仲丁醇、叔丁醇、无水乙醇、钠、红色石蕊试纸、1% $K_2Cr_2O_7$ 溶液、3 mol/L H_2SO_4。

四、实验步骤

1. 卢卡斯试验

取三支干燥试管，分别加入 10 滴正丁醇、仲丁醇、叔丁醇，再各加入 2 mL 卢卡斯试剂，振荡，将试管放置于 20～27 ℃水浴锅中数分钟，观察现象。

2. 醇钠的生成和水解

取一支干燥的试管，加入 1 mL 无水乙醇，加入一粒绿豆大小、表面新鲜的金属钠，观察现象。金属钠完全消失后，向试管内加入 2 mL 蒸馏水，并滴入 2 滴酚酞指示剂，观察现象。

3. 醇的氧化

取三支试管，分别各加入 10 滴正丁醇、仲丁醇、叔丁醇，各自加入 5 滴 1% $K_2Cr_2O_7$ 溶液和 1 滴 3 mol/L H_2SO_4 溶液，振荡均匀后，将试管放置于 40～54 ℃水浴锅中数分钟，观察现象。

五、结果与分析

记录实验现象，写出具体的化学反应方程式，并解释。

实验二十六　酚的性质与鉴定

一、实验目的

1. 进一步理解掌握酚的化学性质。
2. 掌握酚的化学鉴定方法。

二、实验原理

1. 苯酚的弱酸性

由于苯酚氧原子上的未共用电子对与苯环上的 π 电子形成 p-π 共轭，使 O—H 键极性增强，降低了氧原子上的电子密度，使 O—H 易于断裂，因此酚具有弱酸性。

2. 苯酚和溴水反应

受羟基的影响，苯酚的苯环上易发生亲电取代反应，比如苯酚与过量溴水在常温下可立即反应生成 2,4,6-三溴苯酚白色沉淀。具体反应方程式如下。

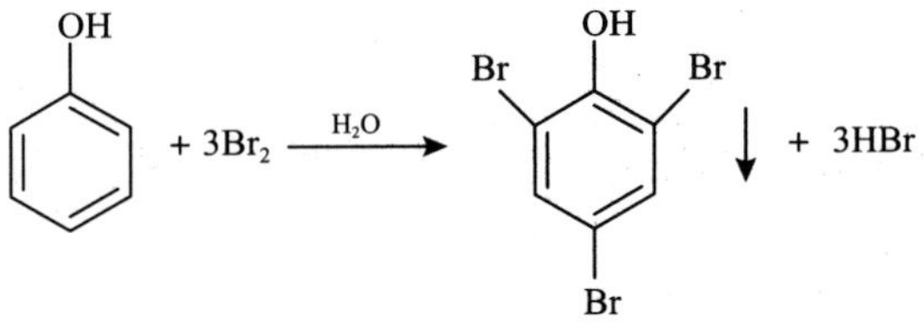

3. 苯酚和三氯化铁的显色反应

大多数酚都可与三氯化铁溶液发生颜色反应。不同的酚所产生的颜色不同，有紫色、蓝色、绿色、棕色等，常用这个性质来鉴别酚。

三、仪器与试剂

1. 仪器

试管架、试管、胶头滴管、玻璃棒。

2. 试剂

苯酚、5% NaOH 溶液、2 mol/L HCl 溶液、溴水、1% $FeCl_3$ 溶液、pH 试纸。

四、实验步骤

1. 苯酚的酸性

取 2 支试管，分别加入 1 mL 苯酚溶液，用玻璃棒蘸取 1 滴于 pH 试纸上测定其酸性。在一支试管中逐滴加入 5% NaOH 溶液，振荡均匀，直至溶液澄清。再加入 2 mol/L HCl 溶液，使溶液呈酸性，观察实验现象。

2. 苯酚和溴水反应

取苯酚溶液 2 滴，并稀释至 2 mL，逐滴加入饱和溴水溶液，观察实验现象。

3. 苯酚和三氯化铁的显色反应

取苯酚溶液 2 滴，加水稀释至 2 mL，逐滴加入 1% $FeCl_3$ 溶液，观察实验现象。

五、结果与分析

记录实验现象，写出具体化学反应方程式，并解释。

实验二十七 醛的性质与鉴定

一、实验目的

1. 进一步理解掌握醛的化学性质。
2. 掌握醛的化学鉴定方法。

二、实验原理

1. 羰基的亲核加成反应

醛的化学性质主要由羰基决定，羰基是一个不饱和基团，易与亲核试剂发生加成反应。具体反应式如下。

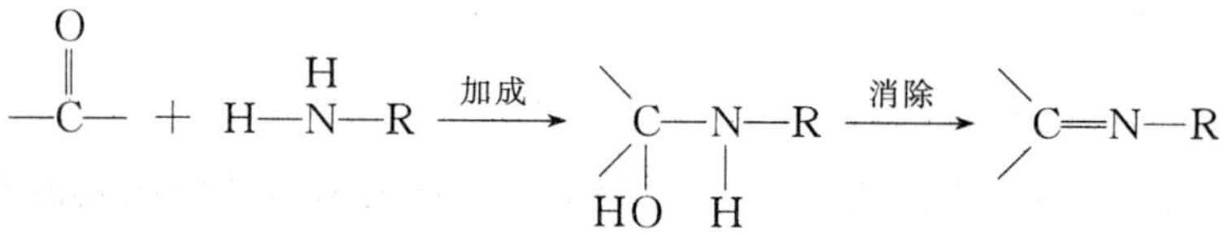

2. α-H 的反应

醛分子中 α-碳上的氢原子称作 α-H，因羰基的诱导效应，α-H 较活泼，酸性增强。

3. 氧化反应

醛中羰基碳和一个氢原子相连，弱氧化剂就能将其氧化成相应的羧酸。

三、仪器与试剂

1. 仪器

试管架、试管、胶头滴管、玻璃棒。

2. 试剂

甲醛、乙醛、苯甲醛、饱和 $NaHSO_3$ 溶液、2，4-二硝基苯肼溶液、10% NaOH 溶液、I_2-KI 溶液、10% $AgNO_3$ 溶液、2%稀氨水、费林试剂Ⅰ、费林试剂Ⅱ、品红试剂、1 mL 20% H_2SO_4

四、实验步骤

1. 与硫代硫酸钠的加成

取一支试管，加入 2 mL 新配置的饱和 Na_2HSO_3 溶液和 10 滴乙醛，振荡摇匀，观察试验现象。

2. 与 2,4-二硝基苯肼的加成

取三支试管，各加入 10 滴 2,4-二硝基苯肼溶液，分别加入 1～2 滴甲醛、乙醛和苯甲醛溶液，振荡摇匀，静置观察试验现象。

3. 碘仿反应

取两支试管，分别加入 3～5 滴乙醛、苯甲醛，各加入 6 滴 10% NaOH 溶液，逐滴加入 I_2-KI 溶液，直至溶液呈现出淡黄色，继续振荡，直至一个试管中出现淡黄色沉淀。

4. 银镜反应

托伦试剂的制备：取 1 支洁净试管，加入 2 mL 10% $AgNO_3$ 溶液和 2～3 滴 10% NaOH 溶液，逐滴加入 2%稀氨水，直至沉淀完全溶解。

将托伦试剂分装于 3 支试管中，分别滴加 2～4 滴甲醛、乙醛和苯甲醛，振荡摇匀，放置于 50～60 ℃水浴锅中 5 min，观察试验现象。

5. 与费林试剂反应

取三支试管，各加入 5 滴费林试剂Ⅰ和费林试剂Ⅱ，振荡均匀得到深蓝色透明液体。分别加入 10 滴甲醛、乙醛、苯甲醛，摇匀，放置于沸水浴加热 3 min，观察实验现象。

6. 品红反应

取 3 支试管，各加入 1 mL 品红试剂，分别加入 1～2 滴甲醛、乙醛、苯甲醛，摇匀，观察实验现象。再在试管中滴入 1 mL 20% H_2SO_4，观察实验现象。

五、结果与分析

记录实验现象，写出具体的化学反应方程式，并解释。

实验二十八　酮的性质与鉴定

一、实验目的

1. 进一步理解掌握酮的化学性质。
2. 掌握酮的化学鉴定方法。

二、实验原理

1. 羰基的亲核加成反应

羰基是一个不饱和基团，易与亲核试剂发生加成反应。具体反应式如下。

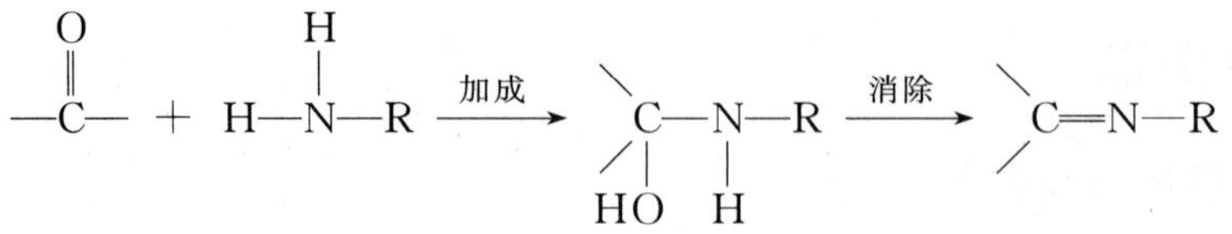

2. α-H 的反应

醛分子中 α-碳上的氢原子称作 α-H，因羰基的诱导效应，α-H 较活泼，酸性增强。

三、仪器与试剂

试管架、试管、胶头滴管、玻璃棒。

四、实验步骤

1. 与 2,4-二硝基苯肼的加成

取三支试管，各加入 10 滴 2,4-二硝基苯肼溶液，分别加入 1～2 滴丙酮、2-丁酮、3-戊酮溶液，振荡摇匀，静置观察试验现象。

2. 碘仿反应

取三支试管，分别加入 3～5 滴丙酮、2-丁酮、3-戊酮溶液，各加入 6 滴 10% NaOH 溶液，逐滴加入 I_2-KI 溶液，直至溶液呈现出淡黄色并保持，继续振荡，直至有 2 支试管出现淡黄色沉淀。

3. 银镜反应

托伦试剂的制备：取 1 支洁净试管，加入 2 mL 10% $AgNO_3$ 溶液和 2～3 滴 10% NaOH 溶液，逐滴加入 2%稀氨水，直至沉淀完全溶解。

将托伦试剂分装于 3 支试管中，分别滴加 2～4 滴丙酮、2-丁酮、3-戊酮，振荡摇匀，放置于 50～60 ℃水浴锅中 5 min，观察试验现象。

4. 与费林试剂反应

取三支试管，各加入 5 滴费林试剂Ⅰ和费林试剂Ⅱ，振荡均匀得到深蓝色透明液体。分别加入 10 滴丙酮、2-丁酮、3-戊酮，摇匀，放置于沸水浴加热 3 min，观察实验现象。

5. 品红反应

取 3 支试管，各加入 1 mL 品红试剂，分别加入 1～2 滴丙酮、2-丁酮、3-戊酮，摇匀，观察试验现象。再在试管中滴入 1 mL 20% H_2SO_4，观察实验现象。

五、结果与分析

记录实验现象，写出具体化学反应方程式，并解释。

实验二十九 羧酸的性质与鉴定

一、实验目的

进一步理解掌握羧酸的化学性质与鉴定。

二、实验原理

1. 酸性

羧酸是弱酸，比碳酸的酸性($pK_a=7$)和苯酚的酸性($pK_a=10$)强。

2. 还原性

甲酸、草酸等因其结构特殊性，易被高锰酸钾氧化。

3. 脱羧反应

草酸在加热的条件下会发生脱羧反应，有 CO_2 生成，可用饱和石灰水检验，具体反应方程式如下。

$$\begin{array}{l}\text{COOH}\\ |\\ \text{COOH}\end{array} \xrightarrow{\triangle} \text{HCOOH}+CO_2$$

4. 酯化反应

在强酸的作用下，羧酸与醇生成酯，具体反应方程式如下：

$$\text{R—}\overset{\overset{\text{O}}{\|}}{\text{C}}\boxed{\cdot\text{OH}+\text{H}\cdot}\text{OR}' \longrightarrow \text{R—}\overset{\overset{\text{O}}{\|}}{\text{C}}\text{—OR}'+H_2O$$

三、仪器与试剂

1. 仪器

试管夹、试管架、试管、恒温水浴锅、酒精灯、烧杯、胶头滴管

2. 试剂

甲酸、乙酸、草酸、苯甲酸、10% NaOH 溶液、10% HCl 溶液、0.5% $KMnO_4$ 溶液、20% H_2SO_4 溶液、饱和石灰水、无水乙醇。

四、试验步骤

1. 酸性试验

取甲酸、乙酸溶液各 5 滴，草酸固体 0.2 g，分别溶于 2 mL 的水中，用玻璃棒分别蘸取三种酸溶液，在同一条刚果红试纸上画线，观察各线条颜色和深浅的情况。

2. 成盐反应

取 0.2 g 苯甲酸晶体，放入盛有 1 mL 水的试管中，加入 10% NaOH 溶液数滴，振荡并观察试验现象；再加入 10% NaOH 溶液数滴，振荡并观察实验现象。

3. 氧化反应

取三支试管，分别加入甲酸、乙酸溶液各 5 滴，草酸固体 0.2 g 和 1 mL 水，向每支试管中加入 20% H_2SO_4 和 0.5% $KMnO_4$ 溶液各 2 滴，加热，观察实验现象。

4. 脱羧反应

将 1 g 草酸放入装有导管的试管中，试管口向上倾斜，导管末端插入盛有饱和石灰水的烧杯中。加热样品，观察实验现象。

5. 酯化反应

取一支干燥试管，加入无水乙醇、乙酸和浓硫酸各 5 滴，混合均匀，放置于 60～70 ℃热水浴中加热 10 min，冷却后加入 3 mL 蒸馏水，观察是否有分层，是否有果香味。若无分层，可加入若干滴 10% NaOH。

五、结果与分析

记录实验现象，写出具体化学反应方程式，并解释。

实验三十　羧酸衍生物的性质与鉴定

一、实验目的

1. 掌握羧酸衍生物的特征反应和鉴别方法。
2. 进一步理解掌握羧酸衍生物的化学性质。

二、实验原理

羧酸衍生物分子中都含有酰基，因此能发生水解、醇解等反应，生成羧酸和酯。

三、仪器与试剂

1. 仪器

试管架、试管夹、试管、恒温水浴锅、胶头滴管。

2. 试剂

乙酰氯、乙酸酐、乙酰胺、无水乙醇、乙酸乙酯、乙酰乙酸乙酯、5% $AgNO_3$ 溶液、浓硫酸、饱和 Na_2CO_3 溶液、10% NaOH 溶液、20% H_2SO_4 溶液、5% $FeCl_3$ 溶液、饱和溴水、石蕊试纸。

四、试验步骤

1. 酰卤水解反应

取 1 支试管，加入 1 mL 蒸馏水，滴入 4 滴乙酰氯，观察试验现象。冷却后加入 2 滴 5% $AgNO_3$ 溶液，振荡，观察试验现象。

2. 酸酐的水解和醇解反应

取 2 支试管，各加入乙酸酐 10 滴，一支试管加入 1 mL 蒸馏先观察，再振荡混合均匀，微热，观察试验现象；另一支试管中加入 1 mL 无水乙醇，混合均匀后加入浓硫酸 1 滴，水浴加热至沸腾，冷却后慢慢加入饱和 Na_2CO_3 溶液直至溶液呈弱碱性（用石蕊试纸检测），振荡后静置，观察试验现象。

3. 酰胺的水解试验

在 2 支试管中各加入 0.5 g 乙酰胺，在一支试管中加入 10% NaOH 溶液 1 mL，另一支试管中加入 20% H_2SO_4 溶液 3 mL，加热煮沸，将石蕊试纸放置于两支试管口，观察现象。

4. 酯的水解试验

在三支试管中各加入 8 滴乙酸乙酯和 1 mL 蒸馏水，第一支试管中加入 20% H_2SO_4 溶液 5 滴；第二支试管中加入 10% NaOH 溶液 5 滴；第三支试管作为对照，不另外添加试剂。用棉花塞住试管口，放置于 60～70 ℃恒温水浴锅中，振荡，观察三支试管中实验现象。

5. 乙酰乙酸乙酯的互变异构试验

取 1 支试管，加入 3 mL 蒸馏水和 5 滴乙酰乙酸乙酯，振荡摇匀，再加入 5% $FeCl_3$ 溶液 2 滴，观察颜色变化。再加入 2 滴饱和溴水，观察颜色变化。放置一段时间后，观察颜色改变情况。

五、结果与分析

记录实验现象，写出具体化学反应方程式，并解释。